JIXIE ZHIZAO GONGYIXUE

机械制造工艺学

申世英　郝绘坤　主　编
杨军宏　等　副主编

中国财经出版传媒集团
经济科学出版社
Economic Science Press
·北京·

图书在版编目（CIP）数据

机械制造工艺学 / 申世英，郝绘坤主编 ；杨军宏等副主编. -- 北京 ： 经济科学出版社，2024. 8. -- ISBN 978 -7 -5218 -6227 -0

Ⅰ. TH16

中国国家版本馆 CIP 数据核字第 2024L47M54 号

责任编辑：卢玥丞
责任校对：隗立娜
责任印制：范　艳

机械制造工艺学
主　编◎申世英　郝绘坤
副主编◎杨军宏　李玉玲　王呈敏　栾加航
经济科学出版社出版、发行　新华书店经销
社址：北京市海淀区阜成路甲 28 号　邮编：100142
总编部电话：010 -88191217　发行部电话：010 -88191522
网址：www. esp. com. cn
电子邮箱：esp@ esp. com. cn
天猫网店：经济科学出版社旗舰店
网址：http：//jjkxcbs. tmall. com
北京季蜂印刷有限公司印装
710 ×1000　16 开　24. 25 印张　385000 字
2024 年 8 月第 1 版　2024 年 8 月第 1 次印刷
ISBN 978 -7 -5218 -6227 -0　定价：65. 00 元
（图书出现印装问题，本社负责调换。电话：010 -88191545）

《机械制造工艺学》编委会

主　　编：申世英　郝绘坤

副 主 编：杨军宏　李玉玲　王呈敏　栾加航

参编人员：王亚男　石振磊（积成电子股份有限公司）

董富强（济南翼菲智能科技股份有限公司）

胡明明　高永娜　阎　雪　黄友杰（济南锅炉集团）

目录

绪　论

0.1　机械制造工艺的地位与发展

现代或先进制造技术虽然在20世纪80年代被明确提出，但其工作基础已积累了超过半个世纪的经验。起初，制造完全依赖手工制作，随后逐渐引入机械以替代手工，旨在提升产品质量和生产效率，同时也为了释放劳动力并减轻繁重的体力劳动，于是机械制造技术应运而生。机械制造业若要发展并满足国民经济发展的需求，就必须依赖技术进步，这是实现机械制造业真正振兴的必由之路。其中，提升机械制造工艺水平是机械制造业技术进步的关键环节，也是其发展的基石。机械制造业需要解决两大核心问题：制造什么以及如何制造，而解决这些问题都离不开机械制造工艺的支撑。因此，没有先进的机械制造工艺，就无法制造出先进的机械产品。

0.2　机械制造工艺的重要性

机械制造工艺的重要性是不言而喻的，它有以下三个方面的意义。

0.2.1　与社会发展紧密相关

人类的发展历程是一个不断制造和创新的过程。在早期，人类为了生存，制造石器等工具用于狩猎。随后，陶器、铜器、铁器以及各种简单的机械和农用工具相继出现，这些制造活动主要围绕生活必需品和战争需求展开，制造资源、规模和技术水平都相对有限。

然而，随着社会的发展，机械制造工艺技术的范围和规模不断扩大，技术水平也在持续提高。制造技术开始向文化、艺术和工业领域拓展，纸张、笔墨、活版印刷、石雕、珠宝制作等制造技术应运而生。进入资本主义和社会主义社会后，大工业生产的出现极大地提升了人类的物质生活和文明水平，对精神和物质的需求也随之提高。科学技术的发展更加迅速和新颖，与制造技术的关系也越发紧密。

蒸汽机制造技术的问世引发了工业革命和大工业生产的发展，内燃机制造技术的出现则推动了现代汽车、火车和舰船的诞生。喷气涡轮发动机制造技术的进步促进了现代喷气客机和超音速飞机的发展，而集成电路制造技术的进步则决定了现代计算机的水平。纳米技术的出现更是开创了微型机械的先河。因此，人类的活动与制造紧密相连，机械制造工艺水平的提升极大地影响着人类活动的范围和水平。宇宙飞船、航天飞机、人造卫星及空间工作站等机械制造技术的出现，更是使人类的活动范围扩展到了太空。

0.2.2 是所有工业的支柱

机械制造工艺技术具有广泛的涉及面，它支撑着包括冶金、建筑、水利、机械、电子、信息、运载、农业等众多行业的发展。例如，冶金行业离不开冶炼和轧制设备，建筑行业则需要塔吊、挖掘机和推土机等工程机械的支持。因此，制造业无疑是一个支柱产业，尽管在不同历史时期其发展重点可能有所不同，但对机械制造工艺技术的需求却是永恒不变的。

当然，每个行业都有其独特的主导技术。以农业为例，虽然农业生产技术众多，主要关注粮、棉等农产品的生产，但现代农业的发展已经离不开农业机械的支持，制造技术成为其中的重要组成部分。机械制造工艺技术既具有普遍性和基础性，又展现出特殊性和专业性。这意味着制造技术既存在共性，也富有个性，能够在不同行业中发挥独特的作用。

0.2.3 是国力和国防的后盾

一个国家的国力主要体现在政治、经济和军事三个方面的实力上，其中经济和军事实力与机械制造工艺技术紧密相连。一个国家只有在制造领域成为强国，才能在军事上屹立不倒。依赖外汇购买他国军事装备无法保障国家的长期安全，因此，拥有自主的军事工业是至关重要的。国力和国防的强盛是国际地位和立足世界的基础。

“二战”后，日本和德国等国家深知制造业的重要性，因此一直予以高度重视。这也使得它们的国力迅速恢复，经济实力跃居世界前列。相比之下，美国虽然在20世纪30年代起就一直在制造技术上领先，但在五六十年代却忽视了这一领域的发展，导致实力逐渐下滑。克林顿总统执政后，迅速将机械制造工艺技术提升至重要位置，决心重振美国制造业的雄风。他推行了“计算机集成制造系统”和“21世纪制造企业战略”，并提出了集成制造、敏捷制造、虚拟制造、并行工程以及“两毫米工程”等一系列举措，这些都有力地推动了机械制造工艺技术的发展，并对美国的工业生产和经济复苏产生了深远影响。

0.3 本课程研究的主要内容与学习任务

本课程以机械制造过程中的工艺问题和机床夹具设计问题为主线，介绍机械加工工艺规程的设计、机床夹具设计、机械加工精度、机械加工表面质量、典型零件加工、机械装配工艺基础等内容。通过本课程的学习，可以使学生初步具有分析和解决机械制造中一般工艺技术问题的能力、初步具备制订机械加工工艺规程的能力和设计专用机床夹具的能力，并学会运用本课程的知识处理机械加工过程中质量、成本和生产效率三者的辩证关系，以求在保证质量的前提下实现高效、低能耗。

在学习本课程时，要运用前面学过的专业基础知识和专业课知识，如金属材料与热处理、机械设计基础等，重视实践教学环节，如金工实习、生产实习等；要多到企业参观、实践，注意理论与实践相结合；要多做习题，目的是理解和掌握本课程的基本概念及其在实践中的应用，但不能生搬硬套，要灵活运用所学知识去解决实际工作问题；最后要做好本课程的预习和复习。

课程的主要任务有以下几点。

（1）掌握机械加工和装配方面的基本理论和知识，如加工精度理论、加工表面质量理论、工艺和装配尺寸链理论等。

（2）了解影响加工质量的各项因素，学会分析研究加工质量的方法。

（3）学会制订零件机械加工工艺过程和部件、产品装配工艺过程的方法。

（4）了解当前制造技术的发展及一些重要的先进制造技术，认识制造技术的作用和重要性。

第1章

机械加工工艺规程的设计

项目1　基本概述

能力目标

能针对具体零件划分出合理的工序，并将每个工序划分出安装、工位和工步的数目。

知识目标

1. 了解产品的生产过程和工艺过程的含义。
2. 熟悉机械加工工艺过程的组成。
3. 掌握切削运动的组成、切削用量的计算。
4. 掌握生产纲领的计算和不同生产类型的特点。

1.1.1　生产过程与工艺过程

1. 生产过程

生产过程是指产品由原材料或半成品到成品之间的各有关劳动过程的总和。生产过程可以由一个车间或一个工厂完成，也可以由多个工厂协作完成；可以指整台机器的制造过程，也可以指一种零件或部件的制造过程。对于制造而言，其生产过程如下。

（1）原材料和成品的运输和保管。

（2）生产的技术准备工作。如产品的开发和设计、工艺设计、专用工艺装配的设计和制造、各种生产资料的准备和生产组织等方面的工作。

（3）毛坯的制造。

（4）零件的机械加工、热处理和其他表面处理。

（5）产品的装配、调试、检验、涂装和包装等。

2. 工艺过程与机械加工工艺过程

在生产过程中改变生产对象的形状、尺寸、相对位置的过程，称为工艺过程。例如，毛坯的制造、零件的机械加工与热处理、产品的装配等。不包括生产过程中原材料的运输和保管、生产技术准备工作这两项。其中，采用机械加工的方法直接改变毛坯的形状、尺寸和表面质量，使其成为合格零件的过程，称为机械加工工艺过程（以下简称“工艺过程”）。如切削加工、磨削加工、特种加工、精密和超精密加工等都属于机械加工工艺过程。

1.1.2　切削运动与要素

1. 切削运动

刀具与工件间的相对运动称为切削运动，即表面成形运动。切削运动可分解为主运动和进给运动。

（1）主运动是切除多余金属以形成工件新表面的基本运动。在切削运动中，主运动的速度最快，消耗的功率最大。主运动只有一个，如图 1－1 所示，在车床上，工件的回转运动是主运动。

（2）进给运动是保证切削工作连续进行的运动。进给运动可以有一个或几个。如图 1－1 所示，车刀的运动是进给运动。

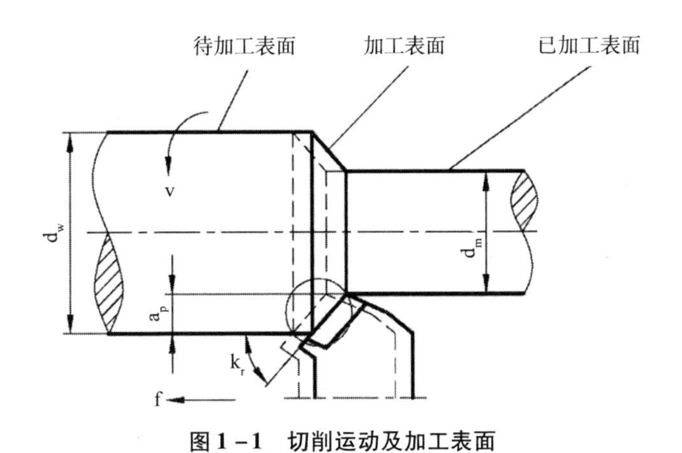

图 1－1　切削运动及加工表面

2. 切削用量三要素

待加工表面、加工表面和已加工表面，如图 1－1 所示。

（1）待加工表面：加工时即将切除的工件表面。

（2）已加工表面：已被切去切屑的表面。

（3）加工表面：加工时由切削刃在工件上正在切削的表面，也成为过渡表面。

在切削加工过程中，需要针对不同的工件材料、刀具材料和其他技术经济来选定适宜的切削速度 v、进给量 f 或进给速度 v_f、切削深度 a_p 值。v、f、a_p 称为切削用量三要素。

（1）切削速度 v。

在单位时间内，刀具和工件在主运动方向上的相对位移，单位为 m/s。多数切削加工的主运动采用回转运动。

若主运动为旋转运动，则计算公式为：

$$v = \pi dn/1000\ (m/s) \tag{1-1}$$

式（1-1）中　d——工件或刀具上某一点的回转直径（mm）；

n——工件或刀具的转速（r/s 或 r/min）。

若主运动为往复直线运动（如刨削），则常用其平均速度 v 作为切削速度，即：

$$v = \frac{2Ln_r}{1000 \times 60}\ m/s$$

L——往复直线运动的行程长度（mm）；

n_r——主运动每分钟的往复次数（次/min）。

（2）进给速度 v_f、进给量 f 和每齿进给量 a_f。

进给速度 v_f 是单位时间的进给量（mm/s）；

进给量 f 是在主运动每转一转或每一行程时（或单位时间内），刀具和工件之间在进给运动方向上的相对位移，单位是 mm/r（用于车削、镗削等）或 mm/行程（用于刨削、磨削等）。

对于多刃切削工具（铣刀、铰刀、拉刀、齿轮滚刀），应规定每一刀齿的进给量 a_f，即后一个刀齿相对前一个刀齿的进给量。单位为 mm/z，如下：

$$v_f = fn = a_f zn \tag{1-2}$$

（3）切削深度 a_p。

工件上已加工表面和待加工表面间的垂直距离，单位为 mm（毫米）。

外圆柱面车削外圆的切削深度可用下式计算：

$$a_p = (d_w - d_m)/2(mm) \quad (1-3)$$

对于钻孔的切削深度：

$$a_p = d_m/2(mm) \quad (1-4)$$

式（1－3）和式（1－4）中　d_m——已加工表面直径（mm）；

d_w——待加工表面直径（mm）。

1.1.3　机械加工工艺过程的组成

机械加工工艺过程由一个或若干个顺序排列的工序组成。工序是工艺过程的基本单元，也是编制生产计划和进行成本核算的基本依据。工序又可分为工步、走刀、安装和工位。

一个（或一组）工人，在一台机床（或其他设备及工作地）上，对一个（或同时对几个）工件所连续完成的那部分工艺的过程，称为一个工序。区分工序的主要依据是：工作地点（或机床）是否变动和完成的那一部分工艺内容是否连续。如加工图 1－2 所示的阶梯轴，当单件小批生产时，其加工工艺及工序划分如表 1－1 所示。当大批大量生产时，其工序划分如表 1－2 所示。

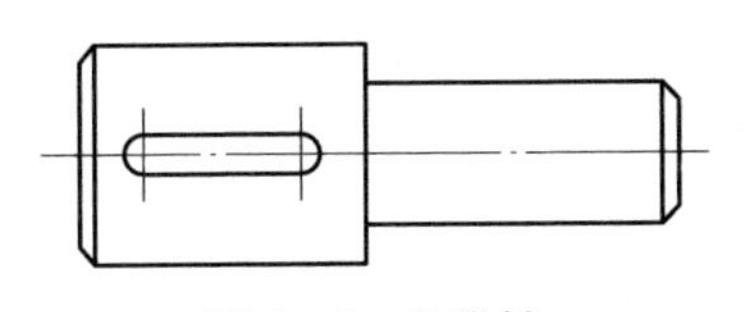

图 1－2　阶梯轴

表 1－1　单件小批生产的工艺过程

工序号	工序内容	设备
1	车一端面，钻中心孔，调头 车另一端面，钻中心孔	车床
2	车大外圆及倒角 调头 车小外圆及倒角	车床
3	铣键槽 去毛刺	铣床

表 1－2　　大批大量生产的工艺过程

工序号	工序内容	设备
1	铣端面、钻中心孔	铣端面和打中心孔机床
2	车大外圆及倒角	车床
3	车小外圆及倒角	车床
4	铣键槽	键槽铣床
5	去毛刺	钳工台

1. 工步

在加工表面、切削用量和加工刀具完全不变的情况下，所连续完成的那部分工艺过程称为工步。构成工步的任一因素改变后，一般即为另一工步。一个工序中含有一个或几个工步，如表 1－1 中的工序 1 和工序 2 均加工四个表面，所以各有四个工步，表 1－2 中的工序 4 只有一个工步。但有两种特殊情况。

（1）如果几个加工表面完全相同，在一次安装中连续进行的若干相同工步，则可把它们看作一个工步。

如图 1－3 所示，在工件上钻 4 个 ϕ15mm 的孔，用一个钻头顺次进行加工，则算作一个工步：钻 4×ϕ15mm 孔。

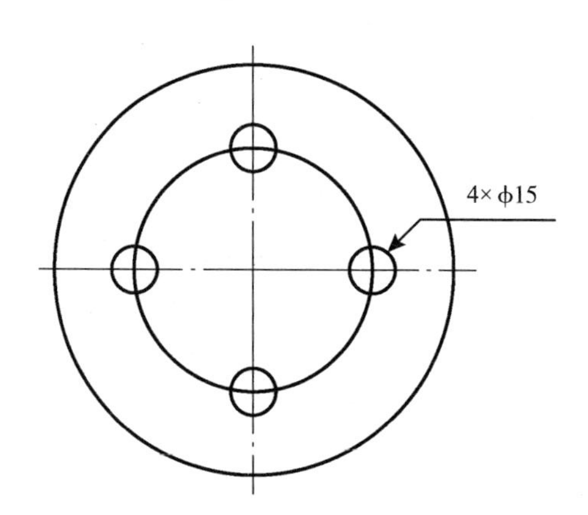

图 1－3　加工 4 个相同表面的工步

（2）为了提高生产率，用几把刀具同时加工几个表面的工步，称为复合工步，在工艺文件上，复合工步应视为一个工步，如图 1－4 所示。

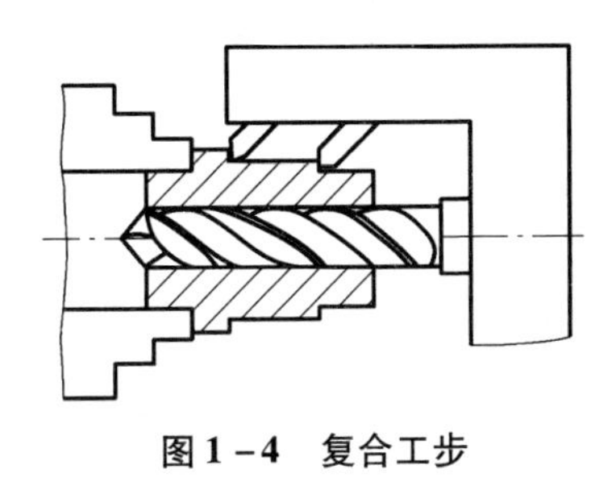

图 1－4　复合工步

2. 走刀（进给）

有些工步由于加工余量较大或其他原因，需要同一把刀具及同一切削用量对同一表面进行多次切削。这样，刀具对工件的每一次切削就称为一次走刀（进给）。走刀是构成工艺过程的最小单元。

3. 安装

工件在加工前，在机床或夹具上先占据一正确位置，确定工件在机床或夹具中占有正确位置的过程称为定位。工件定位后将其固定住，使其在加工过程中的位置保持不变的操作过程称为夹紧。将工件在机床上或夹具中定位后加以夹紧的过程称为安装。一道工序中，要完成加工，工件可能安装一次，也可能要安装几次。表 1－1 中的工序 1 和工序 2 均有两次安装，而表 1－2 中的工序只有一次安装。

注意：工件加工中应尽量减少安装次数，因为多一次安装就多一次误差，而且还增加了安装工件的辅助时间。

4. 工位

为了减少工件安装的次数，常采用各种回转工作台、回转夹具或移位夹具，使工件在一次安装中先后处于几个不同位置进行加工，此时，工件在机床上占据的每一加工位置称为工位。如图 1－5 所示为利用回转工作台，在一次安装中依次完成装卸工件、钻孔、扩孔、铰孔四个工位的例子。采用多工位加工方法，既可减少安装次数，又可使各工位的加工与工件的装卸同时进行，从而提高加工精度和生产率。

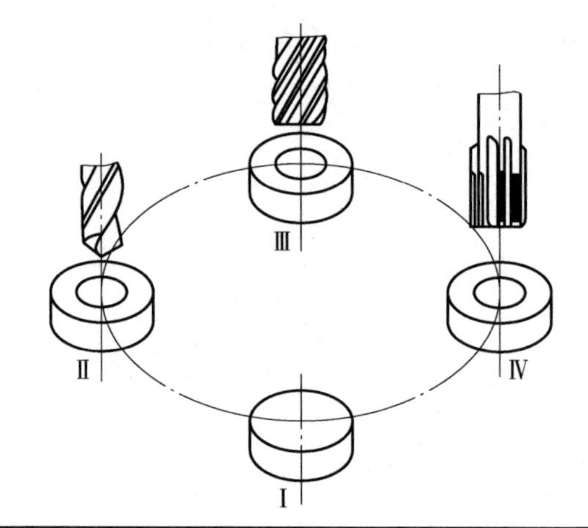

工位Ⅰ—装卸工件；工位Ⅱ—钻孔；工位Ⅲ—扩孔；工位Ⅳ—铰孔

图 1－5　多工位加工

1.1.4　生产纲领与生产类型及其特点

不同的机械产品，其结构、技术要求不同，但它们的制造工艺却存在很多共同的特征。这些共同的特征取决于企业的生产类型，而企业的生产类型又由企业的生产纲领来决定。

1. 生产纲领

企业在计划期（通常为 1 年）内应生产的产品产量，故常理解为企业计划期的年产量。

某种零件（包括备品和废品在内）的年产量称为该零件的年生产纲领。可按下式计算：

$$N = Qn(1 + a\%)(1 + b\%) \tag{1-5}$$

式（1－5）中　N——零件的年生产纲领（件）；

Q——机械产品的年产量（台/年）；

n——每台产品中该零件的数量（件/台）；

a%——备品的百分率；

b%——废品的百分率。

例 1－1　某厂年产某型号六缸柴油机 1000 台，已知连杆的备品率为 15%，废品率为 1%，计算连杆的年生产纲领。

解：依公式：$N = Qn(1 + a\%)(1 + b\%)$

$$=1000\times6\times(1+15\%)(1+1\%)=6969\ （件）$$

2. 生产类型

生产类型是指企业（或车间、工段、班组等）生产专业化程度的分类。根据生产纲领和投入生产的批量，可将生产分为单件生产、成批生产、大量生产三大类。

（1）单件生产。

单件生产是指单个生产不同结构和尺寸的产品，很少重复甚至不重复的生产类型。例如，重型机械、专用设备制造和新产品试制等均属于单件生产。其特点是：生产的产品种类较多，而同一产品的产量很小，工作地点的加工对象经常改变。

（2）成批生产。

成批生产是指一年中分批轮流制造几种不同的产品，每种产品均有一定的数量，工作地点的加工对象周期性重复。例如，机床、电动机的生产。其特点是：产品的种类较少，有一定的生产数量，加工对象周期性地改变，加工过程周期性地重复。

成批生产中，每批投入生产的同一种产品（或零件）的数量称为批量。按照批量的大小，成批生产又可分为小批生产、中批生产和大批生产。小批生产的工艺特点与单件生产相似，大批生产与大量生产相似，故常分别称为单件小批生产和大批大量生产。

（3）大量生产。

大量生产是指同一产品生产数量很大，大多数工作地点按一定节奏重复进行某一零件的某道工序的加工。例如，汽车、拖拉机、轴承、自行车等的生产。其特点是：同一产品的产量大，工作地点较少改变，加工过程重复。

生产类型的划分，可根据生产纲领和产品的特点及零件的重量，或根据工作地点每月担负的工序数参考表 1 - 3 确定。同一企业或车间可能同时存在几种生产类型，判断企业或车间的生产类型，应根据其主导产品的生产类型来确定。

表 1-3　　生产类型与生产纲领的关系

生产类型		生产纲领/(台/年) 或 (件/年)			工作地每月担负的工序数 (工序数/月)
		重型机械或重型零件 (>100kg)	中型机械或中型零件 (10~100kg)	小型机械或轻型零件 (<10kg)	
单件生产		5	10	100	不作规定
成批生产	小批	5~100	10~200	100~500	>20~40
	中批	100~300	200~500	500~5000	>10~20
	大批	300~1000	500~5000	5000~50000	>1~10
大量生产		>1000	>5000	>50000	>1

随着科学技术的进步和人们对产品性能要求的不断提高，产品更新换代周期越来越短，品种规格不断增多，多品种小批量的生产类型将会越来越多。

3. 工艺特点

若生产类型不同，则无论在生产组织、生产管理、车间机床布置，还是在毛坯制造方法、机床种类、工具、加工或装配丰富、工人技术要求等方面都有所不同，它们各自的工艺特点如表 1-4 所示。

表 1-4　　各种生产类型的工艺特点

特点	单件小批生产	中批生产	大批大量生产
加工对象	经常变化	周期性变化	固定不变
毛坯制造	砂型铸件和自由锻件	部分采用金属模铸件和模锻件	广泛采用机器造型、压铸、精铸、模锻等
机床设备	通用机床	通用和部分专用机床	高效专用机床及自动机床
工艺装备	大多使用通用夹具、通用刀具和量具	广泛使用专用夹具，较多使用专用刀具和量具	广泛使用高效专用夹具、刀具和量具
对工人的技术要求	技术熟练	技术比较熟练	调整工技术熟练，操作工要求熟练程度低
生产率	低	一般	高
成本	高	一般	低

在大量生产时采用自动线，在成批生产时采用流水线，在单件小批生产时，采用机群式的生产形式。

项目 2　机械加工工艺规程概述

能力目标

能做好制定工艺规程的前期准备工作。

知识目标

1. 掌握工艺规程的内容、作用和格式。
2. 掌握制定工艺规程的原则和原始资料。
3. 掌握制定工艺规程的步骤。

1.2.1　工艺规程的内容、作用和形式

1. 工艺规程的内容

工艺规程是指用文字、图表和其他载体形式，规定产品或零部件制造工艺过程和操作方法等的工艺文件，是一切与产品生产有关的人员都应严格执行、认真贯彻的纪律性文件。它是在具体的生产条件下，以较合理的工艺过程和操作方法，并按规定的形式书写成工艺文件，经审批后用来指导生产的。其内容主要包括：工艺路线、工序加工的内容与要求、所采用的机床和工艺装备、工件的检验项目及检验方法、切削用量、工时定额等。

2. 工艺规程的作用

(1) 工艺规程是指导生产的主要技术文件。工艺规程是合理工艺过程的表格化，是在工艺理论和实践基础上制定的。生产人员只有按照工艺规程进行生产，才能保证产品质量和较高的生产率以及较好的经济效果。

（2）工艺规程是生产组织和管理工作的基本依据。在产品投入前，要根据工艺规程进行有关的技术准备和生产准备工作，如安排原材料的供应、通用工装设备的准备、专用工装设备的设计与制造、生产计划的编排、经济核算等工作。对生产人员业务的考核也是以工艺规程为主要依据的。

（3）工艺规程是新建或扩建工厂或车间的基本资料。新建或扩建厂房或车间时，要根据工艺规程来确定所需要的机床设备的品种和数量、机床的布置、占地面积、辅助部门的安排等。

3. 工艺规程的形式

将工艺规程的内容填入一定格式的卡片，即称为工艺文件。目前，工艺文件还没有统一的格式，各企业都是按照一些基本的生产内容，根据具体情况自行确定。常用的工艺文件的基本格式如下：

（1）机械加工工艺过程卡片，是指以工序为单位，用来简要说明产品或零部件加工过程的一种工艺文件。由于各工序的说明不够具体，故一般不能直接指导生产人员操作，而多作为生产管理方面使用。在单件小批生产中，通常不编制其他较详细的工艺文件，而是以这种卡片指导生产。工艺过程卡的基本格式如表 1 – 5 所示。

（2）机械加工工艺卡片，是以工序为单位，详细说明零件工艺过程的工艺文件。它用来指导生产人员操作，帮助管理人员掌握零件加工过程，广泛用于批量生产的零件和小批生产的重要零件。机械加工工艺卡的基本格式如表 1 – 6 所示。

（3）机械加工工序卡片，是用来指导生产人员操作的一种最详细的工艺文件。在这种卡片上，要画出工序图，注明该工序的加工表面及应达到的尺寸精度和表面粗糙度要求、工件的安装方式、切削用量、工装设备等内容。在大批、大量生产时都要采取这种卡片，其基本格式如表 1 – 7 所示。

表 1－5　　**机械加工工艺过程卡片**

<table>
<tr><td rowspan="2">工厂</td><td rowspan="2">机械加工工艺过程卡片</td><td>产品型号</td><td></td><td>零(部)件图号</td><td></td><td colspan="2">共　页</td></tr>
<tr><td>产品名称</td><td></td><td>零(部)件名称</td><td></td><td colspan="2">第　页</td></tr>
<tr><td>材料牌号</td><td></td><td>毛坯种类</td><td></td><td>毛坯外形尺寸</td><td></td><td>每毛坯件数</td><td></td><td>每台件数</td><td></td><td>备注</td><td></td></tr>
<tr><td rowspan="2">工序号</td><td rowspan="2">工序名称</td><td rowspan="2">工序内容</td><td rowspan="2">车间</td><td rowspan="2">工段</td><td rowspan="2">设备</td><td rowspan="2">工艺装备</td><td colspan="2">工时</td></tr>
<tr><td>准终</td><td>单件</td></tr>
<tr><td></td><td></td><td></td><td></td><td></td><td></td><td></td><td></td><td></td></tr>
</table>

<table>
<tr><td></td><td></td><td></td><td></td><td></td><td></td><td></td><td></td><td></td><td></td><td rowspan="2">编制(日期)</td><td rowspan="2">审核(日期)</td><td rowspan="2">会签(日期)</td><td rowspan="2"></td><td rowspan="2"></td></tr>
<tr><td></td><td></td><td></td><td></td><td></td><td></td><td></td><td></td><td></td><td></td></tr>
<tr><td>标记</td><td>处记</td><td>更改文件号</td><td>签字</td><td>日期</td><td>标记</td><td>处记</td><td>更改文件号</td><td>签字</td><td>日期</td><td></td><td></td><td></td><td></td><td></td></tr>
</table>

表 1－6　　机械加工工艺卡片

<table>
<tr><td colspan="3" rowspan="2">工厂</td><td colspan="3" rowspan="2">机械加工工艺卡片</td><td>产品型号</td><td></td><td colspan="2">零(部)件图号</td><td colspan="3"></td><td colspan="3">共　页</td></tr>
<tr><td>产品名称</td><td></td><td colspan="2">零(部)件名称</td><td colspan="3"></td><td colspan="3">第　页</td></tr>
<tr><td colspan="3">材料牌号</td><td></td><td>毛坯种类</td><td></td><td>毛坯外形尺寸</td><td></td><td>每毛坯件数</td><td></td><td>每台件数</td><td colspan="2"></td><td>备注</td><td colspan="2"></td></tr>
<tr><td rowspan="2">工序</td><td rowspan="2">装夹</td><td rowspan="2">工步</td><td rowspan="2">工序内容</td><td rowspan="2">同时加工零件数</td><td colspan="4">切削用量</td><td rowspan="2">设备名称及编号</td><td colspan="3">工艺装备名称及编号</td><td rowspan="2">技术等级</td><td colspan="2">工时定额</td></tr>
<tr><td>切削深度/mm</td><td>切削速度$/(m \cdot min^{-1})$</td><td>每分钟转数或往复次数</td><td>进给量(mm或mm/双行程)</td><td>夹具</td><td>刀具</td><td>量具</td><td>单件</td><td>准终</td></tr>
<tr><td></td><td></td><td></td><td></td><td></td><td></td><td></td><td></td><td></td><td></td><td></td><td></td><td></td><td></td><td></td><td></td></tr>
</table>

<table>
<tr><td></td><td></td><td></td><td></td><td></td><td></td><td></td><td></td><td></td><td></td><td rowspan="2">编制(日期)</td><td rowspan="2">审核(日期)</td><td rowspan="2">会签(日期)</td><td rowspan="2"></td><td rowspan="2"></td></tr>
<tr><td></td><td></td><td></td><td></td><td></td><td></td><td></td><td></td><td></td><td></td></tr>
<tr><td>标记</td><td>处记</td><td>更改文件号</td><td>签字</td><td>日期</td><td>标记</td><td>处记</td><td>更改文件号</td><td>签字</td><td>日期</td><td></td><td></td><td></td><td></td><td></td></tr>
</table>

表1－7　　**机械加工工序卡片**

<table>
<tr><td rowspan="2">工厂</td><td rowspan="2">机械加工工序卡片</td><td>产品型号</td><td></td><td>零(部)件图号</td><td></td><td>共　页</td></tr>
<tr><td>产品名称</td><td></td><td>零(部)件名称</td><td></td><td>第　页</td></tr>
</table>

<table>
<tr><td>材料牌号</td><td></td><td>毛坯
种类</td><td></td><td>毛坯外
形尺寸</td><td></td><td>每毛坯件数</td><td></td><td>每台
件数</td><td></td><td>备注</td><td></td></tr>
</table>

<table>
<tr><td rowspan="12">（工序图）</td><td>车间</td><td colspan="2">工序号</td><td>工序名称</td><td colspan="2">材料牌号</td></tr>
<tr><td></td><td colspan="2"></td><td></td><td colspan="2"></td></tr>
<tr><td>毛坯种类</td><td colspan="2">毛坯外形尺寸</td><td>毛坯件数</td><td colspan="2">每台件数</td></tr>
<tr><td></td><td colspan="2"></td><td></td><td colspan="2"></td></tr>
<tr><td>设备名称</td><td colspan="2">设备型号</td><td>设备编号</td><td colspan="2">同时加工件数</td></tr>
<tr><td></td><td colspan="2"></td><td></td><td colspan="2"></td></tr>
<tr><td colspan="2">夹具编号</td><td colspan="2">夹具名称</td><td colspan="2">冷却液</td></tr>
<tr><td colspan="2" rowspan="5"></td><td colspan="2" rowspan="5"></td><td colspan="2"></td></tr>
<tr><td colspan="2">工序工时</td></tr>
<tr><td>准终</td><td>单件</td></tr>
<tr><td></td><td></td></tr>
<tr></tr>
</table>

续表

工步号	工步内容	工艺装备	主轴转速 /(r·min^{-1})	切削速度 /(m·min^{-1})	进给量 /(mm·r^{-1})	切削深度 /mm	进给次数	工时定额	
								机动	辅助

										编制(日期)	审核(日期)	会签(日期)		
标记	处记	更改文件号	签字	日期	标记	处记	更改文件号	签字	日期					

1.2.2　机械加工工艺规程的设计原则和原始资料

1. 机械加工工艺规程的设计原则

机械加工工艺规程的设计原则为：在一定的生产条件下，以最少的劳动量和最低成本，在规定期间内，可靠地加工符合图样及技术的零件。在具体制定时，应注意以下问题。

（1）应保证产品加工质量达到设计图样上规定的各项技术要求，这是设计机械加工工艺规程应首先考虑的问题。

（2）在保证加工质量的前提下，应尽可能提高生产率，减少能源和材料消耗，降低生产成本。

（3）在充分利用现有生产条件的基础上，应尽可能采用国内外先进工艺技术和经验。

（4）尽可能减轻工人的劳动强度，保证生产安全，创造良好、文明的劳动条件，并避免污染环境。

（5）机械加工工艺规程应做到正确、完整、统一和清晰，其编号以及所用术语、符号、计量单位和代号等都要符合相应标准。

2. 制定工艺规程的原始资料

在制定工艺规程时，必须有下列原始资料。

（1）产品的全套装配图和零件图。

（2）产品的生产纲领。

（3）产品验收的质量标准。

（4）企业现有的生产条件：包括本厂、车间的设备规格、功能、精度等级，工艺装配及专用设备的制造能力，干部的配备，技术工人的水平及生产组织情况等。

（5）产品零件毛坯生产条件及毛坯图等资料。

（6）工艺规程设计、工艺装备设计所需要的设计手册和有关标准。

（7）国内外先进制造技术资料等。

1.2.3　机械加工工艺规程的步骤

制定零件机械加工工艺规程的主要步骤如下。

（1）分析零件图和产品装配图。

（2）选择毛坯。

（3）拟定工艺路线。

（4）选择定位基准。

（5）确定各工序的加工余量，计算工序尺寸和公差。

（6）确定各主要工序的技术要求及检验方法。

（7）确定切削用量和工时定额。

（8）确定各工序的设备、刀夹具和辅助工具。

（9）填写工艺文件。

项目3　零件的工艺分析

能力目标

能根据零件图或装配图，分析零件上的结构和技术要求。

知识目标

1. 掌握零件的结构组成。
2. 掌握零件结构工艺性的分析。
3. 掌握零件的技术要求分析。

1.3.1　零件的结构及工艺性分析

零件本身的结构，对加工质量、生产效率和经济效益有着重要影响。为了获得较好的经济效益，在设计零件结构时，不仅要考虑满足使用要求，还应当考虑是否能够制造和便于制造，也就是要考虑零件结构的工艺性。

对零件进行工艺分析时，应注意以下问题。

1. 合理确定零件的技术要求

（1）不需要加工的表面，不要设计成加工面。

（2）要求不高的表面，不应设计为高精度和表面粗糙度 Ra 值低的表面，否则会使成本提高。

2. 遵循零件结构设计的标准化

（1）尽量采用标准化参数。

零件的孔径、锥度、螺纹孔径和螺距、齿轮模数和压力角、圆弧半径、沟槽等参数尽量选用有关标准推荐的数值，这样可使用标准的刀、夹、量具，减少专用工装的设计、制造周期和费用。

（2）尽量采用标准件。

例如，螺钉、螺母、轴承、垫圈、弹簧、密封圈等零件，一般由标准件厂生产，根据需要选用即可，不仅可缩短设计制造周期，使用维修方便，而且较经济。

（3）尽量采用标准型材。

只要能满足使用要求，零件毛坯尽量采用标准型材，不仅可减少毛坯制造的工作量，而且由于型材的性能好，可减少切削加工的工时及节省材料。

3. 合理标注尺寸

（1）按加工顺序标注尺寸，尽量减少尺寸换算，并能方便准确地进行测量。

（2）从实际存在的和易测量的表面标注尺寸，且在加工时应尽量使工艺基准与设计基准重合。

（3）零件各非加工面的位置尺寸应直接标注，而非加工面与加工面之间只能有一个联系尺寸。

4. 零件结构要便于加工

（1）零件结构要便于安装，定位准确，加工稳定可靠。

（2）尽量减小毛坯余量和选用切削加工性好的材料。

（3）各要素的形状应尽量简单，加工面积要尽量小，规格应尽量统一。

（4）尽量采用标准刀具进行加工，且刀具易进入、退出和顺利通过加工表面。

（5）加工面和加工面之间、加工面和不加工面之间均应明显分开，加工时应使刀具有良好的切削条件，以减少刀具磨损和保证加工质量。

表 1－8 列出了两种结构的对比，使用性能完全相同的零件，因结构稍有不同其制造成本就有很大的差别。

表 1－8　　部分零件机械加工工艺性对比情况

工艺性内容	不合理的结构	合理的结构	说明
1. 加工面积尽量减少	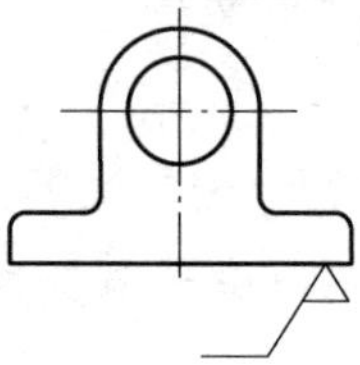	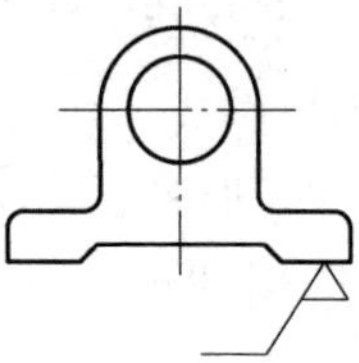	1. 减少加工余量 2. 减少刀具及材料的消耗量
2. 钻孔的入端和出端应避免斜面	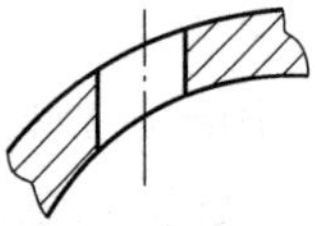	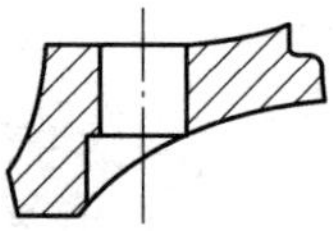	1. 避免钻头折断 2. 提高生产率 3. 保证精度
3. 槽宽应该尽量一致	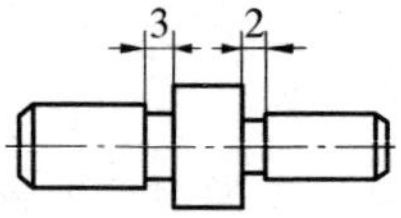 3　2	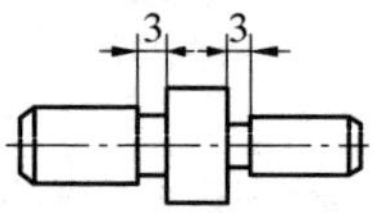 3　3	1. 减少换刀次数 2. 提高生产率
4. 装配轴颈尺寸尽量短	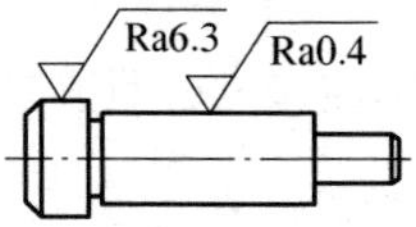 Ra6.3　Ra0.4	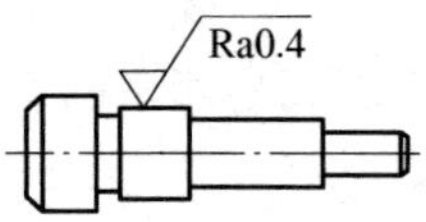 Ra0.4	1. 便于满足加工要求 2. 便于装配
5. 留退刀槽或砂轮越程槽	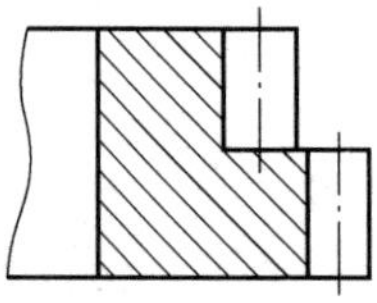	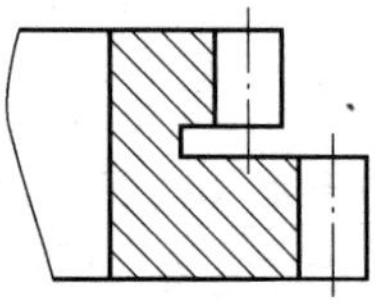	1. 便于小齿轮加工 2. 便于轴肩根部加工 3. 便于槽的根部加工 4. 便于螺纹加工
6. 直径沿一个或两个方向递减	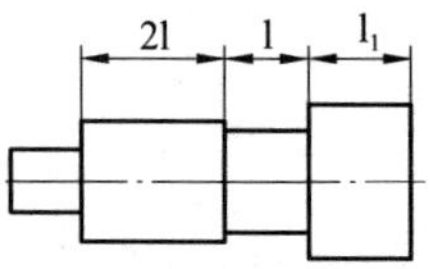 2l　l　l_1	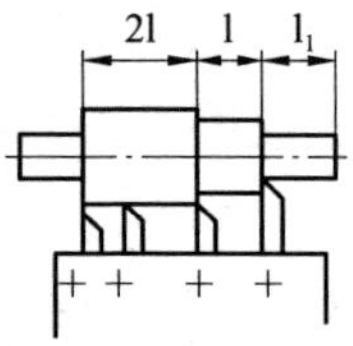 2l　l　l_1	1. 便于布置刀具 2. 便于在多刀半自动车床上加工

续表

工艺性内容	不合理的结构	合理的结构	说明
7. 键槽布置在同一方向上	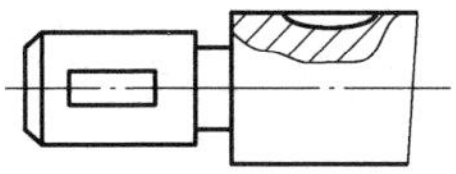	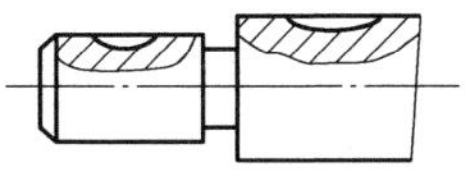	1. 减少调整次数 2. 保证位置精度
8. 孔的位置不能距壁太近	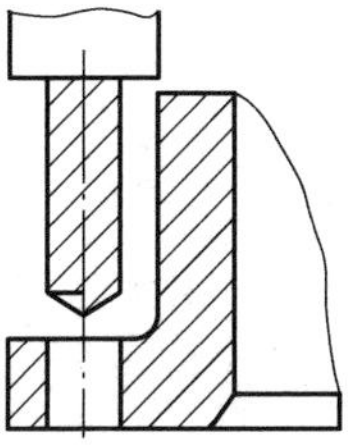	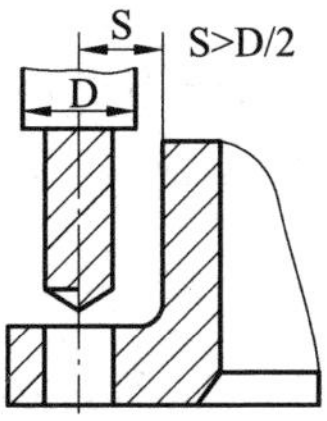 S　S>D/2 D	1. 便于加工 2. 可采用标准刀具
9. 槽底面不能与其他面重合	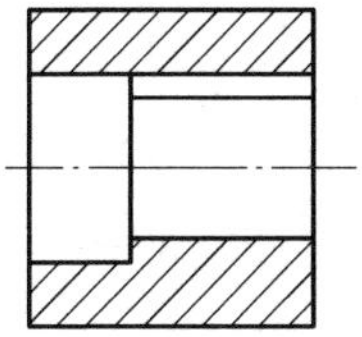	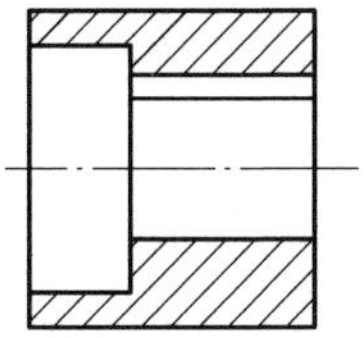	1. 便于加工 2. 避免损伤已加工表面
10. 凸台表面应位于同一平面上	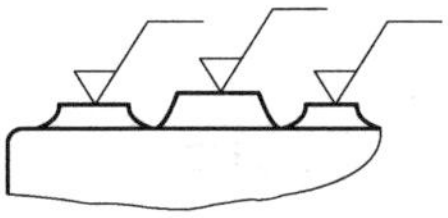	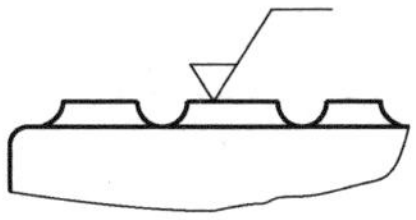	1. 提高生产率 2. 易保证精度
11. 两相接精加工表面间应设刀具越程槽	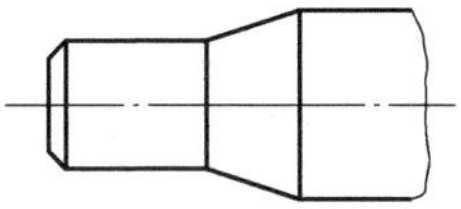	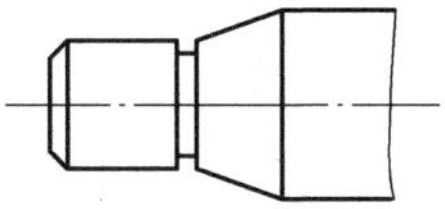	1. 便于加工 2. 易保证精度
12. 避免涂孔加工	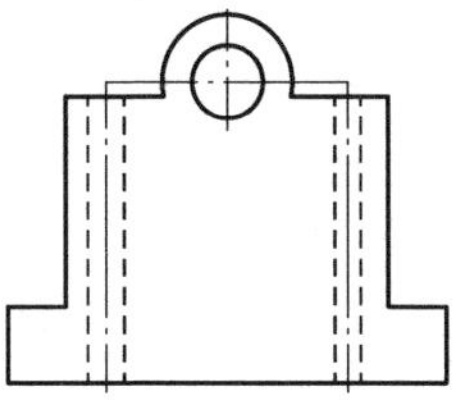	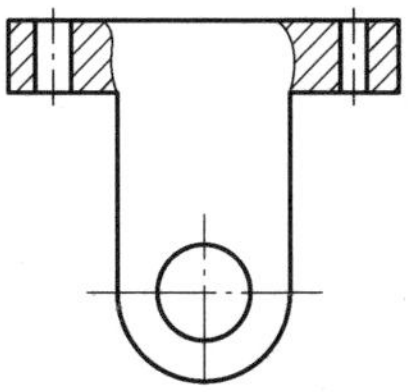	1. 便于孔加工 2. 节约零件材料

1.3.2　零件的技术要求分析

零件的技术要求分析是制定工艺规程的重要环节。分析零件的技术要求，确定主要加工表面和次要加工表面，从而确定整个加工方案。一般从以下几个方面进行。

（1）精度分析。包括主要精加工表面的尺寸精度、形状和位置精度的分析。一般尺寸精度取决于加工方法，位置精度决定于安装方法和加工顺序。

（2）表面粗糙度及其他表面质量要求分析。

（3）热处理要求及有关材质性能分析。

（4）其他技术要求（如动平衡、去磁等）的分析。

通常，加工表面的尺寸精度、表面粗糙度和有关热处理要求，决定了该表面的最终加工方法，进而得出中间工序和粗加工工序所采用的加工方法。

例如，轴类零件上 IT7 级精度，表面粗糙度为 Ra1.6μm 的轴颈表面，若不淬火，可用粗车、半精车、精车最终完成，若淬火，则最终加工方法选磨削，磨削前采用粗车、半精车加工。表面间的相互位置精度，决定了各加工表面的加工顺序。

项目 4　毛坯的选择

能力目标

能根据零件结构正确选择毛坯。

知识目标

1. 了解毛坯的种类。
2. 熟悉毛坯选择的原则。
3. 掌握毛坯形状和尺寸的确定。

1.4.1　毛坯的种类

机械加工中常用的毛坯有以下几种。

1. 铸件

一般用于形状复杂的毛坯。其铸造方法有砂型铸造、精密铸造、金属型铸造、离心铸造等，较常用的是砂型铸造。当毛坯精度要求低、生产批量较小时，采用木模手工造型法；当毛坯精度要求高、生产批量很大时，采用金属型机器造型法。铸件材料有铸铁、铸钢及铜、铝等非铁金属。铸件的优点是成本低、吸振好、工艺性好。铸件的缺点是力学性能差。铸件的形成过程如图 1－6 所示。

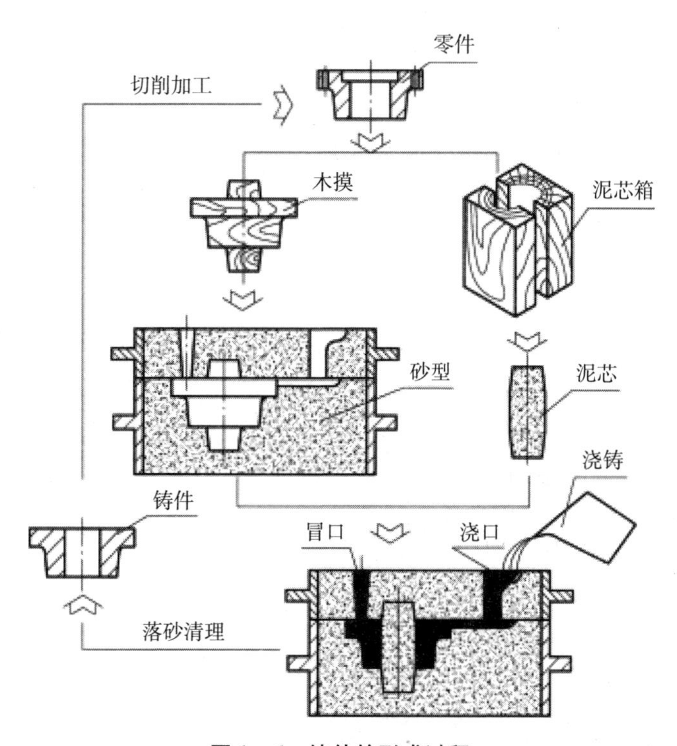

图 1－6　铸件的形成过程

2. 锻件

锻件适用于强度要求高、形状比较简单的零件毛坯，其锻造方法有自由锻和模锻两种。

自由锻造锻件精度低，加工余量大，生产率也低，适用于单件小批生产及大型锻件。

模锻件的精度和表面粗糙度均比自由锻造的好，可以使毛坯形状更接近工件形状，加工余量小，生产效率高，主要适用于批量较大的中小型零件。

3. 型材

型材主要通过热轧或冷拉而成。热轧的精度低，价格较冷拉的便宜，用于一般零件的毛坯。冷拉的尺寸小，精度高，适用于中小型零件的生产及采用自动线加工。按其截面形状，型材可分为圆钢、方钢、六角钢、扁钢、角钢、槽钢以及其他特殊截面的型材。

4. 焊接件

焊接件是根据需要将型材或钢板焊接而成的毛坯件，它制作方便、简单，但需要经过热处理才能进行机械加工。适用于单件小批生产中制造大型毛坯，其优点是制造简便，加工周期短，毛坯质量轻，缺点是焊接件抗振动性差，机械加工前需经过时效处理以消除内应力。

5. 冲压件

冲压件是通过冲压设备对薄钢板进行冷冲压加工而得到的零件，尺寸精度高，可以非常接近成品要求，适用于批量较大而零件厚度较小的中小型零件。

6. 其他形式的毛坯

粉末冶金制品、工程塑料制品、新型陶瓷、复合材料制品等毛坯。

1.4.2 毛坯选择时应考虑的因素

合理选择毛坯，大致要考虑五个方面的因素。

1. 零件的材料及其物理和力学性能

零件的材料是决定毛坯种类及其制造方法的主要因素。当零件的材料选定以后，毛坯的类型就大体确定了。例如，铸铁、青铜、铸铝等材料，除简单的小尺寸件用型材外，成形毛坯都采用铸件。强度较高的黄铜、锻铝、钢材，除简单的小尺寸件用型材外，成形毛坯用锻件，其强度较好。但形状复杂者也可以用铸钢铸造。

2. 零件的结构形状和外形尺寸

被加工件的结构形状是选择毛坯方案的主要依据。如形状复杂的毛坯常采用铸件，但对于形状复杂的薄壁件，一般不能采用砂型铸造，对于一般用途的阶梯轴，如果各段直径相差不大、力学性能要求不高时，可选择棒料做毛坯，倘若各段直径相差较大，为了节省材料，应选择锻件。

3. 生产类型

生产类型在很大程度上决定了采用毛坯制造方法的经济性。当零件的生产批量较大时，应采用精度和生产率都比较高的毛坯制造方法，这时毛坯制造增加的费用可由材料耗费减少的费用以及机械加工减少的费用来补偿。当零件为单件小批量生产时，以型材为主，形状复杂、尺寸较大者用型材焊接件。只有形状很复杂、要求高的壳体、底座等大件，采用自由锻或砂型铸造。

4. 工厂现有的生产条件

在选择毛坯类型时，要结合本企业的具体生产条件，如现场毛坯制造的实际水平和能力、外协的可能性等。

5. 充分考虑利用新技术、新工艺和新材料的可能性

目前，毛坯制造方面的新工艺、新技术和新材料的应用越来越多，精铸、精锻、冷轧、冷挤压、粉末冶金和工程塑料的应用日益广泛，这些方法可以大大减少机械加工量，节约材料并有十分显著的经济效益。

1.4.3　毛坯的形状和尺寸的确定

实现少切屑、无屑加工，是现代机械制造技术的发展趋势之一。但是，由于受毛坯制造技术的限制，加之对零件精度和表面质量的要求越来越高，所以毛坯上的某些表面仍需留有加工余量，以便通过机械加工来达到质量要求。下面从机械加工工艺角度来分析确定毛坯形状和尺寸时应注意的问题。

（1）为使加工时工件安装方便，有些铸件需要铸出工艺搭子（凸台），如图1－7所示。工艺凸台在零件加工完毕后一般应切除，如对使用和外观没有影响也可保留在零件上。

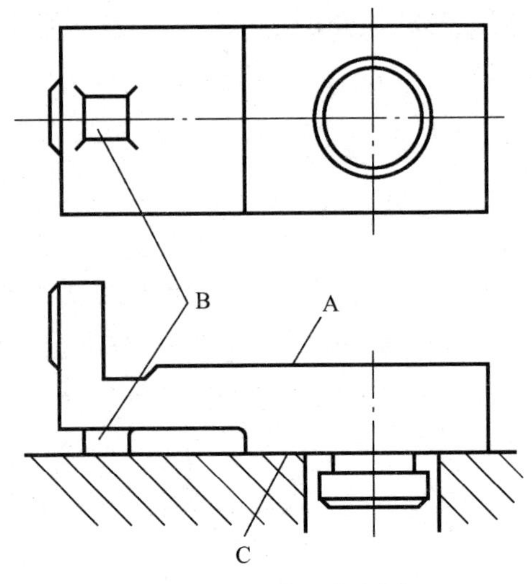

图 1－7　工艺凸台实例

（2）装配后需要形成同一工作表面的两个相关零件，为了保证这类零件的加工质量和加工时方便，常做成整体毛坯，加工到一定阶段后再分离。如图 1－8 所示，车床进给系统中的开合螺母外壳，其毛坯是两件合制的。

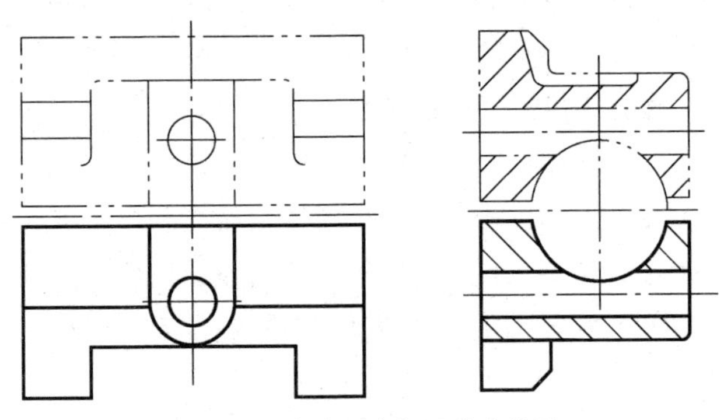

图 1－8　车床开合螺母外壳简图

（3）为提高机械加工的生产率，对于一些形状规则的小型零件，将多件合成一个毛坯，加工到一定阶段再分离成单件。如图 1－9 所示的滑键，对毛坯的各平面加工好后切离为单件，再对单件进行加工。

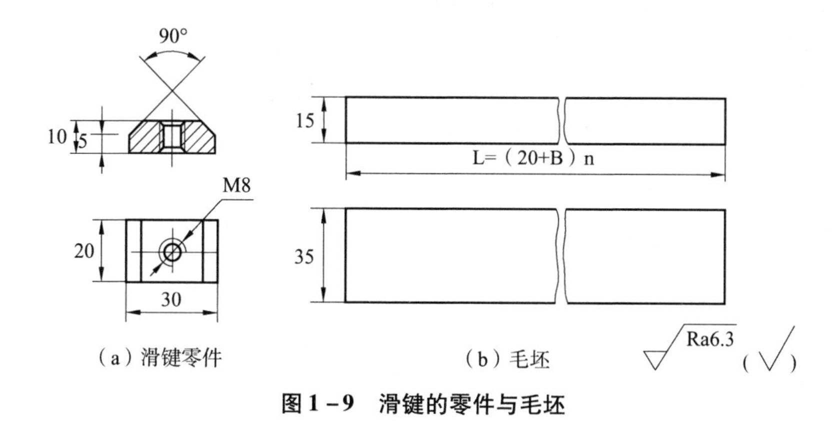

（a）滑键零件　　（b）毛坯

图1-9　滑键的零件与毛坯

项目5　定位基准的选择

能力目标

能依据定位基准的选择原则，在机械加工过程中正确选择定位基准。

知识目标

1. 掌握基准的概念及其分类。
2. 掌握工件定位的概念及定位方法。
3. 掌握精基准的选择原则。
4. 掌握粗基准的选择原则。

1.5.1　基准的概念及其分类

基准是指在零件图或实际的零件，用来确定某些点、线、面位置时所依据的那些点、线、面。基准在机械制造中应用得十分广泛，机械产品从设计、制造到出厂经常要遇到基准问题。设计时零件尺寸的标注，加工时工件的定位，检验时尺寸的测量，装配时零件、组件、部件的装配位置，都要用到基准的概念。

1. 设计基准

设计基准是指零件图上用来确定其他点、线、面位置关系所采用的基准。如图 1－10 所示，轴线 O－O 是各外圆表面及内孔的设计基准；端面 A 是端面 B、C 的设计基准。内孔表面 D 的轴心线是 ϕ40h6 外圆表面的径向跳动和端面 B 的端面跳动的设计基准。

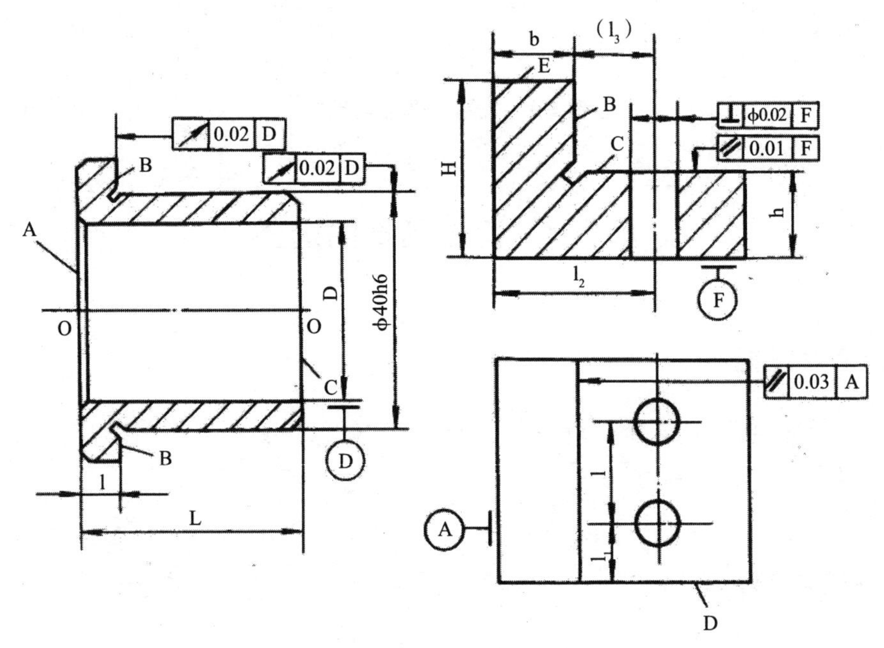

图 1－10　零件设计基准

2. 工艺基准

工艺基准是指在加工或装配过程中所使用的基准。工艺基准根据其使用场合的不同，可分为工序基准、定位基准、测量基准和装配基准。

（1）工序基准。工序图上，用来标注本工序加工尺寸、形状、位置的基准。大多与设计基准重合。有时为了加工方便，与设计基准不重合而与定位基准重合。如图 1－11 所示为钻套加工过程。其设计基准为轴线 O－O 和右端面 P。

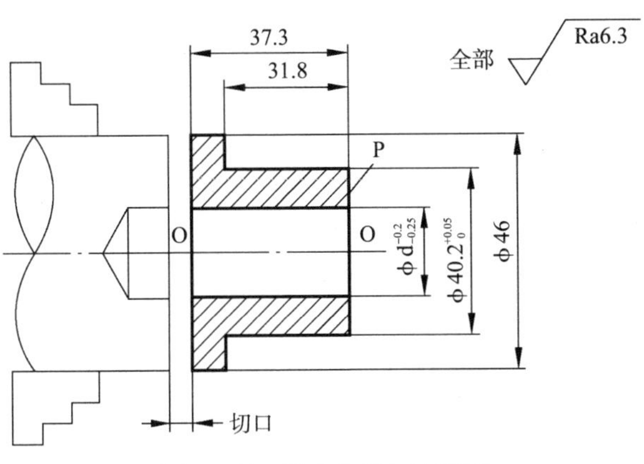

图 1－11　钻套车削工序简图

(2) 定位基准。在加工时，使工件在机床或夹具中占据正确位置所用的基准。当采用直接找正法时找正面是定位基准，采用画线找正法时所画线为定位基准，采用夹具安装法时工件与定位元件相接触的面为定位基准。

(3) 测量基准。在测量零件已加工表面的尺寸和位置时所采用的基准，如图 1－12 和图 1－13 所示。

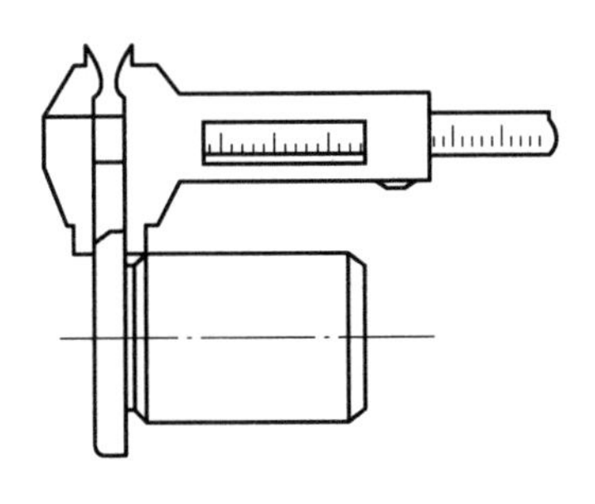

图 1－12　左侧面为测量基准

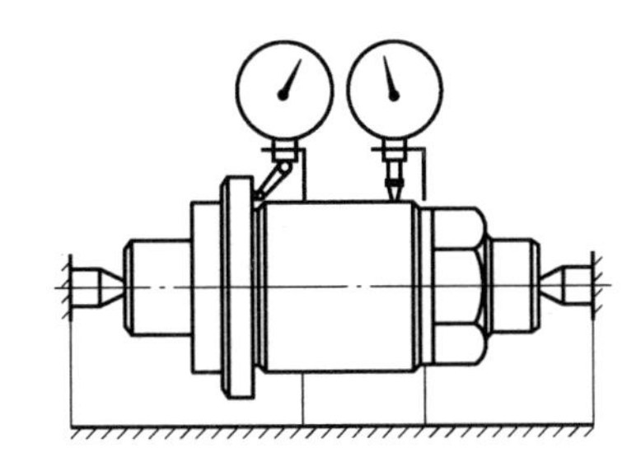

图 1－13　钻套的内孔为测量基准

(4) 装配基准。装配时用来确定零件或部件在产品中的相对位置所采用的基准，如图 1－14 所示为钻套在钻模板上的装配关系，钻套的外圆表面及它的台肩端面为该钻套在夹具上的装配基准。零件上用做装配基准的表面一般都是主要加工表面。

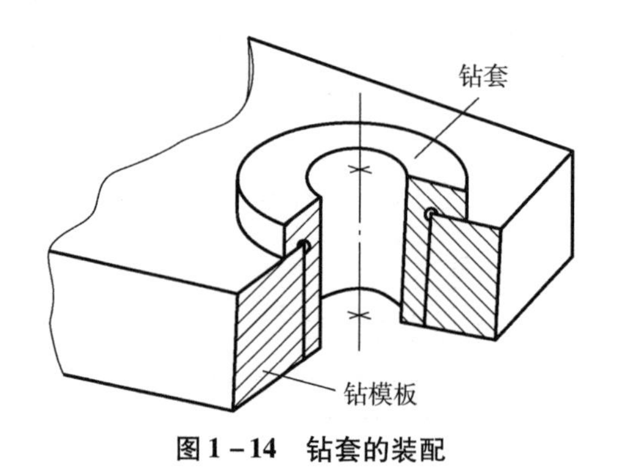

图 1－14　钻套的装配

1.5.2　工件定位的概念及定位方法

1. 工件定位的概念

加工前，工件在机床或夹具中占据某一正确位置的过程叫作定位。工件在机床中的定位要求如下。

（1）为了保证加工表面与其设计基准间的位置精度，工件定位时应使加工表面的设计基准相对机床占据一正确的位置。

如图 1－15 所示的钻模零件中为保证圆跳动公差要求，在安装钻模时就必须要求钻模的轴心线和车床主轴的轴心线重合。

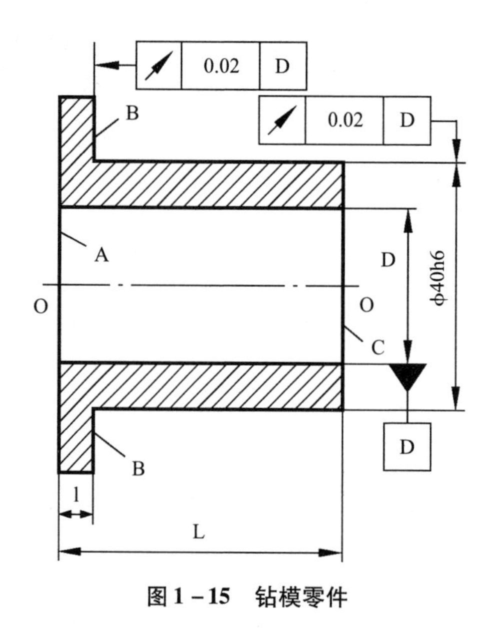

图 1－15　钻模零件

（2）为保证加工表面与其设计基准间的距离的尺寸精度，当采用调整法进行加工时，位于机床或夹具上的工件，相对刀具必须有正确的位置。

尺寸精度的获得方法有两种：试切法和调整法。

①试切法：是一种通过试切—测量加工尺寸—调整刀具位置—再试切的反复过程来获得尺寸精度的方法。如图 1－16（a）所示为获得尺寸 l，加工前工件在三爪自定心卡盘中的轴向位置不必严格规定。试切法多用于单件小批生产。

②调整法：是一种加工前按规定尺寸调整好刀具与工件的相对位置，并在一批工件加工的过程中保持这种位置的加工方法。如图 1－16（b）所示通过三爪反装和挡铁来确定工件与刀具的位置。

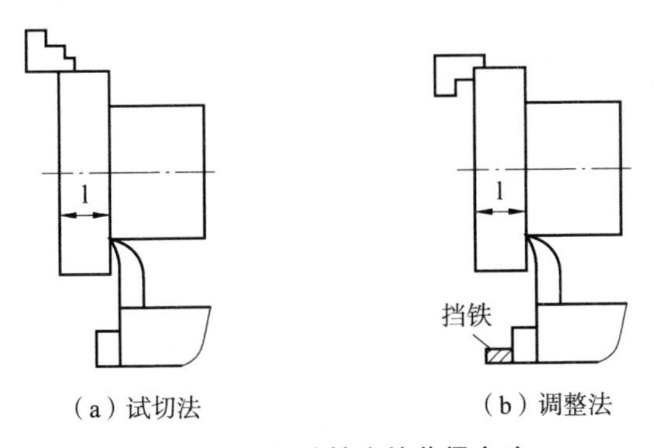

（a）试切法　　（b）调整法

图 1－16　尺寸精度的获得方法

为保证加工表面的位置精度，无论采用试切法还是调整法，加工表面的设计基准相对机床或夹具的位置必须正确。至于工件相对刀具的位置是否需要确定，取决于获得尺寸精度的方法，调整法需确定，试切法不需要确定。

2. 工件定位的方法

（1）直接找正法：用百分表、划针或目测在机床上直接找正工件，使其获得正确位置的一种方法。如图 1－17 所示，用单动卡盘安装工件，要保证加工后的内表面与外表面的同轴度要求，先用百分表按外表面进行找正，夹紧后车削内表面，从而保证内表面与外表面的同轴度要求。直接找正法的定位精度和找正的快慢，取决于找正精度、找正方法、找正工具和工人技术水平。一般适用于单件、小批或位置精度要求特别高的工件。

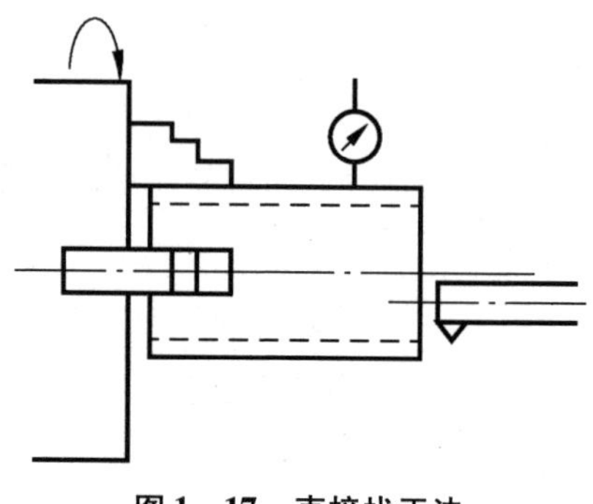

图1－17　直接找正法

（2）划线找正法：在机床上用划针按毛坯或半成品上所划的线找正工件，使其获得正确位置的一种方法。一般适用于批量小，毛坯精度较低、大型零件的粗加工工件。如图1－18所示为用划针在工作台上给毛坯划线。

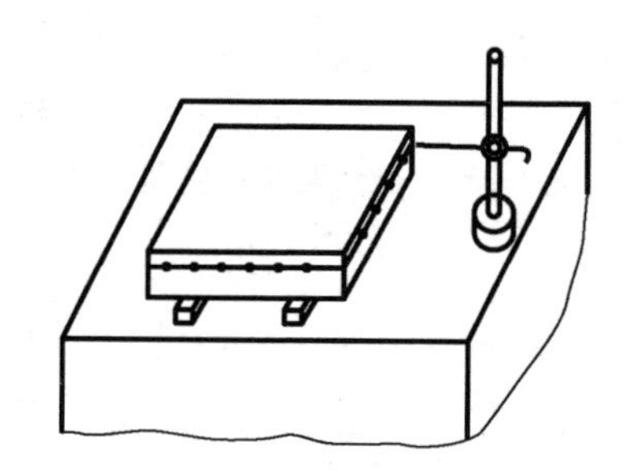

图1－18　划针在工作台上给毛坯划线

（3）采用夹具定位：用夹具上的定位元件使工件获得正确位置的一种方法。此法定位迅速方便，定位精度和效率高。一般适用于成批、大量生产。如图1－19所示为采用夹具法对工件进行定位。

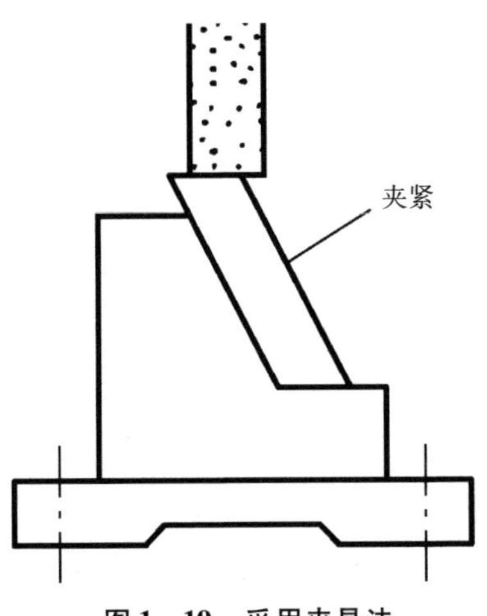

图 1 - 19　采用夹具法

1.5.3　定位基准的选择

合理选择定位基准对保证加工精度和确定加工顺序都有决定性的影响，后道工序的基准必须在前面工序中加工出来，因此，它是制订工艺规程时要解决的首要问题。在选择定位基准时，应多设想几种定位方案，比较它们的优缺点，周密地考虑定位方案与工艺过程的关系，尤其是对加工精度的影响。如前所述，基准的选择实际上就是基面的选择问题。在第一道工序中，只能使用毛坯的表面作为定位基准，这种定位基面就称为粗基面（或毛基面）。在以后各工序的加工中，可以采用已经切削加工过的表面作为定位基面，这种定位基面就称为精基面（或光基面）。

1. 精基准的选择

由于对精基面和粗基面的加工要求和用途不同，所以在选择精基面和粗基面时所考虑的侧重点也不同。对于精基面考虑的重点是如何减少误差，提高定位精度，因此选择精基面的原则如下。

（1）基准重合原则。即选择设计基准作为定位基准，以避免定位基准与设计基准不重合而引起的基准不重合误差。

如图 1 - 20 所示零件的两种尺寸标注基准选择，图 1 - 20（a）中加工 C 面按基准重合原则应选择 A 面作为定位基准，而在图 1 - 20（b）中加工 C 面按基准重合原则应选择 B 面作为定位基准。

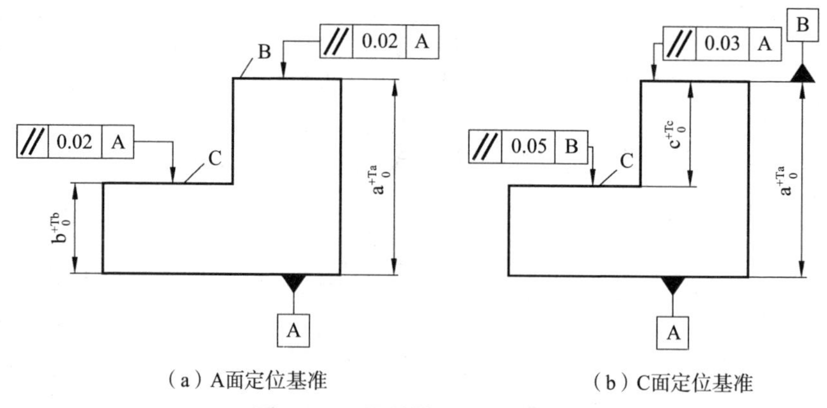

（a）A面定位基准　　（b）C面定位基准

图1－20　零件的两种尺寸标注

（2）基准统一原则。应尽可能使多个加工表面和加工工序使用同一个定位基准。既可避免因基准转换而带来的误差，又能简化夹具的设计制造过程、简化工艺规程的制定。但是基准统一可能产生基准不重合误差。为保证基准统一原则轴类零件以两端中心孔作为定位基准，圆盘类零件以内孔和一个端面作为定位基准，箱体类零件以较大的平面和在该平面上相距较远的一组孔作为定位基准。

基准统一并不排斥在个别工序中更换基准。如图1－21所示，活塞加工多数工序以M、N为精基准，而加工尺寸A的时候却转换为以Q为精基准。

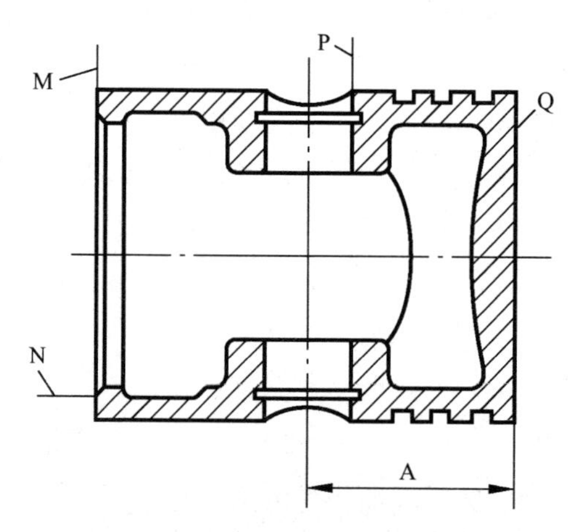

图1－21　活塞的加工定位基准

（3）互为基准原则。相互位置精度要求高的零件，采用互为基准，反复加工的原则。

例如，磨削精密齿轮，以内孔定位加工齿面，齿面经高频淬火后，先以齿面为基准磨内孔，再以内孔为基准磨齿面。保证齿面磨削余量均匀（淬硬层较薄）。

（4）自为基准原则。当精加工或光整加工工序要求余量尽量小而均匀时，或是在某些特殊情况下，可选择加工表面本身作为精基准。但该加工表面与其他表面之间的相互位置精度，则由先行工序保证。例如，图 1－22 所示的导轨面磨削，在导轨磨床上，用百分表找正导轨面相对机床运动方向的正确位置，然后加工导轨面，以保证导轨面余量均匀，满足对导轨面的质量要求。

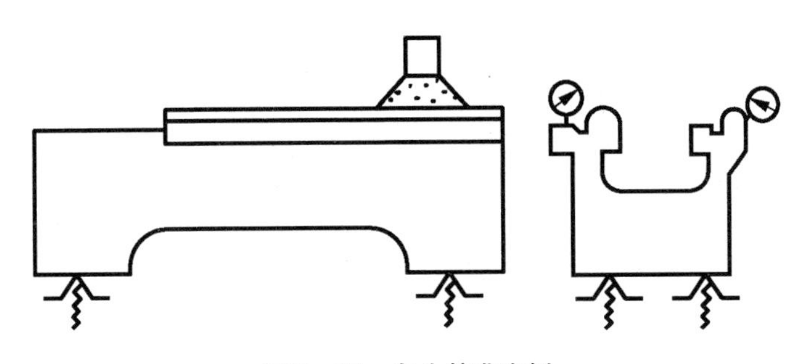

图 1－22　自为基准实例

（5）定位基准的选择应便于工件的安装与加工，一般选面积较大，精度较高的安装表面。

2. 粗基准的选择

粗基准选择时，应考虑加工表面和不加工表面之间的位置尺寸，合理分配各表面的加工余量、毛坯误差对加工的影响等。必须重视粗基准的选择，因为粗基准选择的好坏，对以后各加工表面的加工余量的分配，以及工件上加工表面和不加工表面的相对位置有很大的影响。因此，粗基准的选择需注意下列原则。

（1）对于具有不加工表面的工件，为保证不加工与加工表面之间的相对位置要求，一般应选择不加工表面为粗基准。

例如，图 1－23 所示的零件，加工内表面的粗基准为不加工的外表面。如图 1－24 所示的拨杆，有多个不加工面，但 φ22H9 孔与 φ40 外圆有同轴度要求，为保证壁厚均匀，在钻 φ22H9 孔时，应选择 φ40 外圆做粗基准。而在加工 B 面时，要选 A 面做粗基准，以保证它们之间的尺寸要求。当工件上有多个不加工面与加工面有位置要求时，则应选择其中要求较高的不加工面做粗基准。

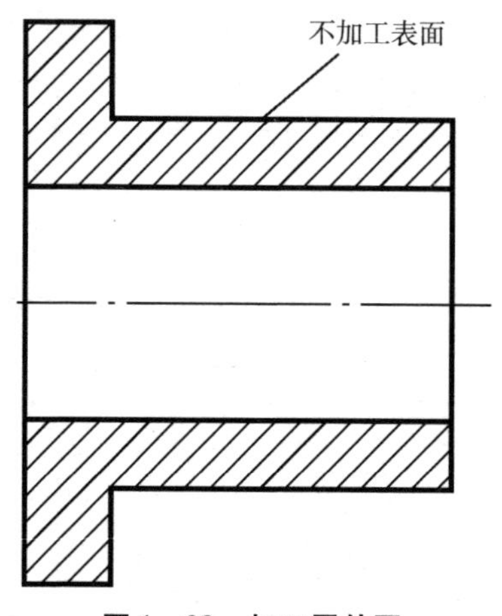

图 1－23　加工零件图

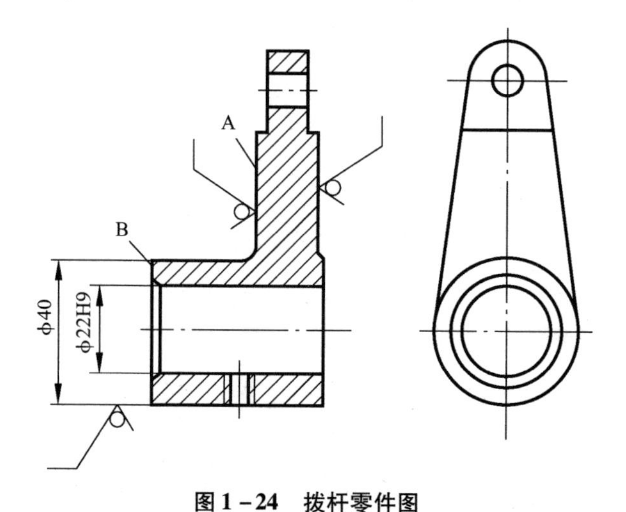

图 1－24　拨杆零件图

（2）对于有较多加工表面或不加工表面与加工表面间相互位置要求不严格的零件，粗基准的选择应能保证合理地分配各加工表面的余量。

①应保证各加工表面都有足够的加工余量，粗基准应选择毛坯上加工余量最小的表面。例如，图1-25所示的阶梯轴零件，左边的加工余量为8mm，右边的加工余量为5mm，如果先以左边为粗基准来加工右边的话，加工余量不够，有一面可能加工不到，会出现废品，但如果改用以右边为粗基准来加工左边，加工余量足够，不会出现废品。

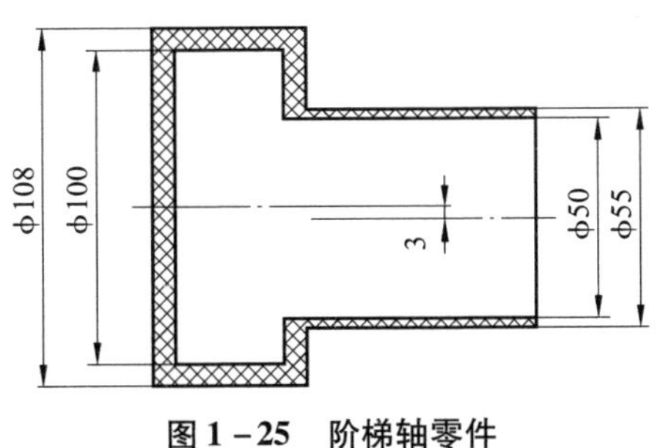

图1-25 阶梯轴零件

②尽可能地使某些重要表面（如机床床身的导轨表面或重要箱体的内孔表面等）上的余量均匀。对有较高耐磨性要求的铸造工作表面，要使其加工余量尽量小，从而保留结晶细密耐磨性好的金属层。如图1-26所示车床床身的加工。

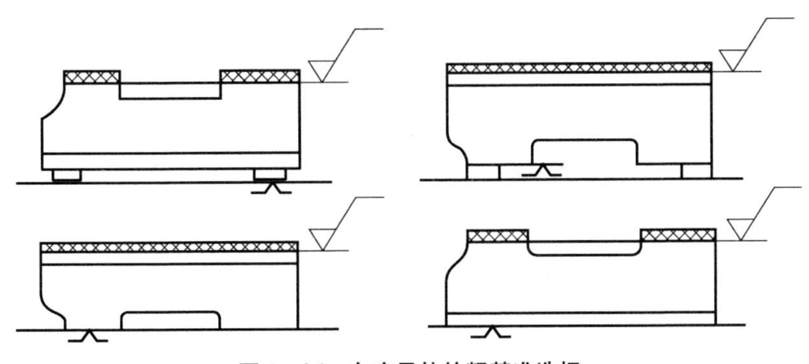

图1-26 车床导轨的粗基准选择

③应选择工件上那些加工面积较大，形状比较复杂，加工劳动量较大的表面为粗基准。应使零件各加工表面上总的金属切除量为最少。

（3）选做粗基准的毛坯表面应尽量光滑平整，不应有浇口、冒口的残迹及飞边等缺陷。

（4）不重复使用原则。在同一方向一般只允许用一次。因为毛坯制造精度低，粗基准本身的精度很低，所以在两次安装中重复同一粗基准会造成很大的定位误差。

项目6　工艺路线的拟定

能力目标

能针对某个零件合理选择加工方法，安排加工顺序。

知识目标

1. 了解表面加工方法和加工方案的选择。
2. 了解经济精度的基本概念。
3. 掌握工艺过程划分阶段的原则。
4. 掌握工序集中和工序分散的概念及特点。
5. 掌握加工顺序的安排。

1.6.1　表面加工方法的选择

拟定零件机械加工工艺路线时，要解决的主要问题有：零件各表面加工方法和设备的选择；加工阶段的划分；工序的集中与分散；工序的安排等。

表面的加工方法和方案的选择，应同时满足加工质量、生产率和经济性等方面的要求。

任何一种加工方法，可以获得的加工精度和表面质量均有一个相当大的范围，但只有在一定的精度范围内才是经济的，这种一定范围的加工精度即为该种加工方法的经济精度。为了正确地选择加工方法，应了解生产中各加工方法的特点及其经济加工精度。表 1 –9 中列出各种加工方法的经济和表面粗糙度（中批生产），在选择加工方法时，应根据工件的精度要求选择与经济精度相适应的加工方法。例如，对于 IT7 级精度，Ra 为 0. 4μm 的外圆，通过车削虽也可以达到要求，但在经济上就不及磨削合理。

表 1 –9　　各种加工方法的经济精度和表面粗糙度（中批生产）

被加工表面	加工方法	经济精度公差等级	表面粗糙度 Ra 值/μm
外圆和端面	粗车	IT11 ~ IT13	10 ~ 80
	半精车	IT8 ~ IT11	2. 5 ~ 10
	精车	IT7 ~ IT8	1. 25 ~ 5
	粗磨	IT8 ~ IT11	0. 8 ~ 3. 2
	精磨	IT6 ~ IT8	0. 2 ~ 0. 8
	研磨	IT5	0. 12 ~ 0. 2
	超精加工	IT5	0. 12 ~ 0. 2
	精细车（金刚车）	IT5 ~ IT6	0. 05 ~ 0. 8
孔	钻孔	IT11 ~ IT13	6. 3 ~ 50
	铸锻孔的粗扩（镗）	IT11 ~ IT13	12. 5 ~ 50
	精扩	IT9 ~ IT11	3. 2 ~ 6. 3
	粗铰	IT8 ~ IT9	1. 6 ~ 6. 3
	精铰	IT6 ~ IT7	0. 8 ~ 3. 2
	半精镗	IT9 ~ IT11	3. 2 ~ 6. 3
	精镗（浮动镗）	IT7 ~ IT9	0. 8 ~ 3. 2
	精细镗（金刚镗）	IT6 ~ IT7	0. 1 ~ 0. 8
	粗磨	IT9 ~ IT11	3. 2 ~ 6. 3
	精磨	IT7 ~ IT9	0. 4 ~ 1. 6
	研磨	IT6	0. 012 ~ 0. 2
	珩磨	IT6 ~ IT7	0. 1 ~ 0. 4
	拉孔	IT7 ~ IT9	0. 8 ~ 1. 6

续表

被加工表面	加工方法	经济精度公差等级	表面粗糙度 Ra 值/μm
平面	粗刨、粗铣	IT11 ~ IT13	12.5 ~ 50
	半精刨、半精铣	IT8 ~ IT11	3.2 ~ 6.3
	精刨、精铣	IT6 ~ IT8	0.8 ~ 3.2
	拉削	IT7 ~ IT8	0.8 ~ 1.6
	粗磨	IT8 ~ IT11	1.6 ~ 6.3
	精磨	IT6 ~ IT8	0.2 ~ 0.8
	研磨	IT5 ~ IT6	0.012 ~ 0.2

统计资料表明，各种加工方法的加工误差和成本之间的关系如图 1－27 所示。图中横坐标是加工误差，纵坐标是零件成本。从图 1－27 可以看出，同一种加工方法，精度越高，加工成本越高，精度有一定极限，当超过 A 点后，即使再增加成本，加工精度提高也极少，成本也有一定极限，当超过 B 点后，即使加工精度再降低，加工成本降低也极少，曲线中的 AB 段，加工精度和加工成本是互相适应的，是属于经济精度的范围。

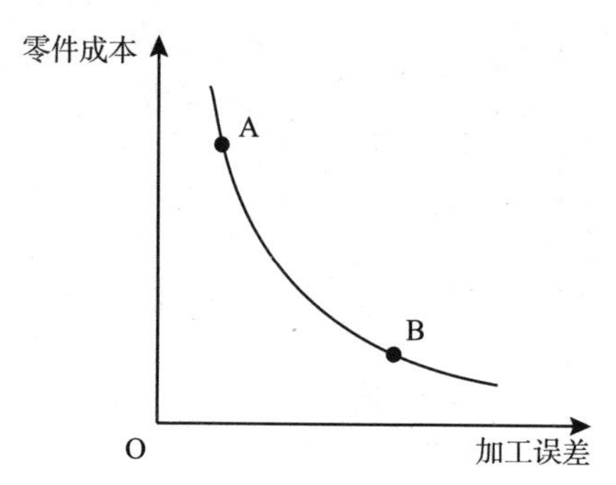

图 1－27　零件成本和加工误差的关系

1.6.2　加工顺序的安排

1. 加工阶段的划分

为了保证零件的加工质量和合理地使用设备、人力，零件往往不可能在一个工序内完成全部加工工作，而必须将整个加工过程划分为粗加工、半精加工、精加工和光整加工。

粗加工阶段的任务是高效地切除各加工表面的大部分余量，使毛坯在形状和尺寸上接近成品，半精加工阶段的任务是消除粗加工留下的误差，为主要表面的精加工做准备，并完成一些次要表面的加工，精加工阶段的任务是从工件上切除少量余量，保证各主要表面达到图纸规定的质量要求。珩磨、镜面磨削、超精加工等光整加工方法的余量极小，主要是在精加工基础之上进一步提高表面尺寸精度和降低表面粗糙度数值（IT5 ~9 级 Ra 0.2 以下），不能纠正表面形状及位置误差。

划分加工阶段的主要原因如下。

（1）保证零件加工质量。粗加工时切除的金属层较厚，会产生较大的切削力和切削热，所需的夹紧力也较大，因而工件会产生较大的弹性变形和热变形，另外，粗加工后由于内应力重新分布，也会使工件产生较大的变形。划分阶段后，粗加工造成的误差将通过半精加工和精加工予以纠正。

（2）有利于合理使用设备。粗加工时可使用功率大、刚度好而精度较低的高效率机床，以提高生产率。而精加工则可使用高精度机床，以保证加工精度要求。这样既充分发挥了机床各自的性能特点，又避免了以粗干精，延长了高精度机床的使用寿命。

（3）便于及时发现毛坯缺陷。由于粗加工切除了各表面的大部分余量，毛坯的缺陷如气孔、砂眼、余量不足等可及早被发现，及时修补或报废，从而避免继续加工而造成的浪费。

（4）避免损伤已加工表面。将精加工安排在最后，可以保护精加工表面在加工过程中少受损伤或不受损伤。

（5）便于安排必要的热处理工序。划分阶段后，选择适当的时机在机械加工过程中插入热处理，可使冷、热工序配合得更好，避免因热处理带来的变形。

应当指出，上述阶段的划分并不是绝对的，当加工质量要求不高、工件的刚性足够、毛坯质量高、加工余量小时，则可以不划分加工阶段，例如在自动机上加工的零件。另外，有些重型零件，由于安装、运输费时又困难，常不划分加工阶段，在一次安装下完成全部粗加工和精加工；或在粗加工后松开夹紧，消除夹紧变形，然后再用较小的夹紧力重新夹紧，进行精加工，这样也有利于保证重型零件的加工质量。但是对于精度要求高的重型零件，仍要划分加工阶段，并插入时效、去除内应力等处理，这需要按照具体情况来决定。

2. 工序集中与分散

在安排工序时，应考虑工序中所含加工内容的多少。

同一个工件，同样的加工内容，可以安排两种不同形式的工艺规程：一种是工序集中，另一种是工序分散。工序集中和工序分散的特点都很突出。由于工序集中和工序分散各有特点，所以生产上都有应用。

工序集中是使每个工序中包括尽可能多的工步内容，因而使总的工序数目减少，夹具的数目和工件的装夹次数也相应减少。其特点如下。

（1）在一次安装中可完成多个表面的加工。保证相互位置精度，减少装夹次数和辅助时间，减少搬运工作量，缩短生产周期。

（2）采用高效专用设备及工艺装备，提高生产率。

（3）减少机床数量，减少操作人员。节省车间面积，简化生产计划和生产组织工作。

（4）因采用专用设备和工艺装备，投资增大，调整和维修复杂，准备工作量大，产品转换费时。

工序分散，是将工艺路线中的工步内容分散在更多的工序中去完成，因而每道工序的工步少，工艺路线长。其特点如下。

（1）机床设备及工艺装备简单，调整维修方便，技术掌握容易，准备工作量少，易平衡工序时间，易于产品更换。

（2）可采用最合理的切削用量，减少基本时间。

（3）设备数量多，工人多，占用面积大。

工序集中与工序分散各有利弊，如何选择，应根据企业的生产规模、产品的生产类型、现有的生产条件、零件的结构特点和技术要求、各工序的生产节拍等进行综合分析后选定。

一般来说，单件小批生产采用组织集中，以便简化生产组织工作，大批大量生产可采用较复杂的机械集中，对于结构简单的产品，可采用工序分散的原则，批量生产应尽可能采用高效机床，使工序适当集中。对于重型零件，为了减少装卸运输工作量，工序应适当集中，而对于刚性较差且精度高的精密工件，则工序应适当分散。随着科学技术的进步，先进制造技术的发展，目前的发展趋势是倾向于工序集中。

3. 加工顺序的安排

复杂零件的机械加工要经过切削加工、热处理和辅助工序，在拟定工艺路线时必须将三者统筹考虑，零件上的全部加工表面应安排在一个合理的加工顺序中加工，这对保证零件质量、提高生产率、降低加工成本都至关重要。

（1）机加工工序的安排。

机加工工序安排的总原则是：前期工序必须为后续工序创造条件，做好基准准备。具体原则如下。

①基准先行。零件加工一开始，总是先加工精基准，然后再用精基准定位加工其他表面。例如，对于箱体零件，一般是以主要孔为粗基准加工平面，再以平面为精基准加工孔系，对于轴类零件，一般是以外圆为粗基准加工中心孔，再以中心孔为精基准加工外圆、端面等其他表面。如果有几个精基准，则应该按照基准转换的顺序和逐步提高加工精度的原则来安排基面和主要表面的加工。

②先主后次。先安排主要表面的加工，后安排次要表面的加工。这里所谓主要表面是指装配基面、工作表面等；所谓次要表面是指非工作表面（如紧固用的光孔和螺孔等）。由于次要表面的加工工作量比较小，而且它们又往往和主要表面有位置精度的要求，因此一般都放在主要表面的主要加工结束之后，而在最后精加工或光整加工之前。

③先粗后精。先安排粗加工，中间安排半精加工最后安排精加工和光整加工。

④先面后孔。加工一开始，总是先把精基面加工出来。如果精基面不只一个，则应该按照基面转换的顺序和逐步提高加工精度的原则来安排基面和主要表面的加工。例如，在一般机器零件上，平面所占的轮廓尺寸比较大，用平面定位比较稳定可靠，因此在拟定工艺规程时总是选用平面作为定位精基面，总是先加工平面后加工孔。

⑤为缩短工件在车间内的运输距离，避免工件的往返流动，加工顺序应考虑车间设备的布置情况。

（2）热处理工序的安排。

为了提高工件材料的机械性能，或改善工件材料的切削性能，或为了消除工件材料内部的内应力，在工艺过程的适当位置应安排热处理工序。常用热处理工艺有退火、正火、调质、时效、淬火、回火、渗碳淬火和渗氮等。

热处理工序在工艺路线中的安排，主要取决于零件的材料和热处理的目的。根据热处理的目的，一般可分为以下几个方面。

①预备热处理。预备热处理的目的是消除毛坯制造过程中产生的内应力、改善金属材料的切削加工性能、为最终热处理做准备。属于预备热处理的有调质、退火、正火等，一般安排在粗加工前、后。安排在粗加工前，可改善材料的切削加工性能，安排在粗加工后，有利于消除残余内应力。

②最终热处理。最终热处理的目的是提高金属材料的力学性能，如提高零件的硬度和耐磨性等。属于最终热处理的有淬火—回火、渗碳淬火—回火、渗氮等，对于仅仅要求改善力学性能的工件，有时正火、调质等也作为最终热处理。最终热处理一般应安排在粗加工、半精加工之后，精加工的前后。变形较大的热处理，如渗碳淬火、调质等，应安排在精加工前进行，以便在精加工时纠正热处理的变形，变形较小的热处理，如渗氮等，则可安排在精加工之后进行。

③去除内应力处理。最好安排在粗加工之后、精加工之前，如人工时效、退火。但是为了避免过多的运输工作量，对于精度要求不太高的零件，一般把去除内应力的人工时效和退火放在毛坯进入机械加工车间之前进行。但是对于精度要求特别高的零件（如精密丝杠），在粗加工和半精加工过程中要经过多次去除内应力退火，在粗、精磨过程中还要经过多次人工时效。

另外，对于机床的床身、立柱等铸件，常在粗加工前以及粗加工后进行自然时效（或人工时效），以便消除内应力，并使材料的组织稳定，不再继续变形。所谓自然时效，就是把铸件在露天放置几个月以至几年。所谓人工时效，就是把铸件以 50 ~ 100℃/h 的速度加热到 500 ~ 550℃，保温 3 ~ 5h 或更久，然后以 20 ~ 500℃/h 的速度随炉冷却。虽然目前机床铸件已多人工时效来代替自然时效，但是对精密机床的铸件来说，仍以自然时效为好。对于精密零件（如精密丝杠、精密轴承、精密量具、油泵油嘴偶件）为了消除残留奥氏体，使尺寸稳定不变，还要采用冰冷处理（在 0 ~ 80℃的空气中停留 1 ~2h）。冰冷处理一般安排在回火之后进行。

（3）辅助工序的安排。

辅助工序包括工件的检验、去毛刺、清洗、去磁和防锈等。其中检验是最主要的辅助工序，它对保证产品质量有重要的作用。检验工序应安排如下：

①粗加工全部结束后，精加工之前；

②零件从一个车间转向另一个车间前后，特别是进入热处理工序的前后；

③重要工序加工前后；

④特种性能检验，如磁力探伤、密封性检验等之前；

⑤零件全部结束之后。

项目 7　加工余量的确定

能力目标

能正确确定具体零件中某个加工表面的加工余量。

知识目标

1. 掌握加工余量的基本概念。
2. 掌握影响加工余量大小的因素。
3. 掌握确定加工余量的方法。

1.7.1　加工余量的基本概念

由于毛坯不能达到工件所要求的精度和表面粗糙度，因此要留有加工余量，以便经过机械加工来达到这些要求。

为保证零件质量，加工过程中从某一表面上切除的金属层厚度称为加工余量。分工序加工余量和加工总余量。

1. 工序加工余量

完成一个工序而从某一表面上切除的金属层厚度（见图1-28）。

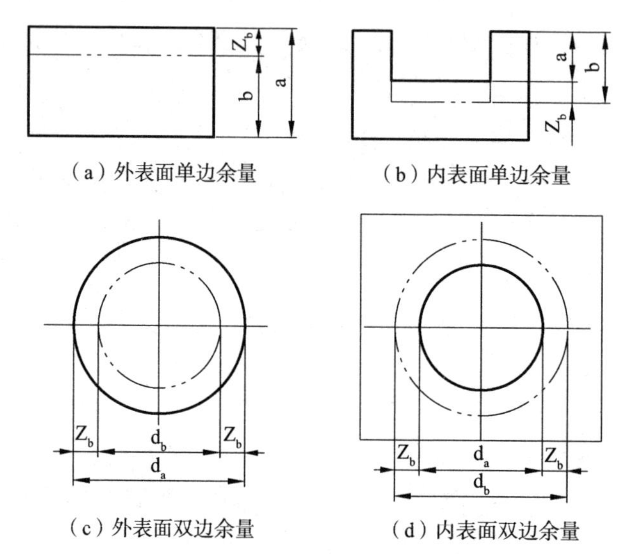

图1-28 单边余量和双边余量

工序余量还可定义为相邻两工序基本尺寸之差。按照这一定义，工序余量可分为单边余量和双边余量。

(1) 单边余量。

对于平面等非对称表面，工序余量一般为单边余量，它等于实际切除的金属层厚度。

对于外表面，如图1-28 (a) 所示，其单边余量为：

$$Z_b = a - b \tag{1-6}$$

对于内表面，如图1-28 (b) 所示，其单边余量为：

$$Z_b = b - a \tag{1-7}$$

式 (1-7) 中 Z_b——本工序的工序加工余量；

a——前工序的工序尺寸；

b——本工序的工序尺寸。

（2）双边余量。

对于外圆和孔等对称表面，工序余量为双边余量，即以直径方向计算，实际切除的金属层厚度为工序余量的一半。

对于外圆面，如图 1－28（c）所示，其双边余量为：

$$2Z_b = d_a - d_b \tag{1-8}$$

对于内圆面，如图 1－28（d）所示，其双边余量为：

$$2Z_b = d_b - d_a \tag{1-9}$$

式（1－9）中　Z_b——本工序的单边工序余量；

d_a——前工序的加工表面的直径；

d_b——本工序的加工表面的直径。

2. 加工总余量

零件某一表面从毛坯加工为成品所切除的金属层总厚度，它是毛坯尺寸与零件设计尺寸之差，也称毛坯余量。公式如下：

$$Z_\Sigma = Z_1 + Z_2 + \cdots + Z_n = \sum_{i=1}^{n} Z_i \tag{1-10}$$

由于工序尺寸存在公差，因此加工余量是在某一公差范围内变化的。

加工余量可分为基本加工余量（Z）、最大加工余量（Z_{max}）和最小加工余量（Z_{min}），如图 1－29 所示。

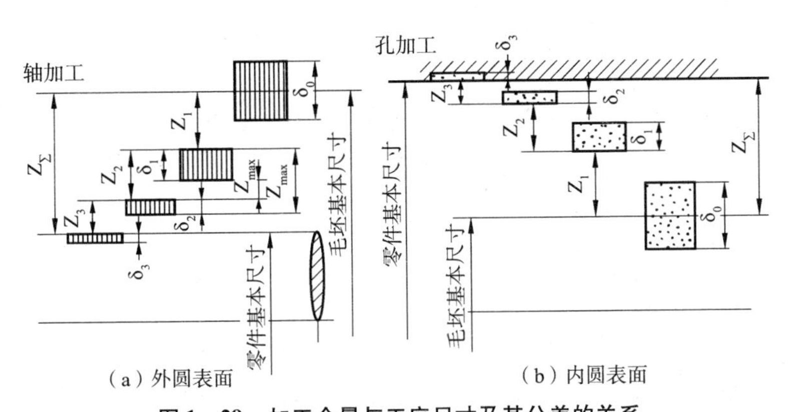

（a）外圆表面　　（b）内圆表面

图 1－29　加工余量与工序尺寸及其公差的关系

（1）基本加工余量是上道工序基本尺寸与本道工序基本尺寸之差。

（2）最小加工余量是上道工序最小工序尺寸和本道工序最大工序尺寸

之差。

（3）最大加工余量是上道工序最大工序尺寸和本工序最小工序尺寸之差。

工序加工余量的变动范围等于前工序和本工序两道工序尺寸公差之和。

$$T_Z = Z_{max} - Z_{min} = (a_{max} - b_{min}) - (a_{min} - b_{max}) = (a_{max} - a_{min}) + (b_{max} - b_{min}) = T_a + T_b$$

工序的公差带，一般规定在零件的“入体”方向，故对于被包容表面（轴）基本尺寸为最大尺寸，即 $A_{-a}^{\ 0}$。

对于包容面（孔），基本尺寸就是最小工序尺寸，即 A_{0}^{+a}；毛坯公差采用双向标注，即 $A \pm a$。

1.7.2 影响加工余量大小的因素

加工余量的大小对工件的加工质量、生产率和生产成本均有较大影响。加工余量过大，不仅增加机械加工的劳动量、降低生产率，而且增加了材料、刀具和电力的消耗，提高了加工成本，加工余量过小，则既不能消除前道工序的各种表面缺陷和误差，又不能补偿本工序加工时工件的安装误差，造成废品。因此，应合理地确定加工余量。

影响工序间余量的因素比较复杂，下面仅对在一次切削中应切去的部分作一说明，作为考虑工序间余量的参考。

（1）上道工序的表面粗糙度（R_{ya}）。

由于尺寸测量是在表面粗糙度的高峰上进行的，任何后续工序都应降低表面粗糙度，因此在切削中首先要把上道工序所形成的表面粗糙度切去。

（2）上道工序的表面破坏层（D_a）。

由于切削加工都在表面上留下一层塑性变形层（见图 1－30），这一层金属的组织已遭破坏，必须在本工序中予以切除。经过加工，上道工序的表面粗糙度及表面破坏层切除了，又形成了新的表面粗糙度和表面破坏层。但是根据加工过程中逐步减少切削层厚度和切削力的规律，本工序的表面粗糙度和表面破坏层的厚度必然比上道工序小。在光整加工中，上道工序的表面粗糙度和表面破坏层是组成加工余量的主要因素。

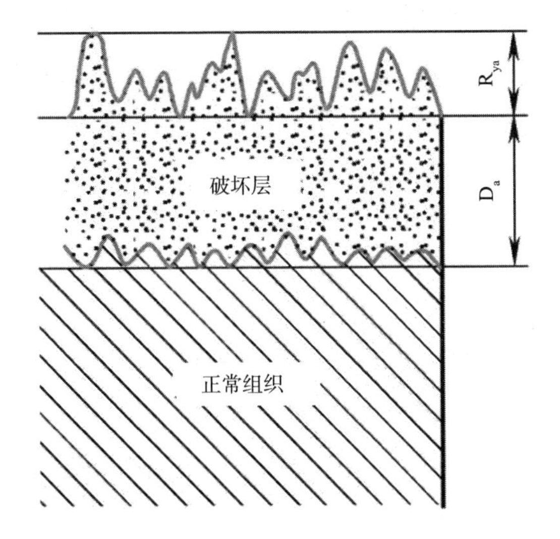

图 1－30　表面粗糙度和表面破坏层

（3）上工序的尺寸公差（T_a）。

从图 1－31 中可以看出，在工序间余量内包括上工序的尺寸公差。其形状和位置误差一般都包括在尺寸公差范围内（例如，圆度和素线平行度一般包括在直径公差内，平行度可以包括在距离公差内），不再单独考虑。

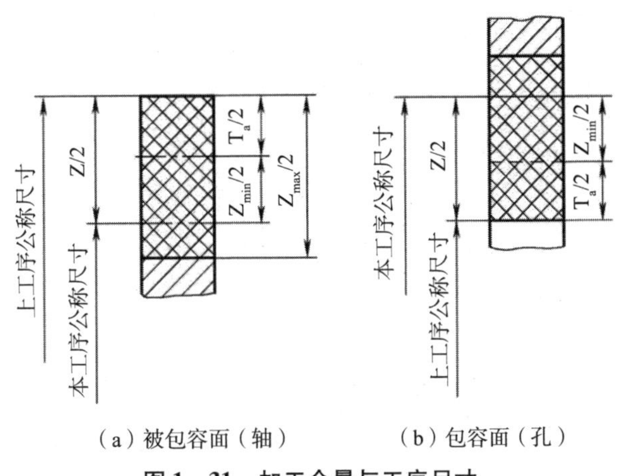

图 1－31　加工余量与工序尺寸

（4）需要单独考虑的误差（ρ_a）。

零件上有一些形状和位置误差不包括在尺寸公差的范围内，但这些误差又必须在加工中加以纠正，这时就必须单独考虑这类误差对加工余量的影响。属于这一类的误差有轴线的直线度、位置度、同轴度及平行度、轴线与端面的垂直度、阶梯轴及孔的同轴度、外圆对于孔的同轴度等。

（5）本工序的安装误差（ε_b）。

这一项误差包括定位误差（包括夹具本身的误差）和夹紧误差。如图 1－32 所示，若用自定心卡盘夹紧工件外圆磨内孔时，由于自定心卡盘本身定心不准确，因而使工件中心和机床回转中心偏移了一个 e 值，使内孔的磨削余量不均匀。为了加工出内孔，就需在磨削余量上增大 2e 值。

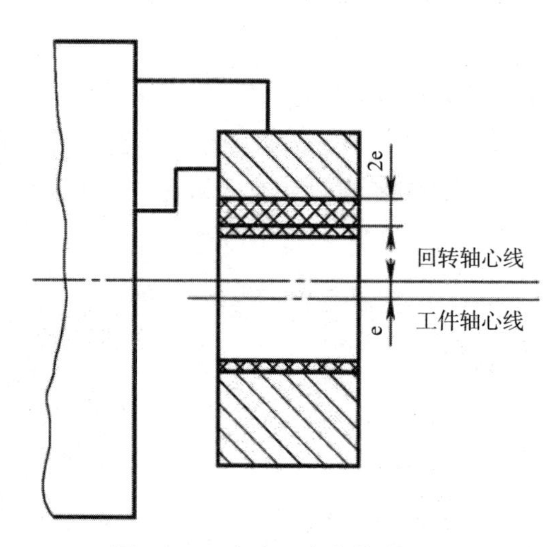

图 1－32　自定心卡盘装夹误差

由于 ρ_a 和 ε_b 具有方向性，因此，它们的合成应为向量和。根据以上分析，可以建立工序间最小余量的计算式。

对于平面加工，单边最小余量为：

$$Z_{bmin} = T_a + (R_{ya} + D_a) + |\vec{\rho_a} + \vec{\varepsilon_b}| \tag{1-11}$$

对于外圆和内孔加工，双边最小余量为：

$$2Z_{bmin} = T_a + 2[(R_{ya} + D_a) + |\vec{\rho_a} + \vec{\varepsilon_b}|] \tag{1-12}$$

当具体应用这种计算式时，还应考虑该工序的具体情况。如车削安装在两顶尖上的工件外圆时，其安装误差可取为零，此时直径上的双边最小余量为：

$$2Z_{bmin}=T_a+2[(R_{ya}+D_a)+\rho_a] \tag{1-13}$$

对于浮动镗孔，由于加工中是以孔本身作为基准，不能纠正孔轴线的偏斜和弯曲，因此此时的直径双边最小余量为：

$$2Z_{bmin}=T_a+2(R_{ya}+D_a) \tag{1-14}$$

对于研磨、珩磨、超精磨和抛光等光整加工工序，此时的加工要求主要是进一步降低上工序留下的表面粗糙度，因此其直径双边最小余量（仅降低表面粗糙度）为：

$$2Z_{bmin}=2R_{ya} \tag{1-15}$$

计算中所需的 R_{ya}、D_a、ε_b、ρ_a 的数值，可参阅有关的手册。

实际生产中加工余量的确定，主要参考由生产实践和试验研究所积累起来的资料，可以从一般的机械加工手册中查阅。

1.7.3　加工余量的确定

确定加工余量的基本原则是，在保证加工质量的前提下，加工余量越小越好。

实际工作中，确定加工余量的方法有以下三种。

（1）分析计算法。根据理论公式和一定的试验资料，对影响加工余量的各因素进行分析、计算来确定加工余量。这种方法较合理，但需要全面可靠的试验资料，计算也较复杂。一般只在材料十分贵重或少数大批、大量生产的工厂中采用。

（2）经验估计法。根据工艺人员本身积累的经验确定加工余量。一般为了防止余量过小而产生废品，所估计的余量总是偏大。常用于单件、小批量生产。

（3）查表法。根据有关手册提供的加工余量数据，再结合本厂生产实际情况加以修正后确定加工余量。目前，查表法是我国各工厂广泛采用的方法。参阅有关《机械加工工艺人员手册》。

项目8　工序尺寸及公差的确定

能力目标

能针对某个零件确定每道工序的工序尺寸及公差。

知识目标

1. 掌握基准重合时工序尺寸及其公差的确定。
2. 掌握工艺尺寸链的基本概念。
3. 掌握工艺尺寸链的计算。

工件上的设计尺寸一般都要经过几道工序的加工才能得到，每道工序所应保证的尺寸称为工序尺寸。编制工艺规程的一个重要工作就是要确定每道工序的工序尺寸及公差。在确定工序尺寸及公差时，存在工序基准与设计基准重合和不重合两种情况。

1.8.1　基准重合时工序尺寸及其公差的确定

当工序基准、定位基准或测量基准与设计基准重合，表面多次加工时，工序尺寸及其公差的计算相对来说比较简单。例如，轴、孔和某些平面的加工，计算时只需考虑各工序的加工余量和所能达到的精度。其计算顺序是由最后一道工序开始向前推算，计算步骤如下。

（1）定毛坯总余量和工序余量。

（2）定工序尺寸公差。最终工序尺寸公差等于设计尺寸公差，其余工序公差按经济精度确定。

（3）求工序基本尺寸。从零件图上的设计尺寸开始，一直往前推算到毛坯尺寸，某工序公称尺寸等于后道工序公称尺寸加上或减去后道工序余量。

（4）标注工序尺寸公差。最后一道工序的公差按设计尺寸标注，其余工序尺寸公差按入体原则进行标注。

例1－2　某法兰盘零件上有一个孔，孔径 $\phi60^{+0.03}_{0}$ mm，表面粗糙度Ra值为0.8微毫（μm），图1－33毛坯是铸钢件，需淬火处理。工艺上考虑需经过粗镗、半精镗和磨削加工。

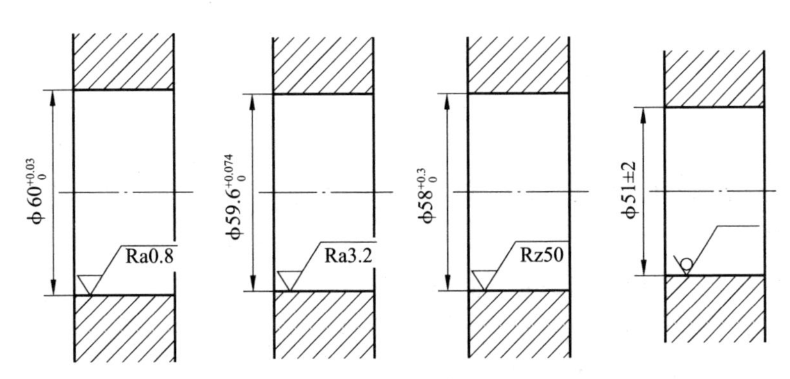

图1－33　法兰盘零件图和各工序尺寸及其公差

（1）各工序的公称加工余量。

根据各工序的加工性质，查表得它们的加工余量，如表1－10中的第2列。

（2）根据查得的余量计算各工序尺寸。

其顺序是由最后一道往前推算，图样上规定的尺寸，就是最后的磨孔工序尺寸，计算结果见表1－10中的第4列。

（3）确定各工序的尺寸公差及表面粗糙度。

最后磨孔工序的尺寸公差和粗糙度就是图样上所规定的孔径公差和粗糙度。各中间工序的公差及粗糙度是根据其对应工序的加工性质，查有关经济加工精度的表格得到（查得结果见表1－10第3列）。

（4）确定各工序的上、下极限偏差。

查得各工序公差之后，按“入体原则”确定各工序尺寸的上、下极限偏差。对于孔，公称尺寸值为公差带的下限，上极限偏差取正值（对于轴，公称尺寸值为公差带的上限，下极限偏差取负值）；对于毛坯尺寸的极限偏差应取双向值，得出结果如表1－10第5列所示。

表 1－10　　工序尺寸及公差的计算

工序名称	工序余量	工序的经济精度	工序基本尺寸	工序尺寸及公差
磨孔	0.4	H7($^{+0.030}_{0}$)	60	$60^{+0.030}_{0}$
半精镗孔	1.6	H9($^{+0.074}_{0}$)	59.6	$59.6^{+0.074}_{0}$
粗镗孔	7	H12($^{+0.3}_{0}$)	58	$58^{+0.3}_{0}$
毛坯孔		±2	51	51±2

例 1－3　某主轴箱体主轴孔的设计要求为 ϕ100H7，Ra＝0.8μm。其加工工艺路线为：毛坯—粗镗—半精镗—精镗—浮动镗。试确定各工序尺寸及其公差。

解：从《机械工艺手册》查得各工序的加工余量和所能达到的精度，具体数值如表 1－11 中的第二、第三列所示，计算结果如表 1－11 中的第四、第五列所示。

表 1－11　　主轴孔工序尺寸及公差的计算

工序名称	工序余量	工序的经济精度	工序基本尺寸	工序尺寸及公差
浮动镗	0.1	H7($^{+0.035}_{0}$)	100	$\phi100^{+0.035}_{0}$，Ra＝0.8μm
精镗	0.5	H9($^{+0.087}_{0}$)	100－0.1＝99.9	$\phi99.9^{+0.087}_{0}$，Ra＝1.6μm
半精镗	2.4	H11($^{+0.22}_{0}$)	99.9－0.5＝99.4	$\phi99.4^{+0.22}_{0}$，Ra＝6.3μm
粗镗	5	H13($^{+0.54}_{0}$)	99.4－2.4＝97	$\phi97^{+0.54}_{0}$，Ra＝12.5μm
毛坯孔	8	(±1.2)	97－5＝92	ϕ92±1.2

1.8.2　基准不重合时工序尺寸及其公差的确定

加工过程中，工件的尺寸是不断变化的，由毛坯尺寸到工序尺寸，最后达到满足零件性能要求的设计尺寸。因需要多次转换基准，从而引起工序基准、定位基准或测量基准与设计基准不重合。这时，需要利用工艺尺寸链原理来进行工序尺寸及其公差的计算。

1. 工艺尺寸链的基本概念

（1）工艺尺寸链的定义。

在零件加工过程中，由一系列相互联系的尺寸按一定顺序首尾相接排列成的工艺尺寸封闭图形就称为工艺尺寸链。如图 1 – 34（a）所示零件，假设零件图上标注的设计尺寸为 A_1 和 A_0。当按零件图进行加工时，尺寸 A_0 不便直接测量，但可以通过易于测量的尺寸 A_2 进行加工，以间接保证 A_0 的要求。则 A_1、A_2 和 A_0 就形成了一个封闭的图形，如图 1 – 34（b）所示。

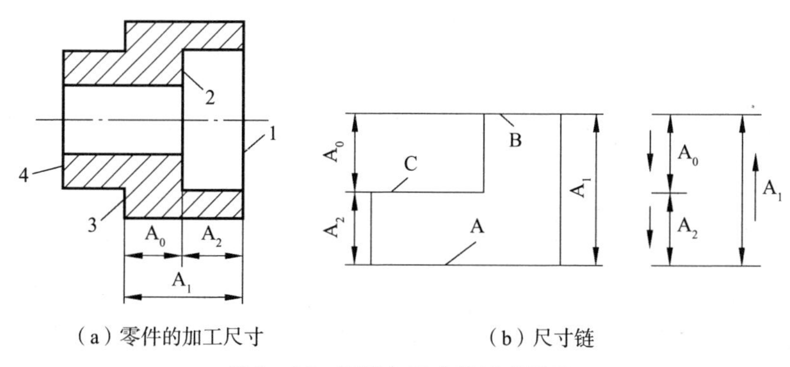

（a）零件的加工尺寸　　（b）尺寸链

图 1 – 34　零件加工中的尺寸联系

通过上述分析可知，工艺尺寸链的主要特性是封闭性和关联性。

所谓封闭性，是指尺寸链中各尺寸的排列呈封闭形式。没有封闭的不能称为尺寸链。

所谓关联性，是指尺寸链中任何一个直接获得的尺寸及其变化，都将影响间接获得或间接保证的那个尺寸及其精度的变化。

（2）工艺尺寸链的组成。把组成工艺尺寸链的各个尺寸称为尺寸链的环。这些环可分为封闭环和组成环。

①封闭环：尺寸链中最终间接获得或间接保证精度的那个环。每个尺寸链中必有一个，且只有一个封闭环。例如，图 1 – 34 所示尺寸链中 A_0 为封闭环。

②组成环：除封闭环以外的其他环都称为组成环。组成环又分为增环和减环。

增环（A_i）：若其他组成环不变，某组成环的变动引起封闭环随之同向变动，则该环为增环。例如，图1－34所示尺寸链中A_1为增环。

减环（A_j）：若其他组成环不变，某组成环的变动引起封闭环随之反向变动，则该环为减环。例如，图1－34所示尺寸链中A_2为减环。

（3）工艺尺寸链的建立。

利用工艺尺寸链进行工序尺寸及其公差的计算，关键在于正确找出尺寸链，正确区分增环、减环和封闭环。其方法和步骤如下。

①封闭环的确定。正确确定封闭环是解算工艺尺寸链最关键的一步。对于工艺尺寸链，要认准封闭环是“间接、最后”获得的尺寸这一关键点。在大多数情况下，封闭环可能是零件设计尺寸中的一个尺寸或者是加工余量值。

封闭环的确定还要考虑到零件的加工方案。如加工方案改变，则封闭环也将可能变成另一个尺寸。例如，图1－34（a）所示零件，当以表面3定位车削表面1，获得尺寸A_1，然后以表面1为测量基准车削表面2获得尺寸A_2时，则间接获得尺寸A_0。即为封闭环。但是，如果改变加工方案，以加工过的表面1为测量基准直接获得尺寸A_2，然后调头以表面2为定位基准，采用定距装刀的调整法车削表面3直接保证尺寸A_0时，则A_1成为间接获得的尺寸，是封闭环。

在零件的设计图中，封闭环一般是未注的尺寸（即开环）。

②组成环的查找。从封闭环两端起，按照零件表面间的联系，逆向循着工艺过程的顺序，分别向前查找该表面最近一次加工的加工尺寸，之后再找出该尺寸另一端表面的最后一次加工尺寸，直至两边汇合为止，所经过的尺寸都为该尺寸链的组成环。

③区分增减环。对于环数少的尺寸链，可以根据增环、减环的定义来判别。对于环数多的尺寸链，可以采用箭头法，即从A_0开始，在尺寸的上方（或下边）画箭头，然后顺着各环依次画下去，凡箭头方向与封闭环A_0的箭头方向相同的环为减环，相反的为增环。需要注意的是：所建立的尺寸链必须使组成环数最少，这样能更容易地满足封闭环的精度或者使各组成环的加工更容易、更经济。

2. 工艺尺寸链计算的基本公式

工艺尺寸链的计算方法有两种，即极值法和概率法，这里仅介绍生产中常用的极值法。

（1）封闭环的基本尺寸。封闭环的基本尺寸 A_0 等于所有增环基本尺寸之和减去所有减环基本尺寸之和，即：

$$A_0 = \sum_{i=1}^{m} \overrightarrow{A_i} - \sum_{j=m+1}^{n-1} \overleftarrow{A_j} \tag{1-16}$$

式（1-16）中，A_0——封闭环的尺寸；

$\overrightarrow{A_i}$——增环的基本尺寸；

$\overleftarrow{A_j}$——减环的基本尺寸；

m——增环的环数；

n——包括封闭环在内的尺寸链的总环数。

（2）封闭环的极限尺寸。封闭环的最大极限尺寸等于所有增环的最大极限尺寸之和减去所有减环的最小极限尺寸之和，封闭环的最小极限尺寸等于所有增环的最小极限尺寸之和减去所有减环的最大极限尺寸之和。故极值法也称为极大极小法，即：

$$A_{0max} = \sum_{i=1}^{m} \overrightarrow{A_{imax}} - \sum_{j=m+1}^{n-1} \overleftarrow{A_{jmin}} \tag{1-17}$$

$$A_{0min} = \sum_{i=1}^{m} \overrightarrow{A_{imin}} - \sum_{j=m+1}^{n-1} \overleftarrow{A_{jmax}} \tag{1-18}$$

（3）封闭环的上偏差 $B_s(A_0)$ 与下偏差 $B_x(A_0)$。

封闭环的上偏差等于所有增环的上偏差之和减去所有减环的下偏差之和，即：

$$B_s(A_0) = \sum_{i=1}^{m} B_s(\overrightarrow{A_i}) - \sum_{j=m+1}^{n-i} B_x(\overleftarrow{A_j}) \tag{1-19}$$

封闭环的下偏差等于所有增环的下偏差之和减去所有减环的上偏差之和，即：

$$B_x(A_0) = \sum_{i=1}^{m} B_x(\overrightarrow{A_i}) - \sum_{j=m+1}^{n-i} B_s(\overleftarrow{A_j}) \tag{1-20}$$

（4）封闭环的公差 $T(A_0)$。封闭环的公差等于所有组成环公差之和，即：

$$T(A_0) = \sum_{i=1}^{n-i} T(A_i) \tag{1-21}$$

3. 定位基准与设计基准不重合时工艺尺寸及其公差的确定

例1-4 如图1-35所示，A、B、C面均已加工完毕，现以调整法加工D面，选端面A为定位基准，且按工序尺寸L_3对刀进行加工。为保证加工后间接获得的尺寸L_0能符合图纸规定的要求，试求工序尺寸L_3及其极限偏差。

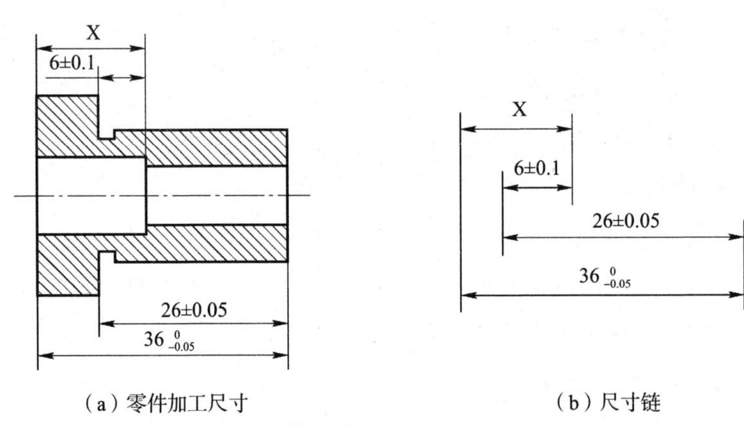

图1-35 定位基准与设计基准不重合时工艺尺寸及其公差的换算

解：（1）画尺寸链图并判断封闭环，如图1-35（b）所示。

（2）判断增、减环，如图1-35（b）所示。

（3）计算工序尺寸的基本尺寸。

由式（1-22）：

$$20 = (100 + L_3) - 120 \tag{1-22}$$

得：

$$L_3 = 20 + 120 - 100 = 40\text{mm} \tag{1-23}$$

（4）计算工序尺寸的极限偏差。

由式（1-24）：

$$0 = (0.08 + ES_3) - 0 \tag{1-24}$$

得L_3的上偏差为$ES_3 = -0.08$mm。

由式（1-25）：

$$-0.26 = (0 + EI_3) - 0.1 \tag{1-25}$$

得：

$$EI_3 = 0.1 - 0.26 = -0.16\text{mm} \tag{1-26}$$

所以工序尺寸 L_1 及其基本偏差为：

$$L_3 = 40_{-0.16}^{-0.08}\text{mm} \tag{1-27}$$

按“入体”方向标注为：

$$L_3 = 39.92_{-0.08}^{0}\text{mm} \tag{1-28}$$

4. 测量基准与设计基准不重合时工艺尺寸及其公差的确定

设计基准不便测量，甚至无法测量，需另选测量基准。通过对该测量尺寸的控制，间接保证原设计尺寸的精度。

例1-5　如图1-36所示，加工零件时要求保证尺寸6±0.1mm，但该尺寸不便测量，只好通过工序尺寸X来间接保证，试求工序尺寸X及其上、下极限偏差。

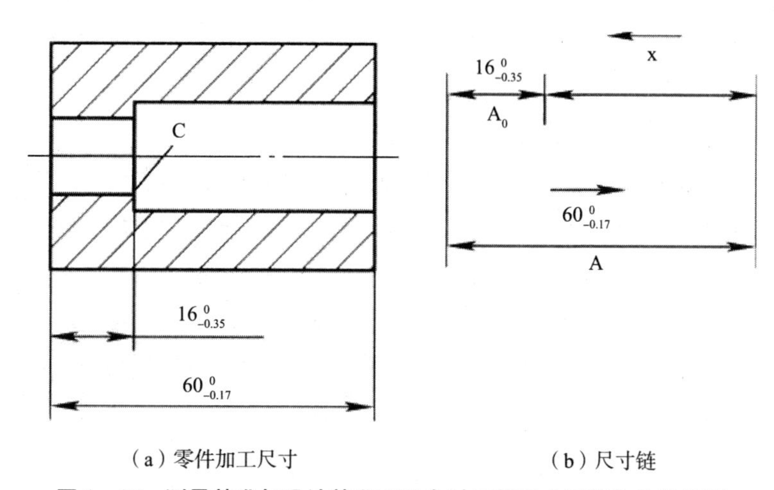

（a）零件加工尺寸　　（b）尺寸链

图1-36　测量基准与设计基准不重合时工艺尺寸及其公差的换算

解：（1）画尺寸链图并判断封闭环，如图1-36（b）所示。

（2）判断增、减环，如图1-36（b）所示。

（3）计算工序尺寸的基本尺寸。

由式：

$$16 = 60 - X \tag{1-29}$$

得：

$$X = 44\text{mm} \tag{1-30}$$

（4）计算工序尺寸的极限偏差。

由式：

$$0=0-B_x(X) \tag{1-31}$$

得 $B_x(X)$ 的下偏差为：

$$B_x(X)=0\text{mm} \tag{1-32}$$

由式：

$$-0.35=-0.17-B_s(X) \tag{1-33}$$

得 $B_s(X)$ 的上偏差为：

$$B_s(X)=0.18\text{mm} \tag{1-34}$$

所以工序尺寸 X 及其基本偏差为：

$$X=44^{+0.18}_{0}\text{mm} \tag{1-35}$$

利用这种换算控制设计加工尺寸时，会出现“假废品”的情况。即从测量尺寸看已超差，似乎是废品，但实际上并未超差。如孔深加工为44.2mm，则超出了求算的新测量尺寸的公差范围，但是如果 A 的加工尺寸为60.0mm时，A_0 为15.8mm，仍符合设计尺寸的要求，为合格品。由此可见，在用换算的新测量尺寸控制加工时，如该尺寸超差值不大于其他组成环公差时，就可能产生假废品。但是，如果按计算结果控制加工尺寸不超差，则得到的一定是合格品。

5. 从尚需继续加工的表面标注的工序尺寸的换算

在工件加工过程中，有时一个基准面的加工会同时影响两个设计尺寸的变化。这时，需要直接保证其中公差要求较严的一个设计尺寸，而另一设计尺寸需由该工序前面的某一中间工序的合理间接保证。为此，需要对中间工序尺寸进行计算。

例1－6 如图1－37所示，齿轮内孔孔径设计尺寸为 $\phi40^{+0.05}_{0}$mm，键槽设计深度为 $43.6^{+0.34}_{0}$mm，内孔需淬硬。内孔及键槽加工顺序为：（1）镗内孔至 $\phi39.6^{+0.1}_{0}$mm；（2）插键槽至尺寸 L_1；（3）淬火热处理；（4）磨内孔至设计尺寸 $\phi40^{+0.05}_{0}$mm，同时要求保证键槽深度为 $43.6^{+0.34}_{0}$mm。试问：如何规定镗后的插键槽深度 L_1 值，才能最终保证得到合格产品？

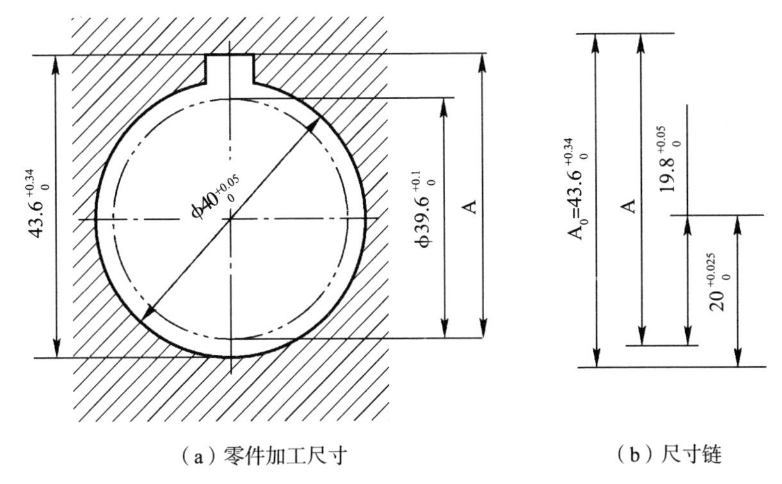

（a）零件加工尺寸　　　　（b）尺寸链

图 1－37　从尚需继续加工的表面标注的工序尺寸的换算

解：由加工过程知，尺寸 $43.6^{+0.34}_{0}$mm 的一个尺寸界限——键槽底面，是在插槽工序时按尺寸 L_1 确定的，另一尺寸界限——孔表面，是在磨孔工序由尺寸 $\phi40^{+0.05}_{0}$mm 确定的，故尺寸 $43.6^{+0.34}_{0}$mm 是一间接获得的尺寸，为封闭环。在不将磨孔余量作为一环列入尺寸链时可得到如图所示尺寸链，并确定增、减环。

由式有：

$$43.6=(L_1+20)-19.8 \tag{1-36}$$

故 L_1 的基本尺寸：

$$L_1=43.6+19.8-20=43.4\text{mm} \tag{1-37}$$

由式（1－38）有：

$$0.34=[B_s(L_1)+0.025]-0 \tag{1-38}$$

故 L_1 的上偏差：

$$B_s(L_1)=0.34-0.025=0.315\text{mm} \tag{1-39}$$

由式（1－40）：

$$0=[B_x(L_1)+0]-0.05 \tag{1-40}$$

故 L_1 的下偏差：

$$B_x(L_1)=0.05\text{mm} \tag{1-41}$$

因此：

$$L_1 = 43.4_{+0.05}^{+0.315}\text{mm} \quad (1-42)$$

按“入体”原则标注：

$$L_1 = 43.45_{0}^{+0.265}\text{mm} \quad (1-43)$$

6. 保证渗层深度的工序尺寸的换算

零件渗碳或渗氮后，需经磨削，磨削后保留渗层深度。渗层深度及公差需进行计算。

例 1-7 如图 1-38（a）所示圆轴工件渗碳处理的工序尺寸，其加工过程为：车外圆至 $20.6_{-0.04}^{0}$mm，渗碳淬火，渗碳层深度为 L，然后磨外圆至 $20_{-0.02}^{0}$mm。试计算保证磨后渗碳层深度为 0.7～1.0mm 时，渗碳工序的渗碳层深度 L。

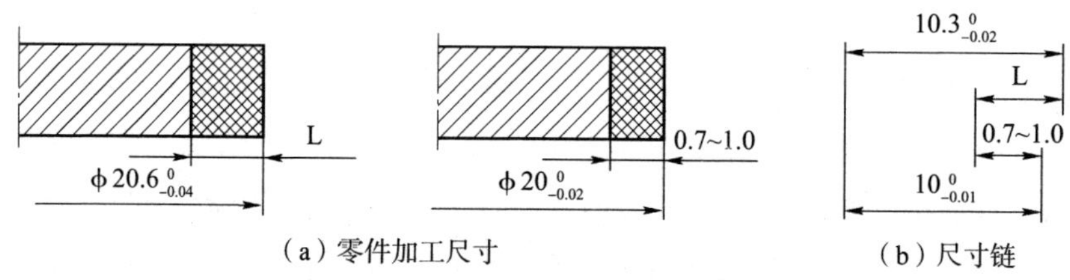

（a）零件加工尺寸　（b）尺寸链

图 1-38 保证渗层深度的工序尺寸的换算

解：由题意知，磨削加工后保证的渗碳层深度 0.7～1.0mm 是间接获得的尺寸，为封闭环；尺寸 L 和尺寸 $10_{-0.01}^{0}$mm 为增环；尺寸 $10.3_{-0.02}^{0}$mm 为减环。

L 的基本尺寸：

$$0.7 = L + 10 - 10.3$$

$$L = 1\text{mm} \quad (1-44)$$

L 的上极限偏差：

$$0.3 = B_s(L) + 0 - (-0.02)$$

$$B_s(L) = 0.28\text{mm} \quad (1-45)$$

L 的下极限偏差：

$$0 = B_s(L) + (-0.01) - 0$$

$$B_s(L) = 0.01\text{mm} \quad (1-46)$$

综上所述，渗碳深度 $L = 1_{+0.01}^{+0.28}$mm。

7. 电镀零件工序尺寸计算

（1）电镀后无须加工而要求达到设计要求的情况。

例 1－8　如图 1－39 所示，一销轴磨削后电镀，电镀时要求镀铬厚度为 0.025～0.04mm，要求镀后销轴直径为 $\phi 28_{-0.045}^{\ 0}$，求镀前销轴直径尺寸及公差应为多少？

解：镀前轴径由磨削工序获得，镀层厚度由电镀时控制保证，而镀后直径（或半径 $R14_{-0.0225}^{\ 0}$）是由镀前直径及镀层厚度间接得到的，故为封闭环。尺寸链如图 1－38（b）所示，L_1、L_2 均为增环。

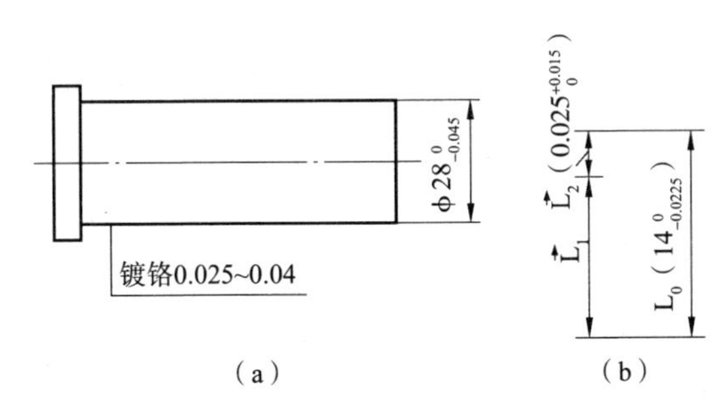

图 1－39　电镀零件工序尺寸计算

由式（1－47）：

$$14 = L_1 + 0.025\text{mm} \tag{1-47}$$

L_1 的基本尺寸：

$$L_1 = 14 - 0.025 = 13.975\text{mm} \tag{1-48}$$

由式（1－49）：

$$0 = B_s(L_1) + 0.015 \tag{1-49}$$

L_1 的上偏差：

$$B_s(L_1) = -0.015 \tag{1-50}$$

由式（1－51）：

$$-0.0225 = B_x(L_1) + 0 \tag{1-51}$$

L_1 的下偏差：

$$B_x(L_1) = -0.0225 \tag{1-52}$$

故：

$$L_1 = 13.975_{-0.0225}^{-0.015}\text{mm} \quad (1-53)$$

或：

$$L_1 = 13.96_{-0.0075}^{0}\text{mm} \quad (1-54)$$

即磨削前直径应为 $\phi 27.92_{-0.015}^{0}$mm。

（2）电镀后需经加工而达到设计尺寸要求的和前述渗层厚度尺寸求算情况相类似，取加工后所保留的镀层厚度为封闭环。

项目9　机床与工艺装备的选择

能力目标

能正确选择机床类型和相关的工艺装备。

知识目标

1. 掌握机床类型的选择。
2. 掌握工艺装备的选择。

在设计加工工序时，需要正确地选择机床设备名称、型号和工艺装备（即夹具、刀具、量具和辅具）的名称与型号，并填入相应工艺卡片中，这是保证零件的加工质量、提高生产率和经济效益的重要措施。

1.9.1　机床的选择

机床是加工零件的主要生产工具，当工件加工表面的加工方法确定以后，各工序所用的机床类型就已经确定。但每一类型的机床都有不同的形式，其工艺范围、技术规格、生产率及自动化程度等都不相同，在选择时应考虑以下问题。

（1）机床精度与工件精度相适应。如果所选机床的精度太低，满足不了零件加工精度的要求；机床精度太高，又增加制造成本，造成浪费。但是在单件、小批量生产时，如果零件精度较高，又没有高精度的机床，也可以选择低一些精度的机床进行加工，同时在工艺上采取措施来满足加工精度要求。

（2）机床规格与工件的外形尺寸相适应。小零件选用小型机床加工，大零件选用大型机床加工，使设备得到合理利用。

（3）选择机床的生产率和自动化程度应与零件的生产纲领相适应。单件、小批生产应选择工艺范围较广的通用机床，大批、大量生产尽量选择生产率和自动化程度较高的专门化机床或自动机床。当然，在具备采用成组技术等条件时，则可以选用高效率的专用、自动化、组合等机床，以满足相似零件组的加工要求，而不仅仅考虑某一零件批量的大小。

（4）机床的选择要考虑生产现场的实际情况。要充分利用现有的设备，或者提出对现在设备进行改装的意见，同时要考虑操作者的实际水平等。

1.9.2　工艺装备的选择

工艺装备选择的合理与否，将直接影响工件的加工精度、生产效率和经济效益。应根据生产类型、具体加工条件、工件结构特点和技术要求等选择工艺装备。

（1）夹具的选择。单件、小批生产应首先采用各种通用夹具和机床附件，如卡盘、机床用平口虎钳、分度头等，对于大批和大量生产，为提高生产率应采用专用高效夹具，多品种中、小批量生产可采用可调夹具或成组夹具。

（2）刀具的选择。一般优先采用标准刀具。若采用机械集中，则可采用各种高效的专用刀具、复合刀具和多刃刀具等。刀具的类型、规格和精度等级应符合加工要求。

（3）量具的选择。单件、小批生产应广泛采用通用量具，如游标卡尺、百分尺和千分表等，大批、大量生产应采用极限量块和高效的专用检验夹具和量仪等。量具的精度必须与加工精度相适应。

项目10 机械加工生产率和技术经济分析

能力目标

能针对零件不同工艺方案进行经济性比较，确定最合理的加工工艺方案。

知识目标

1. 掌握时间定额的基本概念。
2. 掌握生产成本和工艺成本的基本概念。
3. 掌握不同工艺方案的经济性比较。

1.10.1 机械加工生产率分析

劳动生产率是指工人在单位时间内制造的合格品数量，或者指制造单件产品所消耗的劳动时间。劳动生产率一般通过时间定额来衡量。

时间定额是指在一定的生产条件下，规定生产一件产品或完成一道工序所需消耗的时间。

时间定额是安排生产计划、核算生产成本的重要依据，也是设计、扩建工厂或车间时计算设备和工人数量的依据。

完成一个零件的一个工序的时间称为单件时间。它包括下列组成部分。

（1）基本时间（T_b）：指直接改变生产对象的尺寸、形状、相对位置与表面质量或材料性质等工艺过程所消耗的时间。对机械加工而言，就是切除金属所耗费的时间（包括刀具切入、切出的时间）。

（2）辅助时间（T_a）：指为实现工艺过程所必须进行的各种辅助动作消耗的时间。它包括装卸工件，开、停机床，改变切削用量，试切和测量工件，进刀和退刀等所需的时间。

基本时间与辅助时间之和称为操作时间 T_B。它是直接用于制造产品或零部件所消耗的时间。

(3) 布置工作场地时间 (T_{sw})：指为使加工正常进行，工人管理工作场地和调整机床等（如更换、调整刀具，润滑机床，清理切屑，收拾工具等）所需时间。一般按操作时间的 2% ~7% 计算。

(4) 休息和自然需要时间 (T_r)：指工人在工作班内为恢复体力和满足生理需要等消耗的时间。一般按操作时间的 2% 计算。

以上时间的总和称为单件时间 T_p，即：

$$T_p = T_b + T_a + T_{sw} + T_r = T_B + T_{sw} + T_r \tag{1-55}$$

(5) 准备终结时间 (T_e)：指工人在加工一批产品、零件进行准备和结束工作所消耗的时间。加工开始前，通常都要熟悉工艺文件，领取毛坯、材料、工艺装备，调整机床，安装工件、刀具和夹具，选定切削用量等，加工结束后，需送交产品，拆下、归还工艺装备等。准终时间对一批工件来说只消耗一次，零件批量越大，分摊到每个工件上的准终时间 T_e/n 就越小，其中 n 为批量。因此，单件或成批生产的单件计算时间 T_c 应为：

$$T_c = T_p + T_e/n = T_b + T_a + T_{sw} + T_r + T_e/n \tag{1-56}$$

大批、大量生产中，由于 n 的数值很大，$T_e/n \approx 0$，即可忽略不计，所以大批、大量生产的单件计算时间 T_c 应为：

$$T_c = T_p = T_b + T_a + T_{sw} + T_r \tag{1-57}$$

1.10.2　工艺过程的技术经济分析

制订机械加工工艺规程时，通常应提出几种方案。这些方案应都能满足零件的设计要求，但成本则会有所不同。为了选取最佳方案，需要进行技术经济分析。所谓技术经济分析，就是通过比较不同工艺方案的生产成本，选出最经济的工艺方案。

1. 生产成本和工艺成本

制造一个零件或一件产品所必需的一切费用的总和，称为该零件或产品的生产成本。生产成本实际上包括与工艺过程有关的费用和与工艺过程无关的费用两类。因此，对不同的工艺方案进行经济分析和评价时，只需分析、评价与工艺过程直接相关的生产费用，即所谓工艺成本。

在进行经济分析时，应首先统计出每一方案的工艺成本，再对各方案的工艺成本进行比较，以其中成本最低、见效最快的为最佳方案。

工艺成本由两部分构成，即可变成本（V）和不变成本（S）。

可变成本（V）是指与生产纲领 N 直接有关，并随生产纲领成呈比例变化的费用。它包括工件材料（或毛坯）费用、操作工人工资、机床电费、通用机床的折旧费和维修费、通用工艺装备的折旧费和维修费等。

不变成本（S）是指与生产纲领 N 无直接关系，不随生产纲领的变化而变化的费用。它包括调整工人的工资、专用机床的折旧费和维修费、专用工艺装备的折旧费和维修费等。

零件加工的全年工艺成本（E）为：

$$E = V \cdot N + S \qquad (1-58)$$

此式为直线方程，其坐标关系如图 1－40 所示，可以看出，E 与 N 是线性关系，即全年工艺成本与生产纲领成正比，直线的斜率为工件的可变费用，直线的起点为工件的不变费用，当生产纲领产生 ΔN 的变化时，则年工艺成本的变化为 ΔE。

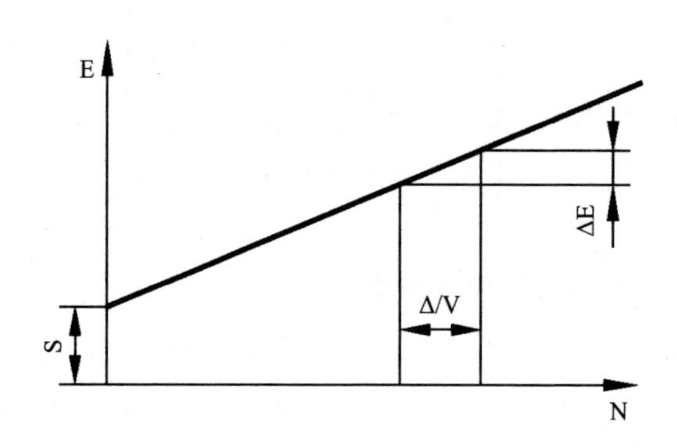

图 1－40　全年工艺成本与生产纲领的关系图

单件工艺成本 E_d 可由式（1－58）变换得到，即：

$$E_d = V + S/N \qquad (1-59)$$

由图 1－41 可知，E_d 与 N 呈双曲线关系，当 N 增大时，E_d 逐渐减小，极限值接近可变费用。

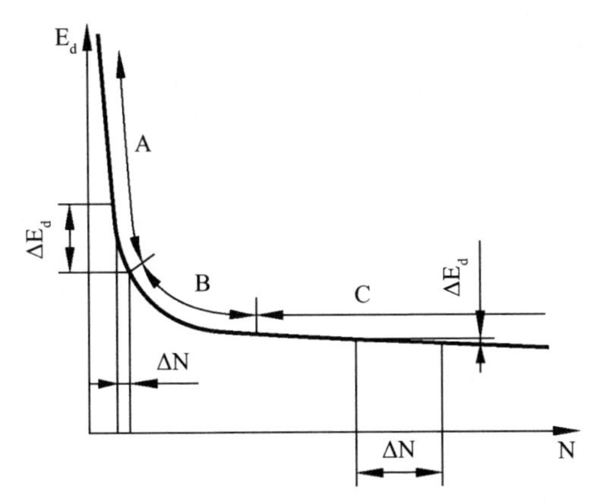

图1－41　单件工艺成本与生产纲领的关系

2. 不同工艺方案的经济性比较

在进行不同工艺方案的经济分析时，常对零件或产品的全年工艺成本进行比较，这是因为全年工艺成本与生产纲领呈线性关系，容易比较。当分析、评比两种基本投资相近，或都是在采用现有设备条件下，只有少数工序不同的工艺方案时，可按式（1－59）对这两种工艺方案的单件工艺成本进行分析与对比。

当年生产纲领变化时，两种方案可按临界产量Nk合理地选取经济方案Ⅰ或Ⅱ。

当两个工艺方案有较多的工序不同时，就应该按式（1－58）分析、对比这两个工艺方案的全年工艺成本，即：

$$E_{Ⅰ}=V_{Ⅰ}N+S_{Ⅰ}$$

$$E_{Ⅱ}=V_{Ⅱ}N+S_{Ⅱ}$$

当年生产纲领变化时，可按两直线交点的临界产量Nk分别选定经济方案Ⅰ或Ⅱ（见图1－42）。此时，由 $V_{Ⅰ}N_K+S_{Ⅰ}=V_{Ⅱ}N_K+S_{Ⅱ}$ 可得：

$$N_K=(S_{Ⅰ}-S_{Ⅱ})/(V_{Ⅱ}-V_{Ⅰ})$$

当 $N<NK$ 时，宜采用方案Ⅱ，即年产量小时，宜采用不变费用较少的方案，当 $N>NK$ 时，宜采用方案Ⅰ，即年产量大时，宜采用可变费用较少的方案。

若两种工艺方案的基本投资相差较大时，应比较不同方案的基本投资差额的回收期。如一种方案工艺成本较低，但它采用了价格昂贵的设备和工艺装备，这部分多用的投资需要一段时间才能从工艺成本的降低中收回，这段时间称为回收期。回收期越短，经济效益越好，但应满足：

（1）小于采用设备和工艺装备的使用年限；

（2）小于该产品由于结构性能或市场需求等因素所决定的生产年限；

（3）小于国家规定的标准回收期，即新设备的回收期应小于4～6年，新夹具的回收期应小于2～3年。

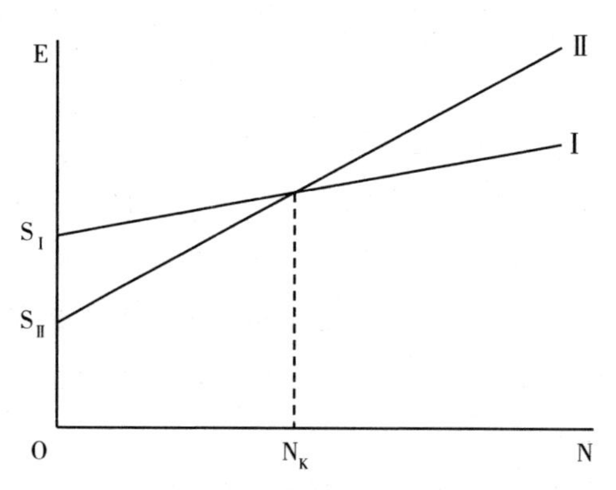

图1－42　两种方案全年工艺成本的比较

习题

1－1　什么是生产过程、工艺过程、工艺规程？

1－2　什么是工序、安装、工位、工步？

1－3　某厂年产某型号车床1000台，已知主轴的备品率为5%，机械加工废品率为1%。试计算主轴的生产纲领，说明其生产类型及主要工艺特点。

1－4　什么是工序集中和工序分散？它们各有什么特点？

1－5　试分别如习题图1－1所示零件有哪些结构工艺性问题，并提出正确的改进意见。

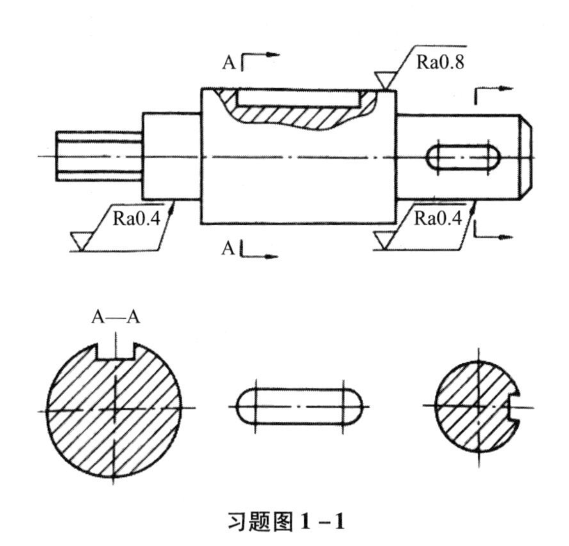

习题图 1－1

1－6　何谓设计基准、定位基准、工序基准、测量基准、装配基准，并举例说明。

1－7　什么是精基准和粗基准？试述它们的选择原则。

1－8　什么是加工余量、工序余量和总余量？

1－9　如习题图 1－2 所示零件，为机床主轴箱体的一个视图，其中 I 孔为主轴孔，是重要孔，加工时希望余量均匀。试选择加工主轴孔的粗基准、精基准。

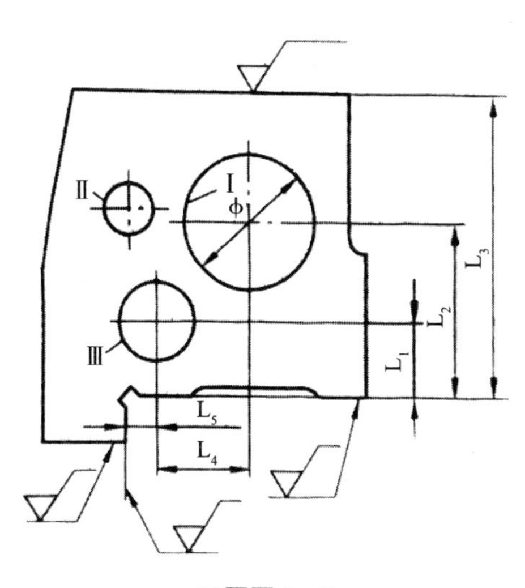

习题图 1－2

1－10　如习题图1－3所示箱体零件，有两种工艺安排如下。

（1）在加工中心上加工：粗、精铣底面—粗、精铣顶面—粗镗、半精镗、精镗ϕ80H7孔和ϕ60H7孔—粗、精铣两端面。

（2）在流水线上加工：粗刨、半精刨底面—留精刨余量—粗铣、精铣两端面—粗镗、半精镗ϕ80H7孔和ϕ60H7孔，留精镗余量—粗刨、半精刨、精刨顶面—精镗ϕ80H7孔和ϕ60H7孔—精刨底面。

试分别分析上述两种工艺安排有无问题，若有问题请提出改进意见。

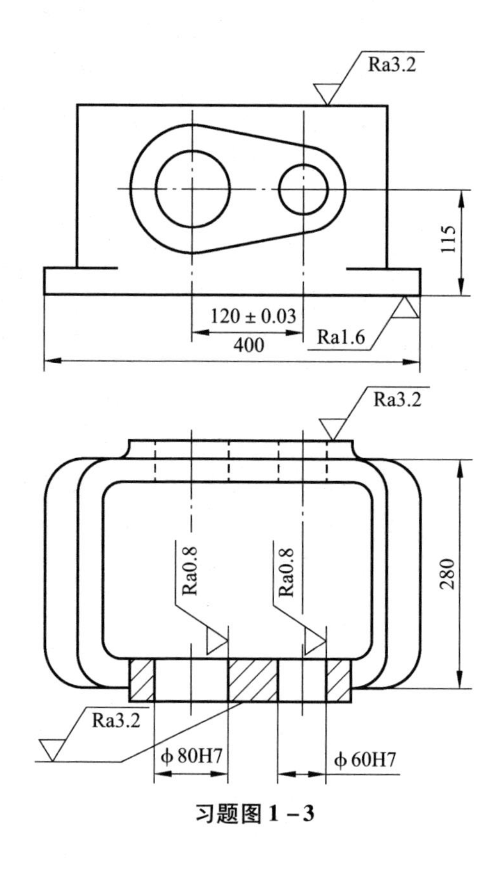

习题图1－3

1－11　如习题图1－4所示的工艺尺寸链中（A_0、B_0、C_0为封闭环），哪些组成环是增环？哪些组成环是减环？

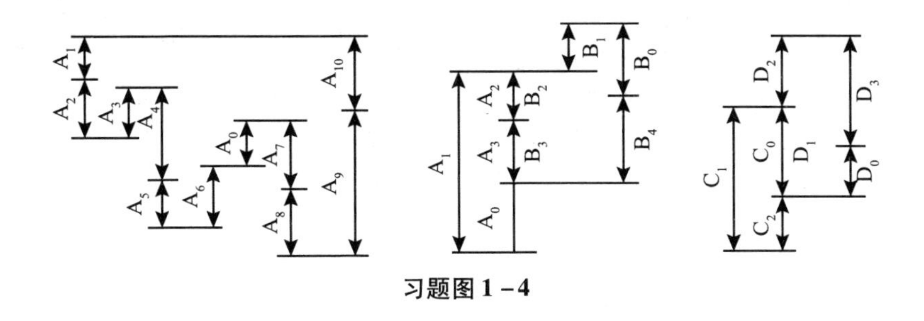

习题图1-4

1-12 加工如习题图1-5所示零件，要求保证尺寸6±0.1mm。但该尺寸不便测量，要通过测量尺寸L来间接保证。试求测量尺寸L及其上、下偏差，并分析有无假废品存在？若有，可采取什么办法来解决假废品的问题？

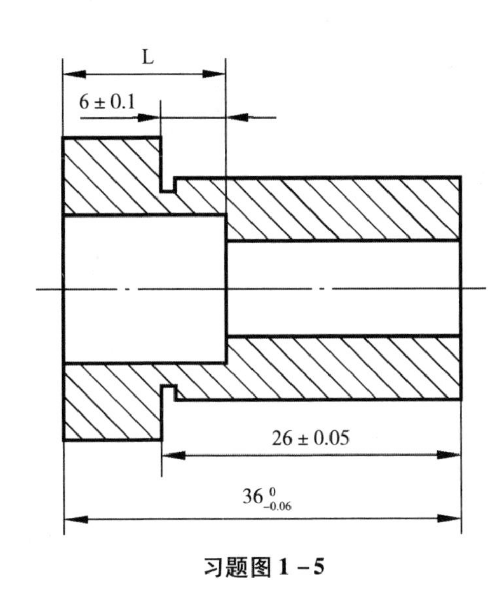

习题图1-5

1-13 习题图1-6中带键槽的工艺过程为：车外圆至$\phi 30.5^{\ 0}_{-0.1}$mm，铣键槽深度为$H^{+TH}_{\ 0}$热处理，磨外圆至$\phi 30^{+0.036}_{+0.016}$mm。设磨后外圆与车后外圆的同轴度公差为$\phi$0.05mm，求保证键槽深度设计尺寸$4^{+0.2}_{\ 0}$mm的铣槽深度$H^{+TH}_{\ 0}$。

1-14 习题图1-7所示为某模板简图，镗削两孔O_1、O_2时均以底面M为定位基准，试标注镗两孔的工序尺寸。检验两孔孔距时，因其测量不便，试标注出测量尺寸A的大小及偏差。若A超差，可否直接判定该模板为废品？

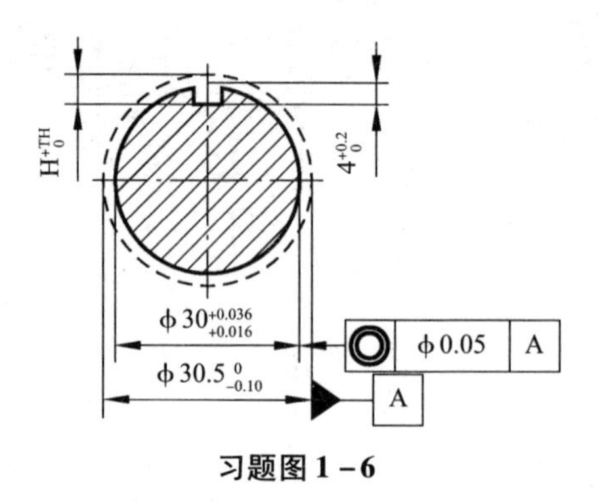

习题图 1－6

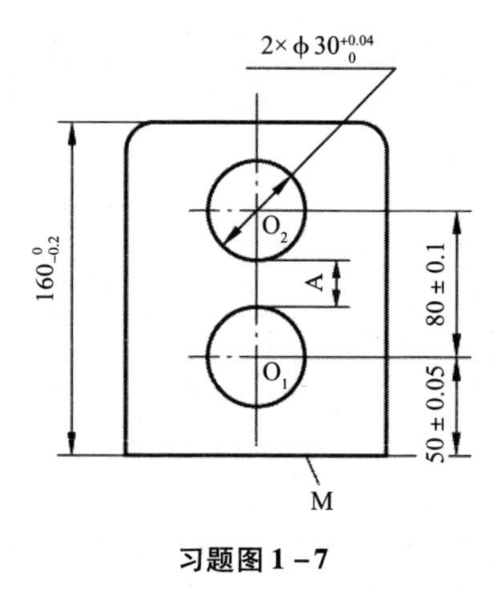

习题图 1－7

1－15　成批生产条件下，单件时间定额由哪几部分组成？各代表什么含义？

1－16　什么是时间定额？批量生产和大量生产时的时间定额分别怎样计算？

1－17　什么是工艺成本？什么是可变费用、不变费用？在市场经济条件下，如何正确运用经济分析方法合理选择工艺方案？

第 2 章

机床夹具设计

项目1　机床夹具设计概述

能力目标

能简单分析夹具的组成和所属分类。

知识目标

1. 掌握装夹的概念及方法。
2. 掌握机床夹具的分类。
3. 掌握机床夹具的组成。
4. 掌握机床夹具的功用。

2.1.1　概述

在机械加工过程中，为了保证加工精度，必须使工件相对于机床或刀具占有正确的位置，以完成工件的加工和检验。夹具是完成这一过程的主要工艺装备，广泛应用于机械制造工艺中。在金属切削机床上使用的夹具统称为机床夹具。它直接影响着加工精度、劳动生产率和产品的制造成本等，故机床夹具在机械加工中占有十分重要的地位。

1. 装夹的概念

装夹是指工件在机床上或夹具中定位、夹紧的过程。

机械加工时，为使工件的被加工表面获得规定的加工精度，必须使工件在机床上或夹具中占有某一正确的位置，这个过程称为定位。随后为了使工件在切削力、重力、离心力和惯性力等力的作用下，能保持定位时已获得的正确位置始终不变，则还必须将工件压紧、夹牢，这个过程称为夹紧。

2. 装夹的方法

根据定位的特点不同，工件在机床上装夹一般有以下三种方法。

（1）直接找正装夹。

工件定位时，操作者使用量具（如百分表）、划线盘或目测直接在机床上找正工件的某一表面，使工件处于正确的位置，称为直接找正装夹。

直接找正装夹的定位精度与所用量具的精度和操作者的技术水平有关，找正比较费时，生产效率低，只适用于单件小批量生产，但是，当工件加工要求特别高，而又没有专门的高精度设备或工艺装备时，可以考虑采用这种方法。不过此时必须由技术熟练的操作者使用高精度的量具仔细操作方可达到要求。

（2）划线找正装夹。

这种装夹方法是先按加工表面的要求在工件上划出中心线、对称线或各待加工表面的加工线，加工时，在机床上按划好的线找正以获得工件的正确位置。此方法受到划线精度的限制，定位精度比较低，多用于批量小、毛坯精度较低以及大型零件的粗加工等情况下。

（3）夹具装夹。

使用夹具装夹时，工件能在夹具中迅速而准确地定位和夹紧，无须找正就能保证工件与机床、刀具之间的正确位置。这种方法易于保证加工精度、缩短辅助时间、提高生产效率、减轻操作者劳动强度并降低操作者的技术要求，广泛用于成批和大量生产以及单件小批量生产的关键工序中。

2.1.2 机床夹具的分类

机床夹具种类繁多，可以从不同角度对机床夹具进行分类，如图2－1所示。

1. 按使用特性分类

（1）通用夹具。

已经标准化的，在加工不同工件时，无须调整或稍作调整就可使用的夹具称为通用夹具，如车床上的三爪自定心卡盘、四爪单动卡盘；铣床上的台虎钳、万能分度头、中心架、电磁吸盘等机床附件类夹具。这类夹具通用性强，夹具的加工精度不高，生产率也较低，且较难装夹形状复杂的工件，故适用于单件小批量生产中。

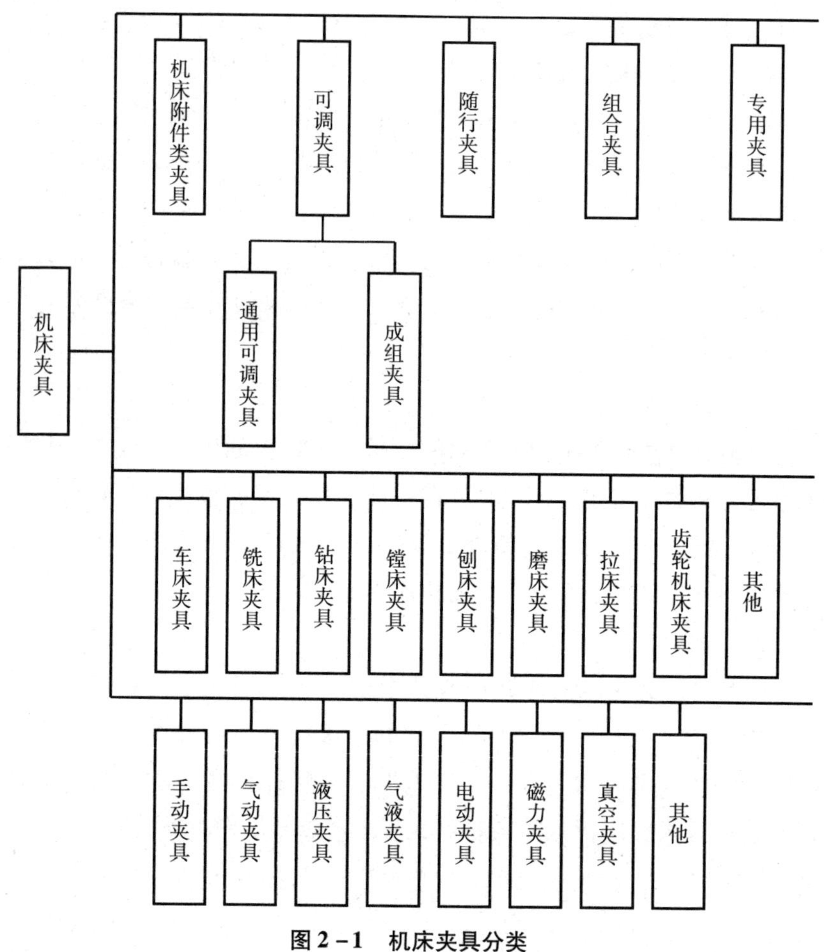

图2－1　机床夹具分类

（2）专用夹具。

专用夹具是针对某一工件的某一工序的加工要求而专门设计和制造的夹具。其特点是针对性极强，没有通用性。在产品相对稳定、批量较大的生产中，常用各种专用夹具可获得较高的生产率和加工精度。专用夹具的设计制造周期较长、成本高，当产品变更时便无法继续使用。

（3）可调夹具。

可调夹具是针对通用夹具和专用夹具的缺陷而发展起来的一类新型夹具。对不同类型和尺寸的工件，只需调整或更换原来夹具上的个别定位元件和夹紧元件便可使用。通用可调夹具的通用范围大，它一般又分为通用可调夹具和成组夹具两种。使用可调夹具可以大大减少专用夹具的数量，缩短生产周期，降低生产成本，因此在多品种、小批量生产中得到广泛应用。

（4）组合夹具。

组合夹具是一种模块化的夹具，并已商品化。标准的模块元件具有较高精度和耐磨性，可组装成各种夹具，夹具用毕即可拆卸，留待组装新的夹具。由于使用组合夹具可缩短生产准备周期，元件能重复多次使用，组合夹具在单件、中小批多品种生产和数控加工中是一种较经济的夹具。

（5）随行夹具。

随行夹具是自动线夹具的一种。自动线夹具基本上可分为两类：一类为固定式夹具，它与一般专用夹具相似；另一类为随行夹具，该夹具既要起到装夹工件的作用，又要与工件成为一体沿着自动线从一个工位移到下一个工位，进行不同工序的加工。

2. 按使用机床分类

这是专用夹具设计所用的分类方法。按使用的机床分类，可把夹具分为车床夹具、铣床夹具、钻床夹具、镗床夹具、磨床夹具、齿轮机床夹具、数控机床夹具等。

3. 按夹具动力源分类

按动力源的不同，夹具可分为：手动夹具、气动夹具、液压夹具、气液夹具、电动夹具、电磁夹具、真空夹具等。

2.1.3 机床夹具的组成

机床夹具的种类和结构虽然很多，但一般由下列部分组成。

1. 定位元件

定位元件是夹具的主要功能元件之一，它的作用是使工件在夹具中占据正确的位置。通常，当工件定位基准面的形状确定后，定位元件的结构也就基本确定了。如图2－2所示，某端盖零件简图，钻后盖上的 ф10mm 孔，其钻床夹具如图2－3所示。夹具上的圆柱销5、菱形销9和支承板4都是定位元件，通过它们使工件在夹具上占据正确的位置，定位元件的定位精度直接影响工件加工的精度。

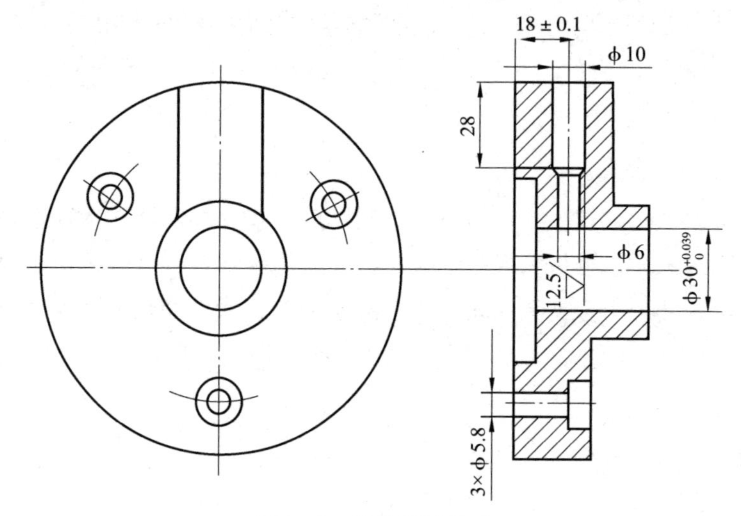

图 2－2　端盖零件简图

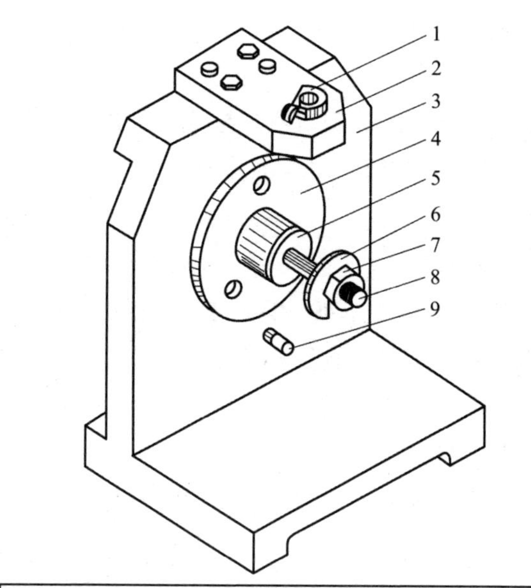

1—钻套；2—钻模板；3—夹具体；4—支承板；5—圆柱销；6—开口垫圈；7—螺母；8—螺杆；9—菱形销

图 2－3　端盖零件钻床夹具

2. 夹紧装置

夹紧装置也是夹具的主要功能元件之一，它的作用是将工件压紧夹牢，保证工件在加工过程中受到外力作用时不离开已经占据的正确位置。

图2－3中的螺杆8（与圆柱销合成一个零件）、螺母7和开口垫圈6就起到了上述作用。

3. 对刀与导向装置

对刀与导向装置是指用于确定或引导刀具相对工件加工表面处于正确位置的零部件。其中，用于确定刀具在加工前处于正确位置的元件称为对刀元件，如对刀块；用于确定刀具位置并引导刀具进行加工的元件，称为引导或导向元件，如钻套、镗套等。图2－3中的钻套和钻模板组成导向装置，确定了钻头轴线相对定位元件的正确位置。

4. 连接元件

根据机床的工作特点，夹具在机床上的安装连接常有两种形式：一种是安装在机床工作台上，另一种是安装在机床主轴上。连接元件用以确定夹具本身在机床上的位置。例如，车床夹具所使用的过渡盘，铣床夹具所使用的定位键等，都是连接元件。如图2－3中的夹具体，其底面为安装基面，用于保证钻套的轴线垂直于钻床工作台以及圆柱销的轴线平行于钻床工作台。因此，夹具体可兼作连接元件。

5. 夹具体

夹具体用于连接夹具上各元件及装置，使得夹具成为一个整体的基础件，并通过它与机床有关部件连接，以确定夹具相对于机床的正确位置，如图2－3中的夹具体。

6. 其他元件或装置

为满足夹具的其他功能要求，还要为夹具设计其他的元件或装置。

根据加工需要，有些夹具还会采用分度装置、靠模装置、上下料装置、工业机器人、顶出器和平衡块等，这些元件或装置也需要专门设计。

并非每一个夹具都包含上述各部分，但是无论哪种夹具都必须有定位装置和夹紧装置。

2.1.4 机床夹具的作用

工件装夹情况的好坏将直接影响工件的加工精度。现以铣床、钻床所用的夹具为例加以说明。

图2－4为铣轴上键槽的工序图，图2－5为所采用的液压铣床夹具。

在铣床上加工键槽，需要保证键槽中心线对轴线的平行度0.1mm和对称度0.2mm。工件以圆柱面及端面C为定位基准，分别与夹具上的定位元件V形架和圆柱销接触而定位，由液压传动的压板3夹紧。夹具是通过定向键7安装在铣床工作台上。键槽的宽度在本工序中由铣刀保证，尺寸和相互位置精度则由夹具来保证。

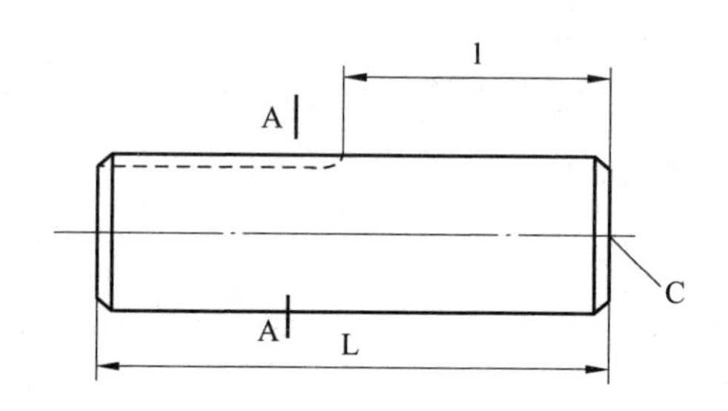

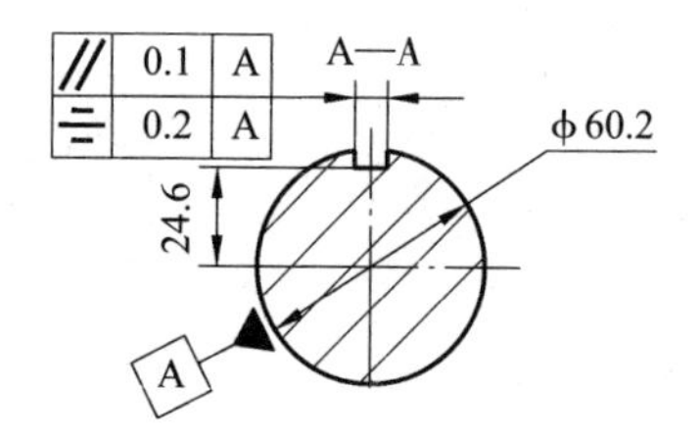

图2-4 铣轴上键槽工序简图

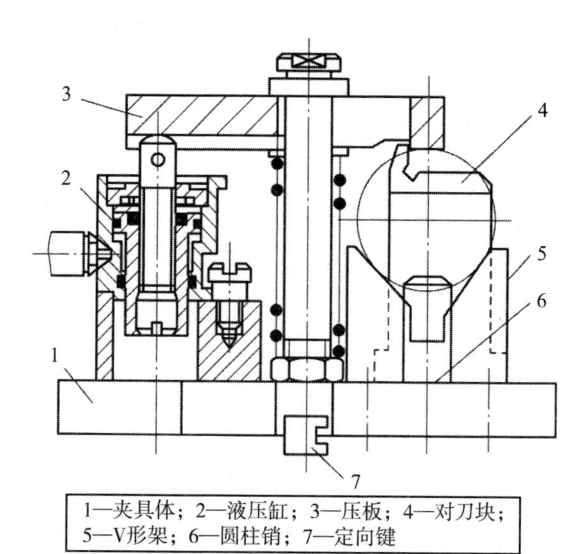

1—夹具体；2—液压缸；3—压板；4—对刀块；5—V形架；6—圆柱销；7—定向键

图2-5 液压铣床夹具

图2－6为盖板简图，在钻床上钻9×φ5mm孔。其钻床夹具如图2－7所示，工件以底面及两侧面分别与夹具体的平面、圆柱销4、菱形销7、挡销6接触定位。钻模板由上述件4和7对定并盖在工件上，用压板夹紧，钻模板上的钻套可引导钻头钻孔并控制孔距尺寸。

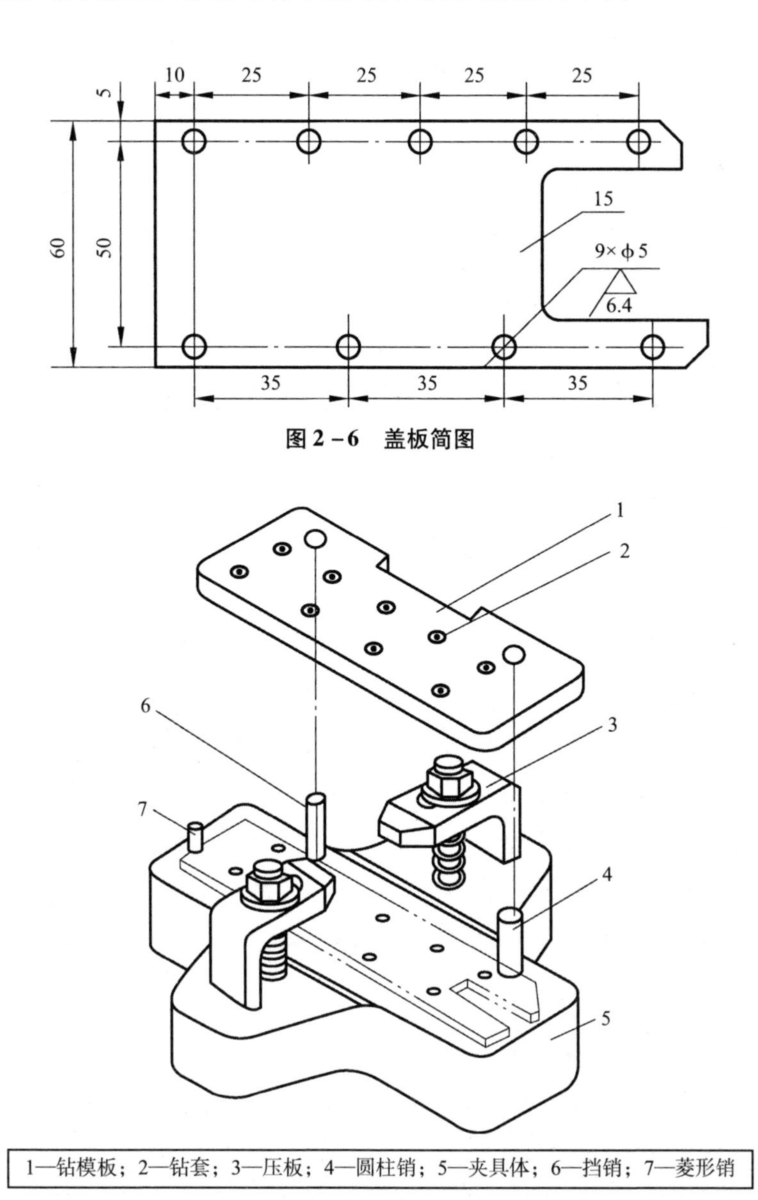

图2－6　盖板简图

1—钻模板；2—钻套；3—压板；4—圆柱销；5—夹具体；6—挡销；7—菱形销

图2－7　钻床夹具

从上述机床夹具的使用中不难看出，机床夹具在零件加工过程中的作用主要有以下几个方面。

（1）保证加工精度。用夹具装夹工件时，能稳定地保证加工精度，并减少对其他生产条件的依赖性，故在精密加工中广泛地使用夹具。

（2）提高劳动生产率。使用夹具后，能使工件迅速地定位和夹紧，并能够显著地缩短辅助时间和基本时间，大大提高劳动生产率。

（3）改善工人的劳动条件。当采用气压或液压夹具装置时可以减轻工人的劳动强度，保证安全生产，用夹具装夹工件方便，省力、安全。

（4）扩大机床工艺范围。这是在生产条件有限的企业中常用的一种技术改造措施。

项目2　工件在机床夹具中的定位

能力目标

能给某一零件的夹具设计定位元件。

知识目标

1. 掌握自由度的定义。
2. 掌握六点定位原理。
3. 理解并能分析常见的定位元件限制的自由度。
4. 会选用合适的定位元件对工件进行定位。

2.2.1　工件的定位原理

定位是使工件在夹具中占据某一正确位置，即对一批工件来说，不论先后，每三个工件都能够占据这一正确的位置。为此，需要采取两方面的措施：一方面将夹具安装在机床上，经过调整后使夹具与机床之间获得正确的相对位置，即所谓的夹具在机床上的定位；另一方面使工件在夹具中占有三个正确的位置，即工件在夹具中的定位。

1. 定位基准

选择定位基准是研究和分析工件定位问题的关键。一般来说，工件的定位基准一旦被确定，则其定位方案也基本上确定了。定位基准就是在加工中用作定位的基准。通常定位基准是在制定工艺规程时选定的。如图 2 -8（a）所示，平面 A 和平面 B 靠在支承元件上得到定位，以保证工序尺寸 H 和 h。图 2 -8（b）为工件以素线 C、F 为定位基准。定位基准除了可以是工件上的实际表面（轮廓要素面、点或线）外，也可以是中心要素，如几何中心、对称中心线或对称中心平面。如图 2 -8（c）所示，定位基准是两个与 V 形块接触的点 D、E 的几何中心 O。这种定位称为中心定位。由上述可知，定位基准往往是通过某些表面体现出来，这种表面称为定位基面。如车床上用的双顶尖装夹轴时，定位基面就是两端中心孔，它用轴线来表达定位基准。

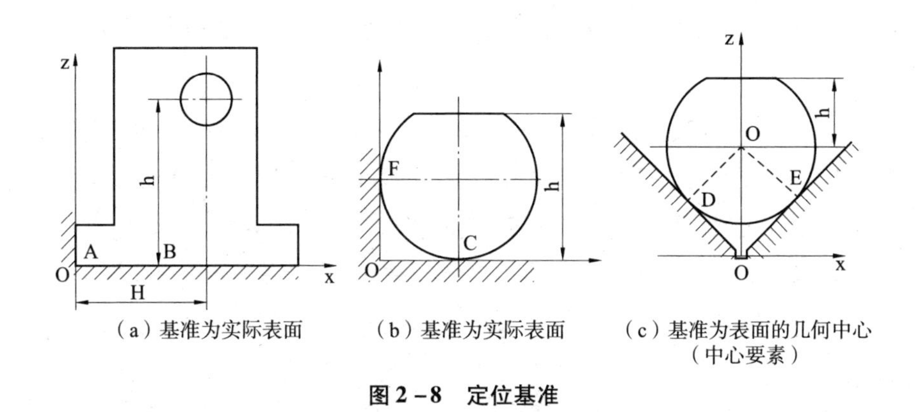

（a）基准为实际表面　　（b）基准为实际表面　　（c）基准为表面的几何中心（中心要素）

图 2 -8　定位基准

2. 六点定位原理

任何一个不受约束的工件在空间直角坐标系中有六种活动的可能性，它可以在三个正交方向上移动，还可绕三个正交方向转动。通常把这六种活动的可能性称为自由度。如图 2 -9 所示，在空间直角坐标系中，工件沿 x、y、z 三个坐标轴移动的自由度用 $\vec{x}$、$\vec{y}$、$\vec{z}$ 表示，绕 x、y、z 三个坐标轴转动的自由度用 $\widehat{x}$、$\widehat{y}$、$\widehat{z}$ 表示。

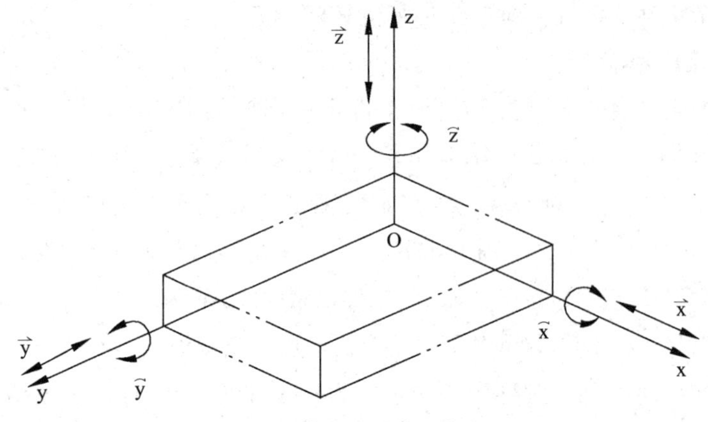

图 2-9　物体在空间的六个自由度

工件定位实际上就是限制自由度，如果六个自由度都被限制了，工件在空间的位置就完全被确定下来了。

在分析工件定位时，通常是用一个支承点限制工件的一个自由度，用合理分布的六个支承点限制工件的六个自由度，使工件的位置完全确定的原则就是“六点定位原理”。如图 2-10 所示的矩形工件，在空间直角坐标系的 xOy 面上布置三个支承点 1、2、3，使工件的底面与三点保持接触，则这三个点就限制了工件的 $\vec{z}$、$\overset{\frown}{y}$、$\overset{\frown}{x}$ 三个自由度。同样的道理，在平面 zOy 上布置两个支承点与工件接触，就限制了工件的 $\vec{x}$、$\overset{\frown}{z}$ 两个自由度。在 zOx 面上布置一个支承点与工件接触，就限制了工件的 $\vec{y}$ 一个自由度。

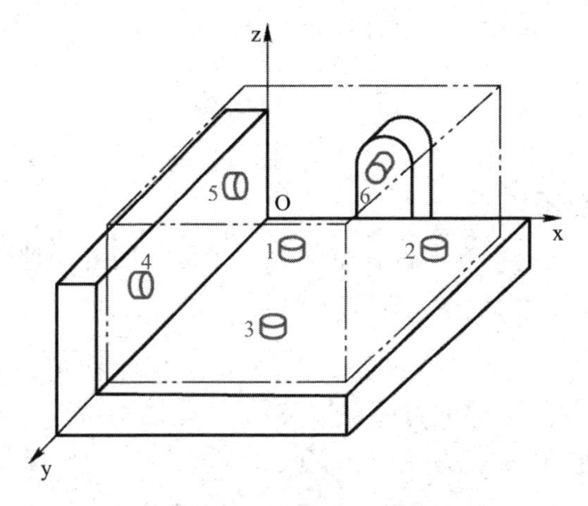

图 2-10　工件的六点定位

应用六点定位原理时应注意以下问题。

（1）定位就是限制自由度，通常用合理布置定位支承点的方法来限制工件的自由度。

（2）定位支承点限制工件自由度的作用，应理解为定位支承点与工件定位基准面始终保持紧贴接触。若二者脱离，则意味着失去定位作用。

（3）一个定位支承点仅限制一个自由度，一个工件仅有六个自由度，所设置的定位支承点数目，原则上不应超过六个。

（4）分析定位支承点的定位作用时，不考虑力的影响。工件的某一自由度被限制，是指工件在这一方向上有确定的位置，并非指工件在受到使其脱离定位支承点的外力时，不能运动，欲使其在外力作用下不能运动，是夹紧的任务；反之，工件在外力作用下不能运动，即被夹紧，也并非是工件的所有自由度都被限制了。所以，定位和夹紧是两个概念，不能混淆。

（5）定位支承点是由定位元件抽象而来的，在夹具中，定位支承点总是通过具体的定位元件体现，至于具体的定位元件应转化为几个定位支承点，需结合其结构进行分析。

欲使图 2－11（a）所示轴类零件在坐标系中取得完全确定的位置，把支承钉按图 2－11（b）所示分布，则支承钉 1、2、3、4 限制了工件的 $\vec{x}$、$\vec{z}$、$\widehat{x}$、$\widehat{z}$ 四个自由度，支承钉 5 限制了工件的 $\widehat{y}$ 自由度，支承钉 6 限制了工件的 $\vec{y}$ 自由度。

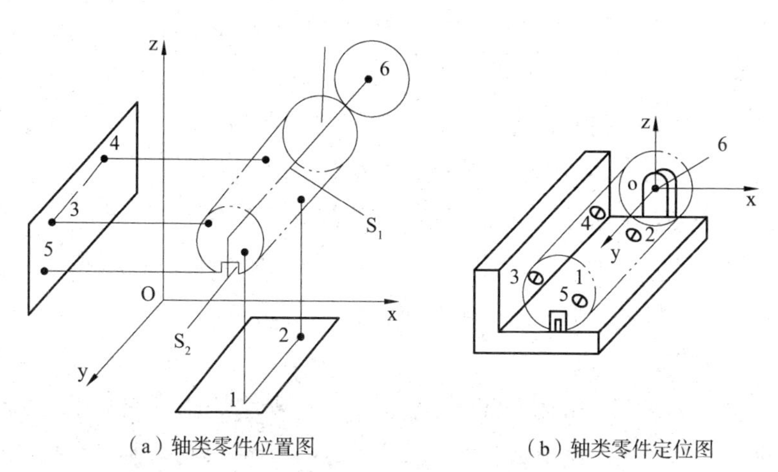

（a）轴类零件位置图　　（b）轴类零件定位图

图 2－11　轴类零件六点定位（注：θ 表示支承点）

3. 定位方式

(1) 完全定位。

完全定位是指工件的六个自由度都被限制的定位。如图 2－12（a）所示在工件上铣削键槽时，其在三个坐标轴移动和转动的方向上均有尺寸和相互位置的要求，因此必须采用完全定位，限制其全部六个自由度。

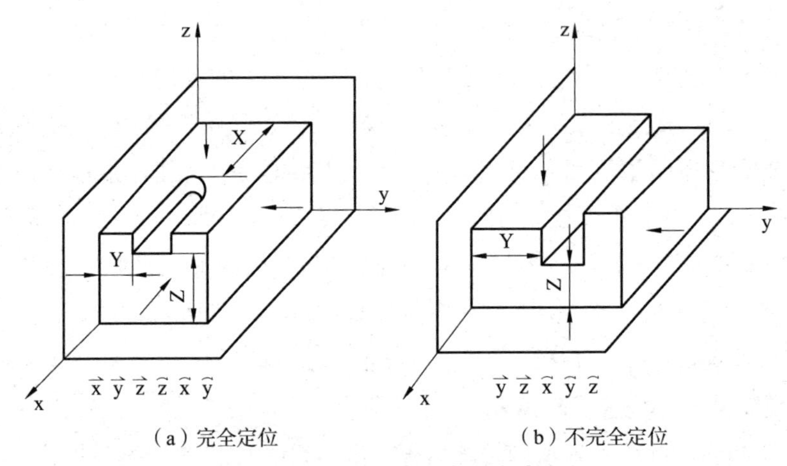

（a）完全定位　　（b）不完全定位

图 2－12　工件应限制自由度的确定

(2) 不完全定位。

按加工要求，允许有一个或几个自由度不被限制的定位为不完全定位，如图 2－12（b）所示工件上的铣通槽，为了保证加工尺寸 Z，需限制 $\vec{z}$、$\overset{\frown}{x}$、$\overset{\frown}{y}$ 自由度；为了保证加工尺寸 Y，还需限制 $\vec{y}$、$\overset{\frown}{z}$ 自由度，由于 x 轴向没有尺寸要求，因此 $\vec{x}$ 自由度不必限制。以下几种情况一般允许不完全定位：

①加工通孔或通槽时，沿贯通轴的移动自由度可不限制；

②毛坯是轴对称时，绕对称轴的转动自由度可不限制；

③加工贯通的平面时，除了可以不限制沿两个贯通轴的移动自由度外，还可以不限制绕垂直加工面轴的转动自由度。

(3) 欠定位。

欠定位应该限制的自由度而没有布置适当的支承点加以限制。如图 2－13 所示，若不设防转定位销 A，则工件 $\overset{\frown}{x}$ 自由度不能得到限制，工件绕 x 轴回转方向的位置是不确定的，铣出的上方键槽无法保证与下方键槽的位置要求。在满足加工要求的前提下，采用不完全定位是允许的，而欠定位在实际生产中是不允许的。

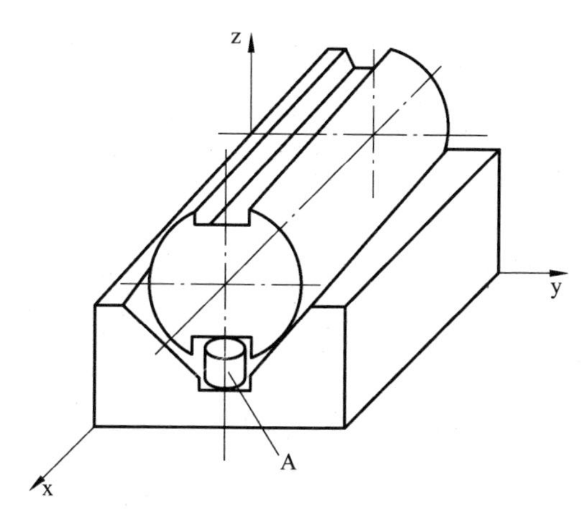

图 2－13　用防转销消除欠定位

（4）过定位（重复定位）。

夹具上的两个或两个以上的定位元件重复限制工件的同一个或几个自由度，这种重复限制工件自由度的定位称为过定位。

图 2－14（a）为加工连杆孔的正确定位方案。以平面 1 限制 $\vec{z}$、$\widehat{x}$、$\widehat{y}$ 三个自由度，以短圆柱销 2 限制 $\vec{x}$、$\vec{y}$ 两个自由度，以防转销 3 限制 $\widehat{z}$ 自由度，属完全定位。但是假如用长圆柱销代替短圆柱销，如图 2－14（b）所示，由于长圆柱销限制了 $\vec{x}$、$\vec{y}$、$\widehat{x}$、$\widehat{y}$ 四个自由度，其中限制的 $\widehat{x}$、$\widehat{y}$ 与平面 1 限制的自由度重复，因此会出现干涉现象。由于工件孔与端面、长圆柱销与凸台面均有垂直度误差，若长圆柱销刚性很好，将造成工件与底面为点接触而出现定位不稳定，或在夹紧力作用下使工件变形，若长圆柱销刚性不足，则将弯曲而使夹具损坏，两种情况都是不允许的。

由上可知，由于夹具上的定位元件同时重复限制了工件的一个或几个自由度，因而造成工件定位不稳定，降低加工精度，使工件或定位元件产生变形，甚至无法安装和加工。因此，在确定工件的定位方案时，应尽量避免采用过定位。

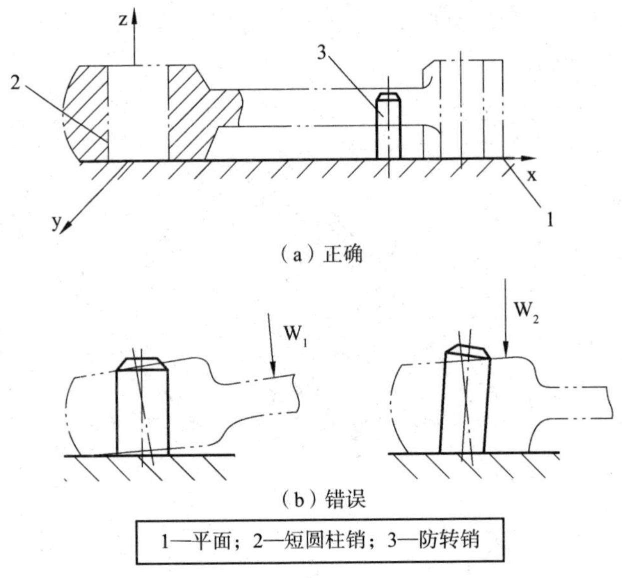

（a）正确

（b）错误

1—平面；2—短圆柱销；3—防转销

图 2－14　连杆的定位简图

但是，在夹具设计中，有时也可采用过定位的方案，但必须消除或减小过定位所引起的干涉，一般有两种方法：一种方法是提高定位基准之间以及定位元件工作表面之间的位置精度。如图 2－15 所示，当床头箱的 V 形槽和 A 面经过精加工保证有足够的平行度，夹具上的窄长支承板装配后再经磨削，且与短圆柱销 1 轴线平行，使产生的误差在允许的范围内时，经过这样正确的处理后，这种定位方法是可以采用的，而且夹具结构比较简单。

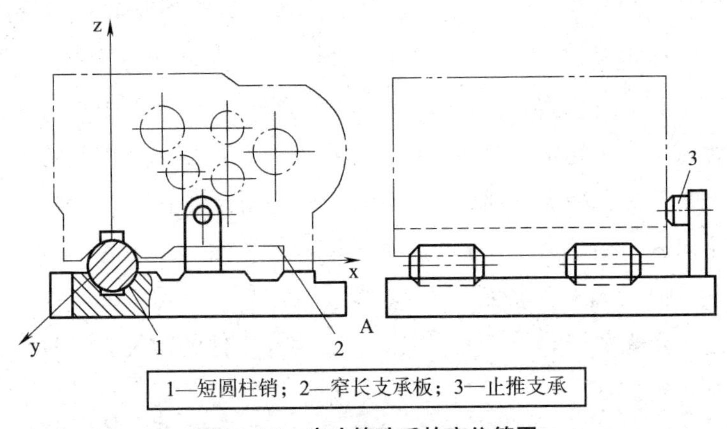

1—短圆柱销；2—窄长支承板；3—止推支承

图 2－15　床头箱孔系的定位简图

另一种方法是改变定位元件的结构，使定位元件在重复限制自由度的部分不起定位作用。如图2－16（a）所示，要求加工平面对A面的垂直度公差为0.04mm。若用夹具的两个大平面实现定位，即工件的A面被限制了$\vec{x}$、$\widehat{y}$、$\widehat{z}$三个自由度，B面被限制$\vec{z}$、$\widehat{x}$、$\widehat{y}$三个自由度，其中$\widehat{y}$自由度被A、B面同时重复限制。由图2－16（a）可知，当工件处于加工位置“Ⅰ”时可保证垂直度要求，而当工件处于加工位置“Ⅱ”时则不能。这种随机的误差造成了定位的不稳定，严重时会引起过定位干涉。如图2－16（b）所示，把定位的面接触改为线接触，则减去了引起过定位的自由度$\widehat{y}$。

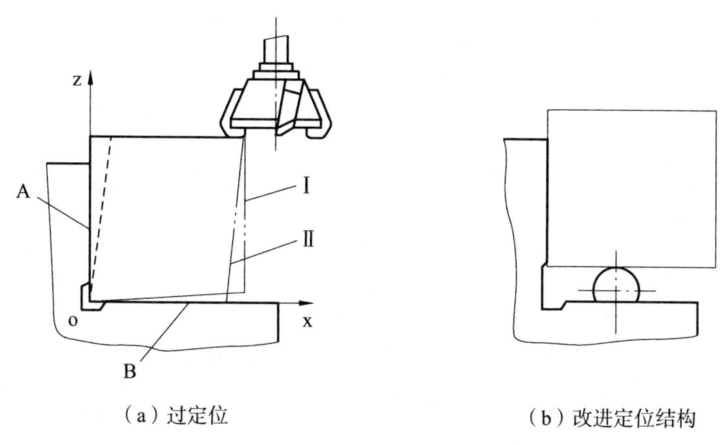

（a）过定位　　（b）改进定位结构

图2－16　过定位及其消除方法示例

2.2.2　定位方法与定位元件

工件的定位表面有各种形式，如平面、外圆、内孔等，对于这些表面，总是采用一定结构的定位元件，以保证定位元件的定位面和工件定位基准面相接触或配合，实现工件的定位。

1. 定位元件

（1）对定位元件的基本要求。

①足够的精度。

定位元件的定位表面应有足够的精度，以保证工件的加工精度。例如，V形块的半角公差、V形块的理论圆中心高度尺寸、圆柱心轴定位圆柱面的圆度、支承板的平面度公差等，都应有足够的制造精度。通常，定位元件的定位表面还应有较小的表面粗糙度值，如 Ra0.4μm、Ra0.2μm、Ra0.1μm 等。

②足够的强度和刚度。

定位元件在受工件重力、夹紧力和切削力的作用时，不应变形和损坏。因此，要求定位元件有足够的刚度和强度，否则会影响工件定位精度，所以应注意定位元件危险断面的强度。

③耐磨性好。

工件的装卸会磨损定位元件的限位基面，导致定位精度下降。当定位精度下降到一定程度时，为保证加工精度就必须更换定位元件。为保持夹具的使用寿命和定位精度，应要求耐磨性好。

④应协调好与有关元件的关系。

在定位设计时，还应处理、协调好与夹具体、夹紧装置、对刀导向元件的关系，尤其是需留出排屑空间等，以防切屑嵌入影响定位精度。

⑤良好的结构工艺性。

定位元件的结构应符合一般标准化要求，并应满足便于加工、装配、维修等工艺性要求。通常标准化的定位元件有良好的工艺性，因此设计时应优先选用标准定位元件。

（2）常用定位元件所能限制的自由度。

常用定位元件可按工件典型定位基准面分为以下几种。

①用于平面定位的定位元件包括固定支承（钉支承和板支承）、自位支承、可调支承和辅助支承。

②用于外圆柱面定位的定位元件包括 V 形架、定位套和半圆定位座等。

③用于孔定位的定位元件包括定位销（圆柱定位销和圆锥定位销）、圆柱心轴和小锥度心轴。常用定位元件限制的工件自由度如表 2－1 所示。

表 2－1　　常用定位元件限制的工件自由度

定位基准	定位简图	定位元件	限制的自由度
大平面	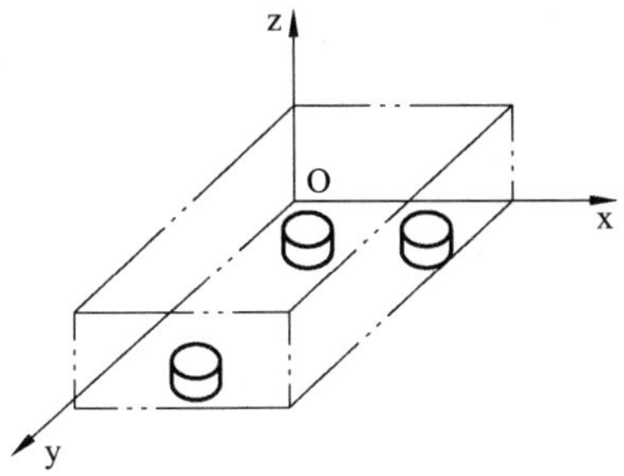 z、O、x、y	支承钉	$\vec{z}$、$\widehat{x}$、$\widehat{y}$
	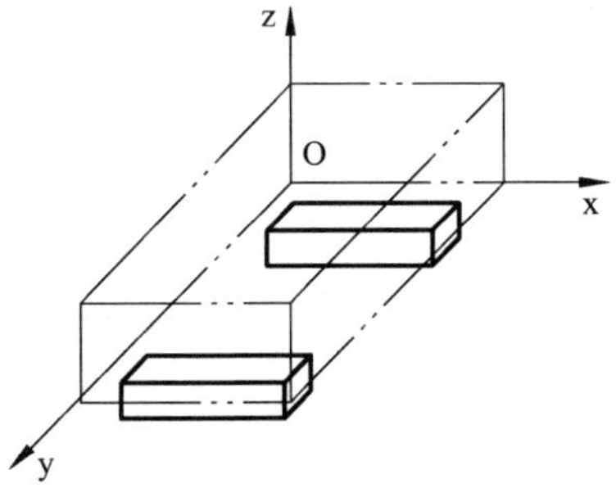 z、O、x、y	支承板	$\vec{z}$、$\widehat{x}$、$\widehat{y}$
长圆柱面	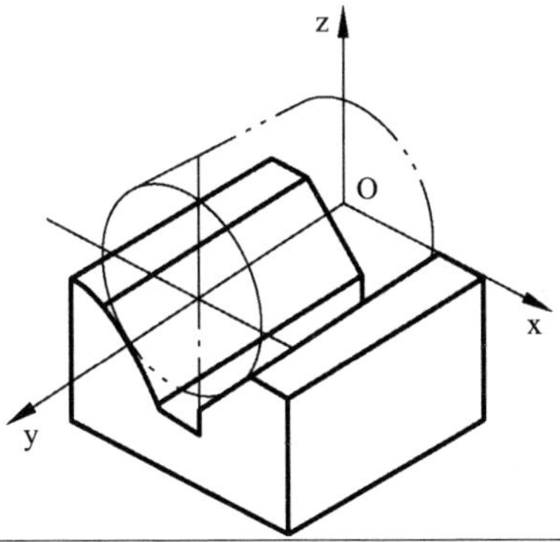 z、O、x、y	固定式 V 形块	$\vec{x}$、$\vec{z}$、$\widehat{x}$、$\widehat{z}$
	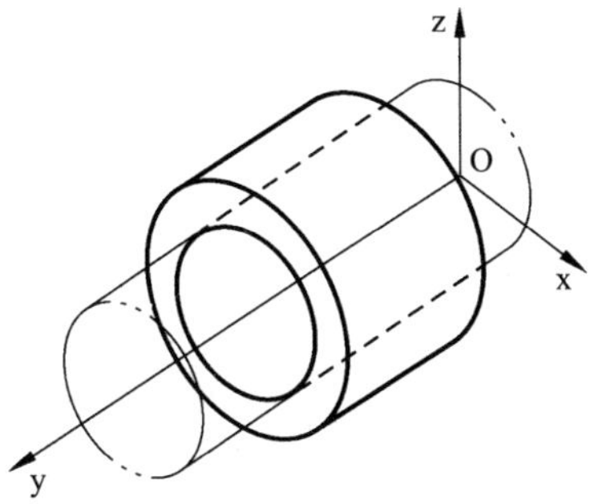 z、O、x、y	固定式长套	

续表

定位基准	定位简图	定位元件	限制的自由度
长圆柱面	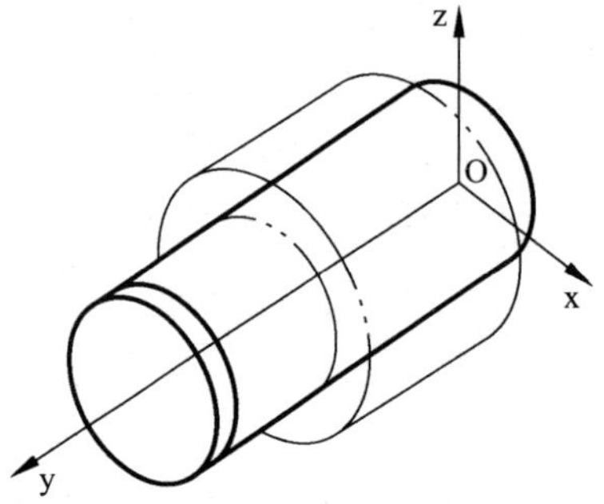	心轴	$\vec{x}$、$\vec{z}$、$\overset{\frown}{x}$、$\overset{\frown}{z}$
	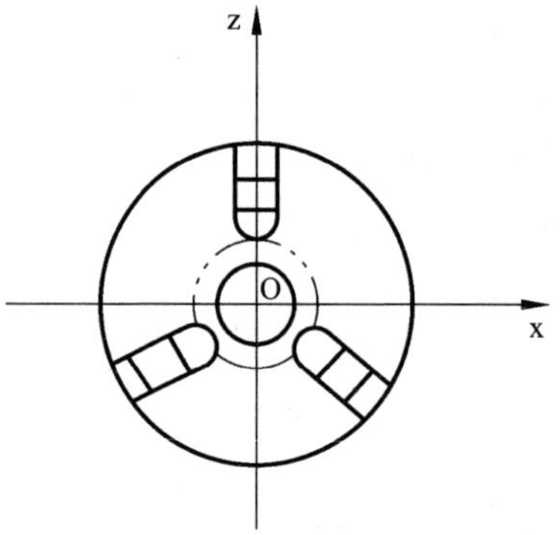	三爪自定心卡盘	
长圆锥面	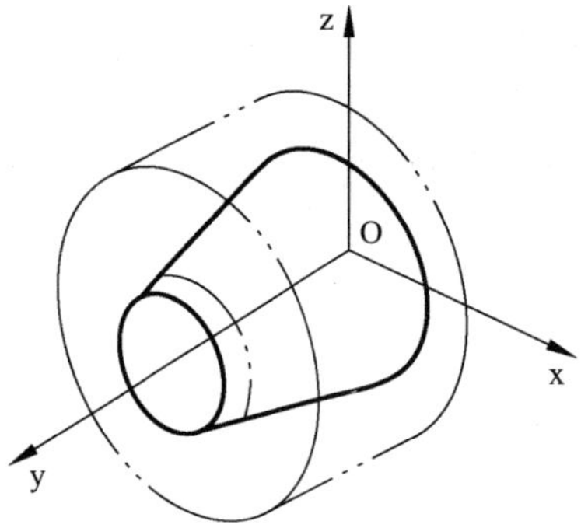	圆锥心轴（定心）	$\vec{x}$、$\vec{y}$、$\vec{z}$ $\overset{\frown}{x}$、$\overset{\frown}{z}$
两中心孔	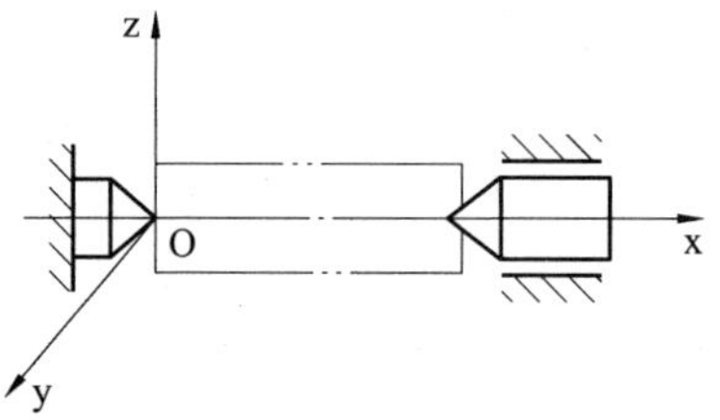	固定顶尖	$\vec{x}$、$\vec{y}$、$\vec{z}$
		活动顶尖	$\overset{\frown}{y}$、$\overset{\frown}{z}$

续表

定位基准	定位简图	定位元件	限制的自由度
短外圆与中心孔	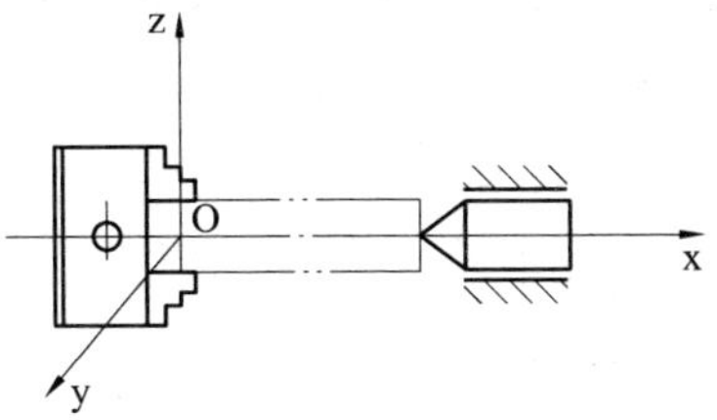	三爪自定心卡盘	$\vec{y}$、$\vec{z}$
		活动顶尖	$\widehat{y}$、$\widehat{z}$
大平面与两外圆弧面	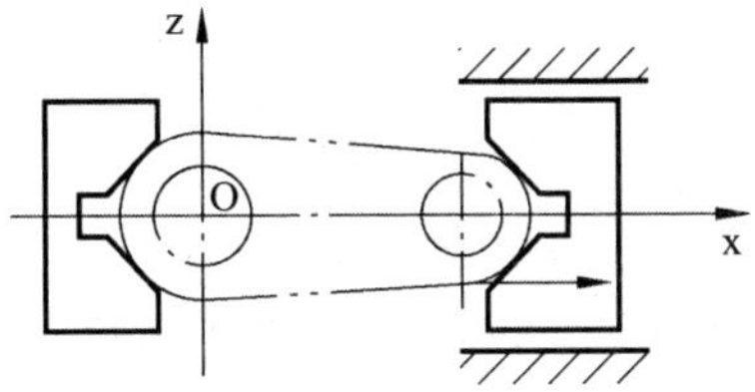	支承板	$\vec{y}$、$\widehat{x}$、$\widehat{z}$
		短固定式 V 形块	$\vec{x}$、$\vec{z}$
		短活动式 V 形块（防转）	$\widehat{y}$
大平面与两圆柱孔	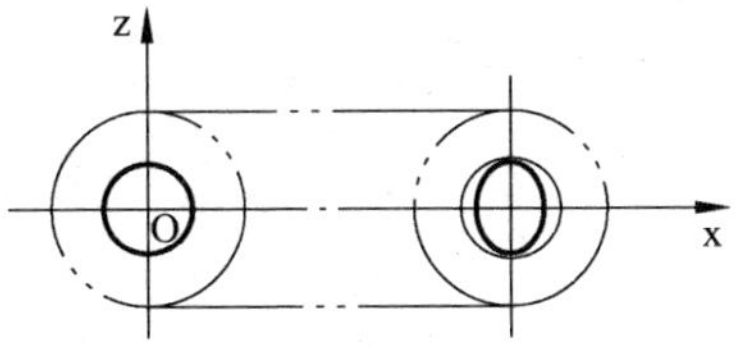	支承板	$\vec{y}$、$\widehat{x}$、$\widehat{z}$
		短圆柱定位销	$\vec{x}$、$\vec{z}$
		短菱形销（防转）	$\widehat{y}$
长圆柱孔与其他	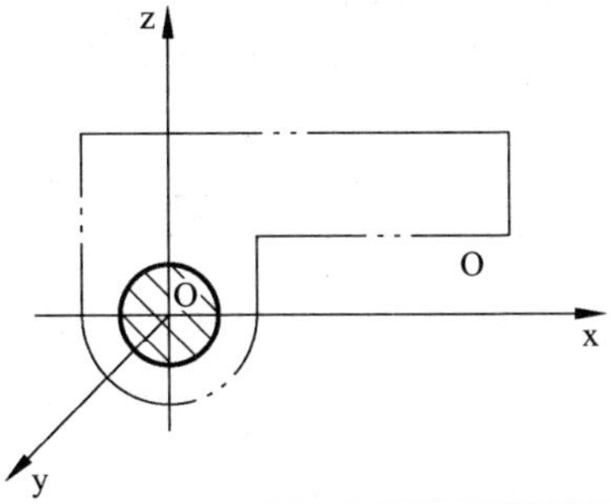	固定式心轴	$\vec{x}$、$\vec{z}$、$\widehat{x}$、$\widehat{z}$
		挡销（防转）	$\widehat{y}$
大平面与短锥孔	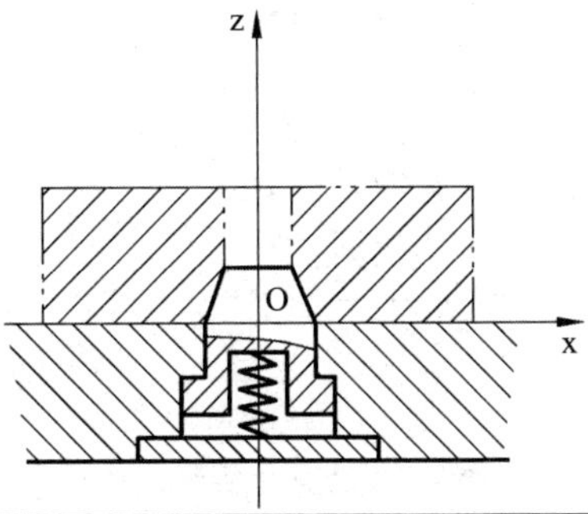	支承板	$\vec{z}$、$\widehat{x}$、$\widehat{y}$
		活动锥销	$\vec{x}$、$\vec{y}$

2. 定位方法

定位元件在使用时，应首先确定出工件需要被定位的位置，这就要分析工件需要被限制的自由度，然后根据工件定位基准面和定位元件的结构进行组合设计使用。

（1）根据加工要求分析工件应该限制的自由度。

工件定位时，其自由度可分为以下两种：一种是影响加工要求的自由度，称第一种自由度；另一种是不影响加工要求的自由度，称第二种自由度。为了保证加工要求，所有第一种自由度都必须严格限制，而第二种自由度需要限制的个数则要由具体的加工情况（如承受切削力与夹紧力及控制切削行程的需要等）决定。分析自由度的步骤如下。

①通过分析，找出该工序所有的第一种自由度。

a. 根据工序图，明确该工序的加工要求（包括工序尺寸、位置精度和形状精度）与相应的工序基准。

b. 建立空间直角坐标系。当工序基准为球心时，则取该球心为坐标原点，如图 2－17（a）所示，当工序基准为线（或轴线）时，则以该直线为坐标轴，如图 2－17（b）所示，当工序基准为一平面时，则以该平面为坐标面，如图 2－17（c）所示。这样即可确定工序基准及整个工件在该空间直角坐标系中的理想位置。

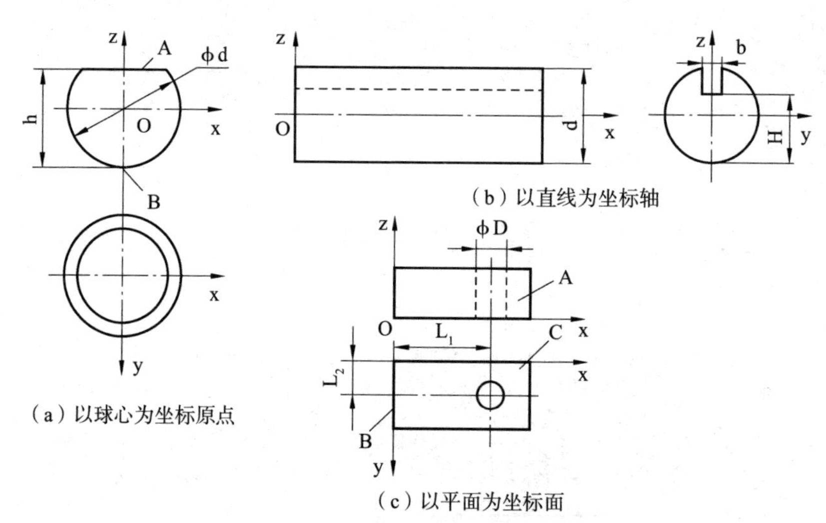

图 2－17　不同类型零件空间直角坐标系的建立

c. 依次找出影响各项加工要求的自由度。

d. 把影响所有加工要求的自由度累计起来便得到该工序的全部第一种自由度。

②找出第二种自由度。从六个自由度中去掉第一种自由度，剩下的都是第二种自由度。

③根据具体的加工情况，判断哪些第二种自由度需要限制。

④把所有的第一种自由度与需要限制的第二种自由度结合起来，便是该工序需要限制的全部自由度。

例 2－1 图 2－18（a）所示为在长方体工件上铣键槽的工序图。槽宽 W 由刀的宽度保证。

解：①找出第一种自由度。

a. 明确加工要求与相应的工序基准：工序尺寸 A_1 的工序基准为 T 面，工序尺寸 H_1 的工序基准为 B 面。槽两侧面的垂直度、槽底面的平行度的工序基准也为 B 面。

b. 建立空间直角坐标系：以 B 面为 xOy 平面，T 面为 yOz 平面，如图 2－18（b）所示。

c. 分析第一种自由度：影响工序尺寸 A_1 的自由度为 $\vec{x}$、$\widehat{y}$、$\widehat{z}$；影响工序尺寸 H_1 的自由度为 $\vec{z}$、$\widehat{x}$、$\widehat{y}$；影响垂直度的自由度为 $\widehat{y}$；影响平行度的自由度为 $\widehat{x}$、$\widehat{y}$。综合起来应该限制的第一种自由度应为：$\vec{x}$、$\vec{z}$、$\widehat{x}$、$\widehat{y}$、$\widehat{z}$。

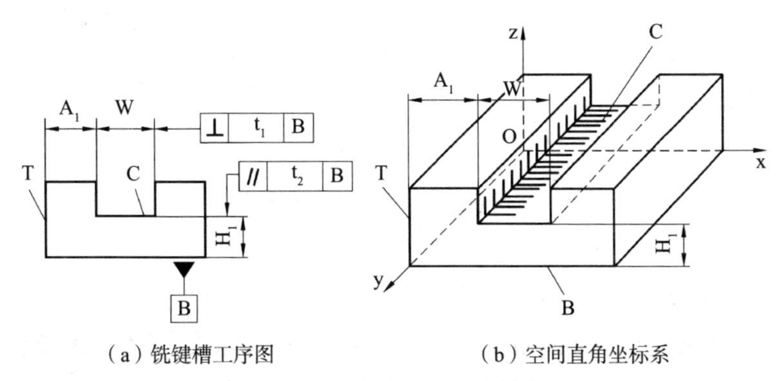

（a）铣键槽工序图　　（b）空间直角坐标系

图 2－18　在长方体工件上铣键槽

②找出第二种自由度 $\vec{y}$。

③判断第二种自由度 $\vec{y}$ 是否需要限制：为便于控制切削行程，应使工件沿 y 轴方向的位置一致，故 $\vec{y}$ 需限制。同时，当工件的一个端面靠在夹具的支承元件上以后，有利于承受 y 轴方向的铣削分力，并有利于减少加紧力。

④第一种自由度与需要限制的第二种自由度合起来：在本工序中，六个自由度都要限制。

（2）选择合适的定位元件组合。

①工件以平面定位。

a. 支承钉。

以面积较小的已经加工的基准平面定位时即精基准，选用平头支承钉，如图 2－19（a）所示；以基准面粗糙不平或毛坯面定位时，选用球头支承钉，如图 2－19（b）所示；存在较大摩擦力的侧面定位，可选用齿纹支承钉，如图 2－19（c）所示。

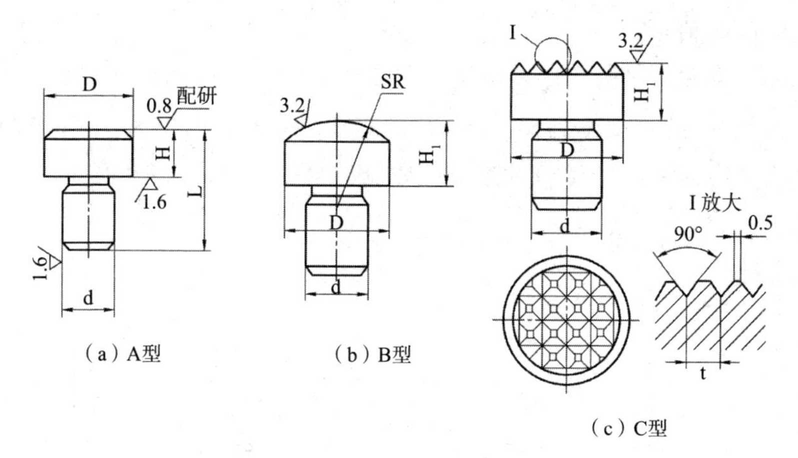

图 2－19　支承钉（JB/T8029.2—1999）

b. 支承板。

以面积较大、平面度精度较高的基准平面定位时，选用支承板定位元件，如图 2－20 所示。用于侧面定位时，可选用不带斜槽的支承板，如图 2－20（a）所示，通常尽可能选用带斜槽的支承板，以利清除切屑，如

图 2－20（b）所示。

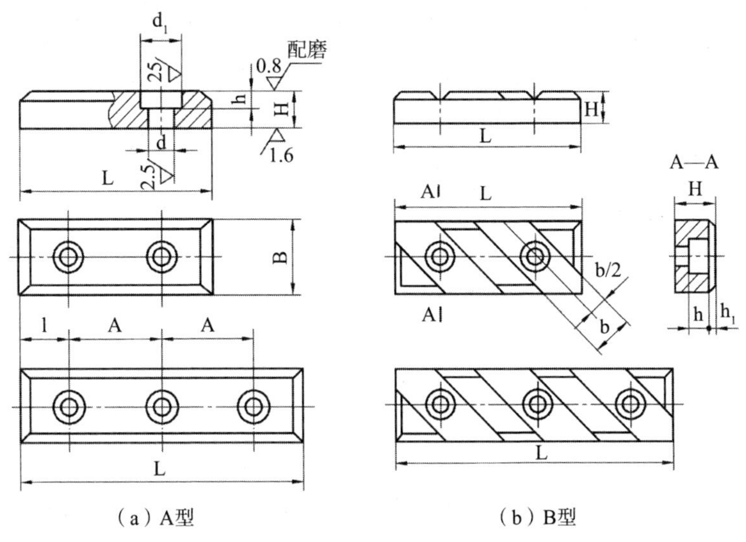

图 2－20　支承板（JB/T8029.1—99）

c. 可调支承。

可调支承用于未加工过的平面定位，以调节补偿各批毛坯尺寸误差，一般不是对每个加工工件进行调整，而是一批工件毛坯调整一次，结构如图 2－21 所示（JB/T8026.4—1999）。

图 2－22（a）中的工件为砂型铸件，加工过程中，一般先铣 B 面，再以 B 面定位镗双孔。为了保证镗孔工序有足够和均匀的余量，最好先以毛坯孔为粗基准定位，但装夹不太方便。此时，可将 A 面置于调节支承上，通过调整调节支承的高度来保证 B 面与两毛坯孔中心的距离尺寸 H_1、H_2，以避免镗孔时余量不均匀，甚至余量不够的情况。

在同一夹具上加工形状相似而尺寸不等的工件时，也常采用调节支承。如图 2－22（b）所示，在轴上钻径向孔，对于孔至端面距离不等的几种工件，只要调整支承钉的伸出长度，该夹具便都可适用。

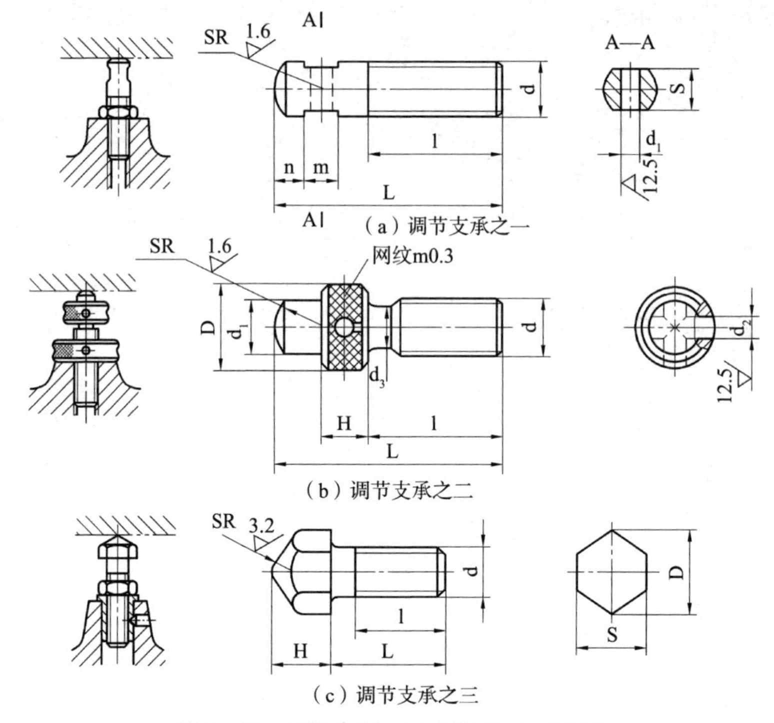

（a）调节支承之一

（b）调节支承之二

（c）调节支承之三

图2-21 可调支承（JB/T8026.4—1999）

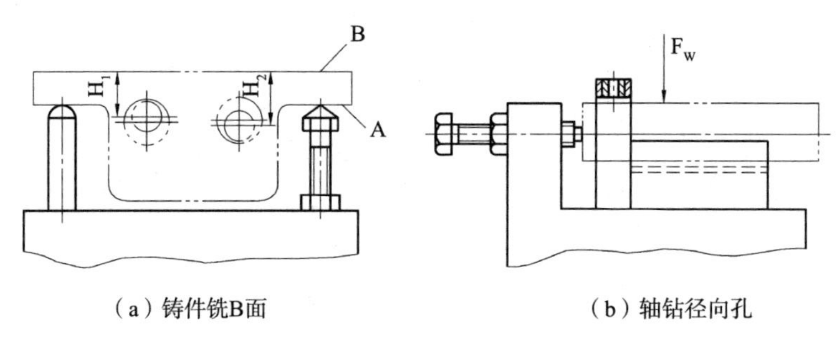

（a）铸件铣B面

（b）轴钻径向孔

图2-22 可调支承的应用

d. 自位支承。

自位支承是指在工件定位过程中，可以自动调整位置的支承，又称为浮动支承。图2-23（a）和图2-23（b）所示是两点式自位支承，图2-23（c）所示是三点式自位支承。

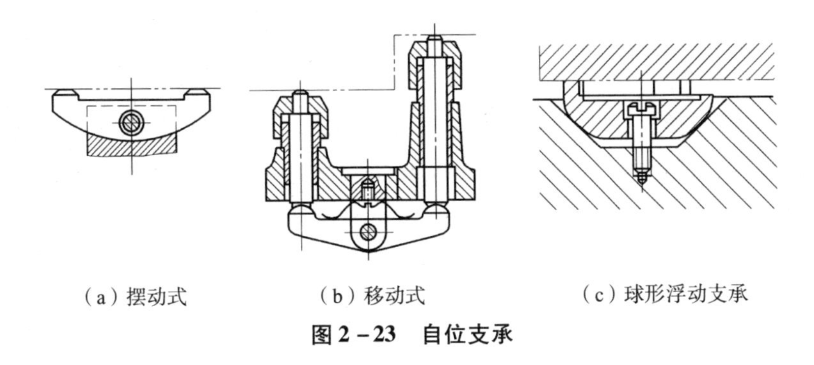

（a）摆动式　（b）移动式　（c）球形浮动支承

图2－23　自位支承

自位支承的工作特点是：支承点的位置能随着工件定位基面的不同而自动调节，压下定位基面中的一点，其余点便上升，直至各点都与工件接触。接触点数的增加，提高了工件的装夹刚度和稳定性，但其作用仍相当于一个固定支承，只限制工件的一个自由度。自位支承可提高工件的刚度，常用于毛坯表面、断续表面、阶梯表面定位或刚性不足的场合。

e. 辅助支承。

辅助支承用来提高工件的装夹刚度、稳定性和可靠性，没有定位作用，而且每次加工均需要重新调整支承点高点。

辅助支承有三种形式：螺旋式、自动调节式和推引式，结构如图2－24所示。

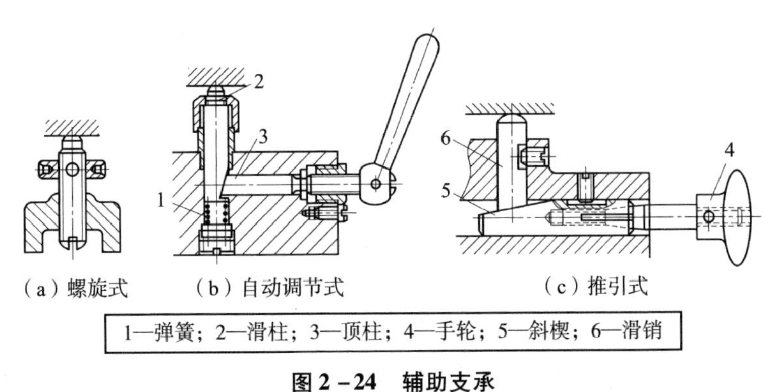

（a）螺旋式　（b）自动调节式　（c）推引式

1—弹簧；2—滑柱；3—顶柱；4—手轮；5—斜楔；6—滑销

图2－24　辅助支承

②工件以外圆柱面作为定位基面时。

工件的定位基准为中心轴线（面），最常用的定位元件有V形块、定位套、半圆套、圆锥套等。

a. V 形块。

V 形块定位对中性好，且安装方便。因此，当工件以外圆柱面定位时，V 形块是用得最多的定位元件。V 形块有多种形状，如图 2－25（a）所示用于较短的精基准定位，图 2－25（b）所示用于较长的粗基准（或阶梯轴）定位，图 2－25（c）所示用于两段精基准面相距较远的场合。如果定位元件直径与长度较大，则 V 形块不必做成整体钢件，可采用铸铁底座镶淬火钢垫的方式，如图 2－25（d）所示。

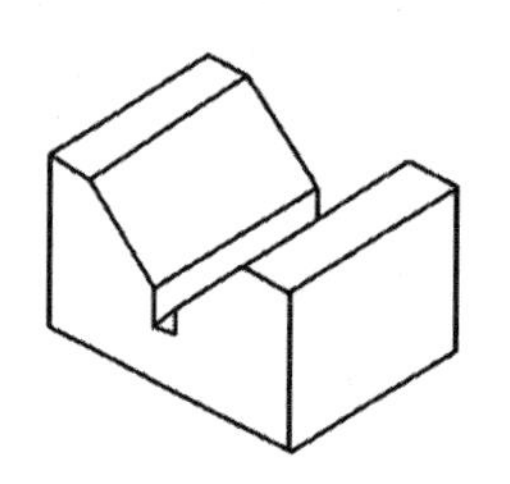

（a）精基准定位用V形块

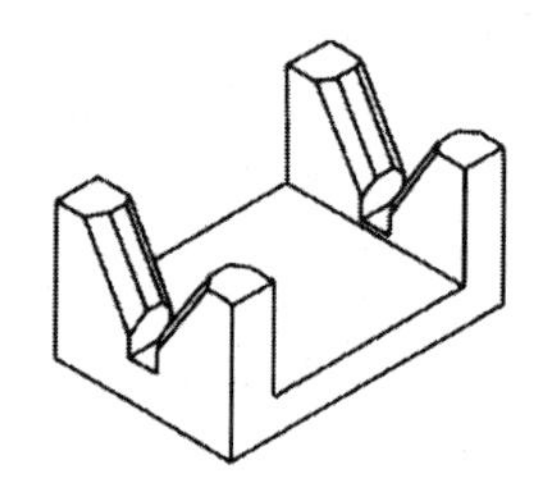

（b）粗基准、阶梯轴定位用V形块

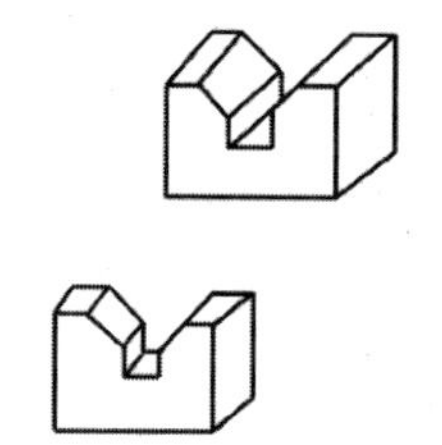

（c）精基准面相距较远用V形块

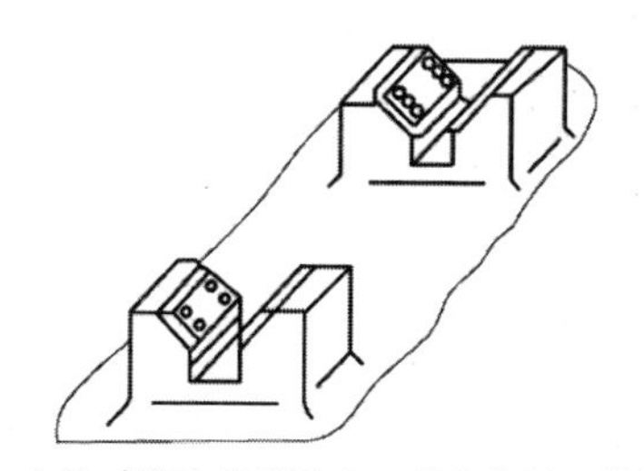

（d）直径与长度较大工件定位用V形块

图 2－25　V 形块

V 形块上两工作面间的夹角 α 一般选用 60°、90°和 120°，以 90°应用最广。其中，90°V 形块（JB/T8018. 1—1999）的典型结构和尺寸均已标准化。

V 形块按是否活动可分为固定式和活动式两种。活动 V 形块如图 2－26（a）所示，与其相配的导板也已标准化（JB/T8019—1999）。固定 V 形块的结构如图 2－26（b）所示。固定式 V 形块在夹具体上的装配一般采用2～4 个螺钉和两个定位销连接，定位销孔在装配调整后钻铰，然后打入定位销。根据工件与 V 形块的接触母线长度，固定式 V 形块可以分为短 V 形块和长 V 形块，前者限制工件两个自由度，后者限制工件四个自由度，如表 2－1 所示。

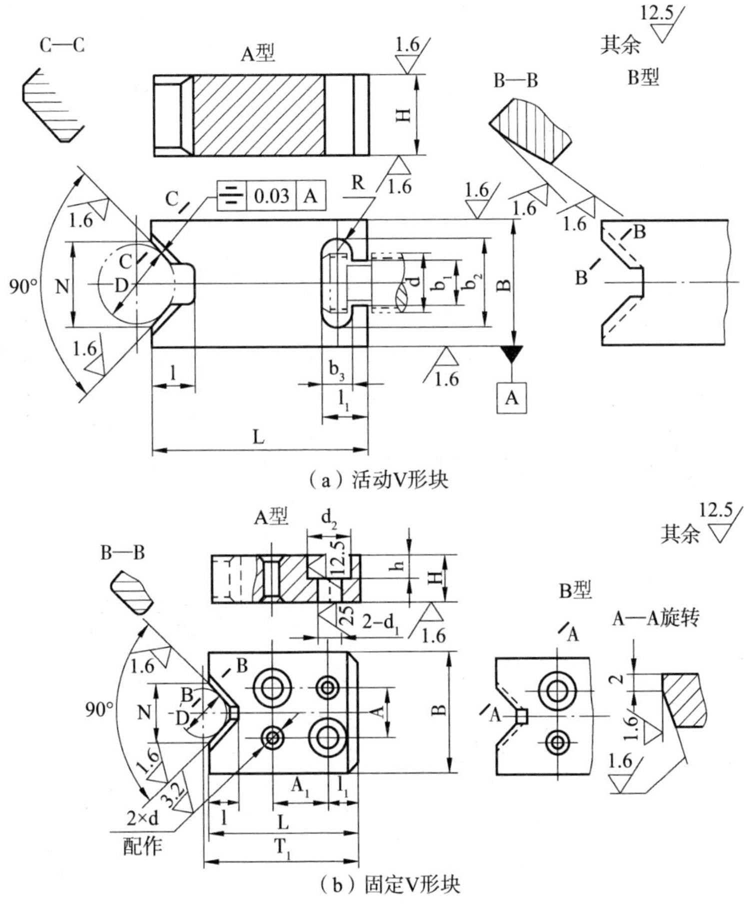

图 2－26　活动 V 形块与固定 V 形块

b. 定位套。

常用定位套有三种，如图 2－27 所示。为了限制工件沿轴向的自由度，常与端面联合定位。若将端面作为主要限位面时，应控制套的长度，以免夹紧时工件产生不允许的变形。

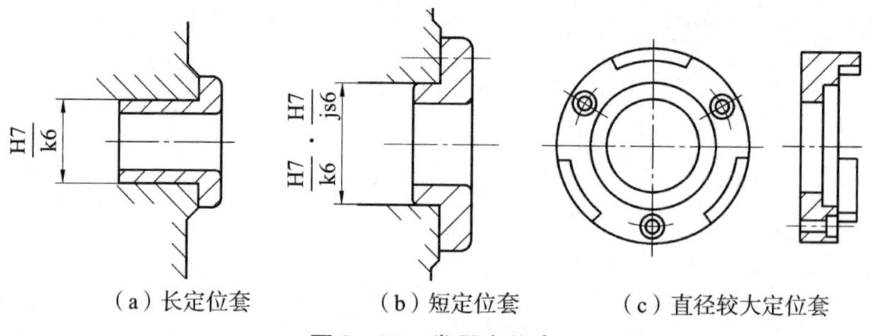

（a）长定位套　　（b）短定位套　　（c）直径较大定位套

图 2－27　常用定位套

定位套结构简单、容易制造，但定心精度不高，故只适用于精定位基面。

c. 半圆套。

半圆套结构如图 2－28 所示，下面的半圆套是定位元件，上面的半圆套起夹紧作用。这种定位方式主要用于大型轴类和曲轴零件等不宜以圆孔定位的零件，且要求定位基面的精度不低于 IT8。半圆套的最小内径应取工件定位基面的最大直径。

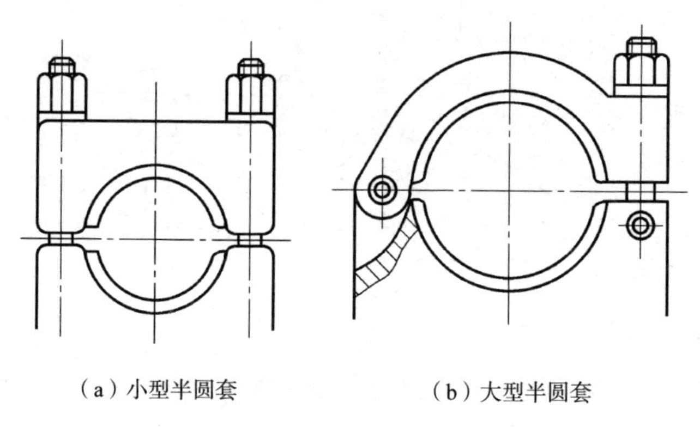

（a）小型半圆套　　（b）大型半圆套

图 2－28　半圆套定位装置

d. 圆锥套。

工件以圆柱面为定位基准面在圆锥孔中定位时，常与后顶尖（反顶尖）配合使用。如图 2－29 所示，夹具体锥柄 1 插入机床主轴孔中，通过传动螺钉 2 对定位圆锥套 3 传递扭矩，工件 4 圆柱左端部在定位圆锥套 3

中通过齿纹锥面进行定位，限制工件的三个移动自由度；工件圆柱右端锥孔在后顶尖5（当外径小于6mm时，用反顶尖）上定位，限制工件两个转动自由度。

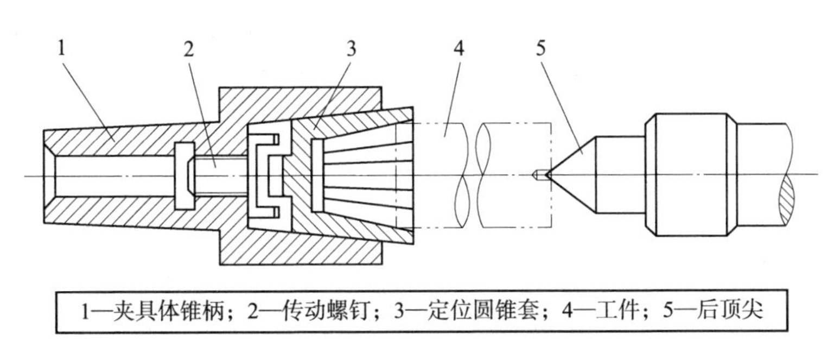

1—夹具体锥柄；2—传动螺钉；3—定位圆锥套；4—工件；5—后顶尖

图2－29　工件在圆锥套中定位

③工件以圆柱孔定位。

工件以圆柱孔定位大都属于定心定位（定位基准为孔的轴线），常用的定位元件有定位销、圆锥销、圆柱心轴、圆锥心轴等。圆柱孔定位还经常与平面定位联合使用。

a. 定位销。

图2－30所示为定位销的结构。其工作部分直径D通常根据加工要求和考虑便于装夹，按g5、g6、f6或f7制造。图2－30（a）所示为固定式定位销，图2－30（b）所示为可换式定位销。A型称圆柱销，与夹具体的连接采用过盈配合，B型称菱形销。定位销的有关参数可查阅夹具标准或夹具手册。

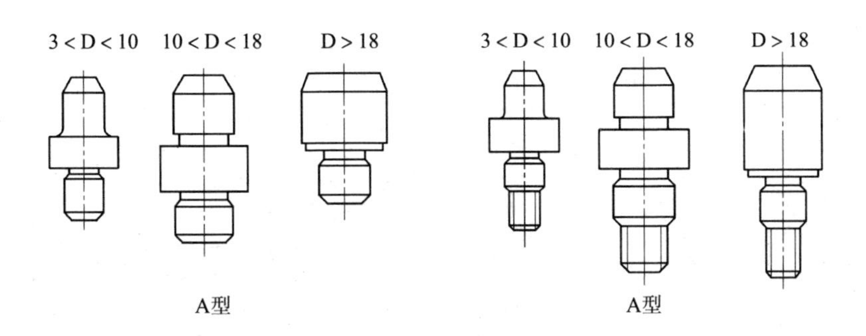

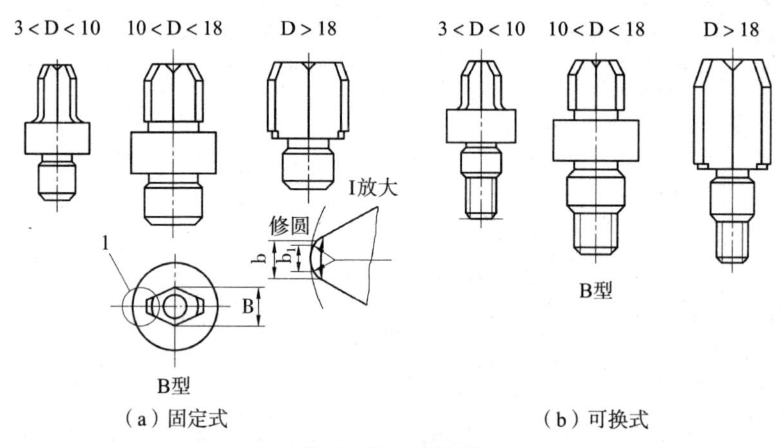

（a）固定式　　（b）可换式

图2－30　定位销

对于不便于装卸的部位和工件，在以被加工孔为定位基准（自位基准）的定位中通常采用定位插销，如图2－31所示。A型定位插销可限制工件的两个自由度，B型（菱形）定位插销可限制工件的一个自由度。

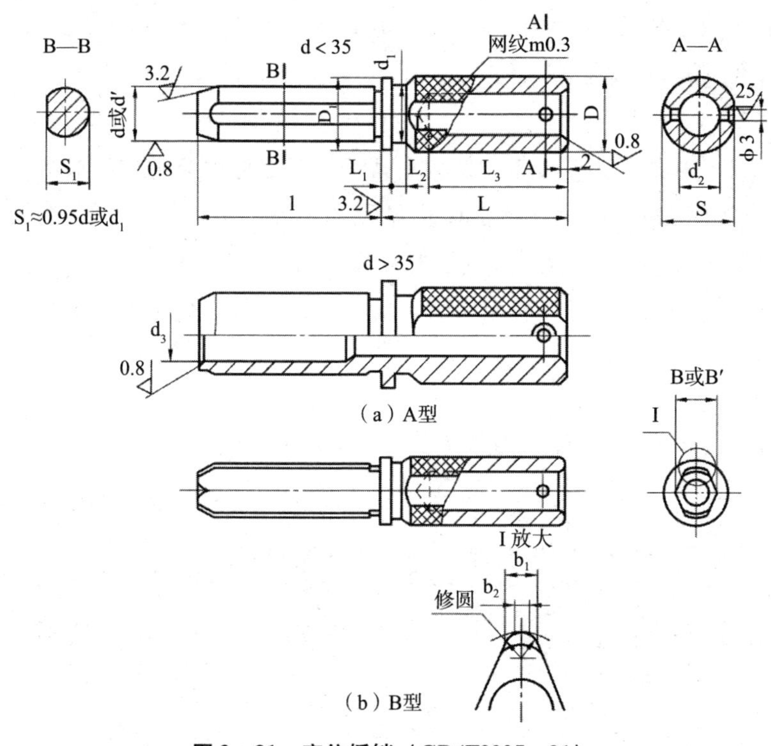

（a）A型
（b）B型

图2－31　定位插销（GB/T2205—91）

b. 圆锥销。

在加工套筒、空心轴等类工件时，也经常用到圆锥销。图2－32为工件以圆孔在圆锥销上定位的示意图，它限制了工件的 $\vec{x}$、$\vec{y}$、$\vec{z}$ 三个自由度。图2－32（a）用于粗定位基面，图2－32（b）用于精定位基面。

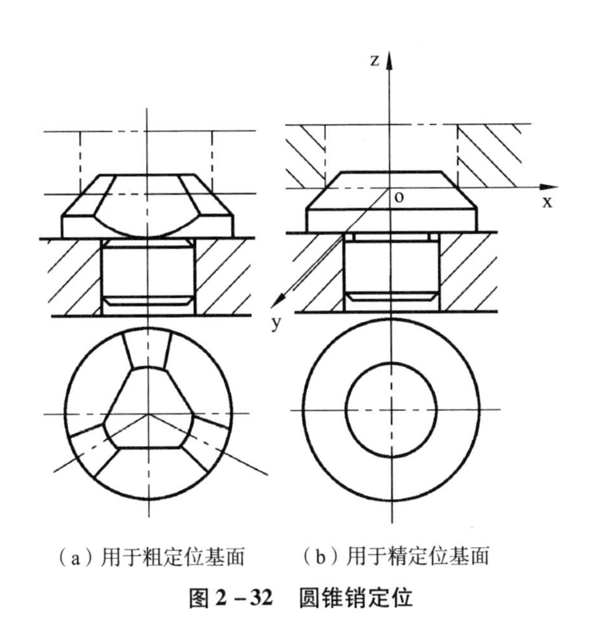

（a）用于粗定位基面　　（b）用于精定位基面

图2－32　圆锥销定位

工件在单个圆锥销上定位容易倾斜，为此，圆锥销一般与其他定位元件组合定位，如图2－33所示。图2－33（a）为圆锥－圆柱组合心轴，锥度部分使工件准确定心，圆柱部分可减少工件倾斜。图2－33（b）以工件底面作为主要定位基面，采用活动圆锥销，只限制 $\vec{x}$、$\vec{y}$ 两个自由度，即使工件的孔径变化较大，也能准确定位。图2－33（c）为工件在双圆锥销上定位，左端固定圆锥销限制 $\vec{x}$、$\vec{y}$、$\vec{z}$ 三个自由度，右端为活动圆锥销，限制 $\overset{\frown}{y}$、$\overset{\frown}{z}$ 两个自由度。以上三种定位方式均限制工件的五个自由度。

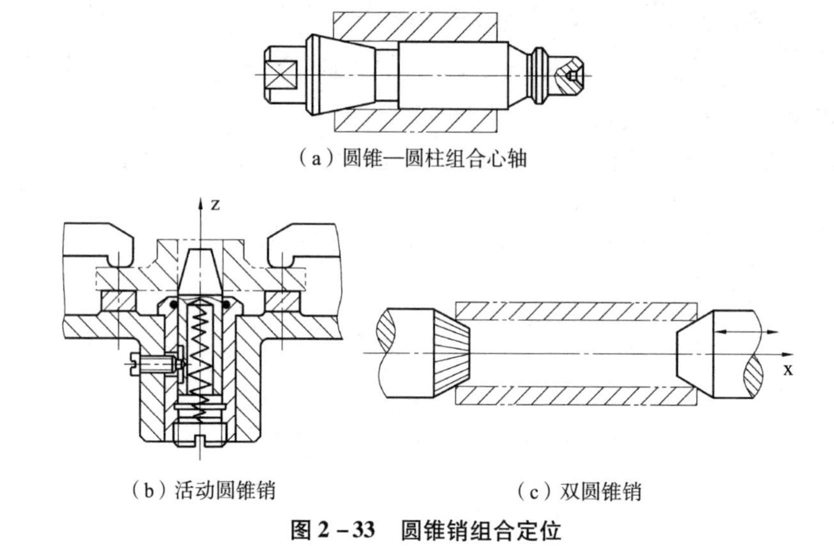

（a）圆锥—圆柱组合心轴

（b）活动圆锥销　　（c）双圆锥销

图 2－33　圆锥销组合定位

c. 定位心轴。

主要用于套筒类和空心盘类工件的车、铣、磨及齿轮加工。常见的有圆柱心轴和圆锥心轴等。

图 2－34 所示为常用圆柱心轴的结构形式。图 2－34（a）为间隙配合心轴。心轴的限位基面一般按 h6、g6 或 f7 制造，其装卸工件方便，但定心精度不高。为了减少因配合间隙而造成的工件倾斜，工件常用孔和端面联合定位，因而要求工件定位孔与定位端面之间、心轴限位圆柱面与限位端面之间都有较高的垂直度，最好能在一次装夹中加工出来。

图 2－34（b）为过盈配合心轴，由引导部分 1、工作部分 2、传动部分 3 组成。引导部分的作用是使工件迅速而准确地套入心轴，这种心轴制造简单，定心准确，不用另设夹紧装置，但装卸工件不便，易损伤工件定位孔，因此，多用于定心精度要求高的精加工。

图 2－34（c）为花键心轴，用于加工以花键孔定位的工件。当工件定位孔的长径比 L/d＞1 时，工作部分可稍带锥度。设计花键心轴时，应根据工件的不同定心方式来确定定位心轴的结构，其配合可参考上述两种心轴。

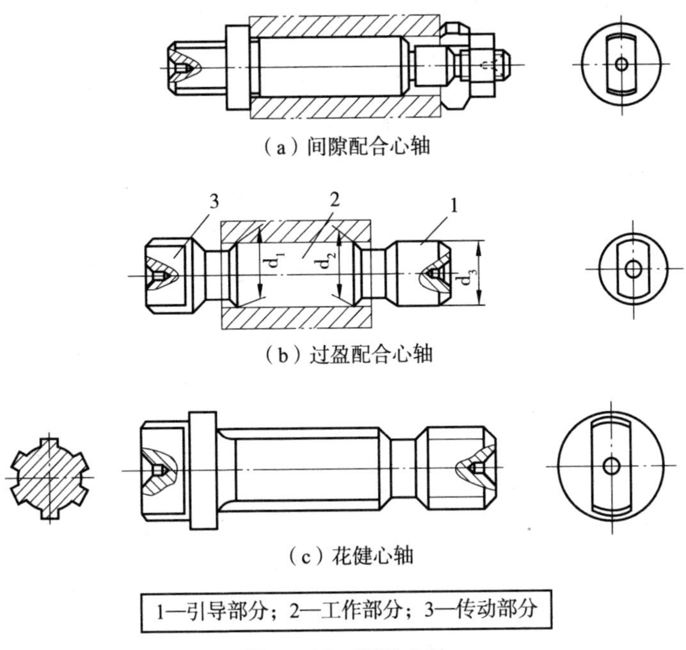

（a）间隙配合心轴

（b）过盈配合心轴

（c）花健心轴

1—引导部分；2—工作部分；3—传动部分

图2－34　圆柱心轴

圆锥心轴如图2－35所示。这类定位方式是圆锥面与圆锥面接触，要求锥孔和圆锥心轴的锥度相同，接触良好，因此定心精度与角向定位精度均较高，可达ϕ0.01～0.02mm，而轴向定位精度取决于工件孔和心轴的尺寸精度。圆锥心轴限制工件的五个自由度，即除绕轴线转动的自由度没限制外均已限制。此种方式多用于工件定位孔精度不低于IT7的精车和磨削加工，不能加工端面。

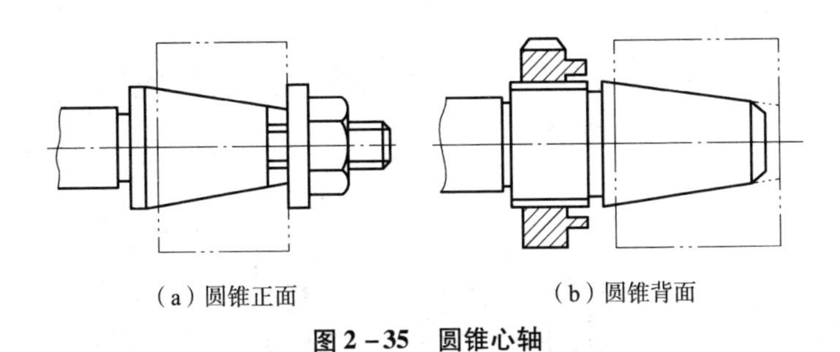

（a）圆锥正面　　（b）圆锥背面

图2－35　圆锥心轴

④工件以特殊表面定位。

除了上述以平面和内、外圆柱表面定位外，还经常遇到特殊表面的定位。如图 2－36 所示是工件以燕尾形导轨面定位的 3 种形式。图 2－36（a）为镶有圆柱定位块的结构，图 2－36（b）的圆柱定位块位置可以通过修配 A、B 平面达到较高的精度，图 2－36（c）采用小斜面定位块，其结构简单。为了减少过定位的影响，工件的定位基面需经配制（或配磨）。除了这种导轨面定位，还有齿形面定位及键槽孔定位等其他方式。

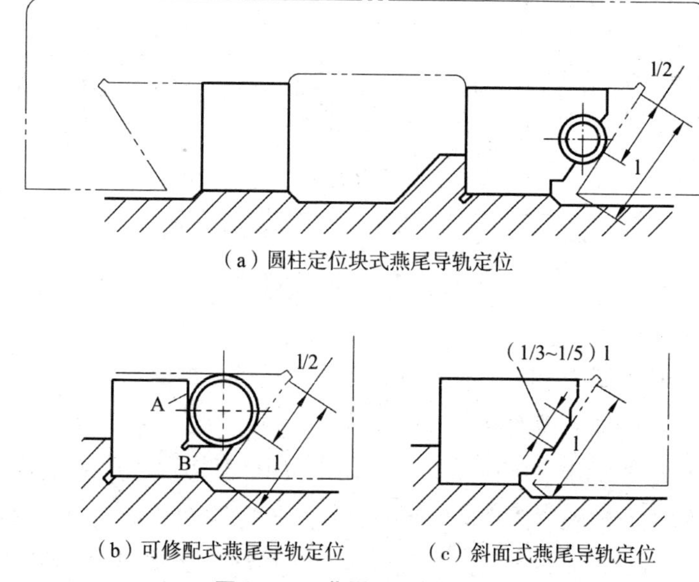

（a）圆柱定位块式燕尾导轨定位

（b）可修配式燕尾导轨定位　（c）斜面式燕尾导轨定位

图 2－36　燕尾形导轨的定位

（3）定位元件使用实例。

例 2－2　如图 2－37 所示，工件以一面两孔定位，分析采用何种定位元件。

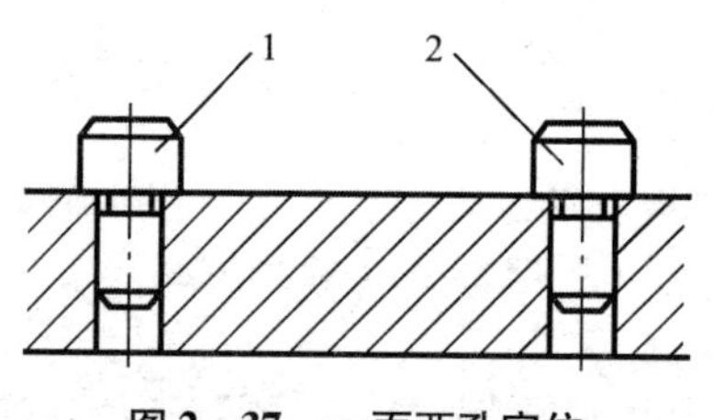

图 2－37　一面两孔定位

解：一面两孔定位一般采用一平面、两短圆柱销为定位元件，此时平面限制 $\vec{X}$、$\vec{Y}$、$\vec{Z}$ 三个自由度，第一个定位销限制 $\vec{X}$、$\vec{Y}$ 两个移动自由度，第二定位销限制 $\vec{X}$ 和 $\vec{Z}$，因此 $\vec{X}$ 过定位。又设两孔直径分别为 $D_1^{+\delta_{D1}}$、$D_2^{+\delta_{D2}}$，两孔中心距为 $L \pm \delta_{LD}$，两销直径分别为 $d_1 - \delta_{d1}$、$d_2 - \delta_{d2}$，两销中心距为 $L \pm \delta_{Ld}$。由于两孔、两销的直径，两孔中心距和两销中心距都存在制造误差，故有可能使工件两孔无法套在两定位销上，如图 2 - 38（a）所示。

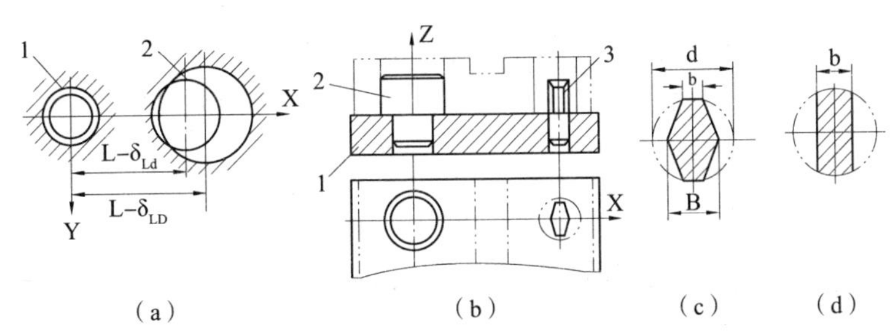

图 2 - 38　一面两孔组合定位情况

解决 $\vec{X}$ 过定位的方法有：

①减小第二个销子的直径。此种方法由于销子直径减小，配合间隙加大，故使工件绕第一个销子的转角误差加大。

②使第二个销子可沿 X 方向移动，但结构复杂。

③第二个销子采用削边销结构，即采取在过定位方向上，将第二个圆柱销削边，如图 2 - 38（b）所示。平面限制 $\vec{X}$、$\vec{Y}$、$\vec{Z}$ 三个自由度，短圆柱销限制 $\vec{X}$、$\vec{Y}$ 两个自由度，短的削边销（菱形销）限制 $\vec{Z}$ 一个自由度。它不需要减小第二个销子直径，因此转角误差较小。

图 2 - 38（c）中削边销的截面形状为菱形，又称菱形销，用于直径小于 50mm 的孔，图 2 - 38（d）中削边销的截面形状常用于直径大于 50mm 的孔。

3. 定位符号和夹紧符号的标注

在选定定位基准及确定了夹紧力的方向和作用点后，应在工序图上标注定位符号和夹紧符号。定位符号和夹紧符号已有《中华人民共和国机械行业标准》。图 2 - 39 为典型零件定位符号和夹紧符号的标注。

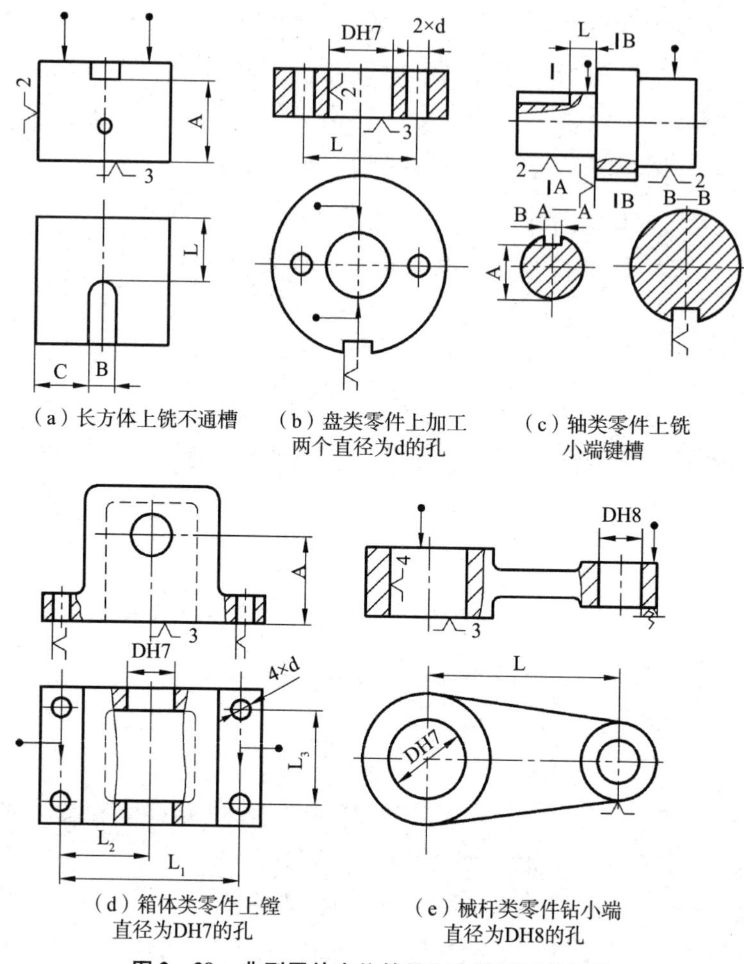

（a）长方体上铣不通槽

（b）盘类零件上加工两个直径为d的孔

（c）轴类零件上铣小端键槽

（d）箱体类零件上镗直径为DH7的孔

（e）械杆类零件钻小端直径为DH8的孔

图2－39　典型零件定位符号和夹紧符号的标注

项目3　工件的夹紧

能力目标

能为某一工件的工序选择合适的夹紧装置。

知识目标

1. 掌握机床夹具夹紧装置的组成和基本要求。

2. 掌握机床夹具夹紧力确定原则。

3. 掌握基本夹紧机构。

4. 认识定心夹紧机构。

5. 认识夹紧动力装置。

2.3.1　夹紧装置的组成和基本要求

前面讲述了工件在夹具中的定位问题，目的在于解决工件的定位方法和保证必要的定位精度。但是，即使将工件的定位问题解决得很好，那也只是完成了工件装夹的一半。在大多数场合下，工件单纯定好位仍无法正常进行加工，工件在机床上或夹具中定位后，还需采用一定的机构将其夹紧，以保证工件在加工过程中不会因为受到外力作用而产生位移或振动。这种夹紧工件的机构称为夹紧装置。

1. 夹紧装置的组成

夹紧装置分为手动夹紧和机动夹紧两类。夹紧装置的种类很多，但其结构均由三部分组成。

(1) 力源（动力）装置。

产生夹紧作用力的装置称为夹具的力源装置。常用的动力装置有：气动装置、液压装置、电动装置、电磁装置、气－液联动装置和真空装置等。图 2－40 中的气缸 1 便是气动力源装置。由于手动夹具的夹紧力来自人力，所以它没有动力装置。

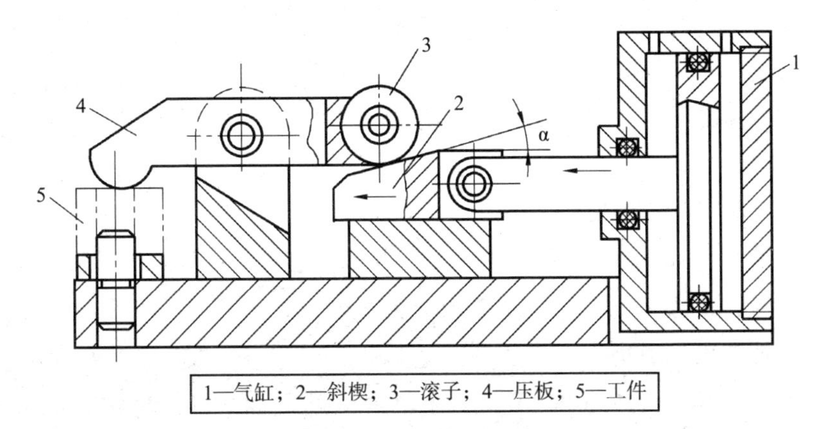

1—气缸；2—斜楔；3—滚子；4—压板；5—工件

图 2－40　夹紧装置的组成

（2）中间传力机构。

介于力源和夹紧元件之间传递力的机构，如图中的斜楔2。在传递力的过程中，它能起到如下作用。

①改变作用力的方向。

②改变作用力的大小，通常是起增力作用。

③使夹紧实现自锁，保证力源提供的原始力消失后，仍能可靠地夹紧工件，这对手动夹紧尤为重要。

（3）夹紧机构。

夹紧机构是实现夹紧的最终执行元件，通过它和工件直接接触而完成夹紧工件，如图2－40所示的压板4。对于手动夹紧装置而言，夹紧机构由中间传力机构和夹紧元件组成。

夹紧装置的具体组成并非一成不变，需根据工件的加工要求、安装方法和生产规模等条件来确定。

2. 对夹紧装置的设计要求

夹紧装置的好坏不仅关系到工件的加工质量，而且对提高生产效率，降低加工成本以及创造良好的工作条件等诸方面都有很大的影响，所以设计的夹紧装置应满足下列基本要求。

（1）夹紧时不能破坏工件定位后获得的正确位置。

（2）夹紧力大小要合适，既要保证工件在加工过程中不移动、不转动、不振动，又不能使工件产生变形或损伤工件表面。

（3）夹紧动作要迅速、可靠，且操作要方便、省力、安全。

（4）结构紧凑，易于制造与维修。其自动化程度及复杂程度应与工件的生产纲相适应。

2.3.2 夹紧力确定

夹紧力包括方向、作用点和大小三要素，它们的确定是夹紧装置设计中首先要解决的问题。

1. 夹紧力的方向

（1）夹紧力的方向应垂直于主要定位基准面，以保证定位的稳定可靠。

如图2-41（a）所示，工件上被镗的孔与左端面有一定的垂直度要求，因此，工件以A端面与定位元件的C面接触，限制三个自由度；以底面与定位元件的B面接触，限制两个自由度。夹紧力朝向主要定位面，这样做有利于保证孔与左端面的垂直度要求。如果夹紧力改朝向B面，则由于工件左端面与底面的夹角误差，所以夹紧时将破坏工件的定位，影响孔与左端面的垂直度要求。

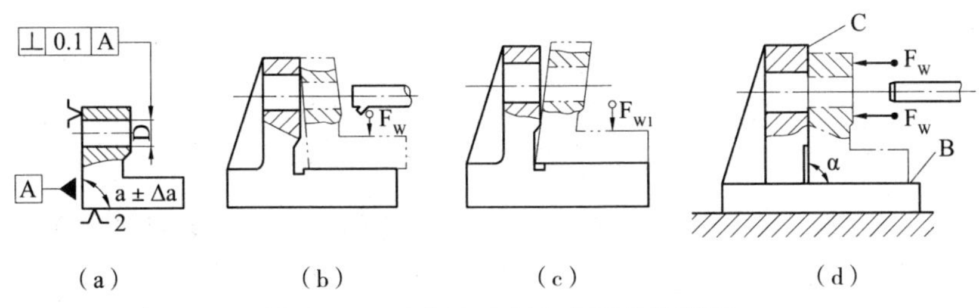

图2-41 夹紧力应指向主要定位基面

如图2-42所示，夹紧力朝向主要定位基面V形块的V形面，使工件的装夹稳定可靠。如果夹紧力改朝向B面，则由于工件圆柱面与端面的垂直度误差，所以夹紧时工件的圆柱面可能离开V形块的V形面，这不仅破坏了定位，影响加工要求，而且加工时工件容易振动。

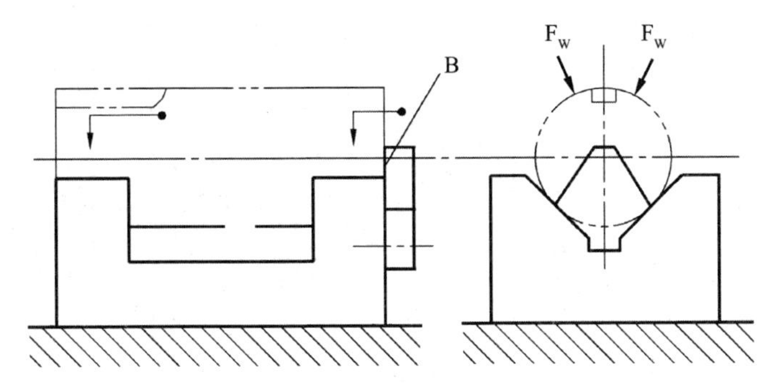

图2-42 轴零件铣键槽

(2) 夹紧力的方向应有利于减小夹紧力，以减小工件的变形、减轻劳动强度。图2-43为工件在夹具中加工时常见的几种受力情况。在

图2－43（a）中，夹紧力F_W、切削力F和重力G同向时，所需的夹紧力最小；图2－43（d）为需要由夹紧力产生的摩擦来克服切削力和重力，故需要的夹紧力最大。

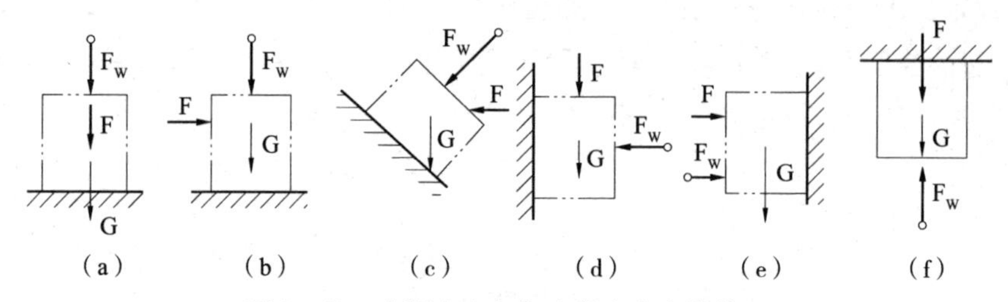

图2－43　夹紧力方向与夹紧力大小的关系

（3）夹紧力的方向应是工件刚度较高的方向。由于工件在不同方向上刚度是不等的，不同的受力表面也因其接触面积大小而产生不同变形。尤其在夹压薄壁零件时，更需注意使夹紧力的方向指向工件刚性最好的方向。如图2－44所示，薄套件径向刚度差而轴向刚度好，采用图2－44（b）所示的方案可避免工件发生严重的夹紧变形。

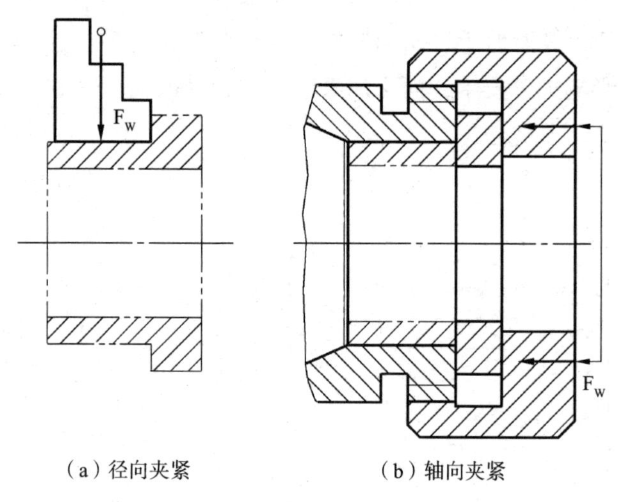

图2－44　夹紧力方向与工件刚性的关系

2. 夹紧力的作用点

夹紧力作用点是指夹紧件与工件相接触的位置。选择作用点的问题是指在夹紧方向已定的情况下确定夹紧力作用点的位置和数目。夹紧力作用点的选择是达到最佳夹紧状态的首要因素。合理选择夹紧力作用点必须遵守以下准则。

（1）夹紧力的作用点应落在定位元件的支承范围内。如图2－45所示，夹紧力的作用点落到定位元件的支承范围之外，夹紧时将破坏工件的定位，因而是错误的。

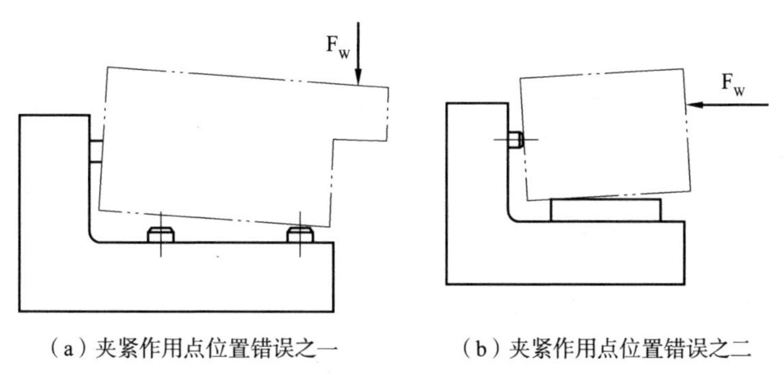

图2－45　夹紧力作用点的位置不正确

（2）夹紧力的作用点应选在工件刚度较高的部位。如图2－46（a）（c）所示，工件的夹紧变形最小，如图2－46（b）（d）（e）所示夹紧力作用点的选择会使工件产生较大的变形。这对刚性较差的零件尤为重要。

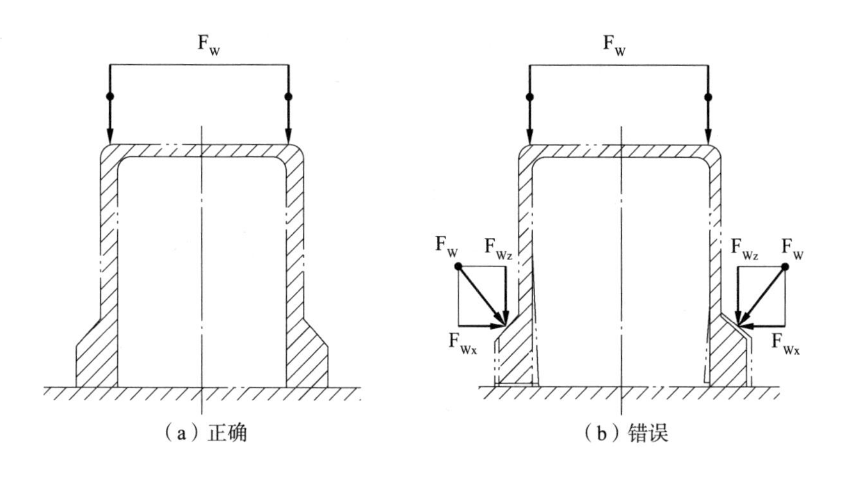

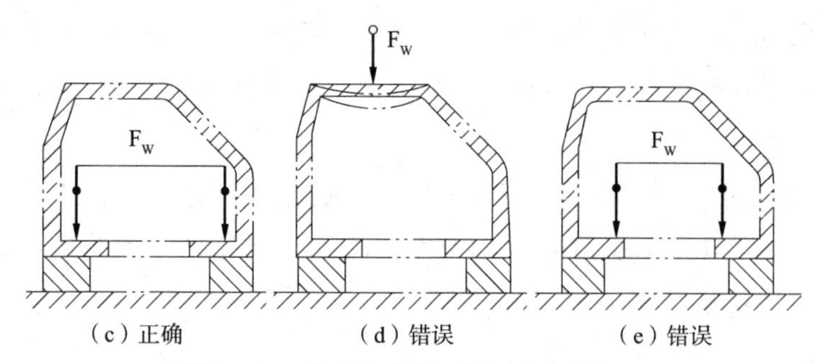

（c）正确　　（d）错误　　（e）错误

图 2－46　作用点应在工件刚度高的部位

（3）夹紧力的作用点应尽量靠近加工表面。作用点靠近加工表面，可减小切削力对该点的力矩和减少振动，防止工件产生变形。图 2－47（a）中，若压板直径过小，则对滚齿时的防振不利。图 2－47（b）中工件形状特殊，加工面距夹紧力 F_{Q1} 作用点甚远，这时应增设辅助支承，并附加夹紧力 F_{Q2}，以提高工件夹紧后的刚度。

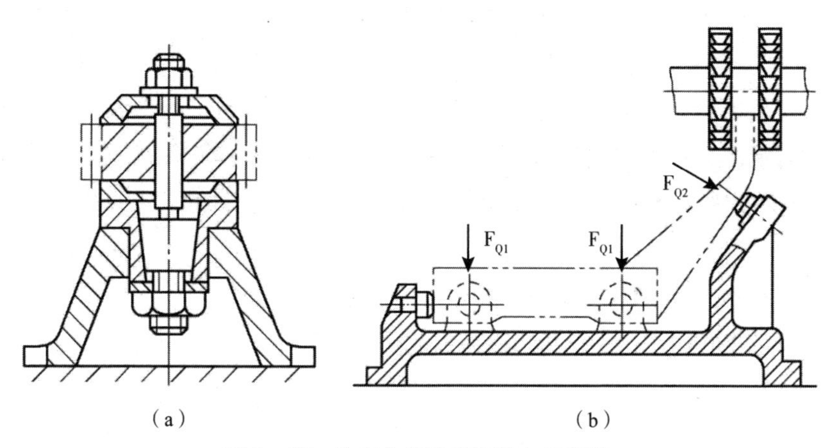

（a）　　（b）

图 2－47　作用点应靠近工件加工部位

3. 夹紧力的大小

合适的夹紧力可以保证定位稳定、夹紧可靠以及确定夹紧装置的结构尺寸。夹紧力过小则夹紧不牢靠，在加工过程中工件可能发生位移而破坏定位，其结果轻则影响加工质量，重则造成工件报废甚至发生安全事故。夹紧力过大会使工件变形，也会对加工质量不利。因此夹紧力的大小要适当。

理论上，夹紧力的大小应与作用在工件上的其他力（力矩）相平衡；而实际上，夹紧力的大小还与工艺系统的刚度、夹紧机构的传递效率等因素有关，计算是很复杂的。因此，实际设计中常采用估算法、类比法和试验法来确定所需的夹紧力。

当采用估算法确定夹紧力的大小时，为简化计算，通常将夹具和工件看成一个刚体。根据工件所受切削力、夹紧力（大型工件应考虑重力、惯性力等）的作用情况，找出加工过程中对夹紧最不利的状态，按静力平衡原理计算出理论夹紧力，最后再乘以安全系数作为实际所需夹紧力。

即：

$$F_{WK} = KF_W \qquad (2-1)$$

式（2－1）中，F_{WK}为实际所需夹紧力，N；F_W 为在一定条件下，由静力平衡算出的理论夹紧力，N；K 为安全系数。

安全系数 K 按式（2－2）计算：

$$K = K_0K_1K_2K_3 \qquad (2-2)$$

各种因素的安全系数如表 2－2 所示。通常情况下，做粗略计算时取 K＝1.5～5。当夹紧力与切削力方向相反时，取 K＝2.5～3。各种典型切削方式所需夹紧力的静平衡方程式可参看夹具手册。

表 2－2　　各种因数的安全系数

<table>
<tr><th colspan="2">考虑因素</th><th>系数值</th></tr>
<tr><td colspan="2">K_0——基本安全系数（考虑工件材质、余量是否均匀）</td><td>1.2～1.5</td></tr>
<tr><td rowspan="2">K_1——加工性质系数</td><td>粗加工</td><td>1.2</td></tr>
<tr><td>精加工</td><td>1.0</td></tr>
<tr><td>K_2——刀具钝化系数</td><td></td><td>1.1～1.3</td></tr>
<tr><td rowspan="2">K_3——切削特点系数</td><td>连续切削</td><td>1.0</td></tr>
<tr><td>断续切削</td><td>1.2</td></tr>
</table>

下面介绍夹紧力估算的实例。

例 2－3　如图 2－48 所示，估算铣削时所需的夹紧力。

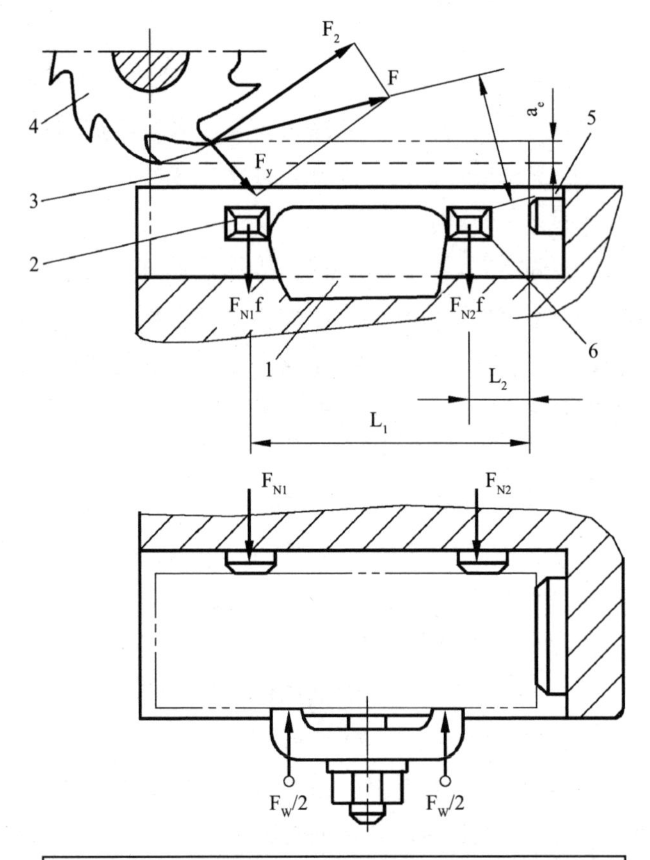

1—压板；2、6—导向支承；3—工件；4—铣刀；5—止推支承

图 2-48　铣削加工所需夹紧力

解：当铣削到切削深度最大时，引起工件绕止推支承 5 翻转为最不利的情况，其翻转力矩为 FL；而阻止工件翻转的导向支承 2、6 上的摩擦力矩为 $F_{N1}fL_1+F_{N2}fL_2$，工件重力及压板与工件间的摩擦力可以忽略不计。

当 $F_{N2}=F_{N1}=F_W/2$ 时，根据静力平衡条件并考虑安全系数，得：

$$FL=\frac{F_W}{2}fL_1+\frac{F_W}{2}fL_2 \tag{2-3}$$

$$F_{WK}=\frac{2KFL}{f(L_1+L_2)} \tag{2-4}$$

式（2-3）和式（2-4）中，f 为工件与导向支承间的摩擦系数。

常见的各种夹紧形式所需夹紧力及摩擦系数，见机床夹具手册。

2.3.3 典型夹紧机构

夹紧机构种类繁多，本章仅介绍几类典型的夹紧机构。

1. 斜楔夹紧机构

斜楔是夹紧机构中最基本的增力和锁紧元件。斜楔夹紧机构是利用楔块上的斜面直接或间接（如用杠杆）等将工件夹紧的机构。斜楔夹紧机构一般可分为无移动滑柱和有滑柱的斜楔机构，如图2－49（b）所示。

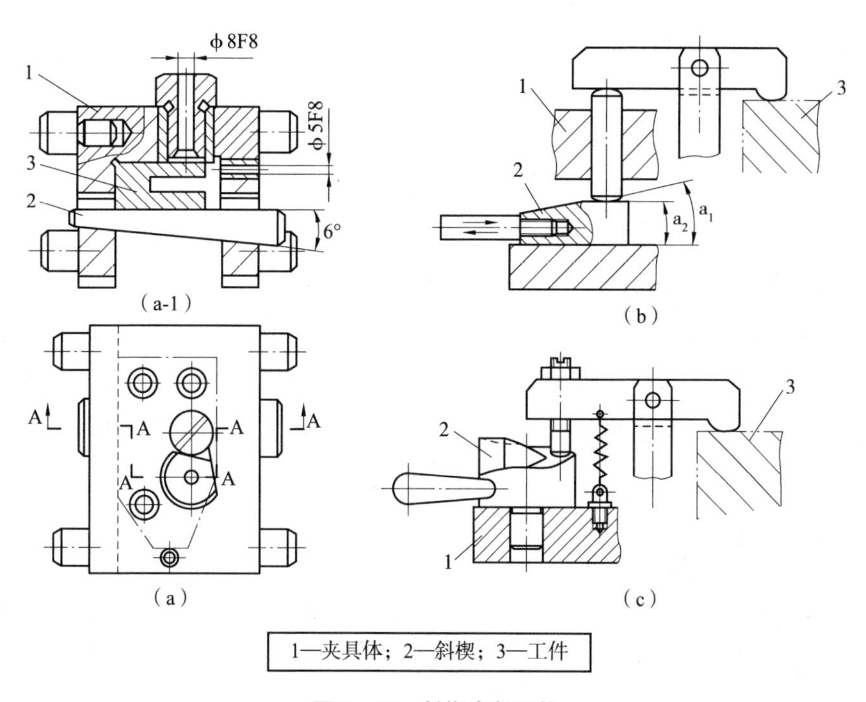

图2－49 斜楔夹紧机构

图2－49（a－1）是2－49（a）的全剖视图。该工件上需要钻互相垂直的ϕ8mm和ϕ5mm两组孔。工件装入后，锤击斜楔大头，夹紧工件。加工完毕后，锤击斜楔小头，松开工件。由于用斜楔直接夹紧工件的夹紧力较小，且操作费时，所以，实际生产中应用不多，多数情况下是将斜楔与其他机构联合起来使用。图2－49（b）是将斜楔与滑柱合成一种夹紧机构，一般用气压或液压驱动。图2－49（c）是由端面斜楔与压板组合而成

的夹紧机构，是无滑柱的斜楔机构。

选用斜楔夹紧机构时，应根据需要确定斜角 α。凡有自锁要求的楔块夹紧，其斜角 α 必须小于斜楔与工件摩擦角 φ_1 和斜楔与夹具体的摩擦角 φ_2 之和，为可靠起见，手动夹紧机构通常取 $\alpha=6°\sim8°$。在现代夹具中，斜楔夹紧机构常与气压、液压传动装置联合使用，由于气压和液压可保持一定压力，楔块斜角 α 不受此限，可取更大些，一般在 $15°\sim30°$ 内选择。

斜楔夹紧的特点如下。

（1）有增力作用，且 α 越小增力作用越大。

（2）夹紧行程小。

（3）结构简单，但操作不方便。

根据以上特点，斜楔夹紧很少用于手动操作的夹紧装置，而主要用于机动夹紧，且毛坯质量较高的场合。

2. 螺旋夹紧机构

由螺钉、螺母、垫圈、压板等元件组成，采用螺旋直接夹紧或与其他元件组合实现夹紧工件的机构，统称为螺旋夹紧机构。螺旋夹紧机构的结构简单、容易制造，而且由于螺旋升角小，螺旋夹紧机构的自锁性能好，夹紧力和夹紧行程都较大，是手动夹具上用的最多的一种夹紧机构。

（1）简单螺旋夹紧机构。

这种装置有两种形式。图 2－50（a）所示的机构螺杆直接与工件接触，容易使工件受损害或移动，一般只用于毛坯和粗加工零件的夹紧。克服这一缺点的办法是在螺钉头部装上摆动压块，如图 2－50（b）所示，当摆动压块与工件接触后，不会与螺钉一起转动，螺杆上部装有手柄，夹紧时不需要扳手，操作方便、迅速。当有工件夹紧部分不宜使用扳手，且夹紧力要求不大的部位，可选用这种机构。简单螺旋夹紧机构的缺点是夹紧动作慢，工件装卸费时。为了克服这一缺点，可以采用如图 2－51 所示的快速螺旋夹紧机构。

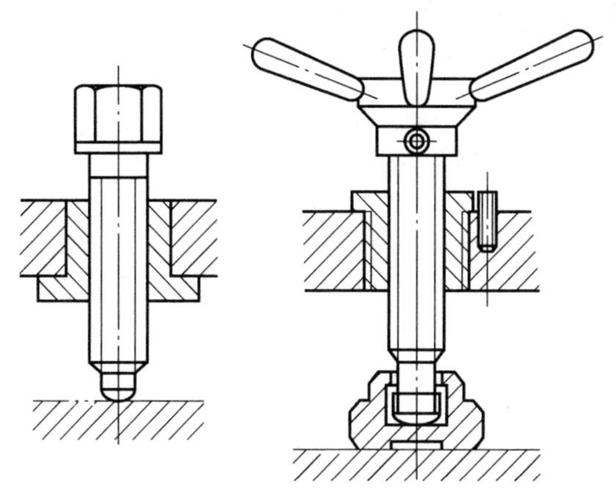

（a）螺杆与工件直接接触　（b）螺杆与工件不直接接触

图 2－50　简单螺旋夹紧机构

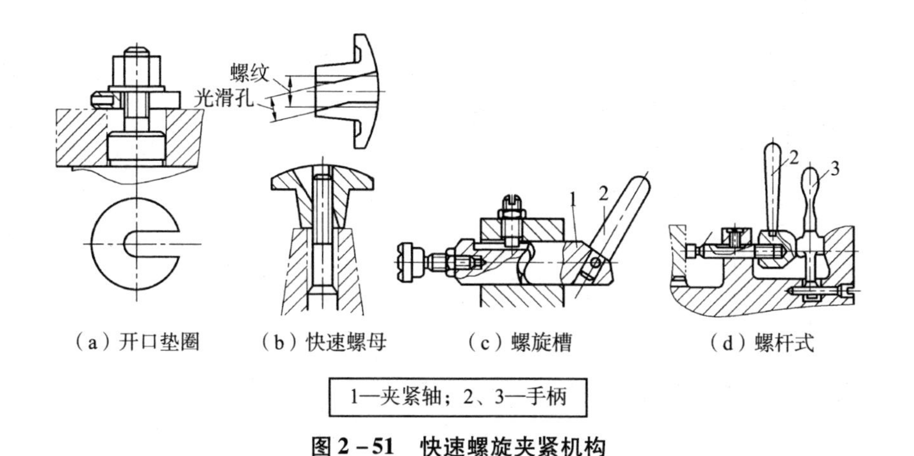

（a）开口垫圈　（b）快速螺母　（c）螺旋槽　（d）螺杆式

1—夹紧轴；2、3—手柄

图 2－51　快速螺旋夹紧机构

（2）螺旋压板夹紧机构。

在夹紧机构中，结构形式变化最多的是螺旋压板机构，常用的螺旋压板夹紧机构如图 2－52 所示。选用时，可根据夹紧力大小的要求、工作高度尺寸的变化范围、夹具上夹紧机构允许占有的部位和面积进行选择。例如，当夹具中只允许夹紧机构占很小面积，而夹紧力又要求不很大时，可选用如图 2－52（a）所示的螺旋钩形压板夹紧机构。又如工件夹紧高度变化较大的小批、单件生产，可选用如图 2－52（e）（f）所示的通用压板夹紧机构。

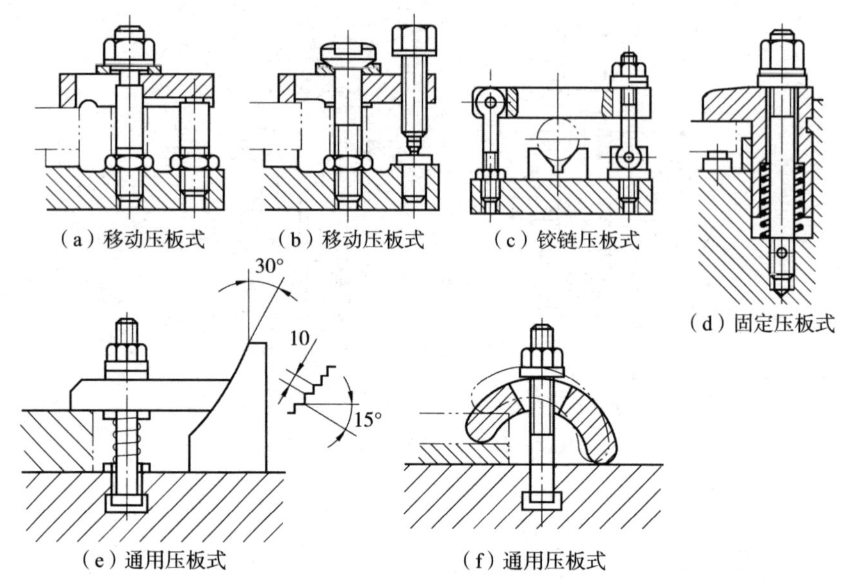

图 2－52　螺旋压板夹紧机构

上述各种螺旋压板机构的结构尺寸均已标准化，设计时可参考国家有关标准和夹具设计手册。

3. 偏心夹紧机构

偏心夹紧机构是由偏心元件直接夹紧或与其他元件组合而实现对工件夹紧的机构，夹紧元件是转动中心与几何中心偏移的圆盘或轴。它的工作原理也是基于斜楔的工作原理，近似于把一个斜楔弯成圆盘形，如图 2－53（a）所示。偏心元件一般有圆偏心和曲线偏心两种类型，圆偏心因结构简单、容易制造而得到广泛应用。

偏心夹紧机构优点是操作方便、夹紧迅速；缺点是夹紧力和夹紧行程都较小，一般用于切削力不大、振动小、夹压面公差小的场合。在实际使用中，偏心轮直接作用在工件上的偏心夹紧机构不多见。偏心夹紧机构一般多和其他夹紧元件联合使用。如图 2－53（b）所示是偏心压板夹紧机构。

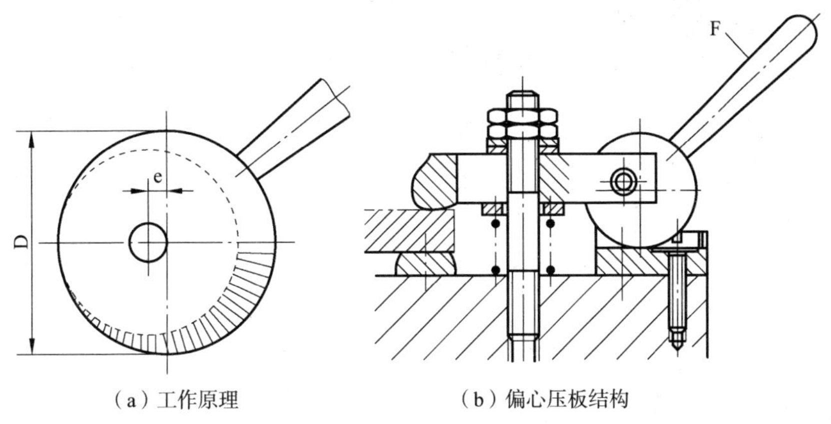

（a）工作原理　　（b）偏心压板结构

图2－53　偏心压板夹紧机构

4. 铰链夹紧机构

铰链夹紧机构是一种增力夹紧机构。由于其机构简单，增力倍数大，在气压夹具中获得较广泛的运用，以弥补气缸或气室力量的不足。图2－54为铰链夹紧机构的五种基本结构。图2－54（a）为单臂铰链夹紧机构，臂的两头是铰链的连线，一头带滚子。图2－54（b）为双臂单向作用的铰链夹紧机构。图2－54（c）为双臂单作用铰链夹紧机构。图2－54（d）为双臂双作用铰链夹紧机构。图2－54（e）为双臂双作用带移动柱塞铰链夹紧机构。

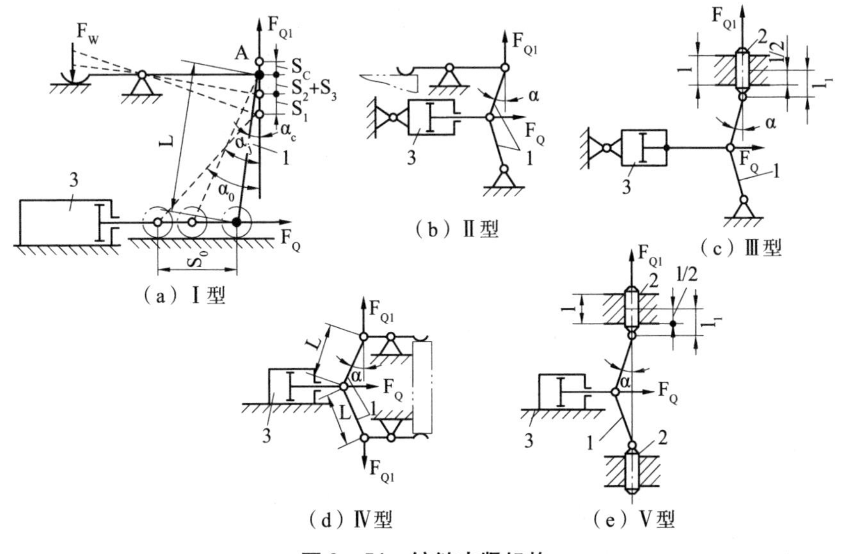

（a）Ⅰ型　（b）Ⅱ型　（c）Ⅲ型　（d）Ⅳ型　（e）Ⅴ型

图2－54　铰链夹紧机构

5. 定心夹紧机构

将工件的定心定位和夹紧结合在一起的机构称为定心夹紧机构，适合于加工面以中心要素（轴线、中心平面等）为工序基准的工件。

常见的定心夹紧机构按其工作原理来分有两种类型：一种是依靠传动机构使定心夹紧元件同时做等速移动，从而实现定心夹紧，如螺旋式、杠杆式、楔式等，另一种是依靠定心夹紧元件本身做均匀的弹性变形（收缩或张力），从而实现定心夹紧，如弹簧筒夹、膜片卡盘等。

（1）螺旋式定心夹紧机构。

如图 2－55 所示，旋动有左、右螺纹的双向螺杆 6，使滑座 1、5 上的 V 形块钳口 2、4 做对向等速移动，从而实现对工件的定心夹紧；反之，便可松开工件。V 形块钳口可按工件需要更换，定心精度可借助调节杆 3 实现。这种定心夹紧机构的优点是：结构简单、工作行程大、通用性好。其缺点是，定心精度不高，一般为 $\phi0.05 \sim \phi0.1$mm。该机构主要用于粗加工或半精加工中需要行程大而定心精度要求不高的工件。

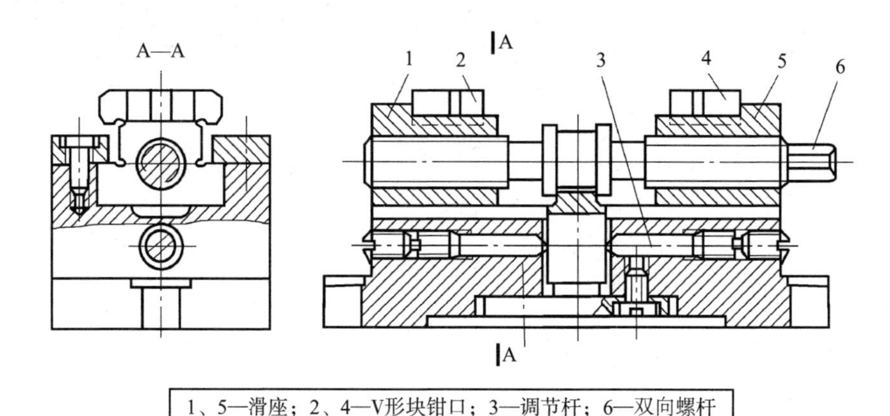

1、5—滑座；2、4—V形块钳口；3—调节杆；6—双向螺杆

图 2－55 螺旋式定心夹紧机构

（2）杠杆式定心夹紧机构。

如图 2－56 所示为车床用的气压定心卡盘，气缸通过拉杆 1 带动滑套 2 向左移动时，3 个钩形杠杆 3 同时绕轴销 4 摆动，收拢位于滑槽中的 3 个夹爪 5 而将工件定心夹紧。夹爪的张开靠拉杆右移时装在滑套 2 上的斜面推动。

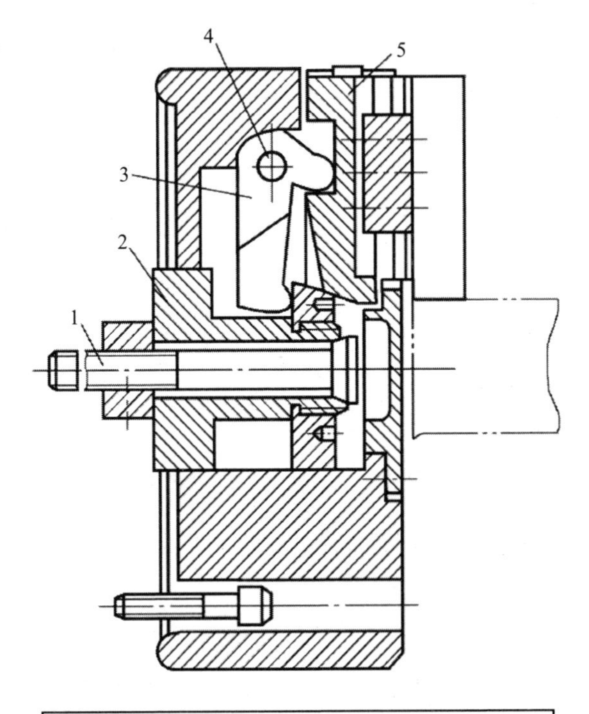

1—拉杆；2—滑套；3—钩形杠杆；4—轴销；5—夹爪

图 2－56　杠杆作用的定心卡盘

这种定心夹紧机构具有刚度高、动作快、增力比大、工作行程也比较大（随结构尺寸不同，行程为 3～12mm）等特点，其定心精度较低，一般约为 φ0.1mm。它主要用于工件的粗加工。由于杠杆机构不能自锁，所以这种机构自锁要靠气压或其他装置，其中采用气压的较多。

（3）楔式定心夹紧机构。

如图 2－57 所示为机动的楔式夹爪自动定心机构。当工件以内孔及左端面在夹具上定位后，气缸通过拉杆 4 使 6 个夹爪 1 左移，由于本体 2 上斜面的作用，夹爪左移的同时向外胀开，将工件定心夹紧；反之，夹爪右移时，在弹簧卡圈 3 的作用下使夹爪收拢，将工件松开。

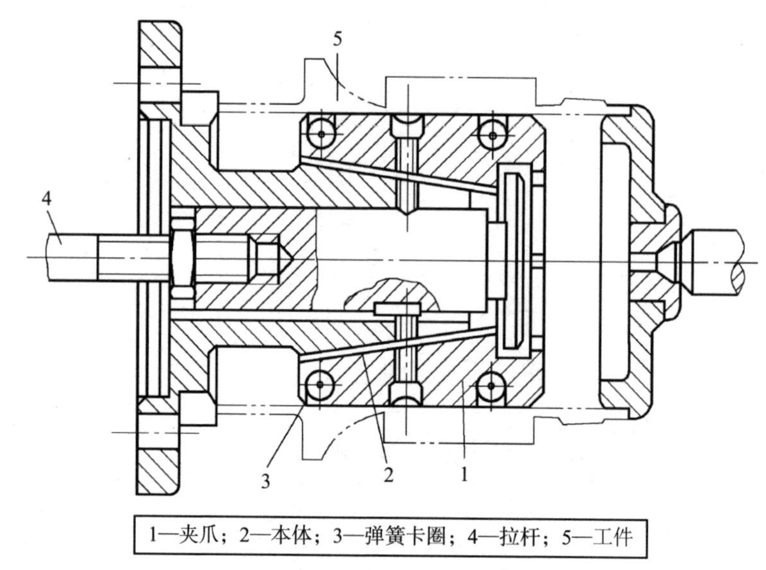

1—夹爪；2—本体；3—弹簧卡圈；4—拉杆；5—工件

图 2－57　机动的楔式夹爪自动定心机构

这种定心夹紧机构的结构紧凑且传动准确，定心精度一般可达 ϕ0.02～ϕ0.07mm，比较适用于工件以内孔作定位基面的半精加工工序。

（4）弹簧筒夹式定心夹紧机构。

弹簧筒夹式定心夹紧机构常用于安装轴套类工件。图 2－58（a）为用于装夹工件以外圆柱面为定位基面的弹簧夹头。旋转螺母 4 时，锥套 3 内锥面迫使弹簧筒夹 2 上的簧瓣向心收缩，从而将工件定心夹紧。图 2－58（b）是用于工件以内孔为定位基面的弹簧心轴。因工件的长径比 $L/d \geqslant 1$，故弹簧筒夹 2 的两端各有簧瓣。旋转螺母 4 时，锥套 3 的外锥面向心轴 5 的外锥面靠拢，迫使弹簧筒夹 2 的两端簧瓣向外均匀胀开，从而将工件定心夹紧。反向转动螺母，带退锥套，便可卸下工件。

弹簧筒夹定心夹紧机构的结构简单、体积小，操作方便迅速，因而应用十分广泛。其定心精度可稳定在 ϕ0.04～ϕ0.1mm，高的可达 ϕ0.01～ϕ0.02mm。为保证弹簧筒夹正常工作，工件定位基面的尺寸公差应控制在 0.1～0.5mm 范围内，故一般适用于精加工或半精加工场合。

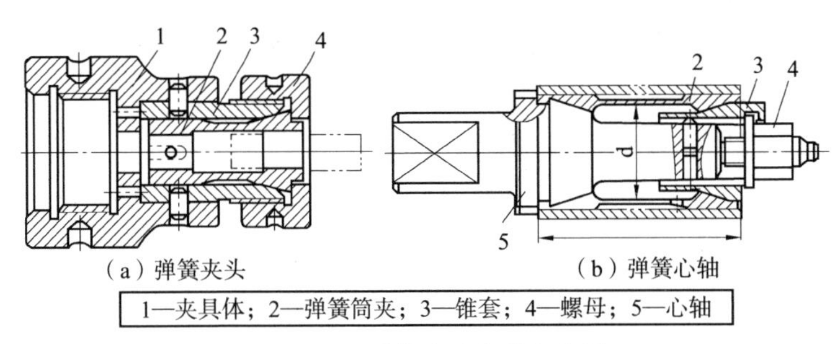

1—夹具体；2—弹簧筒夹；3—锥套；4—螺母；5—心轴

图 2－58　弹簧夹头和弹簧心轴

（5）膜片卡盘定心夹紧机构。

图 2－59 为工件以大端面和外圆为定位基面，在 10 个等高支柱 6 和膜片 2 的 10 个夹爪上定位。首先顺时针旋动螺钉 4 使楔块 5 下移，并推动滑柱 3 右移，迫使膜片 2 产生弹件变形，10 个夹爪同时张开，以放入工件。逆时针旋动螺钉 4，使膜片 2 恢复弹性变形，10 个夹爪同时收缩将工件定心夹紧。夹爪上的支承钉 1 可以调节，以适应直径尺寸不同的工件。支承钉每次调整后都要用螺母锁紧，并在所用的机床上对 10 个支承钉的工作面进行加工（夹爪在直径方向上应留有 0. 4mm 左右的预张量），以保证基准轴线与机床主轴回转轴线的同轴度。

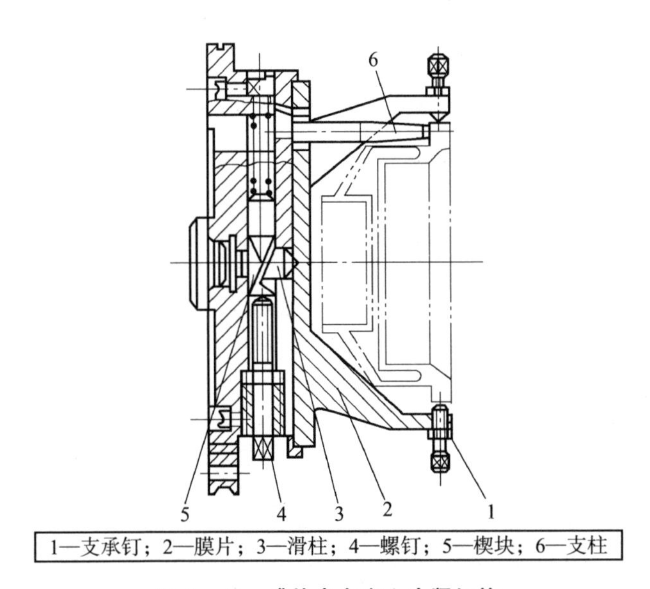

1—支承钉；2—膜片；3—滑柱；4—螺钉；5—楔块；6—支柱

图 2－59　膜片卡盘定心夹紧机构

膜片卡盘定心机构具有工艺性好、通用性好、定心精度高（一般为 $\phi0.005 \sim \phi0.01$mm）、操作方便迅速等特点。但它的夹紧力较小，故常用于滚动轴承零件的磨削或车削加工工序。

2.3.4 机床夹具的动力源装置

随着机械制造工业的迅速发展，自动化和半自动化设备的推广，以及在大批量生产中要求尽量减轻操作人员的劳动强度，现在大多采用气动、液压等夹紧来代替人力夹紧，这类夹紧机构还能进行远距离控制，其夹紧力可保持稳定，机构也不必考虑自锁，夹紧质量也比较高。本节将介绍夹具的动力源，如手动、气压、液压、气－液组合、电磁等。

1. 手动动力源

选用手动动力源的夹紧系统一定要具有可靠的自锁性能以及较小的原始作用力，故手动动力源多用于螺栓螺母施力机构和偏心施力机构的夹紧系统。

2. 气压动力源

气源产生的压缩空气经车间总管路送来，先经雾化器 1，使其中的润滑油雾化并随之进入送气系统，以对其中的运动部件进行充分润滑，再经减压阀 2，使压缩空气压力减至稳定的工作压力（一般为 0.4～0.6Mpa），又经止回阀 3，以防止压缩空气回流，造成夹紧装置松开。换向阀 4 控制压缩空气进入气缸 7 的前腔或后腔，实现夹紧或松开。调速阀 5 可调节进入气缸 7 的空气流量，以控制活塞的移动速度（见图 2－60）。

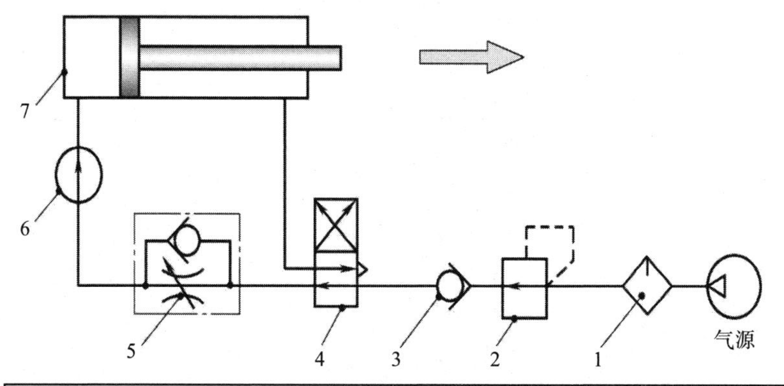

1—雾化器；2—减压阀；3—止回阀；4—换向阀；5—调速阀；6—气压表；7—气缸

图 2－60　典型的气压传动系统

气缸是将压缩空气的工作压力转换为活塞的移动，以此驱动夹紧机构实现对工件夹紧的执行元件。它的种类很多，按活塞的结构可分为活塞式和膜片式两大类，按安装方式可分固定式、摆动式和回转式等，按工作方式还可分为单向作用和双向作用气缸。气动动力源由于空气的压缩性大，所以夹具的刚度和稳定性较差。

3. 液压动力源

液压动力源夹紧系统是利用液压油为工作介质来传力的一种装置。它与气动夹紧比较，液压夹紧机构具有压力大、体积小、结构紧凑、夹紧力稳定、吸振能力强、不受外力变化的影响等优点。但结构比较复杂、制造成本较高，因此仅适用于大量生产。液压夹紧的传动系统与普通液压系统类似，但系统中常设有蓄能器，用以储蓄压力油，以提高液压泵电动机的使用效率。在工件夹紧后，液压泵电动机可停止工作，靠蓄能器补偿漏油，保持夹紧状态。

4. 气－液组合动力源

气－液组合动力源夹紧系统的动力源为压缩空气，但要使用特殊的增压器，比气动夹紧装置复杂。它的工作原理如图2－61所示，压缩空气进入气缸1的右腔，推动气缸活塞3左移，活塞杆4随之在增压缸2内左移。因活塞杆4的作用面积小，使增压缸2和工作缸5内的油压得到增加，并推动工作缸活塞6上抬，将工件夹紧。

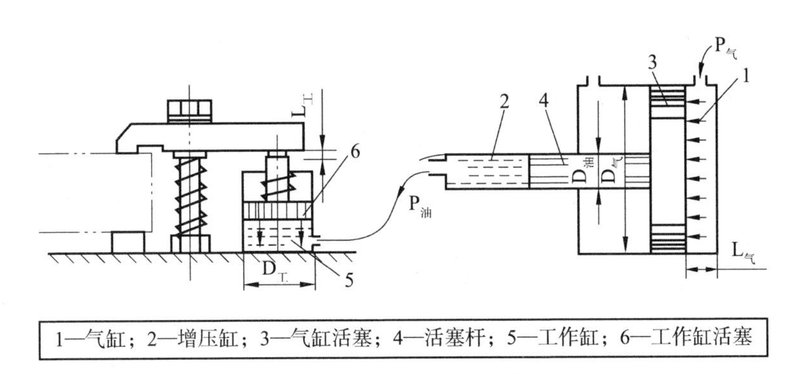

1—气缸；2—增压缸；3—气缸活塞；4—活塞杆；5—工作缸；6—工作缸活塞

图2－61　气－液组合夹紧工作原理

除上述动力源外，还有利用切削力或主轴回转时的离心力作为力源的自夹紧装置，以及利用电磁吸力、大气压力（真空夹具）和电动机驱动的各种动力源。

项目4　各类机床夹具

能力目标

能根据零件加工工序要求选择合适的车床、钻床、铣床上的通用夹具或者设计专用夹具，认识组合夹具和自动线夹具。

知识目标

1. 理解车床上夹具分类。
2. 掌握车床上常用的通用夹具。
3. 掌握车床上常用的专用夹具。
4. 掌握钻床夹具的分类。
5. 掌握钻床夹具钻套的类型。
6. 掌握铣床夹具的分类。
7. 掌握进给式铣床夹具。
8. 掌握自动线夹具。
9. 掌握组合夹具。

2.4.1　车床夹具

1. 车床夹具的分类

车床主要用于加工零件的内、外圆柱面和圆锥面、回转成形面、螺纹以及端平面等。上述各种表面都是围绕机床主轴的旋转轴线而形成的，根据这一加工特点和夹具在机床上安装的位置，将车床夹具分为两种基本类型。

（1）安装在车床主轴上的夹具。

这类夹具中，除了各种卡盘、顶尖等通用夹具或其他机床附件外，往往根据加工的需要设计各种心轴或其他专用夹具，加工时夹具随机床主轴一起旋转，切削刀具做进给运动。

（2）安装在滑板或床身上的夹具。

对于某些形状不规则和尺寸较大的工件，常常把夹具安装在车床滑板上，刀具则安装在车床主轴上做旋转运动，夹具做进给运动。加工回转成形面的靠模属于此类夹具。

车床夹具按使用范围，可分为通用车夹具、专用车夹具和组合夹具三类。

生产中需要设计且用的较多的是安装在车床主轴上的各种夹具。故下面只介绍该类夹具的结构特点。

2. 车床常用通用夹具的结构

（1）三爪自定心卡盘。

三爪自定心卡盘结构如图 2－62 所示。当转动小雕齿轮时，可使与它相啮合的大锥齿轮随之转动，大锥齿轮背面的平面螺纹就使三个卡爪同时缩向中心或张开，以夹紧不同直径的工件。由于三个卡爪同时移动并能自行对中（对中精度约为 0.05～0.15mm）。故三爪卡盘适于快速夹持截面为圆形、正三边形、正六边形的工件。三爪卡盘还附带三个“反爪”，换到卡盘体上即可夹持直径较大的工件。

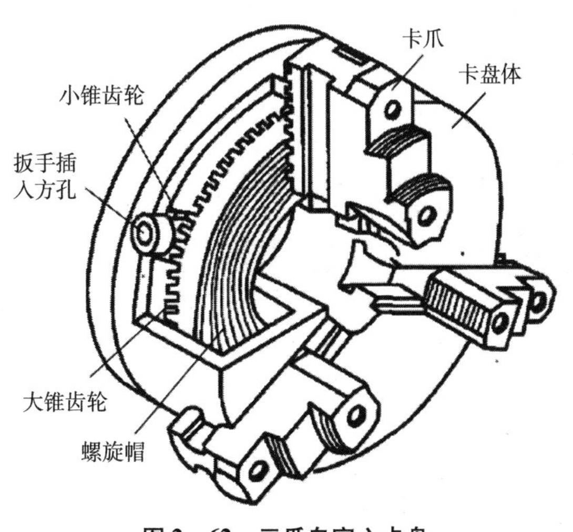

图 2－62　三爪自定心卡盘

（2）四爪单动卡盘。

如图2－63所示，它的四个卡爪通过四个调整螺杆独立移动，因此用途广泛。它不但可以安装截面是圆形的工件，还可以安装截面是方形、长方形、椭圆形或其他不规则形状的工件。在圆盘上车偏心孔也常用四爪卡盘安装。此外，四爪卡盘较三爪卡盘的卡紧力大，所以也用来安装较重的圆形截面工件。如果把四个卡爪各自调头安装到卡盘体上，起到“反爪”作用，即可安装较大的工件。

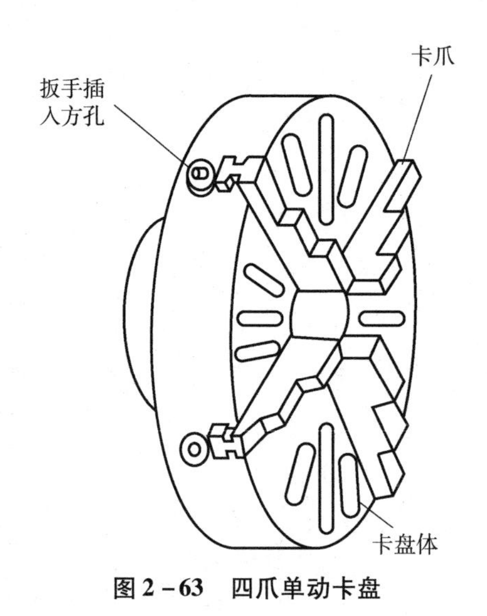

图2－63　四爪单动卡盘

（3）拨动顶尖。

拨动顶尖一般有三种：内、外拨动顶尖和端面拨动顶尖，如图2－64和图2－65所示。这种顶尖锥面上的齿能嵌入工件，拨动工件旋转。圆锥角一般采用60°，硬度为58～60HRC。图2－64（a）为外拨动顶尖，用于装夹套类工件，它能在一次装夹中加工外圆。图2－64（b）为内拨动顶尖，用于装夹轴类工件。

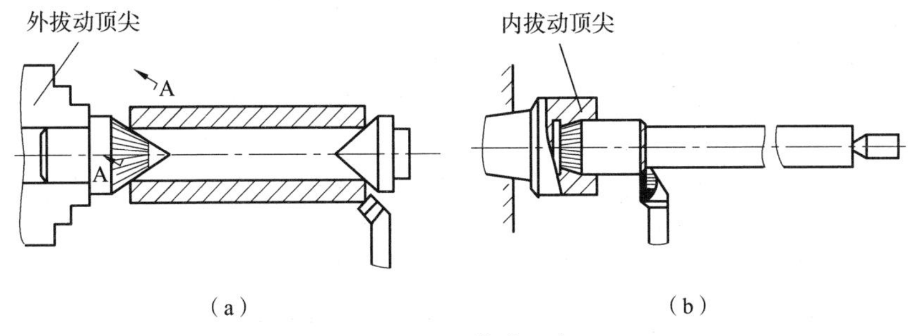

图 2-64　拨动顶尖

端面拨动顶尖装夹工件时，利用端面拨动爪带动工件旋转，工件仍以中心孔定位。这种顶尖的优点是能快速装夹工件，并在一次安装中能加工出全部外表面。适用于装夹外径为 φ50 ~ φ150mm 的工件，其结构如图 2-65 所示。

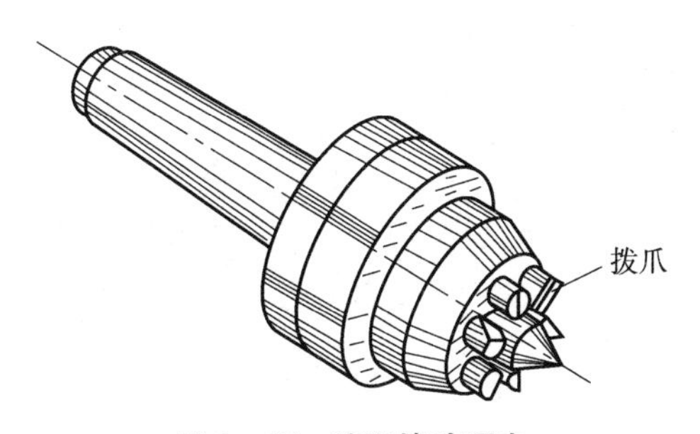

图 2-65　端面拨动顶尖

3. 车床专用夹具的典型结构

（1）心轴类车床夹具。

心轴适用于用孔作定位基准的工件，由于结构简单而常采用。心轴可分为顶尖式心轴、弹簧心轴和锥柄式心轴等。

①顶尖心轴。

图 2-66 为顶尖式心轴，工件以孔口 60°角定位车削外圆表面。当旋转螺母 6，活动顶尖套 4 左移，从而使工件 3 定心夹紧。顶尖式心轴结构简单、夹紧可靠、操作方便，适用于加工内、外圆无同轴度要求，或只需加工外圆的套筒类零件。被加工工件的内径一般在 32 ~ 100mm 范围内，长

度在 120 ~780mm 范围内。

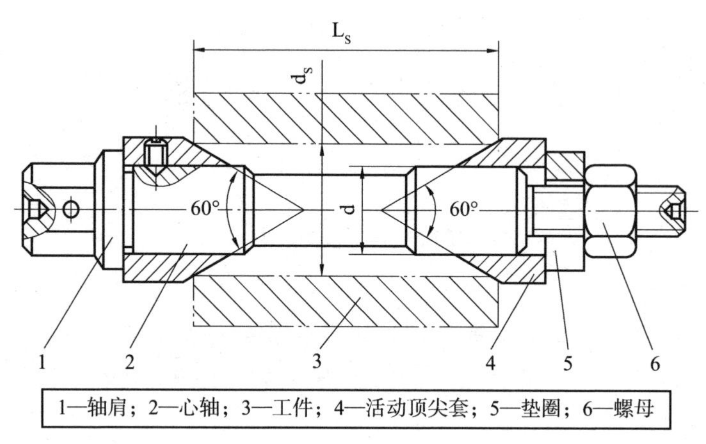

1—轴肩；2—心轴；3—工件；4—活动顶尖套；5—垫圈；6—螺母

图 2 –66　顶尖式心轴

②锥柄式心轴。

图 2 –67 为锥柄式心轴，只能加工短的套筒或盘状工件。锥柄式心轴应和机床主轴锥孔的锥度相一致。当承受作用力较大时，锥柄尾部的螺纹孔可装配拉杆拉紧心轴，保证稳定性。

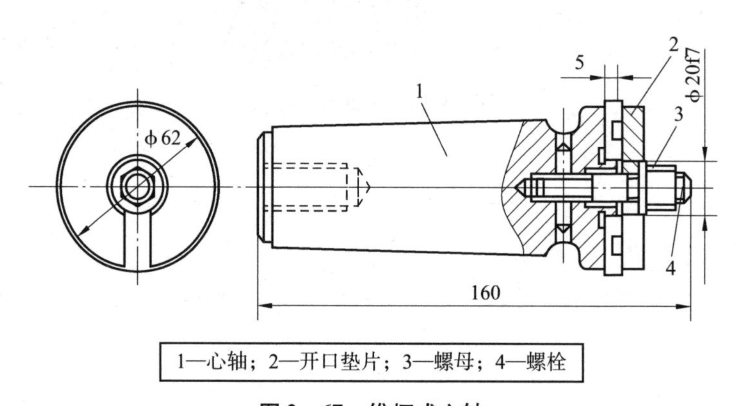

1—心轴；2—开口垫片；3—螺母；4—螺栓

图 2 –67　锥柄式心轴

③弹簧心轴。

如图 2 –68 所示为弹簧心轴。一般常用有三类：前推式弹簧心轴［见图 2 –68（a)］、带强制退出的不动式弹簧心轴［见图 2 –68（b)］和分开式弹簧心轴［见图2－68（c）］。前推式弹簧心轴的工件不能进行轴向定位，依靠转动螺母1使弹簧筒夹前移，达到工件定心夹紧的目的。带强制退出的不动式弹簧心轴工作时转动螺母3，推动滑条4后移，使锥形拉杆5移动而将工件定心夹紧。反转螺母3，则滑条4前移而使筒夹6松开。此筒夹元件不动，依靠其台阶端面对工件实现轴向定位。该心轴常用于不通孔作为定位基准的工件。分开式弹簧心轴多加工长薄壁工件。心轴体12和7分别置于车床主轴和尾座中，用尾座顶尖套顶紧时，锥套8撑开筒夹9，使工件右端定心夹紧。转动螺母11，使筒夹10移动，依靠心轴体12的30°锥角将工件另一端定心夹紧。

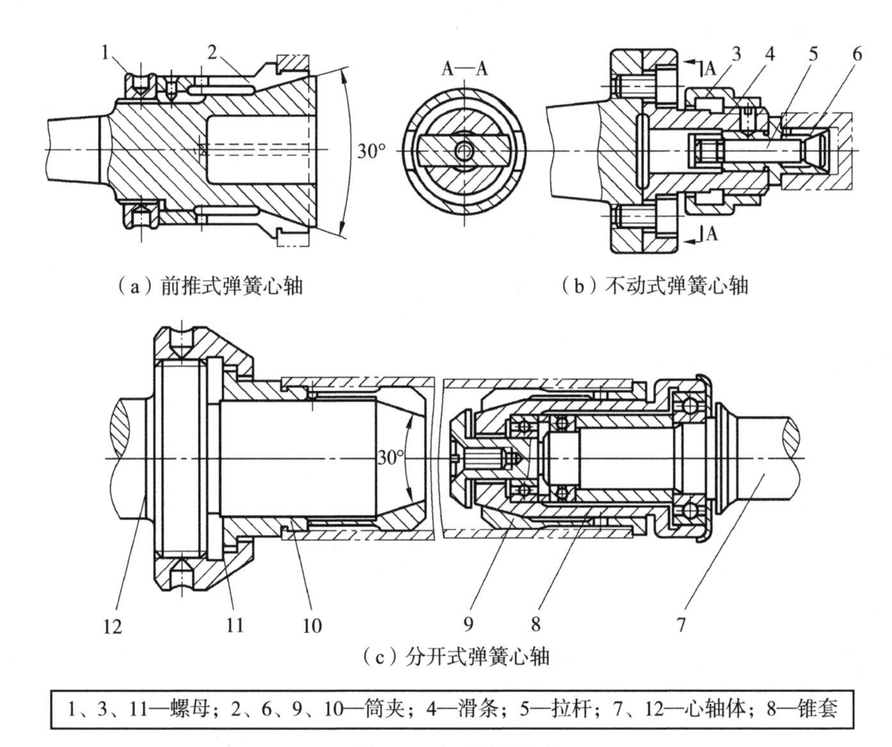

（a）前推式弹簧心轴　（b）不动式弹簧心轴

（c）分开式弹簧心轴

1、3、11—螺母；2、6、9、10—筒夹；4—滑条；5—拉杆；7、12—心轴体；8—锥套

图2－68　弹簧心轴

④液性介质弹性心轴。

图2－69为液性介质弹性心轴。弹性元件为薄壁套5，它的两端与夹具体1为过渡配合，两者间的环形槽与通道内灌满黄油、全损耗系统用油。

拧紧加压螺钉2使柱塞3对密封腔内的介质施加压力，迫使薄壁套5产生均匀的径向变形，并将工件定心夹紧。当反向拧动加压螺钉2时，腔内压力减小，薄壁套5依靠自身弹性恢复原始状态而使工件松开。安装夹具时，定位薄壁套5相对机床主轴的跳动靠3个调整螺钉10及3个螺钉11来保证。

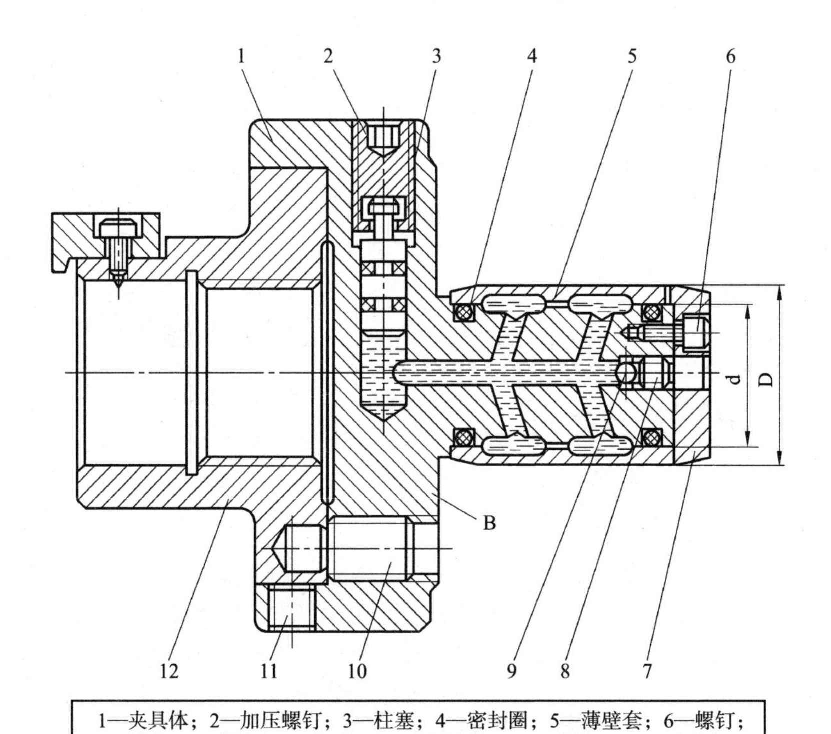

1—夹具体；2—加压螺钉；3—柱塞；4—密封圈；5—薄壁套；6—螺钉；7—端盖；8—螺塞；9—钢球；10—调整螺钉；11—螺钉；12—过渡盘

图2－69　液性介质弹性心轴

（2）角铁式车床夹具。

角铁式车床夹具是具有类似角铁的夹具体。它常用于加工壳体、支座、杠杆、接头等类零件上的圆柱面及端面。

如图2－70所示的夹具，工件以一平面和两孔为基准在夹具倾斜的定位面和两个销子上定位，用两只钩形压板夹紧。被加工表面是孔和端面。为了便于在加工过程中检验所切端面的尺寸，靠近加工面处设计有测量基准面。此外，夹具上还装有配重和防护罩。

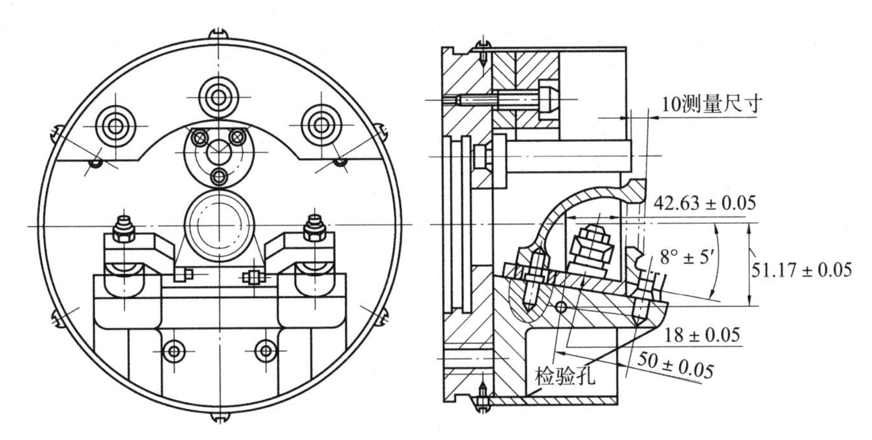

图 2－70　块式车床夹具

如图 2－71 所示的夹具是用来加工气门杆的端面，由于该工件是以细的外圆柱面为基准，这就很难采用自动定心装置，于是夹具就采用半圆孔定位，所以夹具体必然成角铁形状。为使夹具平衡，该夹具采用了在重的一侧钻平衡孔的办法。

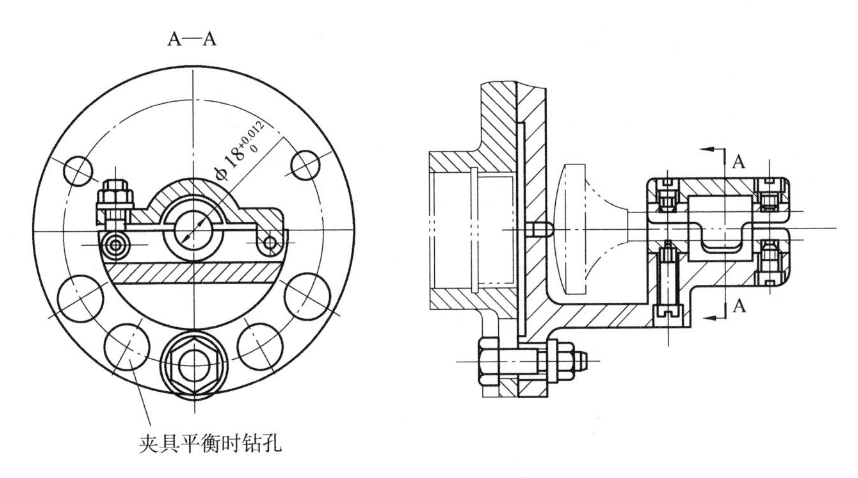

图 2－71　车气门杆的角铁式夹具

（3）圆盘式车床夹具。

圆盘式车床夹具的夹具体为圆盘形。在圆盘式车床夹具上加工的工件一般形状都较复杂，多数情况是工件的定位基准为与加工圆柱面垂直的端面。夹具上的平面定位件与车床主轴的轴线垂直。

图 2－72 为加工图 2－73 工件的夹具图。该工件在本工序上要完成 2－G_1 螺孔的加工。两螺孔的中心距为 78 ±0.3mm，两螺孔的连心线与 ϕ9H7 两孔的连心线之间的夹角为 45°，两螺孔轴线应与底面垂直。

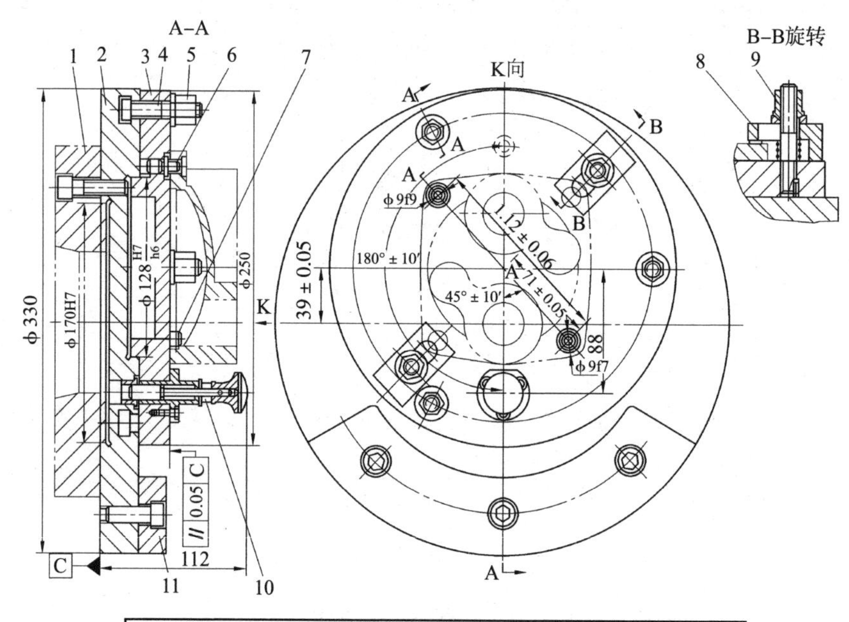

1—过渡盘；2—夹具体；3—分度盘；4—T形螺钉；5、9—螺母；6—菱形销；7—定位销；8—螺旋压板；10—对定销；11—平衡块

图 2－72　圆盘式车床夹具

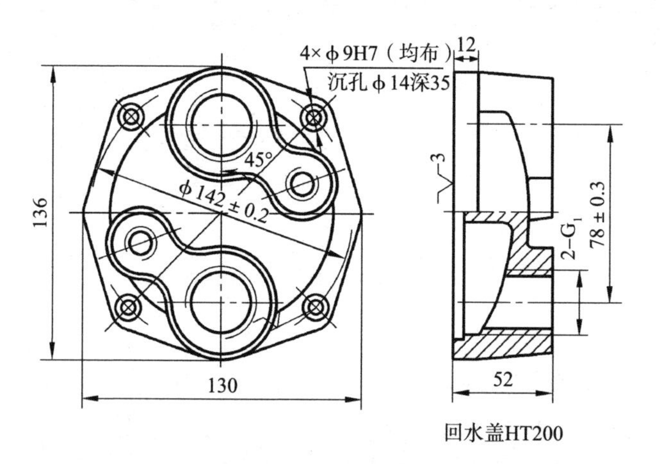

图 2－73　回水盖零件

工件以底面和任意 2 个 φ9H7 的孔分别在分度盘 3、定位销 7 和菱形销 6 上定位。拧螺母 9，带动螺旋压板 8 夹紧工件。车完一个螺孔后，松开三个螺母 5，拔出对定销 10，将分度盘 3 回转 180°，当对定销 10 插入另外一个分度孔中即可加工另外一个螺孔。

4. 车床夹具的设计特点

（1）因为整个车床夹具随机床主轴一起回转，所以要求它结构紧凑，轮廓尺寸尽可能小，重量要尽量轻，重心尽可能靠近回转轴线，以减小惯性力和回转力矩。

（2）应有消除回转中的不平衡现象的平衡措施，以减小震动等不利影响。一般设置配重块或减重孔消除不平衡。

（3）与主轴连接部分是夹具的定位基准，应有较准确的圆柱孔（或圆锥孔），其结构形式和尺寸，依照具体使用的机床而定。

（4）为使夹具使用安全，应尽可能避免有尖角或凸起部分，必要时回转部分外面可加防护罩。夹紧力要足够大，自锁可靠。

2.4.2　钻床夹具

1. 钻床夹具的分类

在钻床上进行孔的钻、扩、铰、锪、攻螺纹加工所用的夹具，称为钻床夹具，简称钻模。钻床夹具主要用于中等精度，尺寸较小的孔系。它是用钻套引导刀具进行加工，有利于保证被加工孔的加工精度，并可显著提高劳动生产率。

钻床夹具的种类繁多，根据被加工孔的分布情况和钻模板的特点，一般分为固定式、回转式、移动式、翻转式、盖板式和滑柱式等几种类型。

（1）固定式钻模。

在使用过程中，夹具和工件在机床上的位置固定不变。常用于在立式钻床上加工较大（直径一般大于 10mm）或者加工精度要求高的单孔或在摇臂钻床上加工平行孔系。

在立式钻床上安装钻模时，一般先将装在主轴上的定位尺寸刀具（精度要求高时用心轴）伸入钻套中，以确定钻模的位置，然后将其紧固。这种加工方式的钻孔精度较高。

如图 2－74 所示，钻模板 3 用若干个螺钉 2 和两个圆柱定位销 1 固定在夹具体上。

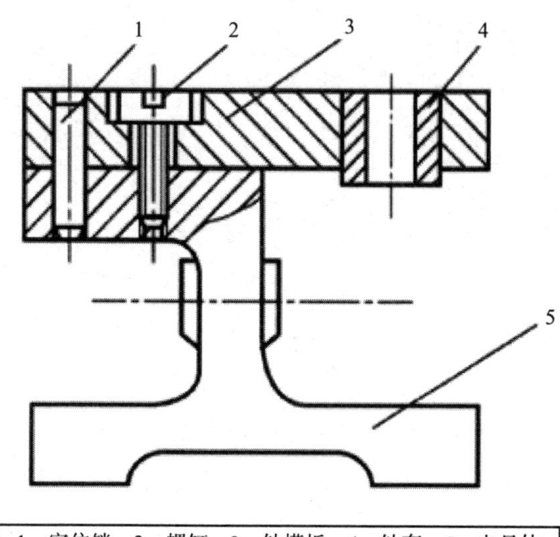

1—定位销；2—螺钉；3—钻模板；4—钻套；5—夹具体

图 2－74　固定式钻模

（2）回转式钻模。

在钻削加工中，回转式钻模使用较多，它用于加工同一圆周上的平行孔系，或分布在圆周上的径向孔。它分为立轴、卧轴和斜轴三种形式。由于回转台已经标准化，故回转式夹具的设计，在一般情况下是设计专用的工作夹具和标准回转台联合使用，必要时才设计专用的回转式钻模。

图 2－75 为加工套筒上三圈径向孔的回转式钻模。工件以内孔和 1 个端面在定位轴 3 和分度盘 2 的端面 A 上定位，用螺母 5 夹紧工件 4。钻完一排孔后，将分度销 6 拉出，松开螺母 1，即可转动分度盘 2 至另一位置，再插入分度销 6，拧紧螺母 5，即进行另一排的孔的加工。

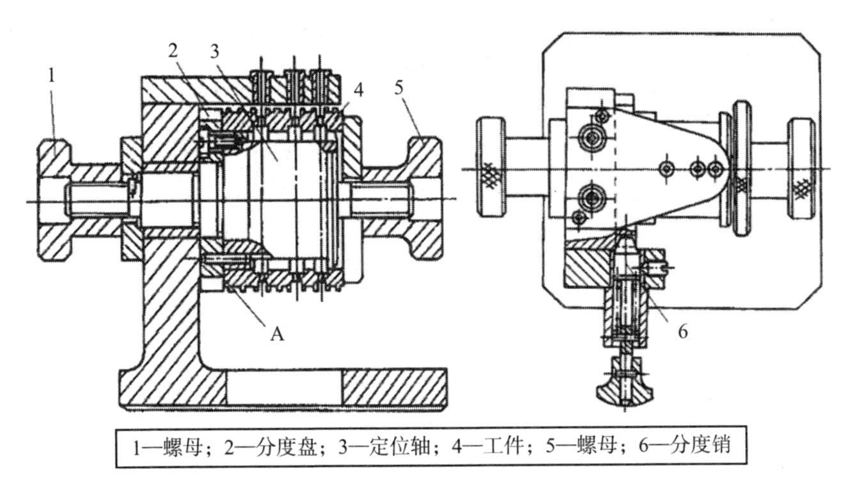

1—螺母；2—分度盘；3—定位轴；4—工件；5—螺母；6—分度销

图 2－75　回转式钻模

（3）移动式钻模。

移动式钻模用于单轴立式钻床，先后钻削工件同一表面上的多个孔。一般工件和被加工孔的孔径都不大，属于小型夹具。图 2－76 和图 2－77 为移动式钻模，用于加工连杆大、小头上的孔、工件以及端面大、小头圆弧面作为定位基面，在定位套 12、13，固定 V 形块 2 及活动 V 形块 7 上定位。先通过手轮 8 推动活动 V 形块 7 压紧工件。然后转动手轮 8 带动螺钉 11 转动，压迫钢球 10，使两片半月键 9 向外胀开而锁紧。V 形块带有斜面，使工件在夹紧分力作用下与定式钻位套贴紧。通过移动钻模，使钻头分别在两个钻套 4、5 中导入，从而加工工件上的两个孔。此钻模适合在立式钻床上加工直径小于 10mm 的小孔或孔隙、钻模重量小于 15kg。

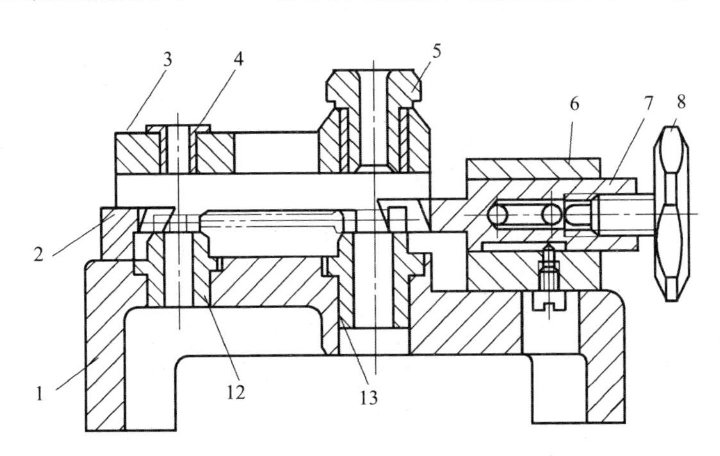

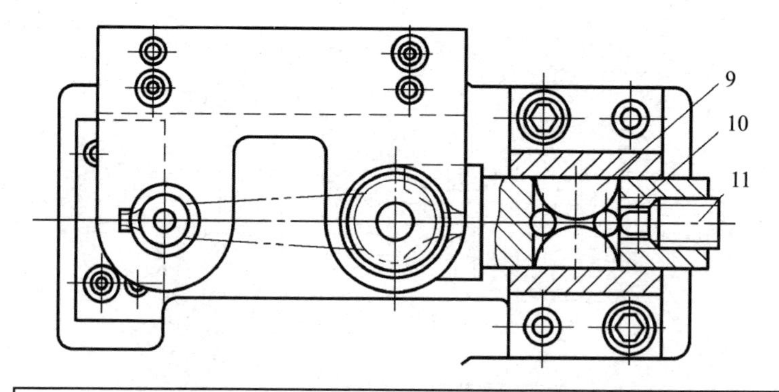

1—夹具体；2—固定V形块；3—钻模板；4、5—钻套；6—支座；
7—活动V形块；8—手轮；9—半月键；10—钢球；11—螺钉；12、13—定位套

图 2－76　移动式钻模平面图

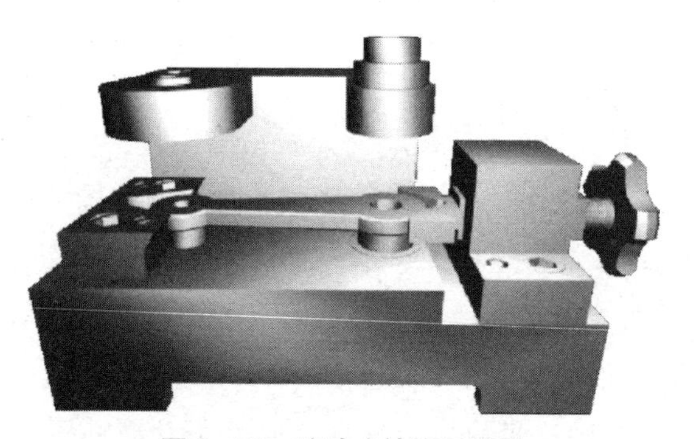

图 2－77　移动式钻模三维图

（4）翻转式钻模。

翻转式钻模主要用于加工中、小型工件分布在不同表面上的孔，图 2－78 为加工套筒上四个径向孔的翻转式钻模。工件以内孔及端面在台肩销 1 上定位，用快换垫圈 2 和螺母 3 夹紧。钻完一组孔后，翻转 60°钻另一组孔。该夹具的结构比较简单，但每次钻孔都需找正钻套相对钻头的位置，所以辅助时间较长，而且翻转费力。因此，夹具连同工件的总重量不能超过 10kg，被加工孔的直径应小于 ϕ8 ~ ϕ10mm，并且加工质量要求不高，其加工批量也不宜过大。

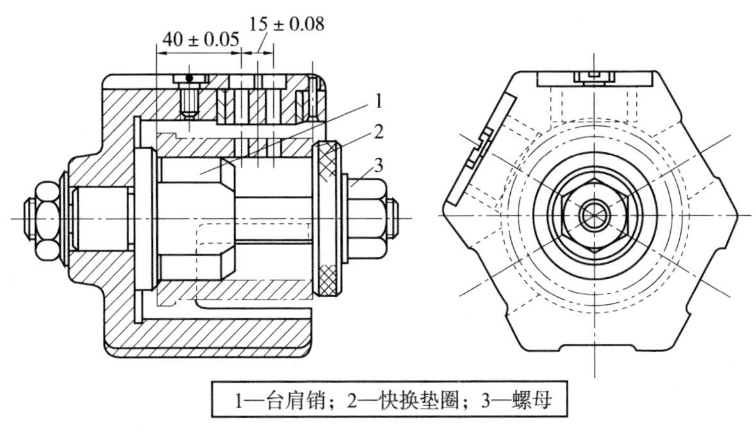

1—台肩销；2—快换垫圈；3—螺母

图 2 –78　60°翻转式钻模

（5）盖板式钻模。

盖板式钻模没有夹具体，钻套、定位元件和夹紧装置都装在钻模板上，只要将它装夹在工件上即可进行加工。它常用于床身、箱体等大型工件上的小孔加工。如果钻削力矩小，则可选择不设置夹紧装置。因夹具经常搬动，故不宜太重，一般不超过 10kg。为减轻重量，可在盖板上设计加强肋或减轻窗孔，也可以采用铸铝件来减轻重量。

如图 2 –79 所示为加工车床溜板箱上多个小孔的盖板式钻模，它的主要特点是钻模在工件上定位，夹具结构简单、轻便，易清除切屑。

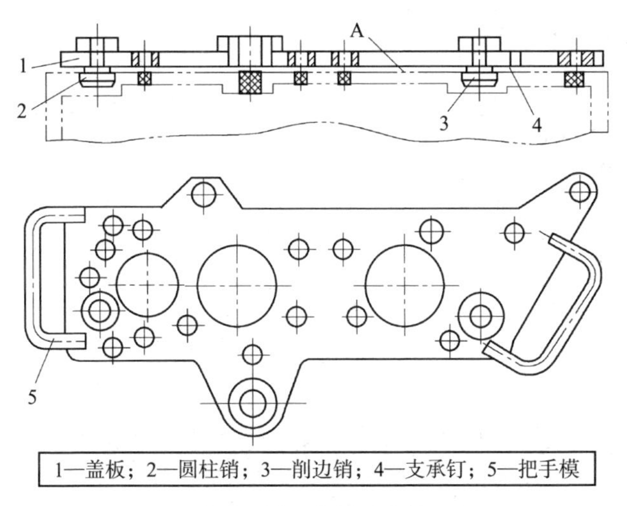

1—盖板；2—圆柱销；3—削边销；4—支承钉；5—把手模

图 2 –79　盖板式钻模

（6）滑柱式钻模。

滑柱式钻模是一种带有升降钻模板的通用可调夹具。图 2－80 为手动滑柱式钻模的通用结构，由夹具体 1、三根滑柱 2、钻模板 4 和传动、锁紧机构所组成。转动手柄 6，经过齿轮条的传动和左右滑柱的导向，便能顺利地带动钻模板 4 升降，将工件夹紧或松开。锁紧机构图 2－80（c）可以使钻模板 4 夹紧工件或升至一定高度后机构可以自锁，以保证加工和装卸的稳定。其工作原理为螺旋齿轮轴 7 与滑柱上的螺旋齿条啮合，轴的右端是双向锥体，与夹具体 1 及套环 5 上的锥孔配合。当钻模板 4 下降夹紧工件时，在齿轮轴上产生轴向分离使锥体锁紧在夹具体的锥孔中实现自锁。

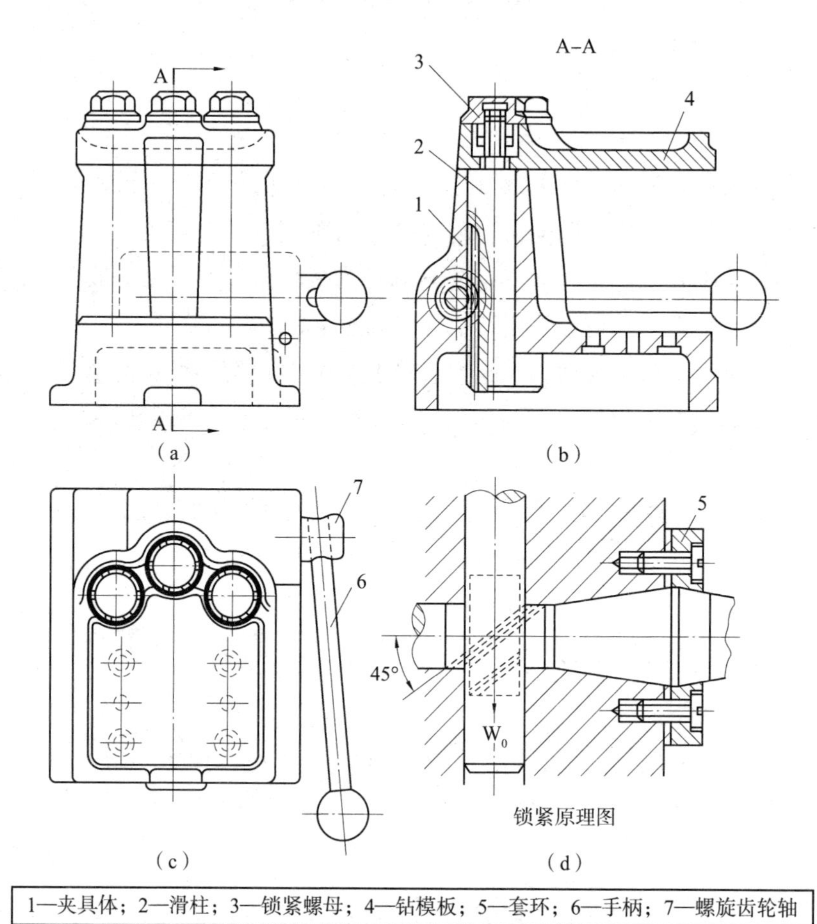

1—夹具体；2—滑柱；3—锁紧螺母；4—钻模板；5—套环；6—手柄；7—螺旋齿轮轴

图 2－80　手动滑柱式钻模结构

这种手动滑柱钻模需要根据工件的形状、尺寸和加工要求等具体情况，专门设计制造相应的定位、夹紧装置钻套，它机械效率较低，夹紧力不大。此外，由于滑柱和导孔为间隙配合（一般为H7/f7），因此被加工孔的垂直度和孔的定位要求难以达到较高的精度。但是其自锁性能可靠、结构简单、操作迅速，具有通用可调的优点，所以广泛用于大批量生产中，并也推广到小批量中，适宜一般中小件的加工。

2. 钻床夹具的设计特点

钻床夹具的主要特点是都有一个安装钻套的钻模板。钻套和钻模板是钻床夹具的特殊元件。钻套装配在钻模板或夹具体上，其作用是确定被加工孔的位置和引导刀具加工，以保证孔的位置精度和加工工艺系统的刚度。

（1）钻套的类型。

钻套可分为标准钻套和特殊钻套两大类。标准钻套有固定钻套、可换钻套和快换钻套。

①固定钻套。

如图2－81（a）（b）所示，它分为A、B型两种。钻套安装在钻模板或夹具体中，其配合为H7/n6或H7/r6。固定钻套结构简单，钻孔精度高，适用于单一钻孔工序和小批生产。

②可换钻套。

如图2－81（c）所示。当工件为单一钻孔工序的大批量生产时，为便于更换磨损的钻套，选用可换钻套。钻套与衬套之间采用F7/m6或F7/k6配合，衬套与钻模板之间采用H7/n6配合。当钻套磨损后，可卸下螺钉，更换新的钻套。螺钉能防止加工时钻套的转动或退刀时随刀具自行拔出。

③快换钻套。

如图2－81（d）所示。当工件需钻、扩、铰多工序加工时，为能快速更换不同孔径的钻套，应选用快换钻套。快换钻套的有关配合同可换钻套。更换钻套时，将钻套削边转至螺钉处，即可取钻套。削边的方向应考虑刀具的旋向，以免钻套随刀具自行拔出。

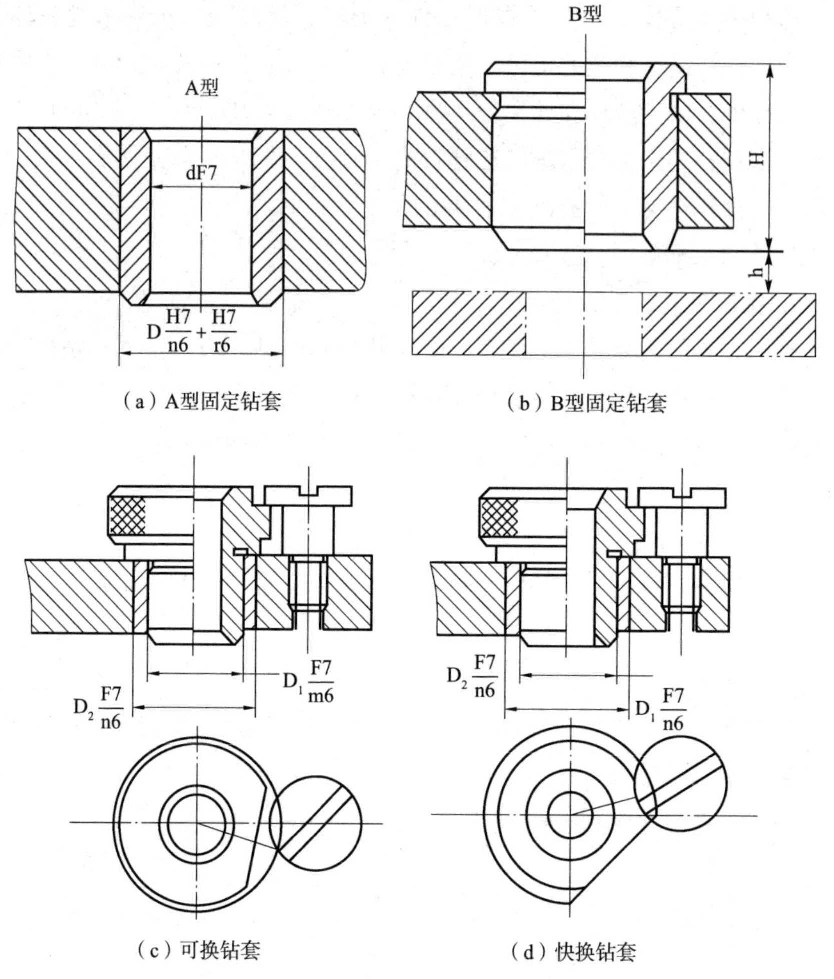

（a）A型固定钻套　（b）B型固定钻套

（c）可换钻套　（d）快换钻套

图 2－81　标准钻套

标准类钻套已标准化，其结构参数、材料、热处理方法等，可查阅夹具手册。

④特殊钻套。

由于工件形状或被加工孔位置的特殊性，无法采用标准钻套时，需要设计特殊结构的钻套。图 2－82 为几种常见的特殊钻套结构。图 2－82（a）为加长钻套，在加工凹面上的孔时使用，为减少刀具与钻套的摩擦，可将钻套引导高度 H 以上的孔径放大。图 2－82（b）为斜面钻套，用于在斜面或圆弧面上钻孔，排屑空间的高 $h<0.5\text{mm}$，可增加钻

头刚度，避免钻头引偏或折断。图 2－82（c）为小孔距钻套，用圆销确定钻套位置。图 2－82（d）为兼有定位与夹紧功能的钻套，在钻套与衬套之间，一段为圆柱间隙配合，另一段为螺纹连接，钻套下端为内锥面，可使工件定位。

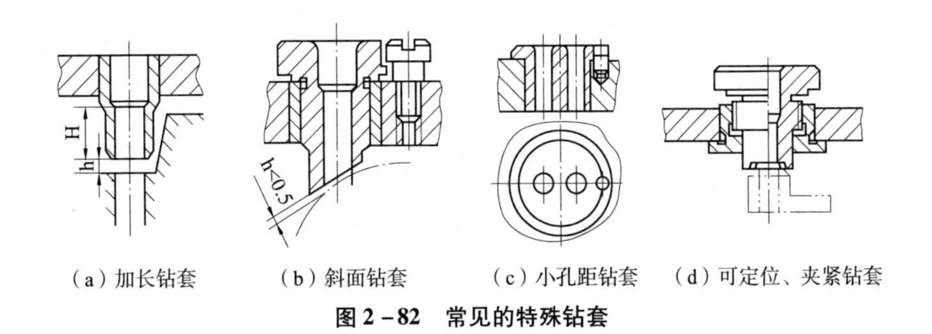

（a）加长钻套　（b）斜面钻套　（c）小孔距钻套　（d）可定位、夹紧钻套

图 2－82　常见的特殊钻套

（2）钻模板。

钻模板是供安装钻套用的，并确保钻套在钻模上的正确位置。钻模板应有一定的强度和刚度，以防止变形而影响钻套的位置和引导精度。常见的钻模板有固定式钻模板（见图 2－83）、铰链式钻模板（见图 2－84）、可卸式钻模板（见图 2－85）和悬挂式钻模板（见图 2－86）。固定式钻模板是指钻模板固定在夹具体上，因此加工精度高，应用广泛；铰链式钻模板的模板可以围绕铰链销旋转，故该类夹具特别方便工件的安装，对钻孔后需要倒角扩孔，以及钻孔后尚需倒角攻螺纹或钻孔后需要借助于底孔引导刀具实现扩、铰等工作也特别有利，但加工精度低于固定式钻模板；可卸式钻模板是指钻模板是一个独立部分，它和夹具体是分离的，工件在夹具体中每装卸一次，钻模板也要装卸一次，特别费力费时，因此一般多用在其他类型钻模板不便的时候；悬挂式钻模板因钻模板连接在机床主轴的传动箱上，随机床主轴上下移动，靠近或离开工件而得名。一般在立式钻床或组合机床上用多轴传动头加工平行孔系。

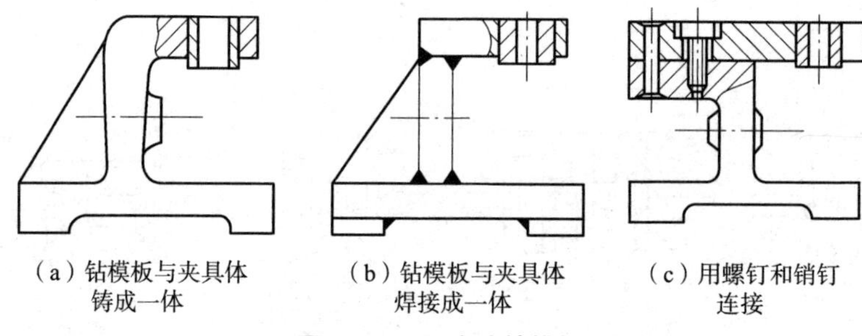

（a）钻模板与夹具体铸成一体　（b）钻模板与夹具体焊接成一体　（c）用螺钉和销钉连接

图 2－83　固定式钻模板

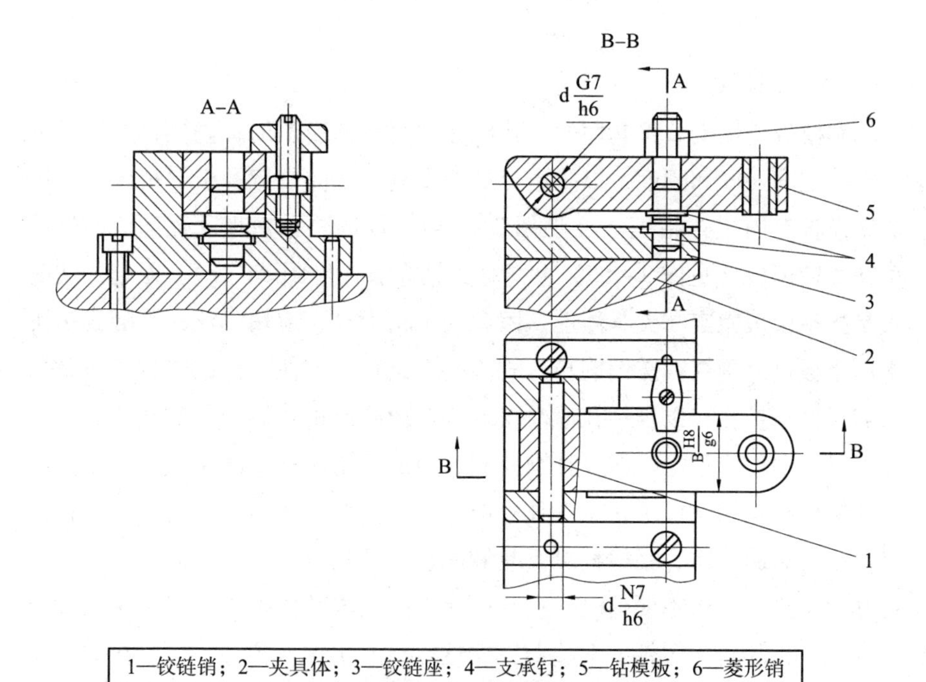

1—铰链销；2—夹具体；3—铰链座；4—支承钉；5—钻模板；6—菱形销

图 2－84　铰链式钻模板

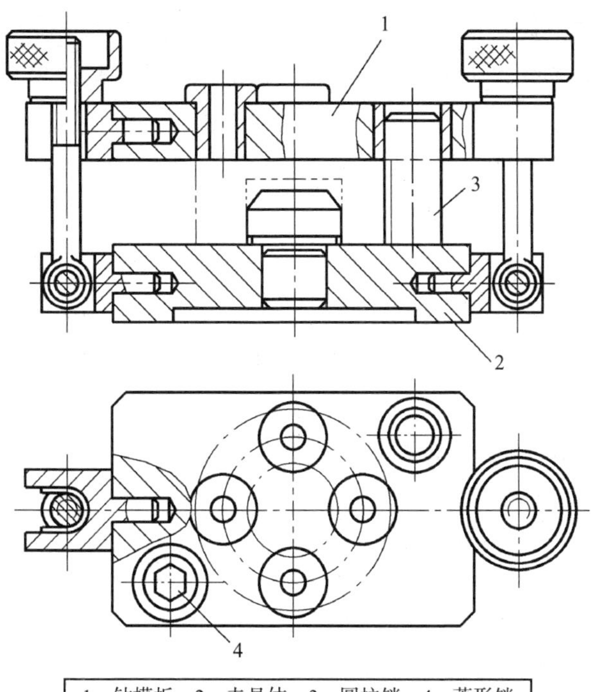

1—钻模板；2—夹具体；3—圆柱销；4—菱形销

图 2 –85　可卸式钻模板

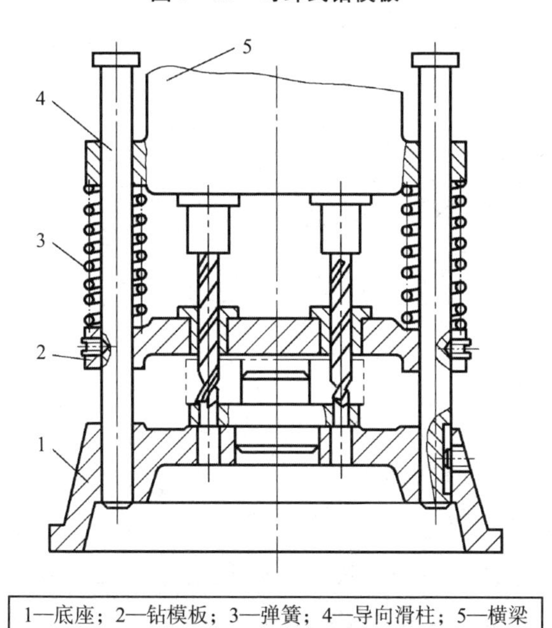

1—底座；2—钻模板；3—弹簧；4—导向滑柱；5—横梁

图 2 –86　悬挂式钻模板

（3）钻模支脚。

为减少夹具底面与机床工作台的接触面积，使夹具放置平稳，一般都在相对钻头送进方向的夹具体上设置四个支脚，结构如图 2－87 所示。支脚根据需要可采用矩形或者圆柱形，可与夹具体做成一体的，也可做成装配式的，但需注意以下几点。

①支脚必须有 4 个，4 个支脚才能判断夹具是否防止平稳。

②矩形支脚宽度或圆柱支脚的直径必须大于机床工作台 T 形槽的宽度，以免陷入槽中夹具中心，钻削压力必须落在 4 个支脚所形成的支撑面内。

③钻套轴线应与支脚所形成的支撑面垂直或平行，使钻头能正常工作，防止其折断，同时还能保证被加工孔的位置精度。

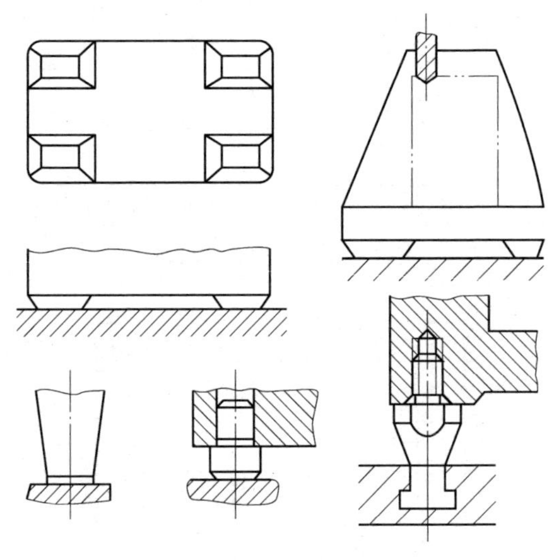

图 2－87　钻模支脚

2.4.3　铣床夹具

铣床主要用于加工零件上的平面、沟槽、键槽、花键槽、缺口以及各种成型面等。铣床夹具按使用范围，可分为通用铣夹具（如平口台式虎钳、压板、分度头、回转圆形工作台等）、专用铣夹具（主要由压板、V 形块、螺母和对刀块等装配）和组合夹具三类。按工件在铣床上加工运动特点，可分为直线进给夹具、圆周进给夹具、沿曲线进给夹具（如仿形装置）三类。还可按自动化程度和夹紧力来源不同（如气动、电动、液动）

以及装夹工件数量的多少（如单件、双件、多件）等进行分类。本节主要从加工运动特点来介绍其中三类夹具。

1. 直线进给式铣床夹具

直线进给式铣床夹具安装在铣床工作台上，随工作台一起做直线进给运动。按照在夹具上装夹工件的数目，直线进给式铣床夹具可分为单件夹具和多件夹具。它是使用最广泛的一种夹具。

多件夹具广泛地用于成批生产或大量生产的中、小零件加工。它可按先后加工、平行加工或平行—先后加工等方式设计铣床夹具，以节省切削的基本时间或使切削的基本时间重合。如图2－88所示，轴端铣方头夹具就是一种多件夹具。它采用平行对向式多位联动夹紧结构，旋转夹紧螺母6，通过球面垫圈及压板7将工件压在V形块上。四把三面刃铣刀同时铣完两侧面后，取下楔块5，将回转座4转过90°，再用楔块5将回转座4定位并锁紧，即可铣工件的另两个侧面。该夹具在一次安装中完成两个工位的加工，在设计中采用了平行—先后加工方式，既节省切削基本时间，又使铣削两排工件表面的基本时间重合。

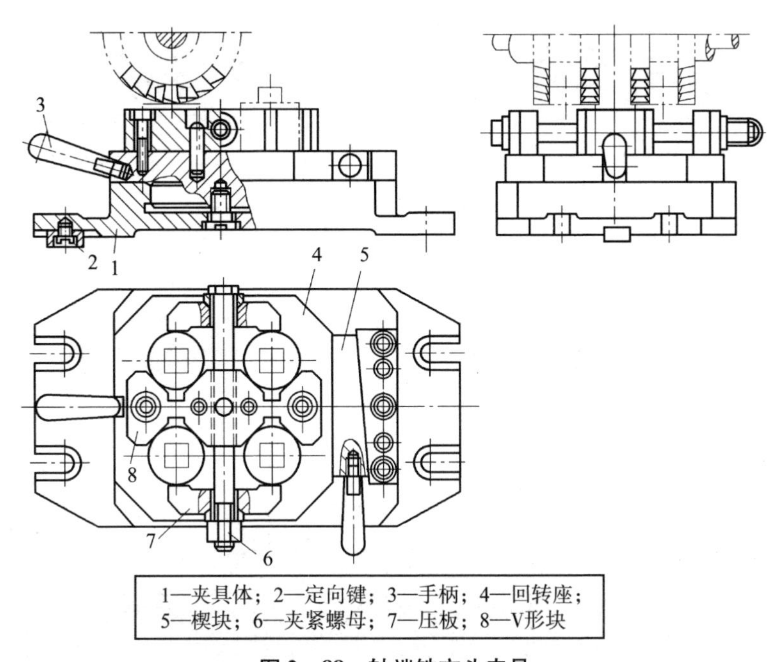

1—夹具体；2—定向键；3—手柄；4—回转座；
5—楔块；6—夹紧螺母；7—压板；8—V形块

图2－88　轴端铣方头夹具

图 2－89 所示为在杠杆零件上铣两斜面的工序简图，工件形状不规则。图 2－90 所示为生产中加工该工件的单件铣床夹具。工件以已精加工的孔 ф22H7 和端面在台阶定位销 9 上定位，限制工件的五个自由度，以圆弧面在可调支承 6 上定位限制工件的一个自由度，从而实现了完全定位。倘若工件的毛坯是同批铸造的，则可调支承 6 并且只需每批调整一次即可。

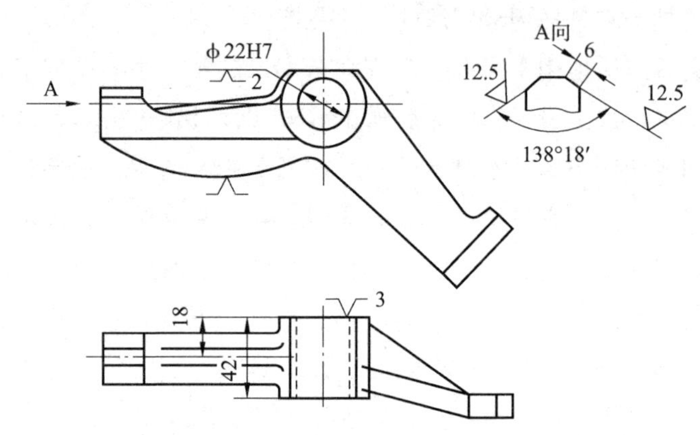

图 2－89　在杠杆零件上铣两斜面的工序简图

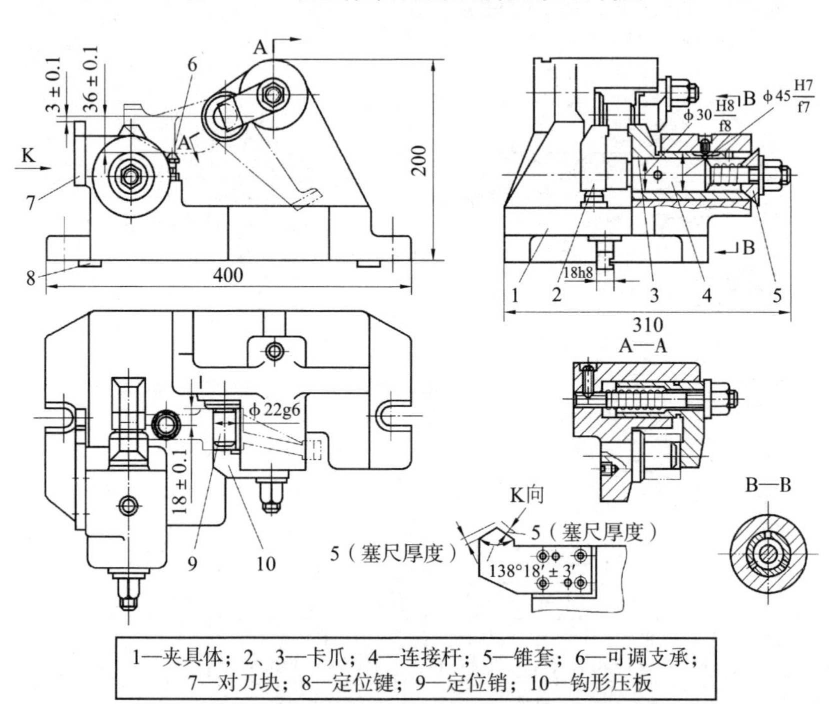

1—夹具体；2、3—卡爪；4—连接杆；5—锥套；6—可调支承；7—对刀块；8—定位键；9—定位销；10—钩形压板

图 2－90　单件铣床夹具

工件的夹紧以钩形压板10为主，其结构见A－A剖面图。另外，在接近加工表面处采用浮动的辅助夹紧机构，当拧紧该机构的螺母时，卡爪2和卡爪3对向移动，同时将工件夹紧。在卡爪3的末端开有三条轴向槽，形成三片簧瓣，继续拧紧螺母，锥套5迫使簧瓣胀开，使其锁紧在夹具体中，从而增强夹紧刚度，以免铣削产生振动。

夹具通过两个定位键8与铣床工作台T形槽对定，采用两把角度铣刀同时进行加工。夹具上的角度对刀块7与定位销9的台阶面和轴线有一定的尺寸联系，而定位销的轴线又与定位键的侧面垂直，故通过塞尺对刀，即可使夹具相对于机床和刀具获得正确的加工位置，从而保证加工要求。

2. 圆周进给式铣床夹具

圆周进给式铣床夹具一般在有回转工作台的专用铣床上使用。在通用铣床上使用时，应进行改装，增加一个回转工作台。

如图2－91所示，铣削拨叉上、下两端面。工件以圆孔、端面及侧面在定位销2和挡销4上定位，由液压缸6驱动拉杆1通过快换垫圈3将工件夹紧。夹具上可同时装夹12个工件。AB是工件的切削区域，CD是装卸工件的区域，可在不停车的情况下装卸工件，使切削的基本时间和装卸

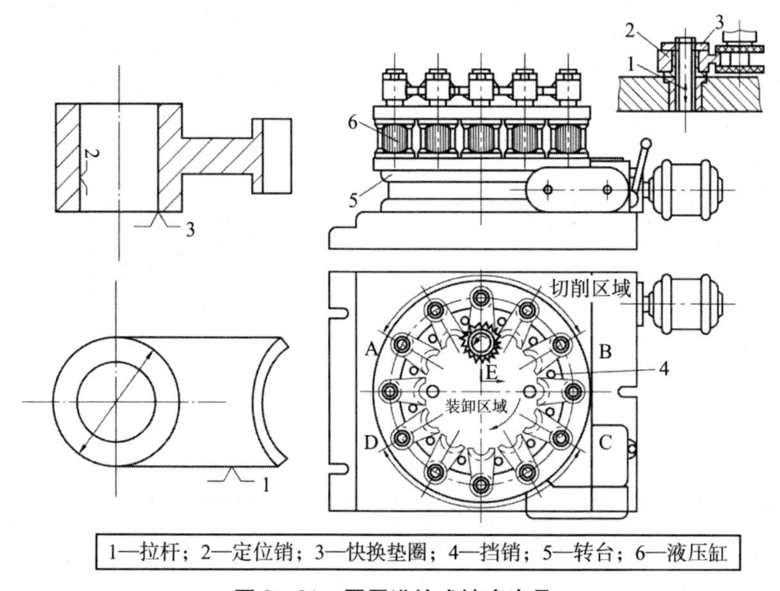

1—拉杆；2—定位销；3—快换垫圈；4—挡销；5—转台；6—液压缸

图2－91　圆周进给式铣床夹具

工件的辅助时间重合。因此，它的生产效率高，适用于大批量生产中的中、小件加工。

3. 靠模铣床夹具

带有靠模装置的铣床夹具用于专用或通用铣床上加工各种成形面。靠模铣床夹具使主进给运动和由靠模获得的辅助运动合成仿形运动，铣床即可加工仿形面。按照主进给运动的方式，靠模铣床夹具可分为直线进给和圆周进给两种。

（1）直线进给靠模铣床夹具。

图2－92（a）为直线进给靠模铣床夹具示意图。靠模板2和工件4分别装在夹具上，滚柱滑座6和铣刀滑座5连成一体，它们的轴线距离k保持不变。铣刀滑座5和滚柱滑座6在强力弹簧或重锤拉力作用下沿导轨滑动，使滚柱始终压在靠模板上。当工作台做纵向进给，滚柱滑座6即获得一横向辅助运动，使铣刀仿照靠模板的曲线轨迹在工件上铣出所需的成形表面。这种加工方法一般在靠模铣床上进行。

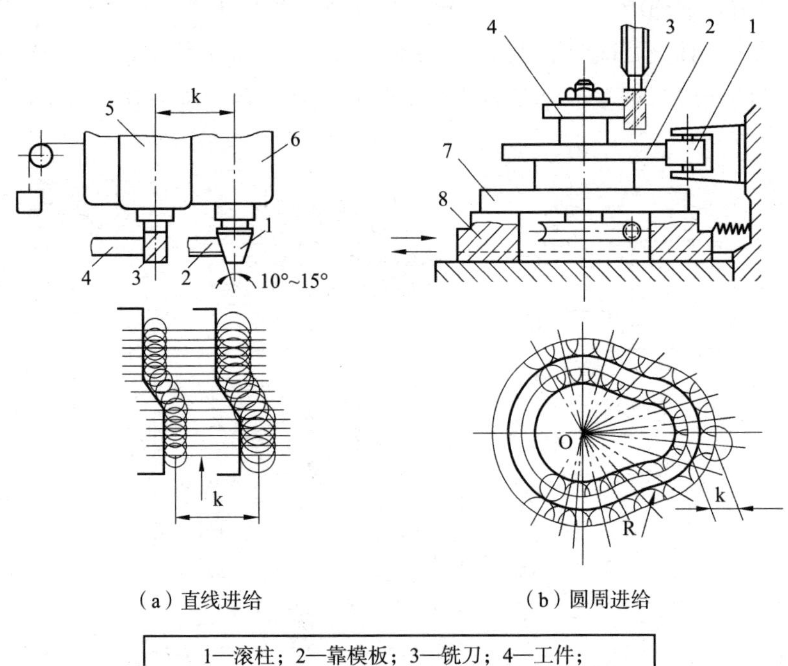

（a）直线进给　　（b）圆周进给

1—滚柱；2—靠模板；3—铣刀；4—工件；
5—铣刀滑座；6—滚柱滑座；7—回转台；8—滑座

图2－92　靠模铣床夹具

(2) 圆周进给靠模铣床夹具。

图 2－92 (b) 为装在普通立式铣床上的圆周进给靠模夹具。靠模板 2 和工件 4 装在回转台 7 上，转台由蜗杆蜗轮带动做等速圆周运动。在强力弹簧的作用下，滑座 8 带动工件 4 沿导轨相对刀具做辅助运动，从而加工出与靠模外形相仿的成形面。

2.4.4　自动线夹具

1. 随行夹具

自动线是由多台自动化单机，借助工件自动传输系统、自动线夹具、控制系统等组成的一种加工系统。常见的自动线夹具有随行夹具和固定自动线夹具两种。

固定夹具固定在机床某一部位上，不随工件的输送而移动。这类夹具主要用箱体类形状比较规则，且具有良好定位基面和拖送基面的工件。按其用途不同又可分为两类：一种是直接用于装夹工件的固定夹具；另一种是用于装夹随行夹具的固定夹具，即将工件和随机夹具作为一个整体在其上定位和夹紧。二者虽然直接装夹的对象不同，但具有相同的结构特点。

随行夹具会随着夹紧的工件沿自动线运送，以便通过自动线各台机床完成工件所规定的加工工艺。这类夹具主要用于形状不太规则，且又无良好的定位基面和输送基面，或虽有良好的输送基面，但材质较软的工件。

如图 2－93 所示为自动线上用的机床固定夹具及随行夹具结构简图。随行夹具 1 由步伐式输送带 2 依次运送到机床。固定夹具 4 用面 A_1 支承输送，还通过一面两销在输送支承 3 上实现对随行夹具 1 的完全定位与夹紧。液压缸 6 通过杠杆 5 带动四个钩形压板 8 进行夹紧。

2. 自动化夹具

自动化夹具是指在自动机床上使用的带有自动上、下料机构的专用夹具和可调夹具。

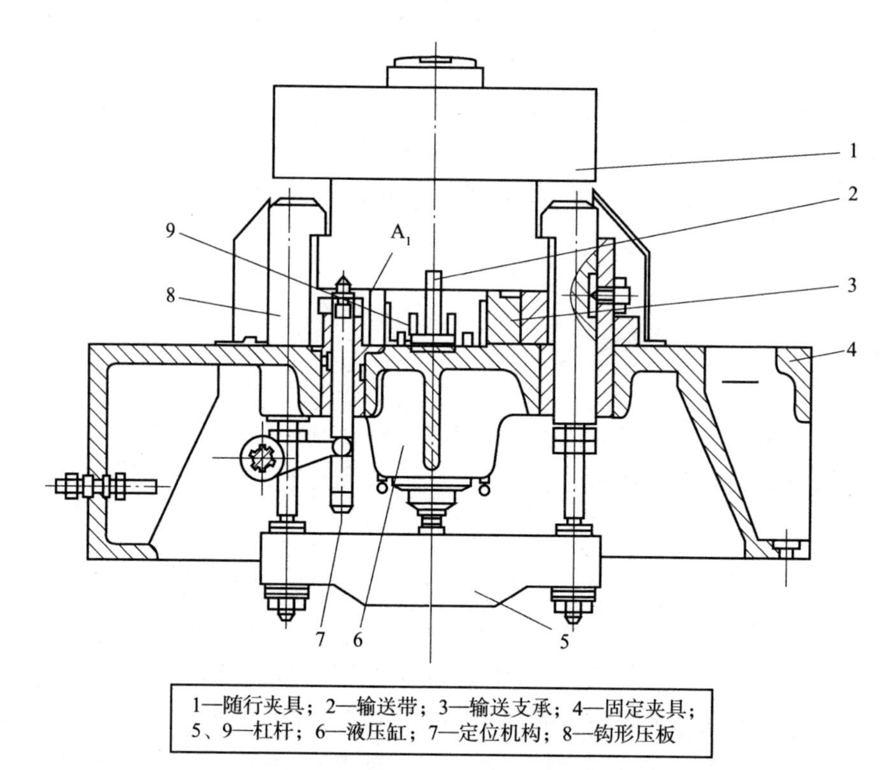

1—随行夹具；2—输送带；3—输送支承；4—固定夹具；
5、9—杠杆；6—液压缸；7—定位机构；8—钩形压板

图2－93 随行夹具在自动线机床的固定夹具上的工作简图

按照自动上下料装置的自动化程度工件可分为自动化夹具及半自动化夹具。半自动化夹具需人工定向，上料机构简单，用的较多，自动化夹具用于形状简单、重量不大但批量很大、生产率要求很高、机动时间很短的工件。

如图2－94所示为气动偏心夹紧半自动化钻夹具示意图。圆柱形工件由人工定向放入料仓3中，在推杆2的作用下，使料仓3中最下一个工件沿夹具体上1的V形槽滑动至待加工位置，而已加工完毕的工件被推出V形槽。随着气缸9推动定位挡板10使工件轴向定位，且夹紧凸轮在的气缸4作用下将工件夹紧，然后推杆2退出，料仓3中的工件自动下落至V形槽中。与此同时，钻床主轴5下降进行钻孔。加工完之后，主轴上升，气缸9使定位挡板10后退，气缸4上升松开凸轮。接着推杆前进开始下一个工作循环。

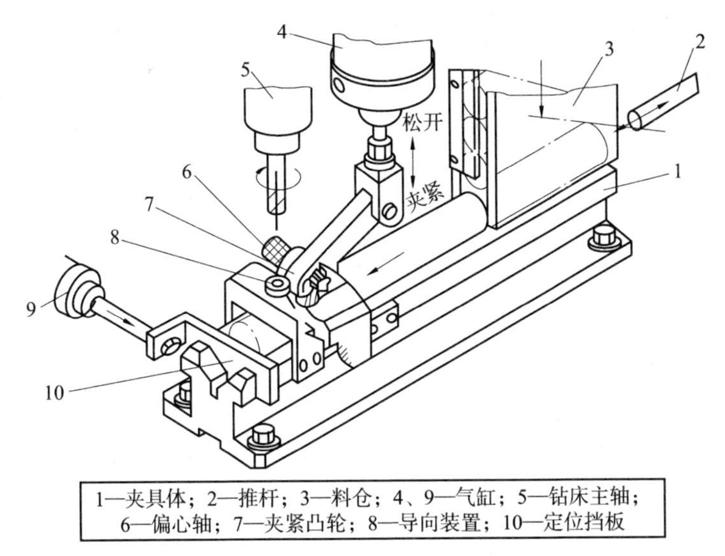

1—夹具体；2—推杆；3—料仓；4、9—气缸；5—钻床主轴；
6—偏心轴；7—夹紧凸轮；8—导向装置；10—定位挡板

图 2-94　气动偏心夹紧半自动化钻夹具示意图

2.4.5　组合夹具

1. 组合夹具的特点

组合夹具是一种标准化、系列化程度很高的柔性化夹具。它是由一套预先制造好的不同几何形状、不同尺寸的高精度标准化元件与合件组成。使用时按照工件的加工要求，挑选需要的标准件和合件用组合的方式组装成所需的夹具。使用完后可拆散、清洗、油封后归档，待需要时重新组装。根据组合夹具组装连接基面的形状，可将其分为槽系和孔系两大类。槽系组合夹具的连接基面为 T 形槽，元件由键和螺栓等元件定位紧固连接。孔系组合夹具的连接基面为圆形孔和螺孔，夹具元件的连接通常用两个圆柱销定位，螺钉紧固。

2. T 槽系组合夹具的特点

T 形槽系组合夹具按其尺寸系列有小型、中型和大型三种，其区别主要在于元件的外形尺寸、T 形槽宽度和螺栓及螺孔的直径规格不同。

小型系列组合夹具主要适用于仪器、仪表和电信、电子工业，也可用于较小工件的加工。这种系列元件的螺栓直径为 M8 ×1.25mm，定位键与键槽宽的配合尺寸为 8H7/h6，T 形槽之间的距离为 30mm。

中型系列组合夹具主要适用于机械制造工业，这种系列元件的螺栓直径为 M12×1.5mm，定位键与键槽宽的配合尺寸为 12H7/h6，T 形槽之间的距离为 60mm。这是目前应用最广泛的一个系列。

大型系列组合夹具主要适用于重型机械制造工业，这种系列元件的螺栓直径为 M16×2mm，定位键与键槽宽的配合尺寸为 16H7/h6，T 形槽之间的距离为 60mm。

3. T 形槽系组合夹具的组成

槽系组合夹具的元件按其功用可分为 9 类。

（1）基础件。

基础件是组合夹具中尺寸最大的元件，它包括各种尺寸的方形、矩形、圆形基础板和基础角铁等，如图 2－95 所示。基础件主要用作夹具体，也是各类元件组装的基础。方形、矩形基础件除了各面均有 T 形槽供组装其他元件外，底面还有一条平行于侧面的槽，可安装定位键，以使夹具与机床连接有定位基准。圆形基础件上有 90°、60°、45°三种角度排列，中心部位有一基准圆柱孔和一个能与机床主轴法兰配合的定位止口。

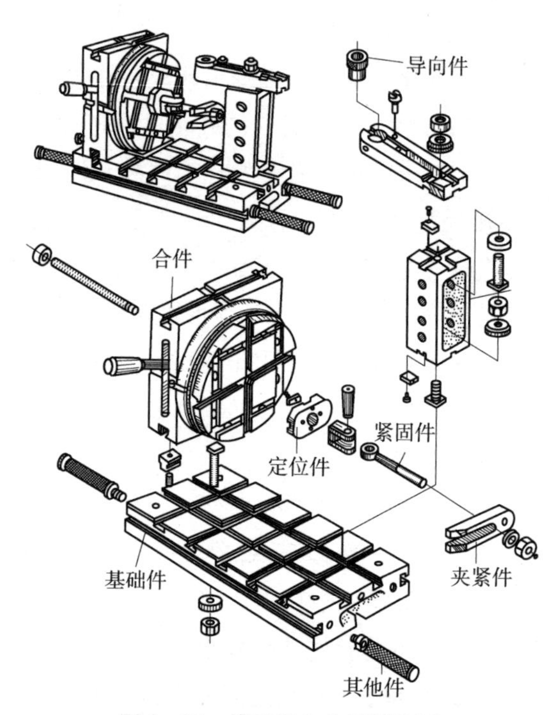

图 2－95　槽系组合夹具爆炸图

（2）支承件。

把其他元件通过支承件与基础件连成一体。支承件也可作定位件和基础件使用。支承件通常在夹具中起承上启下的作用。支承件的规格较多，主要包括各种方形支承、长方形支承、伸长板、角铁、角度支承和角度垫板等，如图 2－95 所示。

（3）定位件。

定位件一般是指各种定位销、定位盘、定位键等，主要用于工件定位和组合夹具元件之间的定位，用以保证各元件的使用精度，组装强度和夹具的刚度，如图 2－95 所示。

（4）导向件。

导向件包括各种钻模板、钻套、铰套和导向支承等，主要用来确定刀具与工件的相对位置，加工时起引导刀具的作用，也可作定位件使用，如图 2－95 所示。

（5）夹紧件。

夹紧件包括各种形状的压板及垫圈等，主要用来将工件夹紧在夹具上，保证工件定位后的正确位置，也可作垫板和挡块用，如图 2－95 所示。

（6）紧固件。

紧固件包括各种螺栓、螺母和垫圈，主要用来连接组合夹具中各种元件及紧固元件。组合夹具的紧固件所选用的材料、精度、表面粗糙及热处理均比一般标准紧固件好，以保证组合夹具的连接强度、可靠程度和组合刚度，如图 2－95 所示。

（7）辅助件。

辅助件包括弹簧、接头、扇形板、平衡块等，如图 2－95 所示。这些元件无固定用途，如使用合适，在组装中可起到极有利的辅助作用。

（8）合件。

合件是由若干零件装配而成的，在组装中不拆散使用的一个独立部件，如图 2－95 所示。按其用途分类，有定位合件、导向合件、分度合件、支承合件及夹紧合件等。合件是组合夹具的重要组合元件。

（9）其他件。

除上述元件以外，其他的各种起辅助用途的单一元件称为其他件，如

图2－95中的手柄，还有如弹簧，平衡块等。

以上各类元件已形成标准化、系列化和通用化，整套组合夹具的元件约有1500～2500个。

4. 孔系组合夹具

孔系组合夹具元件的连接用两个圆柱销定位，一个螺钉紧固。它比槽系组合夹具具有更高的刚度和精度，且结构紧凑。如图2－96所示为我国近年制造的KD孔系组合夹具。其定位孔径为φ16.01H6，孔距为50±0.01mm，定位销直径为φ16k5，用M16mm的螺钉连接。

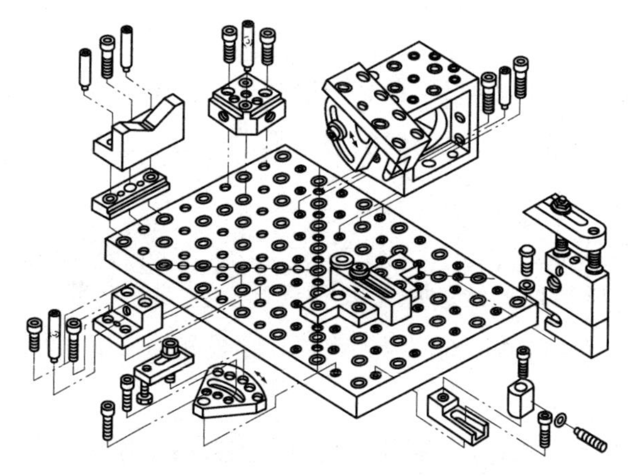

图2－96　KD孔系组合夹具

习题

2－1　工件的装夹方法有哪几种？

2－2　机床夹具的分类有哪些？每一类的主要特点是什么？

2－3　机床夹具的作用是什么？

2－4　什么是六点定位原理？

2－5　工件的定位方式有几类？

2－6　典型的夹紧机构有哪些？

2－7　钻套的类型有哪种？

2－8　何为自动线夹具？

2－9　工件在夹具中定位和夹紧的任务是什么？

2－10　工件的定位方法有几种？

2－11　组合夹具由哪几部分组成？

2－12　车床上通用夹具有哪些？

2－13　车床上专用夹具的典型机构有哪些？

2－14　分析习题图2－1，根据工件的加工要求，确定应该限制哪几个自由度？

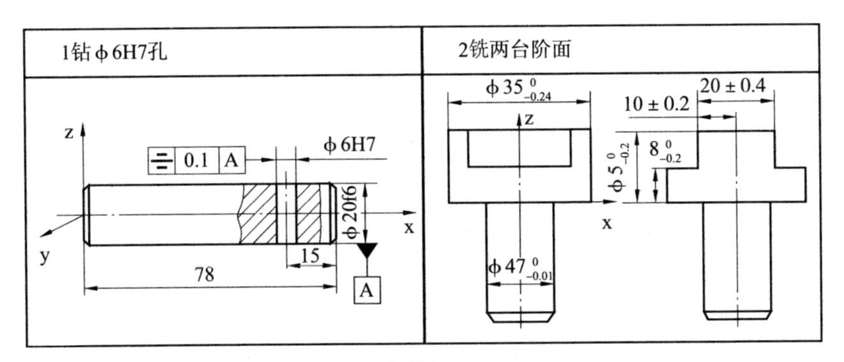

习题图2－1

2－15　分析习题图2－2，根据夹紧机构的设置改正图中错误的地方。

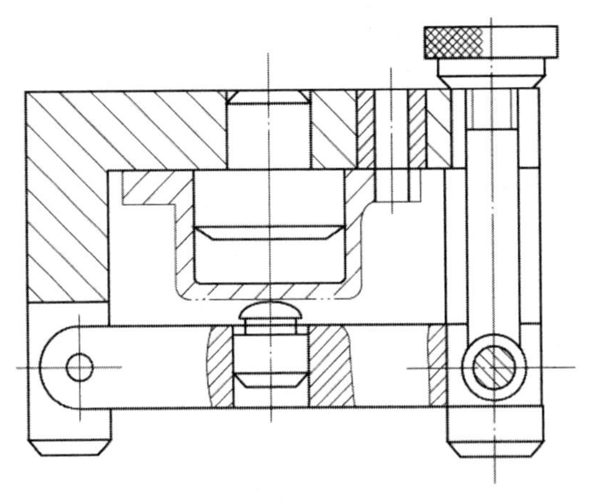

习题图2－2

2－16　一手动斜楔夹紧机构，如习题图2－3所示，已知参数如习题表2－1所示，试求出工件的夹紧力 F_W 并分析其自锁性能。

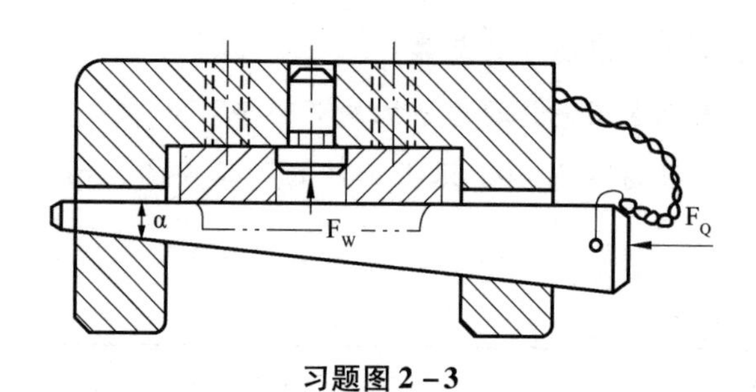

习题图2－3

习题表2－1

斜楔升角 α	各面间摩擦系数 f	原始作用力 F_Q/N	夹紧力 F_W/N	自锁性能
6°	0.1	100		
8°	0.1	100		
15°	0.1	100		

第3章

机械加工精度

项目1　认识机械加工精度

能力目标

具备机器零件加工精度高低判断的能力。

知识目标

1. 掌握加工精度的基本概念。
2. 掌握加工精度的获得方法。
3. 掌握影响加工精度的原始误差。

3.1.1　机械加工精度的基本概念

优质、高产、低消耗，是对每一个机械制造企业的基本要求。不断地提高产品的质量，提高其使用效能与使用寿命，最大限度地消灭废品，降低次品率，提高产品的合格率，以及最大限度地节约材料和人力的消耗，乃是机械制造行业必须遵循的原则。每一种机械产品都是由许多互相关联的零件装配而成的，机器的最终制造质量就和零件的加工质量直接有关，机器零件的加工质量是整台机器质量的基础。

机械加工质量指标包括两方面的参数：一方面是宏观几何参数，指机械加工精度，另一方面是微观几何参数和表面物理—机械性能等方面的参数，指机械加工表面质量。

所谓机械加工精度指的是零件在加工以后的几何参数（尺寸、形状和位置）与图样规定的理想零件的几何参数符合的程度。符合程度越高，加工精度也越高。零件的机械加工精度包含三方面的内容：尺寸精度、形状精度和位置精度。这三个方面之间有一定的联系，一般来说，形状精度应高于相应的尺寸精度；大多数情况下，相互位置精度也应高于尺寸精度；但形状精度要求高时，相应的位置精度和尺寸精度不一定要求高。

由于机械加工中的种种原因，不可能把零件做得绝对精确，总会产生偏差，这种偏差即加工误差。从实际出发，从多快好省的全面的观点出发，也没有必要把个个零件都做得绝对精确。因此只要能保证零件在机器中的功能，把零件的加工精度保持在一定范围之内是完全允许的。所以，国家给机械工业规定了各级精度和相应的公差标准只要零件的加工误差不超过零件图上按零件的设计要求和公差标准所规定的偏差，就算保证了零件加工精度的要求。由此可见，“加工精度”和“加工误差”这两个概念是从两个观点来评定零件几何参数。加工精度的低和高就是通过加工误差的大小来表示的。所谓保证和提高加工精度的问题，实际上就是限制和降低加工误差的问题。

随着对产品性能要求的不断提高和现代加工技术的发展，对零件的加工精度要求也在不断地提高。一般来说，零件的加工精度越高则加工成本越高，生产率则相对越低。因此，设计人员应根据零件的使用要求，合理地确定零件的加工精度，工艺人员则应根据设计要求、生产条件等采取适当的加工工艺方法，以保证零件的加工误差不超过零件图上规定的公差范围，并在保证加工精度的前提下，尽量提高生产率和降低成本。

3.1.2　零件获得机械加工精度的方法

1. 尺寸精度的获得方法

在机械加工中获得尺寸精度的方法有试切法、调整法、定尺寸刀具法、自动控制法和主动测量法等五种。

（1）试切法。即先试切出很小一部分加工表面，测量试切后所得的尺寸，按照加工要求适当调整刀具切削刃相对工件的位置，再试切，再测量，如此经过两三次试切和测量，当被加工尺寸达到要求后，再切削整个待加工面。试切法不需要复杂的装备，加工精度取决于工人的技术水平和量具的精度，常用于单件小批生产。如图 3 - 1（a）所示为三爪卡盘正装车削的试切法示例。

（2）调整法。利用机床上的定程装置、对刀装置或预先调整好的刀架，使刀具相对机床或夹具满足一定的位置精度要求，然后加工一批工件。这种方法需要采用夹具来实现装夹，加工后工件精度的一致性好。调整法生产效率高，对调整工的要求高，对操作工的要求不高，常用于成批及大量生产。图 3－1（b）为在用调整法获得尺寸精度时，三爪卡盘需反装，以确定工件的位置，同时在工作台上需安装挡铁，以保证刀具的位置。

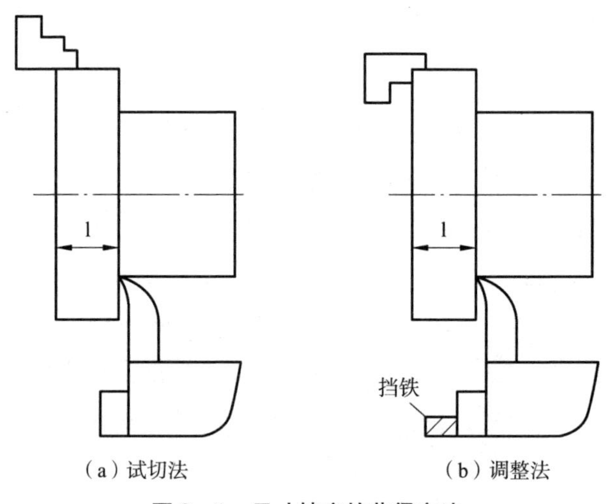

（a）试切法　（b）调整法

图 3－1　尺寸精度的获得方法

（3）定尺寸刀具法。用具有一定尺寸精度的刀具（如铰刀、扩孔钻、钻头等）来保证被加工工件尺寸精度的方法（如钻孔）。如用钻头、铰刀、键槽铣刀等刀具的加工即为定尺寸刀具法。定尺寸刀具法生产率较高，加工精度较稳定，广泛地应用于各种生产类型。

（4）自动控制法。把测量装置、进给装置和控制机构组成一个自动加工系统，使加工过程中的尺寸测量、刀具的补偿和切削加工一系列工作自动完成，从而自动获得所要求的尺寸精度的加工方法。这种方法可分为自动测量和数字控制两种，前者机床上具有自动测量工件尺寸的装置，在达到要求时停止进刀；后者是根据预先编制好的机床数控程序实现进刀的。该方法生产率高，加工精度稳定，劳动强度低，适应于批量生产。

（5）主动测量法。在加工过程中，边加工边测量加工尺寸，并将测量结果与设计要求比较后，或使机床工作，或使机床停止工作的加工方法。该方法生产率较高，加工精度较稳定，适用于批量生产。

2. 几何形状精度的获得方法

在机械加工中获得几何精度的方法有机床运动轨迹法、成形法和展成法等三种。

（1）机床运动轨迹法。利用机床运动使刀尖与工件的相对运动轨迹符合加工表面形状的方法。刀尖的运动轨迹取决于刀具和工件的相对成形运动，因而所获得的形状精度取决于成形运动的精度。如图 3 –2（a）所示的车圆锥面。

（2）成形法。利用成形刀具对工件进行加工的方法。成形法所获得的形状精度取决于成形刀具的形状精度和其他成形运动精度。用成形刀具或砂轮进行车、铣、刨、磨、拉等加工的均为成形法。如图 3 –2（b）所示的车球面。

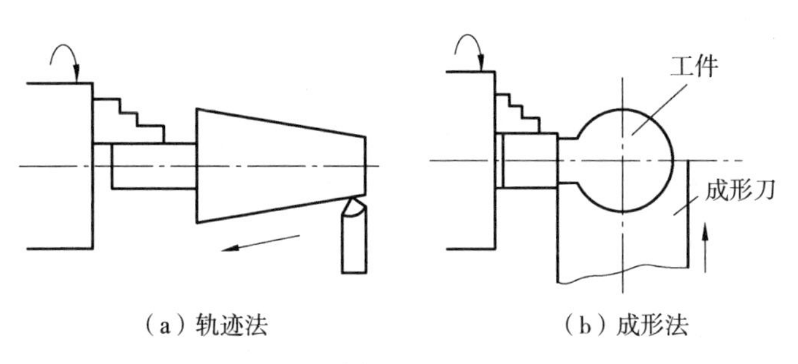

（a）轨迹法　　（b）成形法

图 3 –2　获得几何精度的方法

（3）展成法。又称为范成法，它是依据零件曲面的成形原理、通过刀具和工件的展成切削运动进行加工的方法。展成法所得的被加工表面是刀刃和工件在展成运动过程中所形成的包络面，刀刃必须是被加工表面的共轭曲线。所获得的精度取决于刀刃的形状和展成运动的精度。滚齿、插齿、花键滚削等均为展成法。

3. 获得位置精度的方法

工件的位置精度取决于工件的安装（定位和夹紧）方式及其精度。获得位置精度的方法有以下两种。

（1）找正安装法。找正是用工具和仪表根据工件上有关基准，找出工件有关几何要素相对于机床的正确位置的过程。用找正法安装工件称为找正安装，找正安装又可分为。

①直接找正安装。即用划针和百分表或通过目测直接在机床上找正工件正确位置的安装方法。此法的生产率较低，对工人的技术水平要求高，一般只用于单件小批生产中。如图3－3（a）所示为直接找正安装。

②划线找正安装。即用划针根据毛坯或半成品上所划的线为基准找正它在机床上正确位置的一种安装方法。如图3－3（b）所示为划线找正安装。

（2）夹具安装法。夹具是用以安装工件和引导刀具的装置。在机床上安装好夹具，工件放在夹具中定位，能使工件迅速获得正确位置，并使其固定在夹具和机床上。因此，工件定位方便，定位精度高且稳定，装夹效率也高。如图3－3（c）所示为夹具安装法。

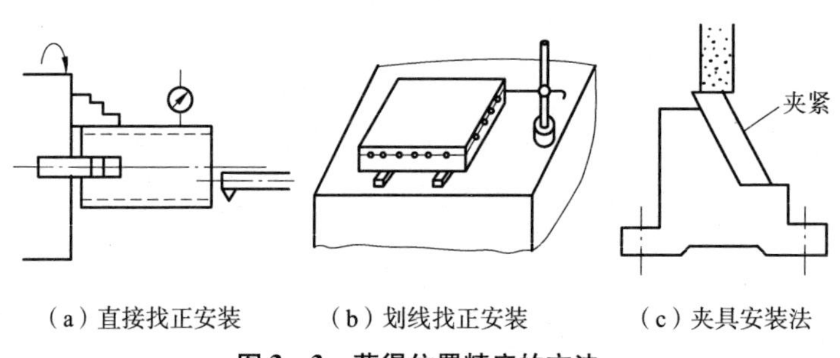

（a）直接找正安装　（b）划线找正安装　（c）夹具安装法

图3－3　获得位置精度的方法

3.1.3　影响加工精度的原始误差

在机械加工中，零件的尺寸、几何形状和表面间相对位置的形成，归结到一点，就是取决于工件和刀具在切削运动过程中相互位置的关系，而工件和刀具，又安装在夹具和机床上面，并受到夹具和机床的约束。因此，在机械加工时，机床、夹具、刀具和工件就构成了个完整的系统，称为机械加工工艺系统。加工精度问题也就涉及整个工艺系统中的种种误差，就是在不同的具体条件下，以不同的程度复映到工件上，形成工件的加工误差。工艺系统的误差是“因”，是根源；加工误差是“果”，是表现。因此把工艺系统的误差称为原始误差（见图3－4）。原始误差的一部分与工艺系统本身的初始状态有关，另一部分与切削过程有关。

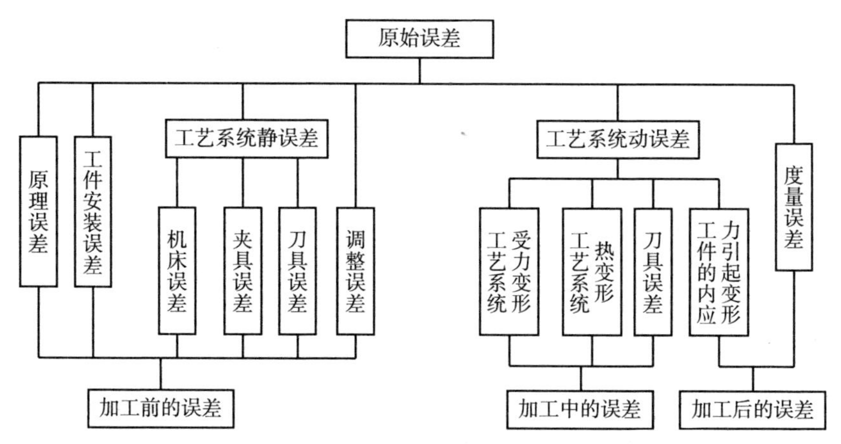

图3-4 原始误差

1. 与工艺系统本身初始状态有关的主要原始误差

（1）原理误差，即在某些表面的加工中，从加工面的形成原理中存在误差。

（2）工艺系统几何误差。

①工件与刀具的相对位置在静态下已存在误差，例如，刀具、夹具的制造误差与磨损。

②工件与刀具的相对位置在运动状态下存在误差，例如，机床的制造、安装误差与磨损。

2. 与切削过程有关的原始误差

（1）工艺系统力效应引起的受力变形，例如，工艺系统机床的受力变形、工件内应力的产生和消失而引起的受力变形。

（2）工艺系统热效应引起的受力变形，例如，机床、刀具、工件的受热变形。

项目2 工艺系统几何误差引起的加工误差

能力目标

具备分析工艺系统几何误差对加工精度影响的能力。

知识目标

1. 掌握原理误差的基本概念及存在原理误差的原因。

2. 掌握主轴回转误差、机床导轨误差以及传动链误差对加工精度的影响。

3. 掌握刀具、夹具的制造误差及磨损对加工精度的影响。

4. 掌握工艺系统的定位误差和调整误差。

3.2.1 原理误差

原理误差是由于采用了近似的加工运动或者近似的刀具轮面产生的。生产中采用近似的加工原理进行加工的例子很多，例如，用齿轮滚刀滚齿有两种原理误差：一种是由“近似造型法”发展而来的，由于滚刀制造上的困难，采用了阿基米德蜗杆或法向直廓蜗杆代替渐开线蜗杆而产生的近似造型误差；另一种是由于齿轮滚刀刀齿数有限，使实际加工出的齿形是一条由微小折线段组成的曲线，和理论上的光滑渐开线相比较，是一种近似的加工方法。

原理上完全正确的加工方法，有时难以实现，原因如下。

（1）加工效率低。

（2）机床的结构很复杂，机床应有的刚度和制造精度很难保证。

（3）理论刀具轮廓的刀具不易制造和制造精度很低。

在以上情况下，虽然加工方法是合乎原理的，但采用刚度和精度不高的机床或精度不高的刀具加工产生的误差，可能比采用近似方法加工大得多，并且加工效率很低。

所以只要原理误差和其他原始误差综合造成的加工误差，不超过零件加工表面的相应公差时，采用近似方法既能保证加工质量，又能提高生产率。采用近似的加工方法或近似的刀刃轮廓，虽然会带来加工原理误差，但往往可简化工艺过程及机床、刀具的设计和制造，提高生产率，降低成本，但由此带来的原理误差必须控制在允许的范围内。

3.2.2 机床的几何误差

机床几何误差来自三个方面：机床本身各部件的制造、安装和使用过程中的磨损。

根据我国机床行业的《机床专业标准》，机床在出厂以前都要通过机床精度检验，检验的内容是机床主要零、部件本身的形状和位置误差，要求它们不超过规定的数值。

以车床为例主要项目有床身导轨在垂直面和水平面内的直线度和平行度、主轴轴线对床身导轨的平行度、主轴的回转精度、传动链精度以及刀架各溜板移动时，对主轴轴线的平行度和垂直度。以上各项检验是在没有切削载荷的情况下进行的，所反映的各项误差称为机床的静误差，包括机床的几何误差和传动链误差。

若机床在出厂检查中产生了超差，工艺人员就要进行分析，找出原因，采取措施，解决问题。另外，合格的机床经过一段较长时期的使用后，由于不可避免的磨损、地基变动和其他原因，原有的精度会有不同程度的降低，并可能产生这样或那样的加工精度问题。要解决这些问题，往往需要对机床的误差进行某些项目的测量和分析。当然，评价一台机床精度的高低，不能只看它在静态下的情况，还应该看它在切削载荷下的动态情况。在研究和解决实际生产中加工精度问题时，就必须这样全面地考虑和分析问题。但是认识事物，总是要经过一个从简单到复杂，从表面到本质，从局部到整体的过程。在本节中先研究和分析机床的静误差对加工精度的影响，然后在下一节再研究和分析机床的动误差。另外，在静态下机床精度的好坏，是机床保证加工精度的基础。没有静态精度，也就谈不上机床的动态精度。

这里着重分析对加工影响较大的机床主轴误差、机床导轨误差及传动链误差。

1. 机床主轴误差

机床主轴是用来安装工件或刀具并将运动和动力传递给工件或刀具的重要零件，是工件或刀具的位置基准和运动基准。主轴回转精度是机床精度的主要指标之一，其误差直接影响着工件精度的高低。

（1）主轴回转误差。主轴回转误差是指主轴各瞬间的实际回转轴线相对其理想回转轴线的漂移。理想回转轴线虽然客观存在，但却无法确定其位置，因此通常是以平均回转轴线（即主轴瞬时回转轴线的平均位置）来代替。主轴回转轴心线的运动误差表现为纯径向跳动、轴向窜动和角度摆动三种形式，如图 3－5 所示。

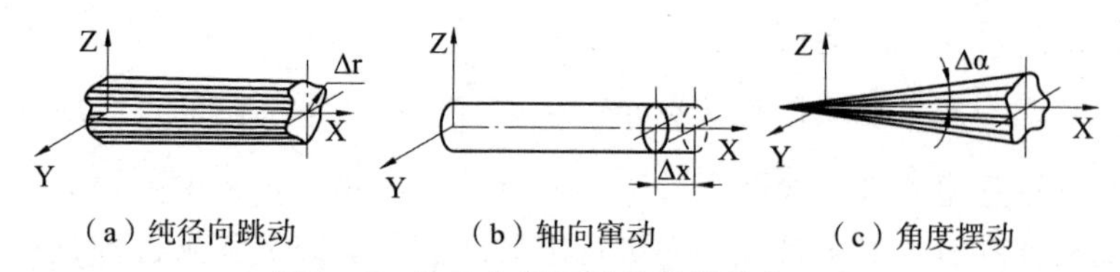

图 3－5　机床主轴回转误差的基本形式

造成主轴径向圆跳动的主要原因是轴径与轴承孔圆度不高、轴承滚道的形状误差、轴与孔安装后不同轴以及滚动体误差等。主轴径向圆跳动将造成工件的形状误差。

造成主轴轴向窜动的主要原因有推力轴承端面滚道的跳动、轴承间隙等。以车床为例，主轴轴向窜动将造成车削端面与轴心线的垂直度误差。

主轴前后轴颈的不同轴以及前后轴承、轴承孔的不同轴会造成主轴出现摆动现象。摆动不仅会造成工件尺寸误差，而且还会造成工件的形状误差。

机床的主轴是以其轴颈支承在床头箱前后轴承内的，因此影响主轴回转精度的主要因素是轴承精度、主轴轴颈精度和床头箱主轴承孔的精度。在主轴用滑动轴承的结构中，主轴是以轴径在轴套内旋转的，则影响主轴回转精度的主要因素是主轴颈的圆度、与其配合的轴承孔的圆度和配合间隙。不同类型的机床其主轴回转误差所引起的加工误差的形式也会不同。在主轴用滚动轴承的结构中，因切削力的方向不变，主轴回转时作用在支承上的作用力方向也不变，而主轴颈与轴承孔的接触点的位置也是基本固定的，即主轴颈在回转时总是与轴承孔的某一段接触，因此轴承孔的圆度误差对主轴回转精度的影响较小，而主轴颈的圆度误差则影响较大；对于刀具回转类机床（如镗床、钻床），因切削力的方向是变化的，所以轴承孔的圆度误差对主轴回转精度的影响较大，而对主轴颈的圆度误差影响较小。

（2）主轴回转误差的敏感方向。不同类型的机床，主轴回转误差的敏感方向是不同的。

工件回转类机床的主轴回转误差的敏感方向，如图3－6所示，在车削圆柱表面，当主轴在Y方向存在误差Δy时，则此误差将是1∶1地反映到工件的半径方向上去（ΔRy = Δy）。而在Z方向存在误差Δz时，反映到工件半径方向上的误差为ΔR_z。其关系式如下：

$$R_0^2 + \Delta z^2 = (R_0 + \Delta R_z)^2 = R_0^2 + 2R_0 \cdot \Delta R_z + \Delta R_z^2$$

因ΔR_z^2很小，可以忽略不计，故此式化简后得：

$$\Delta R_z \approx \Delta z^2/(2R_0) \ll \Delta y \qquad (3-1)$$

所以Δy所引起的半径误差远远大于由Δz所引起的半径误差。把对加工精度影响最大的那个方向称为误差的敏感方向，把对加工精度影响最小的方向称为误差的非敏感方向（见图3－6）。在分析加工精度的影响因素时，误差敏感方向的原始误差是不容忽视的。

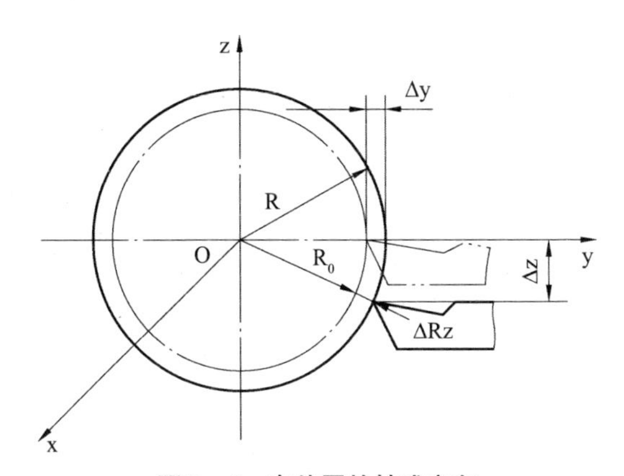

图3－6 车外圆的敏感方向

刀具回转类机床的主轴回转误差的敏感方向，如镗削时，刀具随主轴一起旋转，切削刃的加工表面的方向随刀具回转而不断变化，因而误差的敏感方向也在不断变化。

2. 机床导轨误差

机床导轨是机床中确定主要部件的相对位置的基准，也是运动的基准，因此导轨误差对加工精度有直接的影响。例如，车床的床身导轨，在水平面内有了弯曲以后，在纵向切削过程中刀尖的运动轨迹相对于工件轴心线之间就不能保持平行，当导轨向后凸出时，工件上就产生鞍形加工误差。而当导轨向前凸出时，就产生鼓形加工误差。机床导轨误差分为以下两种情况。

（1）机床导轨在水平面内的直线度误差 Δy。这项误差使刀具产生水平位移，如图3－7所示，使工件表面产生的半径误差为 ΔR_y，$\Delta R_y = \Delta y$，使工件表面产生圆柱度误差（鞍形或鼓形）。

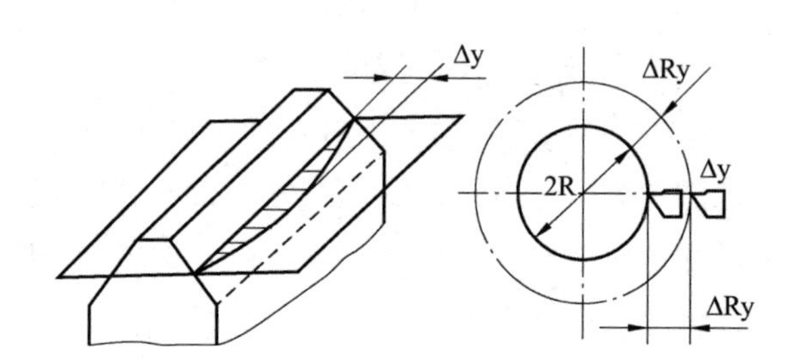

图3－7　机床导轨在水平面内的直线度对加工精度的影响

（2）机床导轨在垂直平面内的直线度误差 Δz。这项误差使刀具产生垂直位移，如图3－8所示，使工件表面产生的半径误差为 ΔR_z，$\Delta R_z \approx \Delta z^2/(2R_0)$，其值甚小，对加工精度的影响可以忽略不计；但若在龙门刨这类机床上加工薄长件，由于工件刚性差，如果机床导轨为中凹形，则工件也会是中凹形。

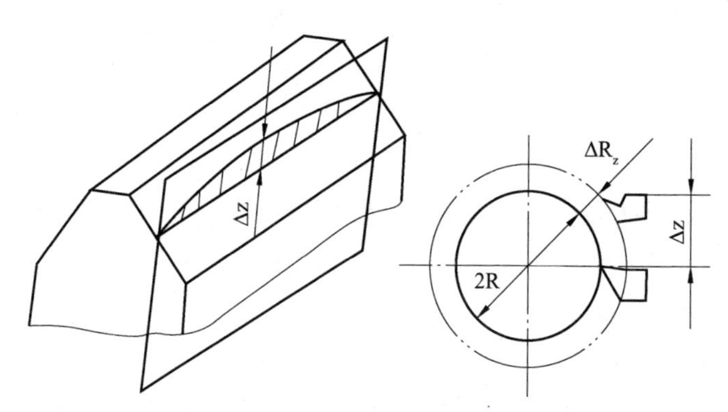

图3－8　机床导轨在垂直平面内的直线度对加工精度的影响

（3）机床前后导轨的平行度误差。当前后导轨不平行，存在扭曲时，刀架产生倾倒，刀尖相对于工件在水平和垂直两个方向上发生偏移，从而影响加工精度。如图 3-9 所示，在某一截面内，工件加工半径误差为：

$$\Delta R \approx \Delta y = \frac{H}{B}\delta \tag{3-2}$$

式（3-2）中：

H——车床中心高；

B——导轨宽度；

Δ——前后导轨的最大平行度误差。

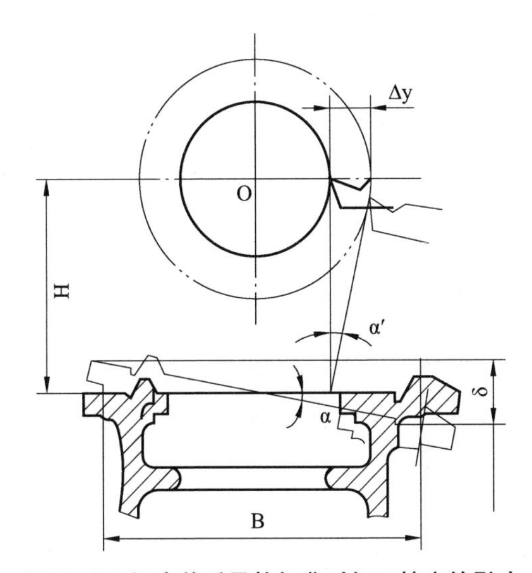

图 3-9　机床前后导轨扭曲对加工精度的影响

3. 传动链误差

对某些表面的加工，如齿轮、蜗轮、螺纹、丝杠表面的形成，要求刀具和工件之间有严格的运动关系。例如，车削丝杠螺纹时，要求工件转一转刀具应移动一个导程；在单头滚刀滚齿时，要求转刀转一转工件应转过一个齿分角。这种相连的运动关系是由机床的传动系统即传动链来保证的，因此有必要对传动链的误差加以分析。机床传动链的传动误差是指机床内传动链中首末两端传动元件之间相对运动的误差。由于传动链中各传动元件，如齿轮、蜗轮、蜗杆、丝杠、螺母等有制造误差（主要是影响运动准确性的误差）、装配误差（主要是装配偏心）和磨损时，就会破坏正确的运动关系，使工件产生误差。

为了减少机床的传动链误差对加工精度的影响，提高传动链的传动精度可以采取以下措施。

（1）尽可能缩短传动链，减少误差源数，传动链越短，传动件数越少，$\Delta\varphi$ 就越小，因而传动精度就高。

（2）传动链中各传动副的传动比尽可能按降速比递增的原则进行分配，这样传动链中各传动元件误差对传动精度的影响较小，有利于减少传动误差。

（3）传动链中传动件的加工、装配误差对传动精度均有影响，但影响的大小不同，对最后的传动件（末端件）的误差影响最大，故末端件（如滚齿机的分度蜗轮、螺纹加工机床的最后一个齿轮及传动丝杠）应做得更精确些。

（4）采用传动误差补偿装置，其实质是在原传动链中人为地加入一误差，其大小与传动链本身的误差相等而方向相反，从而使之相互抵消。

3.2.3　刀具、夹具的制造误差及磨损

机械加工中常用的刀具有一般刀具、定尺寸刀具及成形刀具。刀具误差对工件加工精度的影响主要表现为刀具的制造误差和尺寸的磨损，其影响程度随刀具种类不同而异。

（1）定尺寸刀具，如钻头、铰刀、拉刀、丝锥等，加工时，刀具的尺寸和形状精度直接影响工件的尺寸和形状精度。

（2）成形刀具，如成形车刀、成形铣刀、成形砂轮的形状精度直接影响工件的形状精度。

（3）展成加工用的刀具，如齿轮滚刀、插刀等，它的精度也影响齿轮的加工精度。

（4）普通单刃刀具，如普通车刀、镗刀等，它的精度对工件的加工精度没有直接影响，但刀具的磨损会影响工件的尺寸精度和形状精度。

任何刀具在切削过程中都不可避免地要产生磨损，并由此引起工件尺寸和形状误差。例如用成形刀具加工时，刀具刃口的不均匀磨损将直接复映到工件上造成形状误差；在加工较大表面（一次走刀时间长）时，刀具

的尺寸磨损也会严重影响工件的形状精度。

夹具的制造误差一般指定位元件、导向元件与夹具体等零件的加工和安装误差。具体包括以下两个方面：

（1）定位元件、刀具导向元件、分度机构、夹具体等的制造误差；

（2）夹具装配后，定位元件、刀具导向元件、分度机构等元件工作表面间的相对尺寸误差。

夹具的磨损是指夹具在使用过程中定位元件、刀具导向元件工作表面的磨损。

以上夹具的这些误差将直接影响到工件加工表面的位置精度或尺寸精度。夹具精度与基准不重合误差以及定位元件、对刀装置、导向装置、对机装置的制造精度和装配精度有关。一般来说，对于IT5～IT7级精度的工件，夹具精度取被加工工件精度的1/5～1/3；对于IT8级及IT8级精度以下的工件，夹具精度可为工件精度的1/10～1/5。

3.2.4　工艺系统的定位误差和调整误差

应保证工件与刀具、夹具与机床、工件与夹具之间具有一定的相对位置，而定位、调整存在误差，会影响加工误差。

定位误差是指由于定位不正确而引起的误差。定位误差由基准不重合误差和基准面误差组成。基准不重合误差是指定位基准和设计基准不重合所产生的误差。基准面误差包括定位元件的制造误差与磨损及工件定位基准面的制造误差。

零件加工的每一个工序中，为了获得被加工表面的形状、尺寸和位置精度，必须对机床、夹具和刀具进行调整，任何调整工作必然会带来一些误差，即构成调整误差。

调整的方法有试切法、定程机构调整、样板或样件调整，是依零件的生产和加工精度不同而不同。

1. 试切法调整

试切法是指对零件进行试切、测量、调整、再试切直至达到所要求的精度。这种调整方式产生调整误差的来源有以下三个方面。

（1）测量误差。测量误差是由测量工具的制造误差、读数误差以及测量温度和测量力引起的误差渗入测量所得的读数中，具体包括如下三个方面。

①量具、量仪和测量方法本身的误差。测量时要满足“阿贝原则”，“阿贝原则”是指测量时工件上的被测量线应与量具上作为基准尺的测量线在同一直线上。

②环境条件的影响。最主要的是温度和振动。相同温度下量具和工件的热变形量不相等。

③操作人员主观因素的影响。若测量力过大，引起较大的接触变形，测量力过小，不能保证量具与被测表面良好接触；另外，人的分辨能力有限，容易引起读数误差。

（2）微进给机构灵敏度所引起的误差。

在试切的最后一刀时，总要微量调整一下车刀（或砂轮）的径向进给量，以便最后达到零件的尺寸精度。在低速微量进给中，常会出现进给机构的“爬行”现象，结果刀具的实际径向移动比手轮上转动的刻度数要偏大或偏小些，以致难以控制尺寸的精度，造成了加工误差。

微量进给时产生爬行现象的原理如图 3－10 所示。微量进给时产生爬行现象的根本原因是摩擦系数的下降特性（摩擦系数随滑动速度的增加而降低的特性）。进给机构工作时，由于传动元件间有弹性变形，故可把各中间传动元件的弹性特性抽象为弹簧，当主动件微量向左移动时，弹簧受压缩，但导轨对溜板的摩擦力 G_f 大于弹簧力 k_x，故溜板仍静止。当主动件前进到弹簧力 k_x 稍大于摩擦力 G_f 时，溜板开始左移，导轨与溜板间滑移速度增加，由于摩擦系数的下降特性，摩擦阻力减小，溜板就加速前进，使溜板速度大于主动件，弹簧压缩量减小，溜板速度又逐渐减小而摩擦阻力则逐渐增大，溜板就停止前进。如此反复上述过程，就使溜板产生爬行现象。

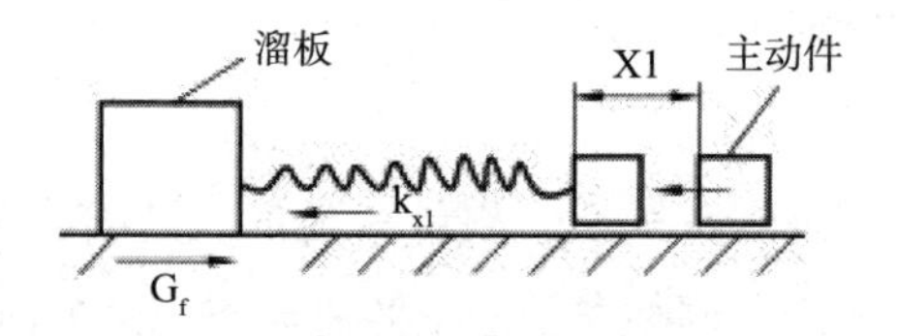

图 3－10　微量进给时产生爬行现象的原理

操作人员深刻了解爬行现象是在极低的进给速度下才产生的，因此常常采用两种措施：一种是在微量进给以前先退出刀具，然后再快速引进刀具到新的手轮刻度值，中间不加停顿，使进给机构滑动面间不产生静摩擦；另一种是轻轻敲击手轮，用振动消除静摩擦。这时调整误差就取决于操作者的操作水平。

（3）最小切削厚度极限的影响。

不同材料的刀具的刃口半径是不同的，在切削加工中，切削刃所能切掉的最小切屑厚度是有一定限度的，锐利的切削刃可达5μm，已钝化的切削刃只能达到20～505μm，切屑厚度再小时切削刃就“咬”不住金属而打滑，切不下金属，只起挤压作用。在精加工场合下，试切的最后一刀，总是很薄的而正式切削时的切深一般要大于试切部分，所以与试切时的最后一刀相比，刀刃不容易打滑，实际切深就大一些，因此工件尺寸就与试切部分不同。粗加工试切时情况刚好相反，由于粗加工的余量比试切层大得多，受力变形也大得多，因此粗加工所得的尺寸要比试切部分的尺寸大些。

2. 用定程机构调整

在大批量生产中广泛应用行程挡块、靠模及凸轮机构来保证加工精度，这些机构的制造精度和刚度，以及与其配合使用的离合器、电气开关、控制阀等的灵敏度是影响调整误差的主要因素。

3. 用样板或样件调整

在大批量生产中用多刀加工时，常采用专门的样板或样件来调整刀具与刀具、刀具与工件之间的相对位置，以保证零件的加工精度，样板或样件本身的制造误差、安装误差和对刀误差，就是影响调整误差的主要因素。当工件形状复杂、尺寸和质量都比较大时，利用样件进行调整就太笨重，且不经济，这时可以采用样板对刀。例如，在龙门刨床上刨床身导轨时，就可安装一块轮和导轨横截面相同的样板来对刀。在一些铣床夹具上，也常装有对刀块，专门供铣刀对刀之用。这时候样板本身的误差（包括制造误差和安装误差）和对刀误差就成了调整误差的主要因素。

项目3 工艺系统受力变形引起的加工误差

能力目标

具备根据零件加工中出现的加工误差分析产生的原因及减少受力变形的能力。

知识目标

1. 掌握工艺系统的刚度的基本概念。
2. 掌握刀具和工件刚度的计算。
3. 掌握机床部件刚度及其测定。
4. 掌握工艺系统受力变形所引起的加工误差和减少工艺系统受力变形的主要方法。

3.3.1 工艺系统刚度分析

1. 工艺系统的刚度

在车床上加工一根细长轴时，可以看到在纵向进给过程中切屑的厚度发生了变化，越到中间，切屑层越薄，加工出来的工件出现了两头细中间粗的腰鼓形误差。根据力学知识很容易判断，这是由于工件的刚性太差，因而一受到切削力就会朝着与刀具相反的方向变形，越到中间变形越大，实际切深也就越小，所以产生腰鼓形的加工误差。在另外一些场合下，工件的刚性很好，在切削力的作用下工件并没有变形，却也产生了“让刀”的现象。例如，在旧车床上加工刚性很好的工件时，经过粗车一刀后，再要精车的话，有时候不但不把刀架横向进给一点，反而要把它反向退回一点，才能保证精车时切去极薄的一层以满足加工精度和表面粗糙度的要求，否则可能使实际切深过多而达不到加工质量。

从上面细长轴的弹性变形思路出发，可以想象产生这种现象的原因是，工艺系统中的使用日久的机床某些与加工尺寸有关的部分（如头架、尾架或刀架），在切削力作用下产生了受力变形。粗车时的切削力大，则受力变形也大，引起了刀具相对于工件的退让——让刀。粗车完毕后，受力变形恢复，这时候即使不进刀，甚至把刀架稍稍后退一点再进给的话，刀尖仍然可以切到金属。

所以说，在这种情况下控制加工精度的问题，实际上主要就是控制工艺系统受力变形的问题，工艺系统受力变形在磨削加工中显得更突出。在精磨主轴外圆的过程中，砂轮并没有再向工件进给，即所谓“无进给磨削”或“光磨”，但依然磨出火花，先多后少，直至无火花为止。这就是用多次无进给的行程来消除工艺系统的受力变形，以保证工件的加工精度和表面粗糙度。

机械加工过程中，工艺系统在切削力、传动力、惯性力、夹紧力、重力等外力的作用下，各环节将产生相应的变形，使刀具和工件间已调整好的正确位置关系遭到破坏而造成加工误差。例如，在车床上车削细长轴时，如图3－11所示，工件在切削力的作用下会发生变形，使加工出的工件出现两头细中间粗的腰鼓形。由此可见，工艺系统受力变形是加工中一项很重要的原始误差，它严重地影响工件的加工精度。工艺系统的受力变形通常是弹性变形，一般来说，工艺系统抵抗弹性变形的能力越强，加工精度越高。

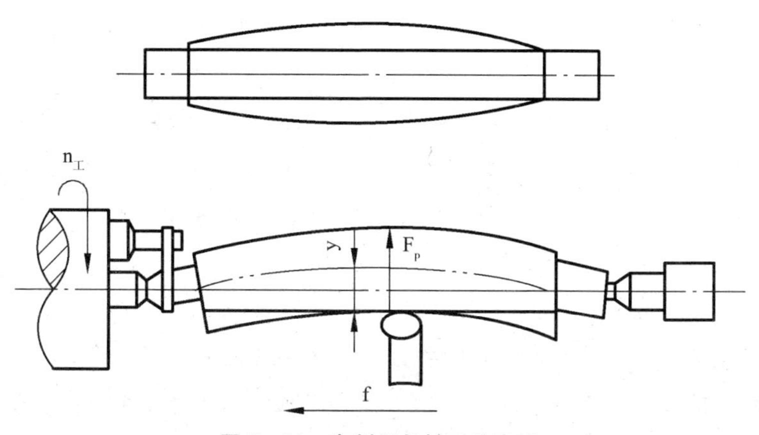

图3－11　车削细长轴时的变形

工艺系统是一个弹性系统。弹性系统在外力作用下所产生的变形位移的大小取决于外力的大小和系统抵抗外力的能力。工艺系统抵抗外力使其变形的能力称为工艺系统的刚度。工艺系统的刚度是用切削力和在该力方向上所引起的刀具和工件间相对变形位移的比值表示的。当车刀切削工件时，在切削刃上和工件上分别受到大小相等、方向相反的切削力的作用，由于切削力有三个分力，在切削加工中对加工精度影响最大的是刀刃沿加工表面的法线方向（Y 方向上）的分力，因此计算工艺系统刚度时，通常只考虑此方向上的切削分力 F_y 和变形位移量 y，即：

$$k = \frac{F_y}{y} \tag{3-3}$$

2. 工件、刀具的刚度

对于工艺系统中的刀具和工件，一般可视为简单的构件，其刚度计算问题比较简单，可按材料力学中有关悬臂梁或两支点梁的公式进行计算。例如，车削用卡盘装夹的棒料（工件可看作悬臂梁），工件在外力作用下在端点处产生最大位移。位移的计算公式为：

$$y_{w1} = (F_y L^3)/(3EI)(mm),\ K_{w1} = (3EI)/L^3 \tag{3-4}$$

式（3-4）中：

L——棒料悬伸长度，mm；

E——棒料的弹性模量，GPa，对于钢材而言，弹性模量 $E = 2 \times 10^2$ GPa；

I——棒料截面的惯性矩，mm^4，对于圆棒料 $I = \pi d^4/64$，d 为棒料直径，mm。

对于两支点梁在外力作用下，梁的中点最大位移及刚度的计算公式为：

$$y_{w2} = (F_y L^3)/(48EI)(mm),\ K = (48EI)/L^3(N/mm) \tag{3-5}$$

3. 机床部件刚度及其测定

（1）机床部件刚度的特征。

机床部件外力与变形之间的关系如图 3-12 所示，从加载的曲线图中得出机床部件的刚度特征为：外力与变形之间是一种非线性函数关系。

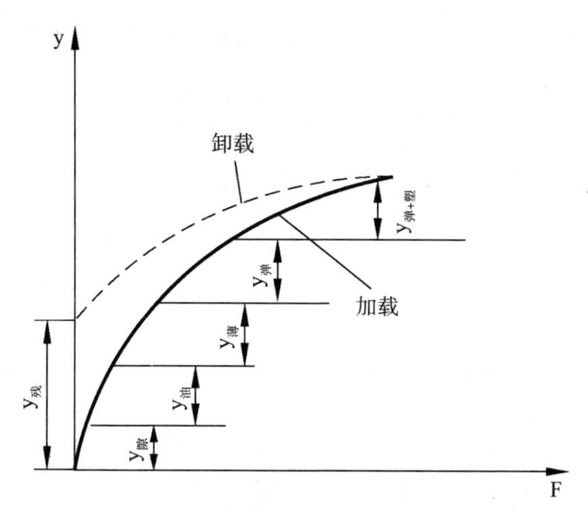

图3-12　机床部件外力与变形之间的关系图

（2）影响机床部件刚度的因素。

①接触变形（零件与零件间接接触点的变形）。

机械加工后零件的表面并非理想的平整和光滑，而是有着宏观的形状误差和微观的表面粗糙度，所以零件间的实际接触面也只是名义接触面的一小部分，而真正处于接触状态的，则又是这一小部分中的表面粗糙度中的个别凸峰。因此在外力的作用下，这些接触点处产生了较大的接触应力，因而有较大的接触变形。这种接触变形中不但有表面层的弹性变形而且还有局部的塑性变形，造成了部件的刚度曲线不是直线而是复杂的曲线，这也就是部件的刚度远比实体的零件本身的刚度要低的原因。接触表面塑性变形的最后结果是造成了上述的残余变形，在多次加载卸载循环以后接触状态才趋于稳定。接触变形是出现残余变形的一个原因，另一种原因是接触点之间存在着油膜，经过几次加载后，油膜才能排除，这一现象也影响残余变形的性质，这种现象在滑动轴承副中最为显著。

接触变形在机床的受力变形中占有相当重要的位置，有时还会起主要作用。过去有些机床尽管在构件上，如床身、箱体等显得刚性很好，但是和同类的尺寸较小、质量较轻的机床相比，前者的加工精度反而不如后者，却落得了“傻、大、粗”的评价。当然，从动态的出发点来看，原因是多方面的，例如，床身的加强肋板布置法，在外形尺寸和质量不增加的条件下，床身的静刚度和动刚度能够成倍地提高，但是应看到整台机床的刚度不光是取决于各构件和部件的刚度，而且还依赖于构件、部件之间的接触刚度这项环节。

一般情况下，表面越粗糙，接触刚度越小，表面宏观几何形状误差越大，实际接触面积越小，接触刚度越小；材料硬度高，屈服极限也高，塑性变形就小，接触刚度就大；表面纹理方向相同时，接触变形较小，接触刚度就大。因此，减小连接零件的表面粗糙度是提高机床构件、部件间接触刚度的有效措施。

②薄弱零件本身的变形。

在机床部件中，刚度薄弱零件受力变形对部件刚度的影响最大。如图3－13所示，溜板部件中的楔铁与导轨面配合不好，由于结构薄而长，刚度很差，再加上不易做得平直、接触不良，因此，在外力作用下，楔铁容易发生很大的变形，使刀架的刚度大为降低。当这些薄弱环节变形后改善了接触情况，部件的刚度就明显提高了。

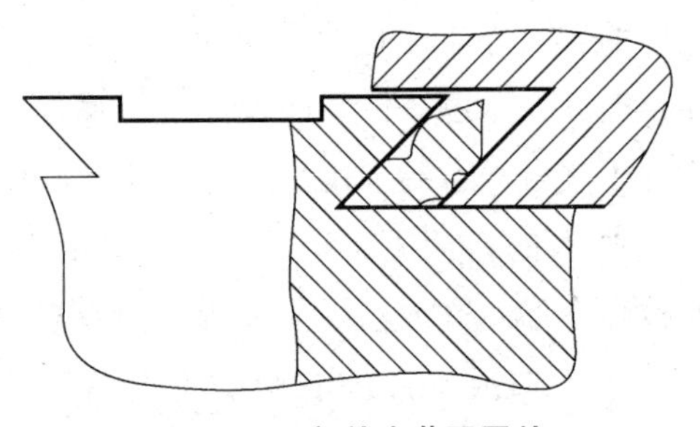

图3－13　部件中薄弱零件

③间隙和摩擦的影响。

在刚度试验中如果在正反两个方向加载荷，便可发现间隙对变形的影响。零件接触面之间的间隙对接触刚度的影响，主要表现在加工中载荷方向经常变化的镗床和铣床上。当载荷方向改变时，像镗头、行星式内圆磨头等受力方向经常改变的轴承，间隙引起的位移，影响刀具与零件表面间的准确位置。对于单向受力，使工件始终靠向一边加工，其间隙的影响较小。

零件接触面间的摩擦力对接触刚度的影响如图3－14所示，当载荷变动时较为显著。在加载时，零件与零件的接触面间的摩擦力阻止变形的增加；在卸载时，摩擦力又阻止变形的减少，摩擦力又阻止变形恢复。这样，由于变形的不均匀增减，进而影响加工精度。

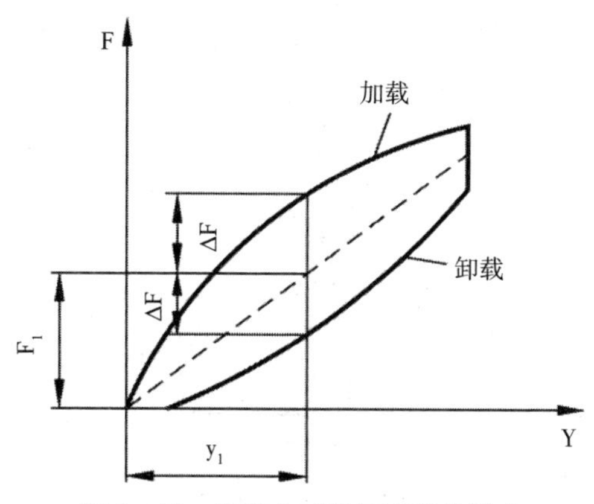

图 3－14　摩擦力对接触刚度的影响

（3）机床部件刚度的测定。

机床部件刚度的测定有静态测定法和工作状态测定法两种。刚度的静态测定法是在机床非工作状态下，模拟切削时的受力情况，对机床施加静载荷（又分为单向施加静载荷和三向施加静载荷），然后测出机床各部件在不同静载荷下的变形，就可做出各部件的刚度特性曲线并计算出其刚度。静态测定法测定机床刚度，只是近似地模拟切削时的切削力，与实际加工条件毕竟不完全一样。而采用工作状态测定法，比较接近实际（详细情况请参阅有关资料）。

单向静载测定法如图 3－15 所示，机床处于静止状态，模拟切削过程中起决定作用的力，对机床部件施加静载荷并测量其变形量，通过计算求出机床的静刚度。图 3－15 为最常见的单向加载测定车床刚度的方法，在车床的两顶尖间，装一根刚性很好的刚性轴，并在刀架上装螺旋加力器 2，对正心轴 1 的中点位置，测力环 3 装在加力器 2 与心轴 1 之间，与心轴 1 中点接触，4 为千分表。转动加力器 2 的加力螺钉 5，通过测力环 3 使刀架与心轴 1 之间产生作用力，力的大小由测力环 3 中的千分表 4 读出（测力环 4 预先在材料试验机上用标准压力标定）。这时，床头、尾座和刀架在力的作用下产生变形的大小可分别从千分表 4 中读出。

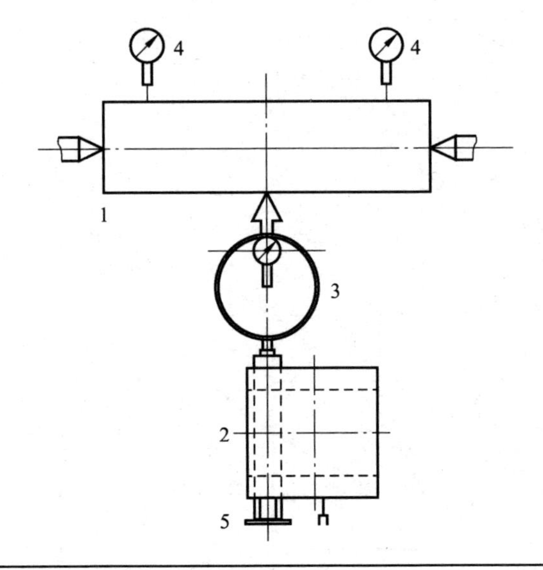

1—心轴；2—加力器；3—测力环；4—千分表；5—加力螺钉

图 3－15　单向静载测定法

实验测定时，先按一定的规律加载，逐渐加载到某一最大值（根据机床尺寸而定），然后卸载，记录对应的载荷和变形值。如此反复几次可得图 3－16 的车床刀架静刚度的实测曲线。

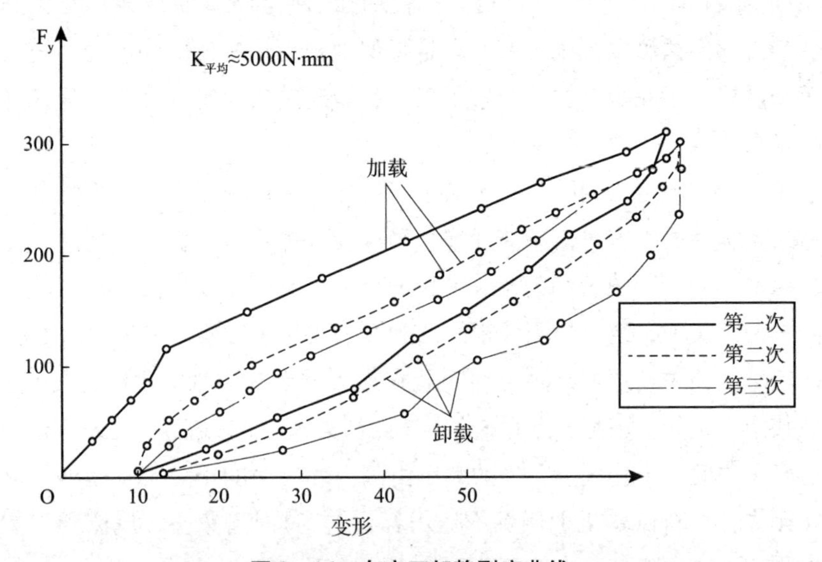

图 3－16　车床刀架静刚度曲线

3.3.2　工艺系统受力变形引起的加工误差

如果工艺系统受力变形引起刀具相对于工件的位移量在一次进给中是常量时，只引起工件尺寸误差，可通过尺寸调整予以补偿，不会产生形状误差。但当受力变形引起刀具相对于工件的位移量不是常量时，工件将产生形状误差。下面主要讨论通过受力变形引起的工件形状误差。

1. 切削力作用点位置的变化产生的工件形状误差

切削过程中，工艺系统的刚度会随切削力作用点位置的变化而变化，从而使工艺系统受力变形亦随之变化，引起工件形状误差。下面以在车床顶尖间加工光轴为例来讨论这个问题。

（1）在两顶尖间车削粗而短的光轴情况。

工件刚度大，在切削力作用下的变形，比机床、夹具、刀具的变形要小得多，可忽略不计，此时系统的总变形完全取决于机床头、尾架和刀架的变形。

加工中，当车刀处于如图3－17所示位置时，在切削分力 F_y 的作用下，头架由A点位移到 A'，尾架由B点位移到 B'，刀架由C位移到 C'，它们的位移量分别用 y_{tj}、y_{wz} 及 y_{dj} 表示。而工件轴心线AB位移到 $A'B'$，刀具切削点处工件轴线的位移 y_x 为：

$$Y_x = y_{tj} + \Delta x \tag{3-6}$$

即：

$$y_x = y_{tj} + (y_{wz} - y_{tj})\frac{x}{L} \tag{3-7}$$

设 F_A、F_B 为 F_y 所引起的头尾架处的作用力，则：

$$y_{tj} = \frac{F_A}{k_{tj}} = \frac{F_y}{k_{tj}}\left(\frac{L-x}{L}\right)$$

$$y_{wz} = \frac{F_B}{k_{wz}} = \frac{F_y}{k_{wz}}\frac{x}{L} \tag{3-8}$$

将 y_{tj}、y_{wz} 代入式（3－8）得：

$$y_x = \frac{F_y}{k_{tj}}\left(\frac{L-x}{L}\right)^2 + \frac{F_y}{k_{wz}}\left(\frac{x}{L}\right)^2 \tag{3-9}$$

式（3－9）中　k_{tj}、k_{wz}、k_{dj}——分别为头架、尾座、刀架的刚度。

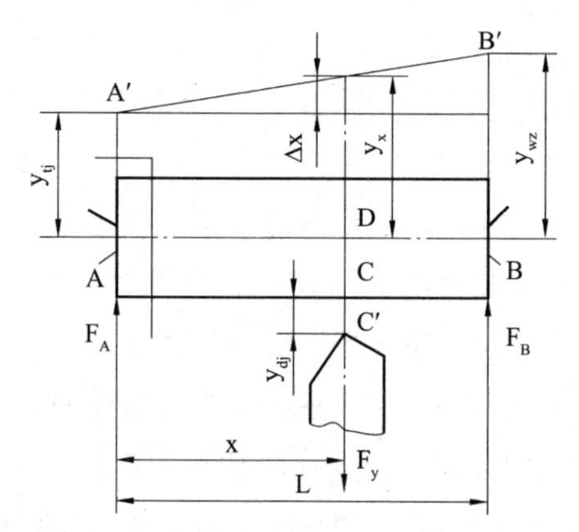

图 3-17　切削力着力点位置的变化而产生的工件形状误差

分别计算出机床头、尾架和刀架的位移量，综合三者的位移量可得工艺系统总位移为：

$$y_{jc}=F_y\left[\frac{1}{k_{tj}}\left(\frac{L-x}{L}\right)^2+\frac{1}{k_{wz}}\left(\frac{x}{L}\right)^2+\frac{1}{k_{dj}}\right] \tag{3-10}$$

这说明，随着切削力作用点位置的变化，机床系统的变形是变化的。显然这是由于机床系统的刚度随切削力作用点变化而变化所致。变形大的地方，从工件上切去的金属层薄；变形小的地方，切去的金属层厚，而使加工出来的工件呈两端粗、中间细的鞍形。

（2）在两顶尖间车削细长轴的情况。

在两顶尖间车削细长轴的情况跟在两顶尖间车削粗而短的光轴情况类似，也得出工艺系统的刚度随着力点的变化而变化。

2. 切削力大小变化产生的加工误差

在机械加工过程中，加工余量不均或材料硬度不一致，也会影响工件的加工精度。例如，车削图 3-18 所示的毛坯时，工件毛坯存在椭圆形的圆度误差，车削时，毛坯的长半径处有最大余量 a_{p1}，短半径处最小余量 a_{p2}。由于背吃刀量变化引起切削力变化，工艺系统变形也产生相应变化。背吃刀量 a_P 将不一致（$a_{P1}>a_{P2}$），当工艺系统的刚度为常数时，切削分力 F_y 也不一致（$F_{y1}>F_{y2}$），从而引起工艺系统的变形不一致（$y_1>y_2$），这样在加工后的工件上仍留有较小的圆度误差。这种在加工后的工件上出现与毛坯形状相似的误差的现象称为“误差复映”。

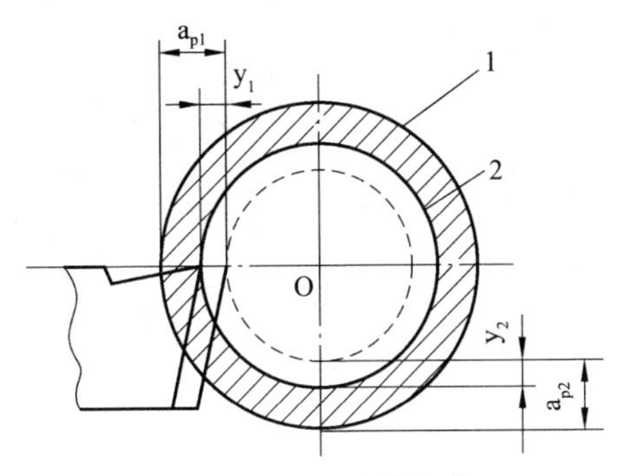

图 3-18　误差的复映

由于工艺系统具有一定的刚度，因此在加工表面上留下的误差比毛坯表面的误差数值上已大大减小了。也就是说，工艺系统刚度越高，加工后复映到被加工表面上的误差越小，当经过数次走刀后，加工误差也就逐渐缩小到所允许的范围内了。

3. 惯性力、传动力、重力和夹紧力产生的加工误差

(1) 惯性力及传动力产生的加工误差。

在车、磨轴类工件时，常采用单爪拨盘带动工件旋转。传动力和惯性力一样，在每一转中它的方向在不断地变化，它在 y 方向上的分力有时和 F 相同，有时相反，因而造成工艺系统受力变形发生变化，引起的加工误差同惯性力相似。对于形状精度要求高的工件，传动力的影响是不可忽视的，为了减小其影响，在精密磨削时，常采用双拨爪的拨盘来传动工件，如图 3-19 和图 3-20 所示。

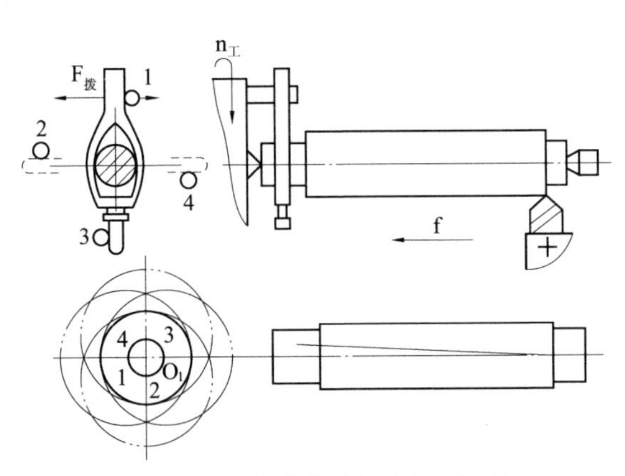

图 3-19　传动力引起的加工误差

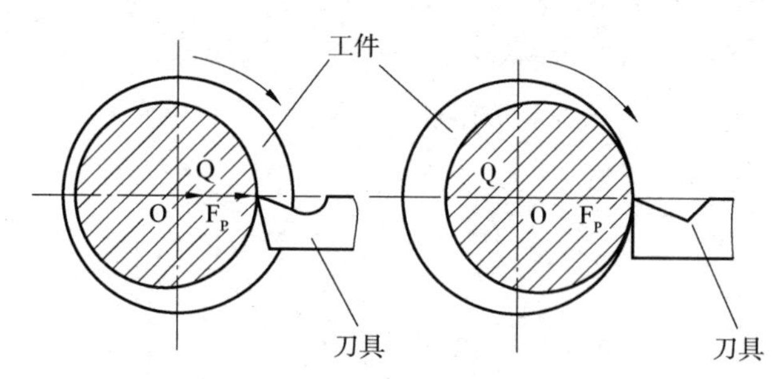

图 3－20　离心力引起的加工误差

（2）夹紧力所引起的加工误差。

对于刚性比较差的工件，加工时，夹紧力的作用点安排不当的话，工件会产生弹性变形。加工后，卸下工件，当弹性恢复后，就会形成形状误差。图 3－21 为用三爪自定心卡盘夹持薄壁套筒，假定毛坯件是正圆形，由于工件刚度较低，夹紧后毛坯件呈三棱形，虽镗出的孔为圆形，但松开后，套筒弹性恢复使孔又变成三棱形。为了减小夹紧变形，可以采用图 3－21 所示的大三爪，以增加接触面积，减小压强，或用开口垫套来加大夹紧力的接触面积。

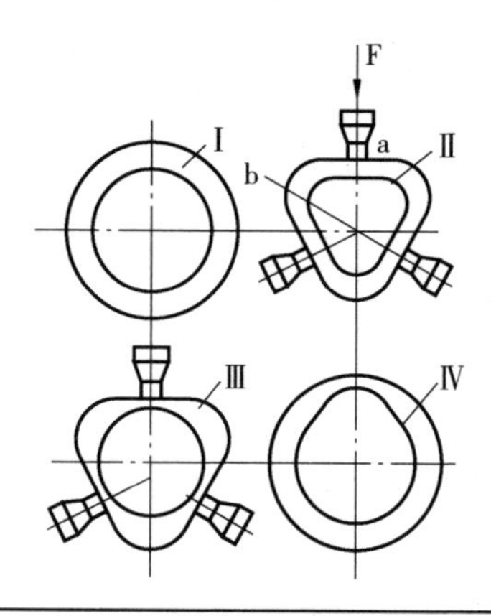

Ⅰ—毛坯；Ⅱ—夹紧后；Ⅲ—镗孔后；Ⅳ—松夹后

图 3－21　用三爪卡盘夹持薄壁套筒车孔

（3）重力所引起的加工误差。

在工艺系统中，有些零部件在自身重力作用下产生的变形也会造成加工误差。例如，龙门铣床、龙门刨床横梁在刀架自重下引起的变形将造成工件的平面度误差。对于大型工件，因自重而产生的变形有时会成为引起加工误差的主要原因，所以在安装工件时，应通过恰当地布置支承的位置或通过平衡措施来减少自重的影响。

3.3.3　减少工艺系统受力变形的措施

1. 提高零部件间的接触刚度

所谓接触刚度就是互相接触的两表面抵抗变形的能力。零部件的表面质量有密切的关系，因此要注意接触面的表面粗糙度、形状精度及机械性质等。同时，应加预紧力使接触面产生预变形，减小间隙。常用的方法是提高工艺系统主要零件接触面的配合质量和预加载荷，使配合面的表面粗糙度和形状精度得到改善和提高，实际接触面积增加，微观表面和局部区域的弹性、塑性变形减少，从而有效地提高接触刚度。

2. 提高工件刚度，减少受力变形

切削力引起的加工误差往往是因为工件本身刚度不足或工件各个部位刚度不均匀而产生的，如图 3－22 所示的车削细长轴。当工件材料和直径一定时（即材料的弹性模量 E 和惯性矩 I 为恒定），工件长度 L 和切削分力 F_y 是影响变形 y_{max} 的决定性因素（由公式 $y_{max}=\frac{F_yL^3}{48EI}$和 $F_y=F\cos K_r$ 可知）。为了减少工件的受力变形，常采用中心架或跟刀架，以减少工件长度，也可改变刀具的几何角度（增大主偏角），以减小切削分力 F_y，从而提高工件的刚度，减小受力变形。

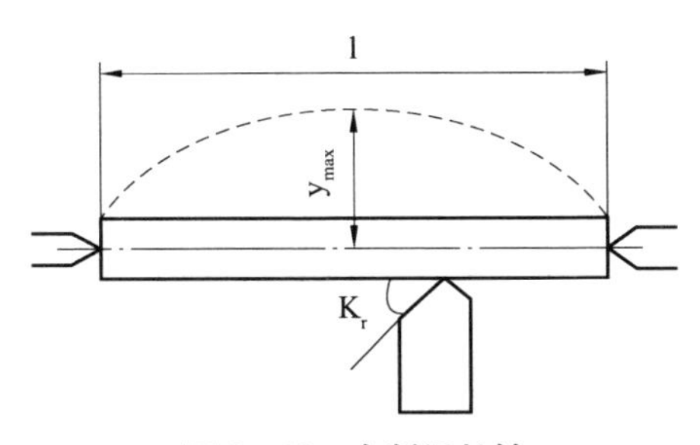

图 3－22　车削细长轴

3. 提高机床部件的刚度，减少受力变形

选用合理的零部件结构和断面形状对于机床的床身、立柱、横梁、夹具这些对工艺系统刚度有较大影响的构件，应选用合理的结构，如采用封截面，则可以大大提高其刚度。合理布置肋板，如用米字形、网形、蜂窝形等。

4. 合理安装工件，减少夹紧变形

当工件本身薄弱、刚性差时，夹紧时应特别注意选择适当的夹紧方法，尤其是在加工薄壁零件时，为了减少加工误差，应使夹紧力均匀分布。缩短切削力作用点和支承点的距离，提高工件刚度，如图 3－23 所示用电磁吸盘吸住磨薄板工件。用磁力盘吸紧翘曲毛坯，工件产生变形，磨后松开工件弹性变形恢复，工件又翘曲。

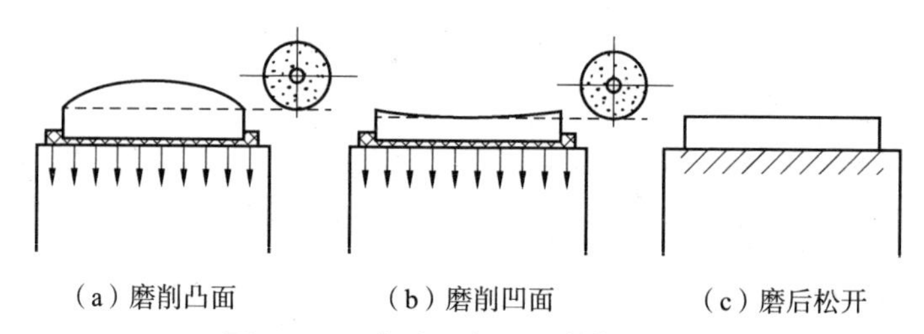

（a）磨削凸面　（b）磨削凹面　（c）磨后松开

图 3－23　电磁吸盘吸住磨薄板工件

改进方法是在工件和磁力盘间垫橡皮垫，工件夹紧时，橡皮垫被压缩，减少工件变形，便于将工件的弯曲部分磨去，如图 3－24 所示。

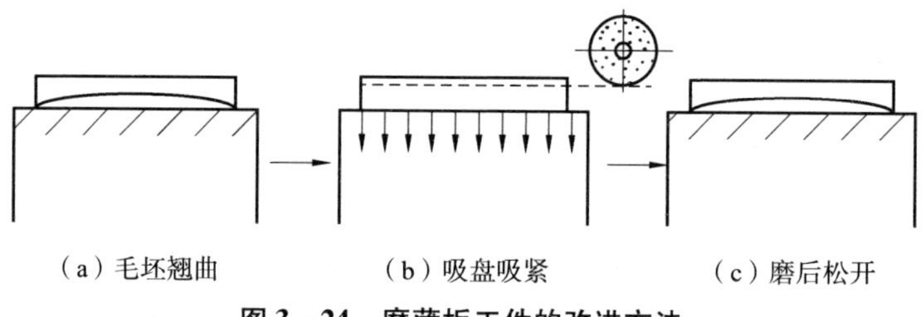

（a）毛坯翘曲　（b）吸盘吸紧　（c）磨后松开

图 3－24　磨薄板工件的改进方法

项目4 工艺系统热变形所引起的加工误差

能力目标

具备根据零件加工中出现的加工误差，分析加工误差的原因及减少热变形的方法的能力。

知识目标

1. 掌握工艺系统热源的来源。
2. 掌握工艺系统热平衡的基本概念。
3. 掌握工件、刀具和机床热变形所引起的加工误差。
4. 掌握减少工艺系统热变形的主要途径。

3.4.1 工艺系统的热源和热平衡

在机械加工中，机床受内、外热源的影响，各部分的温度将发生变化而引起变形，使得工件与刀具间的正确相对位置关系遭到破坏，造成加工误差。由于机床的类型不同，各种热源在机床上的位置不一样，加之结构复杂，所以随着机床的结构、类型的不同，热变形差异较大，不仅降低系统的加工精度，而且还能影响加工效率的提高。因此为减少热变形的影响，常需花费很多的时间预热或调整机床。

1. 工艺系统热变形的热源

引起工艺系统热变形的热源主要包括两个方面：一是内部热源，指轴承、离合器、齿轮副、丝杠螺母副、高速运动的导轨副、镗模套等工作时产生的摩擦热，以及液压系统和润滑系统等工作时产生的摩擦热，切削和磨削过程中由于挤压、摩擦和金属塑性变形产生的切削热，电动机等工作时产生的电磁热、电感热。二是外部热源，指由于室温变化及车间内不同位置、不同高度和不同时间存在的温度差别，以及因空气流动产生的温度差等，日照、照明设备以及取暖设备等的辐射热等。

切削热传给工件、刀具和切屑，其分配情况随切削速度和加工方法而定。据试验结果表明，车削中切屑所带走的热量达到50%～86%，高速切削还会超过90%，传入刀具的热量约为10%～40%，传给工件的热量不到10%。但对于钻削和磨削却有超过50%的热量传给工件。

2. 工艺系统的热平衡

工艺系统受到热源的影响，温度会逐渐升高，同时，它们也通过各种传热方式向四周散发热量，当单位时间内传入和散发的热量相等时，则认为工艺系统达到热平衡。

切削加工温度随时间变化的曲线如图3－25所示。从图中可看出：T恒温时，认为处于热平衡，其热变形也趋于稳定，此时引起的加工误差是有规律的，当机床达到热平衡之前的预热期，温度随时间而升高，其热变形将随温度的升高而变形，对加工精度的影响比较大，因此，精密加工应在热平衡之后进行。

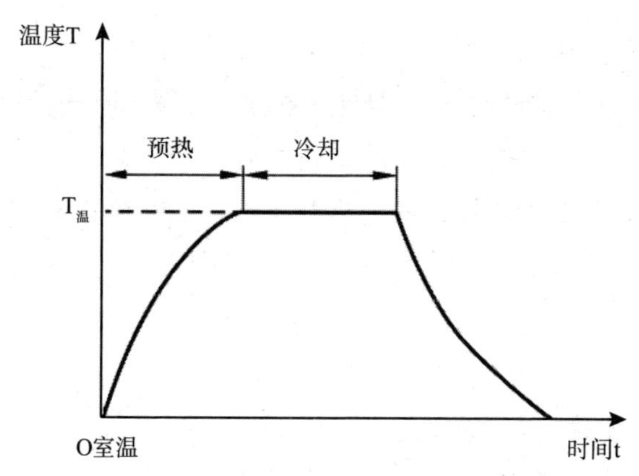

图3－25　切削加工温度随时间变化的曲线

3.4.2　工件热变形所引起的加工误差

在切削加工中，工件的热变形主要是切削热引起的，在热膨胀下达到的加工尺寸，冷却收缩后会变小。工件受切削热影响，各部分温度不同，随时间变化，切削区附近温度最高，开始切削时，工件温度小，变形小，随着切削进行，工件的温度逐渐升高，变形也逐渐增大。

对于不同形状和尺寸的工件，采用不同的加工方法，工件的受热变形也不同。如车削细长轴时，由于工件在切削过程中热伸长，而工件两端受固定顶尖的影响不能伸长，只能上下膨胀，从而使轴产生两头大中间小的形状误差。

减少工件热变形的措施是减少切削热，粗精加工分开，合理选择切削用量和刀具几何参数，给予充分的冷却润滑。

3.4.3　刀具热变形所引起的加工误差

刀具的热变形主要由切削热引起，虽然传到刀具的热量较少，但因刀具体积小，热容量小，所以刀具切削部分的温度急剧升高，可达 100℃以上。图 3－26 是车刀受热后变形情况。A 曲线表示车刀连续工作时的热伸长曲线，开始切削时温升较快，伸长量较大，以后温升逐渐减缓而达到热平衡状态。C 曲线表示切削停止后，车刀冷却变形过程。B 曲线表示间断切削时车刀温度忽升忽降所导致的变形过程。间断切削车刀总的热变形比连续切削小一些，最后趋于 δ 范围内变动。

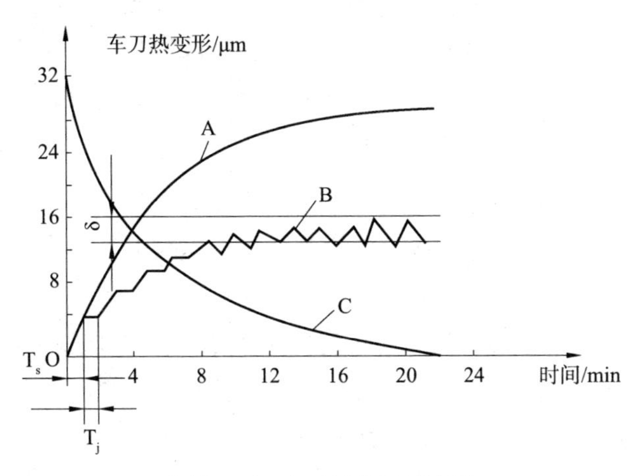

图 3－26　车刀受热后的变形

刀具的热伸长一般在被加工工件的误差敏感方向上，其变形对加工精度的影响有时是不可忽视的。在车床上加工长轴时，刀具连续工作时间长，随着切削时间的增加，刀具受热伸长，使工件产生圆柱度误差；在立车上加工大端面，刀具受热伸长，使工件产生平面度误差。加工大型零件，刀具热变形会造成几何形状误差，如车削细长轴时，由于刀具在切削过程中热伸长，而使轴产生锥度。

在成批、大量生产中，采用调整法加工一批小型工件时，由于每个工件的切削时间短，刀具停歇时间也短，刀具的受热和冷却周期性交替进行，故刀具的热变形对每一工件来说，产生的工件形状误差较小，但对一批工件而言，在刀具未达到热平衡之前，先后加工出的工件尺寸仍有一定的误差。

3.4.4 机床热变形所引起的加工误差

在工艺系统的热变形中，以机床的热变形最为复杂，这是由于机床在工作中，受到内外多种热源的影响，以及机床结构的复杂性。各部件热源不同，形成不均匀的温度场，使机床各部件之间的相对位置发生变化，破坏了机床原有的几何精度而造成加工误差。

当机床各部件的热源发热量在单位时间内基本不变时，机床运转一段时间后传入各部件的热量与由各部件散发的热量相等或接近时，各部件的温度便停止上升而达到热平衡状态，各部件的变形也就停止。由于机床各部件的尺寸差异较大，它们达到热平衡所需的时间各不相同。一般机床，如车床、磨床等，其空运转的热平衡时间为4～6h；中、小型精密机床为1～2h；大型精密机床往往要超过12h，甚至达数十小时。

机床类型不同，其所受的主要热源不同，热变形对加工精度的影响也不同。

1. 车、铣、钻、镗类机床的热变形及其对加工精度的影响

车、铣、钻、镗类机床的主要热源是主轴箱。加工时，主轴箱内传动元件的摩擦发热引起箱体和箱内油池温度升高。由于主轴前、后轴承发热量不同，使得前、后箱壁的温度不同。前箱壁温度高，沿垂直方向的热变形大；后箱壁温度低，热变形小。因此，主轴中心线抬高并有倾斜，如图3－27（a）所示。例如，c620－1型卧式车床在主轴转速为1200转/min下工作8h后，主轴的抬高量为140μm，在垂直面上的倾斜为60μm/

300mm。同时，主轴箱的温度传入床身，由于床身上、下表面温度不同产生温差及不同的热变形，导致床身弯曲而中凸。上述的变形将使工件产生圆柱度误差而降低加工精度。

2. 磨床类机床的热变形

各类磨床通常都采用液压传动系统和高速回转磨头，并使用大量的冷却液进行冷却。因此，其主要热源是液压系统和高速磨头的摩擦热，以及冷却液带来的磨削热。砂轮架主轴承的温升，致使主轴轴线升高并使砂轮架向工件方向趋近，造成被磨工件产生直径误差。外圆磨床工件头架运转温升产生的热变形大于尾座的热变形，使工件回转轴线与工作台运动方向不平行，磨出的工件产生锥度［见图3－27（c）］；平面磨床床身的热变形决定于油池安放位置及导轨副的摩擦热，当油池不放在床身内时，导轨上部的温度高于下部，床身将中凸［见图3－27（b）］；当油池放在床身内时，如果导轨下部温度高于上部，会使床身中凹，使磨后工件的平面产生平面度误差。双端面磨床的冷却液喷向床身中部的顶面，使其局部受热而产生中凸变形，使两砂轮的端面产生倾斜［见图3－27（d）］。

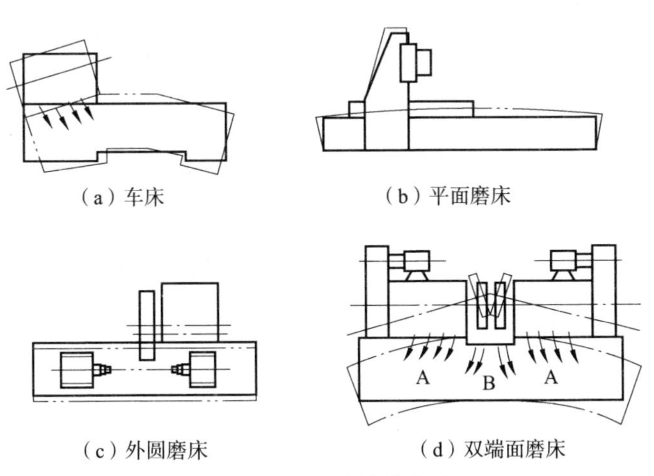

图3－27 机床的热变形

3. 大型机床的热变形

大型机床如导轨磨床、龙门铣床、龙门刨床等，因床身较长，如由于主轴回转的摩擦及立柱前、后壁温度不同热伸长变形不同，使立柱在垂直面内产生弯曲变形而导致主轴在垂直面内倾斜。这样，加工后的工件会出现被加工表面与定位表面的位置误差，如平行度误差、垂直度误差等。从以上机床的热变形趋势可以看出，在机床的热变形中，对加工精度影响较大的主要是主轴系统和机床导轨两部分的变形。主轴系统的变形表现为主轴的位移与倾斜，影响工件的尺寸精度和几何形状精度，有时也影响位置精度；导轨的变形一般为中凹或中凸，影响工件的形状精度。

4. 数控加工中心机床的热变形

数控加工中心机床是一种高效率机床，能在不改变工件装夹的条件下对工件进行多面、多工位的加工。由于加工中心机床转速高，内部热源有很多，自动化程度高，使它的散热时间极少，工序集中的加工方式和高的加工精度又不允许有大的热变形，所以，在数控加工中心机床上采取了很多防止和减少热变形的措施，此处不再详述。

3.4.5 减少工艺系统热变形的措施

1. 减少热源的发热

为减少机床的热变形，凡是可能分离出去的热源，如电机、变速箱液压系统、切削液系统等尽可能移出。对不能分离的热源，如主轴轴承、丝杠螺母副、导轨副等则可从结构、润滑等方面改善其摩擦特性，减少发热。例如，主轴部件采用静压轴承、动压轴承等，或采用低黏度润滑油、基润滑脂或循环冷却润滑、油雾润滑等措施等；凡能从工艺系统分离出去的热源，如电动机、液压系统、变速箱等尽可能移出，使其或为独立的单元，远离工艺系统。对于无法分高的热源，可采用隔热材料将发热部件与工艺系统隔离开。

对发热量大的热源，还可采用强制式风冷、大流量水冷等散热措施。目前，大型数控机床、加工中心机床普遍采用冷冻机对润滑油、切削液进行强制冷却，以提高冷却效果。在切过程中，采用大量切削液冷却、喷雾冷却，可减少传入工件和刀具的热量，从而减少工件和刀具的热变形。

2. 均衡温度场

图3－28表示在立式平面磨床上，采用热空气的方法来加热温升较低的立柱后壁，以均衡立柱后壁温升，减少立柱弯曲变形。热空气从电动机风扇排出，通过特设的软管引向立柱后壁空间，均衡后，工件的平面度误差可降到原来的1/4～1/3。

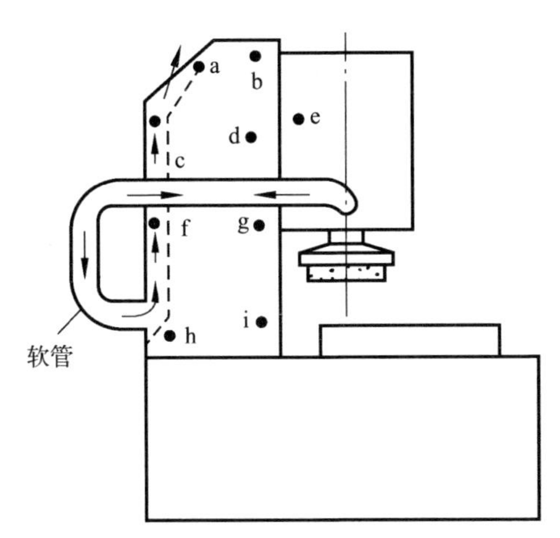

图3－28　均衡立柱前后壁温升

3. 保持机床的热平衡状态

由热变形规律可知，热变形主要发生在机床开动后的一段时间内，当达到热平衡后，热变形趋于稳定。此后，其对加工精度的影响会小一些。因此，在精加工前，先使机床空运转一段时间，等达到或接近平衡时再开始加工。对于大型精密机床，达到热平衡的时间较长。为了缩短这个时间，常采用两种方法：一是让机床高速空运转，使之迅速达到热平衡状态；二是在机床的适当部位设置控制热源，人为地给机床加热，使机床较快地达到热平衡状态。

4. 控制环境温度

精密机床应安装在恒温室内，恒温精度一般控制在±1℃以内，精密级为0.5℃，有些场合更小，恒温基数按季节调节，春、秋季取20℃，夏季取23℃，冬季取17℃。

项目5　工件内应力引起的加工误差

能力目标

具备根据零件加工中出现的加工误差，分析加工误差的原因及减少内应力的方法的能力。

知识目标

1. 掌握内应力的概念。
2. 掌握内应力产生的原因及所引起的加工误差。
3. 掌握减少或消除内应力的方法。

3.5.1　内应力的概念

内应力是指当外部载荷去除后，仍残存在工件内部的应力。零件内部存在内应力时，其内部组织处于一种极不稳定的平衡状态，这种组织强烈地要求恢复到一个没有应力的稳定状态，即使在常温下，零件也会缓慢地发生这种变化，直到内应力消失为止。零件在内应力消失的过程中，自身产生变形，原有精度会降低。所以，在精密零件加工过程中，应进行一系列的消除应力处理。

3.5.2　内应力产生的原因及所引起的加工误差

1. 毛坯制造中产生的内应力

在毛坯的制造过程中（如铸造、锻造及焊接等工艺）由于各部分厚度不均匀，所处的位置不同，冷却的速度不均，而产生内应力。图 3 – 29 是一个内、外壁厚相差较大的铸件。浇铸后，铸件将逐渐冷却至室温。由于壁 A 和壁 C 比较薄，散热较易，所以冷却比较快。壁 B 比较厚，所以冷却比较慢。当 A 和 C 从塑性状态冷却到弹性状态时，B 的温度还比较高，尚处于塑性状态。所以 A 和 C 收缩时壁 B 不起阻挡变形的作用，铸件内部不产生内应力。但当 B 也冷却到弹性状态时，A 和 C 的温度已经降低很多，收缩速度变得很慢。但这时 B 收缩较快，就受到了 A 和 C 的阻碍。因此，B 受拉应力的作用，A 和 C 受压应力的作用，形成了相互平衡的状态。如果在这个铸件的壁 A 上开一个口，壁 A 的压应力消失，铸件在壁 C 和 B 的内应力作用下，壁 B 收缩，壁 C 伸长，铸件就发生弯曲变形，直至内应力重新分布达到新的平衡为止。推广到一般情况，各种铸件都难免产生冷却不均匀而形成的内应力，铸件的外表面总比中心部分冷却得快。特别是有些铸件（如机床床身），为了提高导轨面的耐磨性，采用局部激冷的工艺使它冷却更快一些，以获得较高的硬度，这样在铸件内部形成的内应力也就更大些。若导轨表面经过粗加工剥去一些金属，这就像在图中的铸件壁 A 上开口一样，必将引起内应力的重新分布并朝着建立新的应力平衡的方向产生弯曲变形。为了克服这种内应力重新分布而引起的变形，特别是对大型和精度要求高的零件，一般在铸件粗加工后安排时效处理，然后再进行精加工。

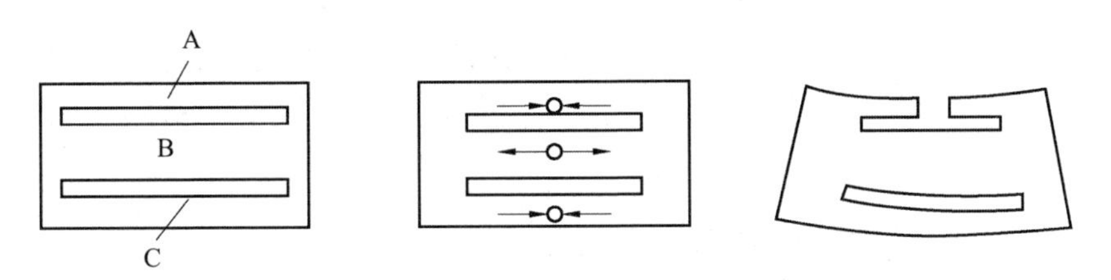

图 3-29 铸件的内应力及影响

2. 工件冷校直时产生的内应力

某些刚度低的零件，如细长轴、曲轴和丝杠等，由于机加工产生弯曲变形不能满足精度要求，常采用冷校直工艺进行校直。校直的方法是在弯曲的反方向加外力，如图 3-30（a）所示。在外力 F 的作用下，工件的内部残余应力的分布如图 3-30（b）所示，在轴线以上产生压应力（用负号表示），在轴线以下产生拉应力（用正号表示）。在轴线和两条双点画线之间是弹性变形区域，在双点画线之外是塑性变形区域。当外力 F 去除后，外层的塑性变形区域阻止内部弹性变形的恢复，使残余应力重新分布，如图 3 - 30（c）所示。这时，冷校直虽然减小了弯曲，但工件却处于不稳定状态，如再次加工，又将产生新的变形。因此，高精度丝杠的加工，不允许冷校直，而是用多次人工时效来消除残余应力。

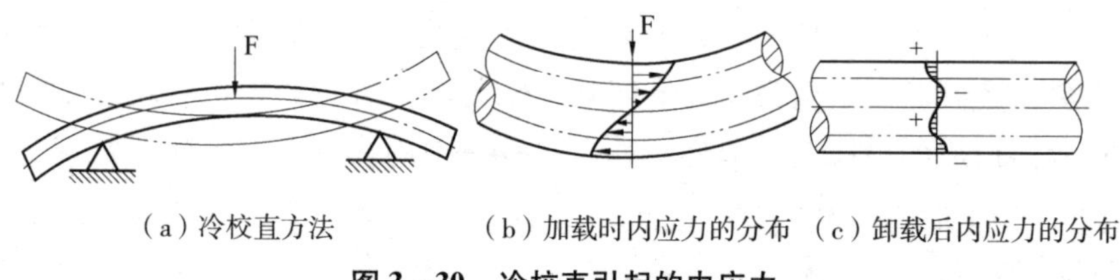

（a）冷校直方法　（b）加载时内应力的分布　（c）卸载后内应力的分布

图 3 - 30　冷校直引起的内应力

3. 工件切削时产生的内应力

工件在进行切削加工时，表层产生塑性变形，晶格扭曲、拉长，密度减小，体积增大，因此体积膨胀，受到里层的阻碍，故表层受压应力，里层产生平衡的拉应力。但是，当受到切削热的作用时，可能会出现相反的情况。由于切削过程中产生内应力，使工件在加工后，内应力重新分布导致工件变形。对于精度要求较高的零件，粗加工后，需要消除内应力。

3.5.3　减少或消除内应力的措施

1. 合理设计零件结构

在零件结构设计中应尽量简化结构，保证零件各部分厚度均匀，以减少铸、锻件毛坯在制造中产生的内应力。

2. 增加时效处理工序

一是对毛坯或在大型工件粗加工之后，让工件在自然条件下停留一段时间再加工，利用温度的自然变化使之多次热胀冷缩，进行自然时效。二是通过热处理工艺进行人工时效，例如对铸、锻、焊接件进行退火或回火，零件淬火后进行回火，对精度要求高的零件，如床身、丝杠、箱体、精密主轴等，在粗加工后进行低温回火，甚至对丝杠、精密主轴等在精加工后进行冰冷处理等。三是对一些铸、锻、焊接件以振动的形式将机械能加到工件上，进行振动时效处理，引起工件内部晶格蠕变，使金属内部结构状态稳定，消除内应力。

3. 合理安排工艺过程

将粗、精加工分开在不同工序中进行，使粗加工后有足够的时间变形，让残余应力重新分布，以减少对精加工的影响。对于粗、精加工需要在一道工序中来完成的大型工件，也应在粗加工后松开工件，让工件的变形恢复后，再用较小的夹紧力夹紧工件，进行精加工。

项目 6　加工误差统计分析方法

能力目标

具备能用加工误差统计分析方法对零件加工出现的误差进行统计，并能得出相关的结论和解决方案的能力。

知识目标

1. 掌握系统性误差和随机性误差的基本概念。
2. 掌握加工误差统计分析方法——分布图法。
3. 掌握加工误差统计分析方法——点图法。

3.6.1　系统性误差和随机性误差

前面对产生加工误差的主要因素分别进行了分析，即采用单因素分析法。在生产实际中，影响加工精度的因素往往是错综复杂的，仅用单因素分析法是不够的，利用数理统计的方法进行综合分析，从中找出误差的规律，便可以采取相应的解决措施。影响加工精度的原始误差很多，这些原始误差往往是综合地交错在一起对加工精度产生影响的，且其中不少原始误差的影响往往带有随机性。对于一个受多个随机性原始误差影响的工艺系统，只有用概率统计的方法来进行综合分析，才能得出正确的、符合实际的结果。

1. 系统性误差

在顺序加工一批工件时，加工误差的大小和方向保持不变或随着加工时间按一定的规律变化的误差，都称为系统性误差。前者称为常值系统性误差，后者称为变值系统性误差。例如，由加工原理误差和机床、夹具、刀具的制造等引起的加工误差就属于常值系统性误差；而由于刀具的磨损、工艺系统的热变形引起的加工误差则是变值系统性误差。对于常值系统性误差，如果确知大小和方向，可以通过调整加以消除。对于变值系统性误差，掌握了它的变化规律之后，可采用自动补偿的办法消除。

2. 随机性误差

在顺序加工一批工件时，大小和方向无规则的变化的加工误差称为随机性误差。例如，由于加工余量不均匀、材料硬度不均匀、工件的残余应力、工件定位误差等引起的加工误差属于随机性误差。随机性误差是造成工件加工尺寸波动的主要原因。当统计数量足够大时，也能找出一定的规律性，从而可以设法控制和缩小它的波动范围。

对于常值系统性误差，若能掌握其大小和方向，就可以通过调整消除，对于变值系统性误差，若能掌握其大小和方向随时间变化的规律，则可通过自动补偿消除，唯有对随机性误差，只能缩小它们的变动范围，而不可能完全消除。由概率论与数理统计可知，随机性误差的统计规律可用它的概率分布表示。

3.6.2 分布图分析法

1. 实际分布图

成批加工某种零件，抽取其中一定数量进行测量，这个过程叫取样，抽取的这批零件称为样本，其件数 n 叫样本容量。由于存在各种误差的影响，加工尺寸或偏差总是在一定范围内变动（称为尺寸分散），将样本尺寸或偏差按大小顺序排列，并将它们分成组，每组尺寸间隔相等，同一尺寸或同一误差组的零件数量称为频数。频数与样本容量之比称为频率。以工件尺寸（或误差）为横坐标，以频数或频率为纵坐标，就可以做出该批工件加工尺寸（或误差）的实际分布曲线图。若在坐标纸上以组距为底，频数或频率为高，画出一系列矩形，即成直方图，如图 3－31 所示。

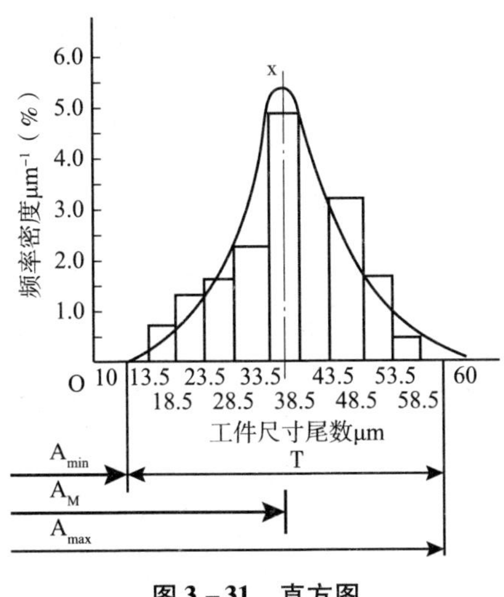

图 3－31　直方图

选择组数 k 和组距 d，与实际分布曲线有很大关系。组数过多，组距太小，分布图会被频数的随机波动所歪曲；组数太少，组距太大，分布特征将被掩盖。k 值一般应根据样本容量来选择（见表 3－1）。

表 3－1　组数 k 值的选取

n	25 ~ 40	40 ~ 60	60 ~ 100	100	100 ~ 160	160 ~ 250
k	6	7	8	10	11	12

为了分析该工序的加工精度情况，可在直方图上标出该工序的加工公差带位置，并计算出该样本的统计数字特征：平均值 $\bar{x}$ 和标准差 S。

样本的平均值 $\bar{x}$ 表示该样本的尺寸分散中心。它主要取决于调整尺寸的大小和常值系统误差。公式如下：

$$\bar{x} = \frac{1}{n}\sum_{i=1}^{n} x_i \qquad (3-11)$$

式（3－11）中：

x_i——各工件的尺寸；

n——样本容量。

样本的标准差S反映了该批工件的尺寸分散程度。它是由变值系统误差和随机误差决定的，误差大S也大，误差小S也小。公式如下：

$$S = \sqrt{\frac{1}{n-1}\sum_{i=1}^{n}(x_i - \bar{x})^2} \tag{3-12}$$

为了使分布图能代表该工序的加工精度，不受组距和样本容量的影响，纵坐标应改成频率密度。

$$频率密度 = \frac{频率}{组距} = \frac{频数}{样本容量 \times 组距}$$

为进一步研究该工序的加工精度问题，必须找出频率密度与加工尺寸间的关系，因此必须研究理论分布图。

2. 理论分布图

在研究加工精度问题时，常用误差的理论分布图代替实际分布图，这样可以根据数理统计的原理分析加工误差，其中正态分布曲线应用最广。

（1）正态分布。

概率论已经证明，相互独立的大量微小随机变量，其总的分布是符合正态分布的。在机械加工中，用调整法加工一批零件，其尺寸误差是由很多相互独立的随机误差综合作用的结果，如果其中没有一个是起决定作用的随机误差，则加工后零件的尺寸将近似于正态分布。

正态分布曲线的形状如图3－32所示。其概率密度函数表达式为：

$$y = \frac{1}{\sigma\sqrt{2\pi}}e^{-\frac{1}{2}\left(\frac{x-\bar{x}}{\sigma}\right)^2} \tag{3-13}$$

式（3－13）中：

y——分布的概率密度；

x——随机变量；

$\bar{x}$——正态分布随机变量总的算术平均值；

σ——正态分布随机变量的标准差。

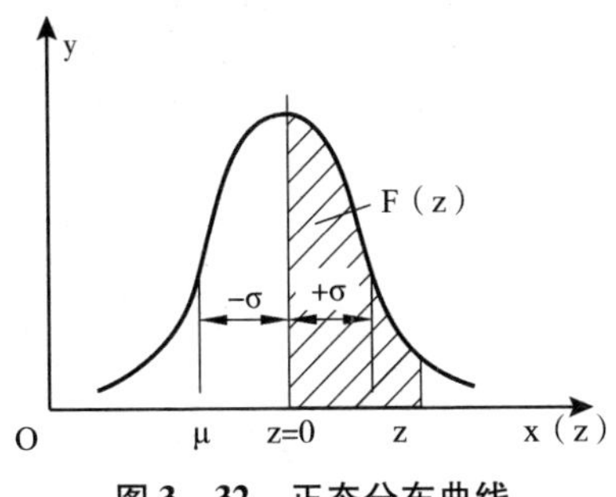

图 3－32　正态分布曲线

正态分布的概率密度方程中，有两个特征参数：表征分布曲线位置的参数 $\bar{x}$ 和表征随机变量分散程度的 σ。当 σ 不变，改变 $\bar{x}$，分布曲线位置沿横坐标移动，形状不变，如图 3－33（a）所示。当 $\bar{x}$ 不变，改变 σ，σ 越小分布曲线两侧越陡且向中间收紧，当 σ 增大时，分布曲线越平坦且沿横轴伸展，如图 3－33（b）所示。

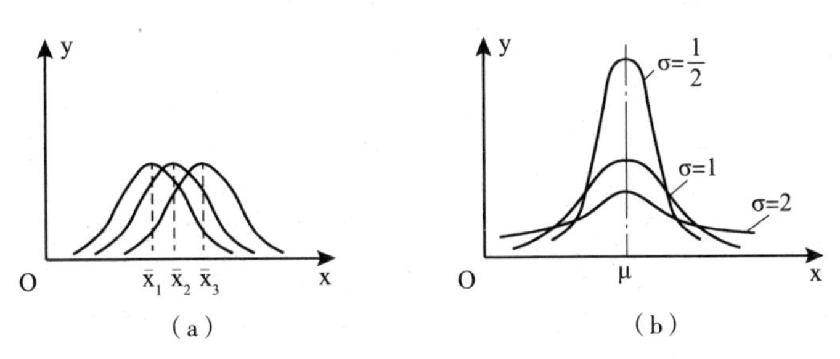

图 3－33　$\bar{x}$、σ 值对正态分布曲线的影响

总体平均值 $\bar{x}=0$，总体标准差 $\sigma=1$ 的正态分布称为标准正态分布。任何不同的 σ 和 x 的正态分布曲线都可以通过坐标变换，令 $z=(x-\bar{x})/\sigma$ 而变成标准正态分布，故可利用标准正态分布的函数值，求得各种正态分布的函数值。

在生产中需要确定的一般不是工件为某一确定尺寸的概率是多大，而是工件在一确定尺寸区间内所占的概率是多大，该概率等于图 3－32 所示阴影的面积 F(x)。公式如下：

$$F(x)=\frac{1}{\sigma\sqrt{2\pi}}\int_{-\infty}^{x}e^{-\frac{1}{2}\left(\frac{x-\bar{x}}{\sigma}\right)^2}dx \tag{3-14}$$

令 $z=\dfrac{x-\bar{x}}{\sigma}$，则有：

$$F(z)=\frac{1}{\sqrt{2\pi}}\int_{0}^{z}e^{-\frac{z^{2}}{2}}dz \tag{3-15}$$

对于不同 z 值的 F(z) 值，可由表 3-2 可知。

表 3-2　　F(z) 的值

z	F(z)	z	F(z)	z	F(z)	z	F(z)	z	F(z)
0.00	0.0000	0.20	0.0793	0.60	0.2257	1.00	0.3413	2.00	0.4772
0.01	0.0040	0.22	0.0871	0.62	0.2324	1.05	0.3531	2.10	0.4821
0.02	0.0080	0.24	0.0948	0.64	0.2389	1.10	0.3643	2.20	0.4861
0.03	0.0120	0.26	0.1023	0.66	0.2454	1.15	0.3749	2.30	0.4893
0.04	0.0160	0.28	0.1103	0.68	0.2517	1.20	0.3849	2.40	0.4918
0.05	0.0199	0.30	0.1179	0.70	0.2580	1.25	0.3944	2.50	0.4938
0.06	0.0239	0.32	0.1255	0.72	0.2642	1.30	0.4032	2.60	0.4953
0.07	0.0279	0.34	0.1331	0.74	0.2703	1.35	0.4115	2.70	0.4965
0.08	0.0319	0.36	0.1406	0.76	0.2764	1.40	0.4192	2.80	0.4974
0.09	0.0359	0.38	0.1480	0.78	0.2823	1.45	0.4265	2.90	0.4981
0.10	0.0398	0.40	0.1554	0.80	0.2881	1.50	0.4332	3.00	0.49865
0.11	0.0438	0.42	0.1628	0.82	0.2039	1.55	0.4394	3.20	0.49931
0.12	0.0478	0.44	0.1700	0.84	0.2995	1.60	0.4452	3.40	0.49966
0.13	0.0517	0.46	0.1772	0.86	0.3051	1.65	0.4505	3.60	0.499841
0.14	0.0557	0.48	0.1814	0.88	0.3106	1.70	0.4554	3.80	0.499928
0.15	0.0596	0.50	0.1915	0.90	0.3159	1.75	0.4599	4.00	0.499968
0.16	0.0636	0.52	0.1985	0.92	0.3212	1.80	0.4641	4.50	0.499997
0.17	0.0675	0.54	0.2004	0.94	0.3264	1.85	0.4678	5.00	0.49999997
0.18	0.0714	0.56	0.2113	0.96	0.3315	1.90	0.4713		
0.19	0.0753	0.58	0.2190	0.98	0.3365	1.95	0.4744		

当 $x-\bar{x}=\pm3\sigma$ 时，即 $z=\pm3$，由表 3-2 查得 $2F(3)=0.49865\times2=0.9973$。这说明随机变量 x 落在 $\pm3\sigma$ 范围内的概率为 99.73%，落在此范围以外的概率仅为 0.27%，此值很小。因此可以认为正态分布的随机变量的分散范围是 $\pm3\sigma$。这就是所谓的 $\pm3\sigma(6\sigma)$ 原则。

$\pm3\sigma(6\sigma)$ 在研究加工误差时应用很广，是一个重要的概念。6σ 的大小代表了某种加工方法在一定条件下（如毛坯余量、切削用量、正常的机床、夹具、刀具等）所能达到的加工精度。所以在一般情况下，应使所选择的加工方法的标准差 σ 与公差带宽度 T 之间具有下列关系：

$$6\sigma \leqslant T \tag{3-16}$$

正态分布总体的 $\bar{x}$ 和 σ 通常是不知道的，但可以通过它的样本平均值 $\bar{x}$ 和样本标准差 S 来估计。这样，成批加工一批工件，抽检其中的一部分，即可判断整批工件的加工精度。

（2）非正态分布。

工件尺寸的实际分布，有时并不完全近似于正态分布。例如，将两次调整加工的工件混在一起，尽管每次调整工件的尺寸呈正态分布，但每次调整时常值系统误差是不同的，就会得到双峰曲线［图 3－34（a）］，假使把两台机床加工的工件混在一起，不仅调整时常值系统误差不等，机床精度也不同，那么曲线的两个高峰也不一样。

如果加工中刀具或砂轮的尺寸磨损比较显著，所得一批工件的尺寸分布如图 3－34（b）所示。尽管在加工的每一瞬间，工件的尺寸呈正态分布，但是随着刀具或砂轮的磨损，不同瞬间尺寸分布的算术平均值是逐渐移动的（当均匀磨损时，瞬时平均值可看成匀速移动），因此分布曲线为平顶。

当工艺系统存在显著的热变形时，分布曲线往往不对称。例如，刀具热变形严重，加工轴时曲线凸峰偏向左，加工孔时曲线凸峰偏向右，如图 3－34（c）所示。

用试切法加工时，操作者主观上存在着宁可返修也不可报废的倾向，所以分布图也会出现不对称情况：加工轴时宁大勿小，故凸峰偏向右，加工孔时宁小勿大，故凸峰偏向左。对于端面圆跳动和径向圆跳动一类的误差，一般不考虑正负号，因此接近零的误差值较多，远离零的误差值较少，其分布也是不对称的，又称为瑞利分布，如图 3－34（d）所示。

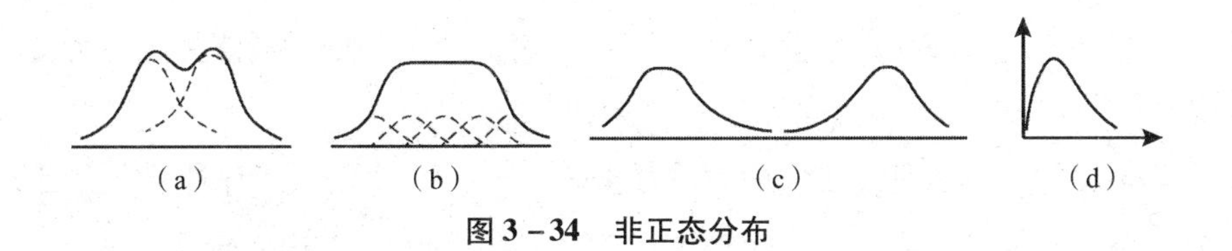

图 3－34　非正态分布

对于非正态分布的分散范围，就不能认为是6σ，而必须除以相对分布系数k，即：

$$T=\frac{6\sigma}{k} \tag{3-17}$$

k值的大小与分布图形状有关，具体数值可参考有关手册。

3. 分布图分析法的应用

（1）判别加工误差性质。

在成批大量生产中，抽样检验后计算出 $\bar{x}$ 和S，绘制分布图。若 $\bar{x}$ 偏离公差带中心，则表明加工过程中，工艺系统存在常值系统性误差，如调整误等。若样本的S较大，说明总体的σ较大，即工艺系统随机性误差较大。如前所述，假如加工过程中没有变值系统误差，那么其尺寸分布应服从正态分布，这是判别加工误差性质的基本方法。通过比较实际分布曲线与理论分布曲线，可作以下分析。

①如果实际分布曲线与正态分布曲线基本相符，$6\sigma \leqslant T$，且分布分散中心与公差带中心重合，表明加工条件正常，系统误差几乎不存在，随机误差小，一般无废品出现。

②如果实际分布曲线与正态分布曲线基本相符，$6\sigma \leqslant T$，但分布分散中心与公差带中心不重合，表明加工过程中没有变值系统误差（或影响很小），存在常值系统误差，且等于分布分散中心与公差带中心的偏移量。此时会出现废品，但可通过调整分布分散中心向公差带中心移动来解决。

③如果实际分布曲线与正态分布曲线基本相符，$6\sigma > T$，且分布分散中心与公差带中心不重合，表明存在常值系统误差和随机误差，会产生废品。

（2）确定工序能力和判别工序等级。

所谓工序能力，是指工序处于稳定状态时，加工误差正常波动的幅度。当加工尺寸服从正态分布时，其尺寸分散范围是6σ，所以工序能力就是6σ。

工序能力等级是以工序能力系数来表示的，它代表了工序能满足加工精度要求的程度。当工序处于稳定状态时，工序能力系数 C_p 按下式计算：

$$C_P = \frac{T}{6\sigma} \tag{3-18}$$

式（3－18）中：

T——工件尺寸公差。

根据工序能力系数 C_P 的大小，可将工序能力分为 5 级，如表 3－3 所示。一般情况下，工序能力不应低于二级，即 $C_P>1$，但这只说明该工序的工序能力足够，加工中是否会出废品，还要看调整得是否正确。如加工中有常值系统误差，x 就与公差带中心位置 AM 不重合，那么只有当 $C_P>1$ 且 $T \geqslant 6\sigma + 2|x - AM|$ 时才不会产生不合格品。如 $C_P<1$，那么不论怎样调整，不合格品总是不可避免的。

表 3－3　　工序能力等级

工序能力系数	工序能力等级	备注
$C_P>1.67$	特级	工序能力过高，可允许异常波动，但不经济
$1.67 \geqslant C_P>1.33$	一级	工序能力足够，可允许有一定的异常波动
$1.33 \geqslant C_P>1.00$	二级	工序能力勉强，密切注意
$1.00 \geqslant C_P>0.67$	三级	工序能力不足，会出现不合格品
$0.67 \geqslant C_P$	四级	工序能力很差，必须改进

（3）估算合格品率或不合格品率。

不合格品率包括不可修复的废品率和可返修的不合格品率。它可通过分布曲线进行估算，现举例说明如下。

例 3－1　在无心磨床上磨削销轴外圆，要求外径 $d = \phi 12_{-0.043}^{-0.016}$ mm，抽样一批零件，经实测后计算得到 $x = 11.974$ mm，$\sigma = 0.005$ mm，其尺寸分布符合正态分布，试分析该工序的加工质量。

解：①根据所计算的 $\bar{x}$ 及 σ 作分布图（见图 3－35）。

②计算工序能力系数 C_P。

$$C_P = \frac{T}{6\sigma} = 0.9 < 1 \tag{3-19}$$

工序能力系数 $C_P<1$ 表明该工序能力不足，产生不合格品是不可避免的。

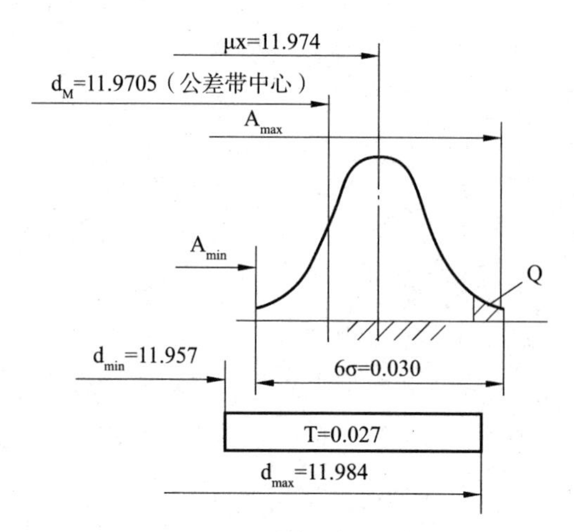

图 3－35 销轴外径分布图

③计算不合格品率 Q。

工件要求最小尺寸 $d_{min}=11.957mm$，最大尺寸 $d_{max}=11.984mm$。

工件可能出现的极限尺寸为：

$A_{min}=\bar{x}-3\sigma=11.959mm>d_{min}$，故不会产生不可修复的废品；

$A_{max}=\bar{x}+3\sigma=11.989mm>d_{max}$，故将产生可修复的废品。

废品率：

$$Q=0.5-F(z)$$

$$z=\frac{x-\bar{x}}{\sigma}=2 \tag{3-20}$$

查表 3－3 得 F(z)＝0.4772，则：

$$Q=0.5-F(z)=0.0228=2.28\% \tag{3-21}$$

④改进措施。

重新调整机床，使分散中心 x 与公差带中心 d_M 重合，则可减小不合格品率。调整量 $\Delta=11.974-11.9705=0.0035mm$，具体操作时，使砂轮向前进刀 $\Delta/2$ 的磨削深度即可。

3.6.3 点图法

用分布图分析研究加工误差，由于抽取样本未考虑工件的加工顺序，所以无法把变值系统性误差和随机性误差区分开，观察不到系统性误差的变化规律，不能适时地对工艺过程进行控制。为此，可以用点图法进行加工误差的统计分析。

应用分布曲线分析工艺过程精度的前提是工艺过程必须是稳定的。由于点图法能够反映质量指标随时间变化的情况，因此，它是进行统计质量控制的有效方法。这种方法既可以用于稳定的工艺过程，也可以用于不稳定的工艺过程。对于一个不稳定的工艺过程来说，要解决的问题是如何在工艺过程的进行中，不断地进行质量指标的主动控制，工艺过程一旦出现被加工工件的质量指标有超出所规定的不合格品率的趋向时，能够及时调整工艺系统或采取其他工艺措施，使工艺过程得以继续进行。对于一个稳定的工艺过程，也应该进行质量指标的主动控制，当稳定的工艺过程一旦出现不稳定趋势时，能够及时发现并采取相应措施，使工艺过程继续稳定地进行下去。

工艺过程的分布曲线分析法是分析工艺过程精度的一种方法。应用这种分析方法的前提是工艺过程应该是稳定的。在这个前提下，讨论工艺过程的精度指标（如工序能力系数 CP、废品率 Q 等）才有意义。

如前所述，任何一批工件的加工尺寸都有波动性，因此样本的平均值 x 和标准差 S 也会波动。假使加工误差主要是随机误差，而系统误差影响很小，那么这种波动属于正常波动，这一工艺过程也就是稳定的；如果加工中存在着影响较大的变值系统误差，或随机误差的大小有明显的变化，那么这种波动就是异常波动，这样的工艺过程也就是不稳定的。

从数学的角度讲，如果一项质量数据的总体分布的参数（如 $\bar{x}$、σ）保持不变，则这一工艺过程就是稳定的；如果有所变动，哪怕是往好的方向变化（如 σ 突然缩小），均认为不稳定。

分析工艺过程的稳定性，通常采用点图法。点图有多种形式，这里仅介绍单值点图和 $\bar{x}-R$ 图两种。

点图法所采用的样本是顺序小样本，即每隔一定时间抽取样本容量 $n=5\sim10$ 的一个小样本，计算出各小样本的算术平均值 $\bar{x}$ 和极差 R。$\bar{x}$ 点图是控制工艺过程质量指标分布中心的变化的，R 点图是控制工艺过程质量指标分散范围的变化的，因此，这两个点图必须联合使用，才能控制整个工艺过程。

用点图来评价工艺过程稳定性采用的是顺序样本，即样本是由工艺系统在一次调整中，按顺序加工的工件组成。这样的样本可以得到在时间上与工艺过程运行同步的有关信息，反映出加工误差随时间变化的趋势。

1. 单值点图

如果按加工顺序逐个地测量一批工件的尺寸，以工件序号为横坐标，工件尺寸（或误差）为纵坐标，就可做出如图 3－36（a）所示的点图。为了缩短点图的长度，可将顺次加工出的几个工件编为一组，以工件组序为横坐标，而纵坐标保持不变，同一组内各工件可根据尺寸分别点在同一组号的垂直线上，就可以得到如图 3－36（b）所示的点图。

上述点图都反映了每个工件尺寸（或误差）与加工时间的关系，故称为单值点图。

假如把点图的上下极限点包络成两根平滑的曲线，并做出这两根曲线的平均值曲线，如图 3－36（c）所示，就能较清楚地揭示出加工过程中误差的性质及其变化趋势。平均值曲线 OO′表示每一瞬时的分散中心，其变化情况反映了变值系统误差随时间变化的规律，起始点 O 则可看成常值系统误差的影响，上限、下限曲线 AA′和 BB′间的宽度表示每一瞬时的尺寸分散范围，也就是反映了随机误差的影响。

单值点图上画有上下两条控制界限线（图 3－36 中用实线表示）和两极限尺寸线（用虚线表示），作为控制不合格品的参考界限。

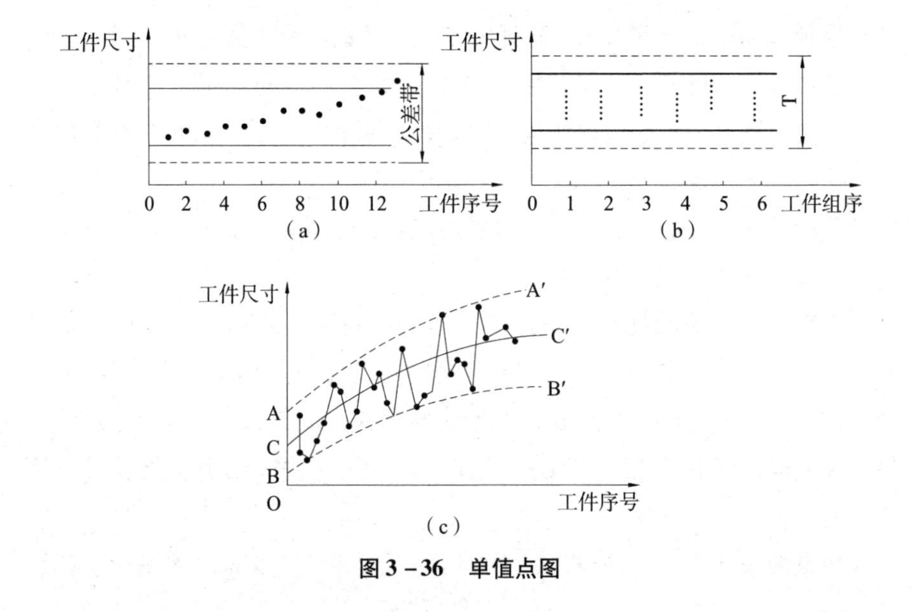

图 3－36　单值点图

2. $\bar{x}-R$ 图

（1）样组点图的基本形式及绘制。

为了能直接反映出加工过程中系统误差和随机误差随加工时间的变化趋势，实际生产中常用样组点图来代替单值点图。样组点图的种类很多，目前使用得最广泛的是 $\bar{x}-R$ 图。$\bar{x}-R$ 图是平均值 $\bar{x}$ 控制图和极差 R 控制图联合使用时的统称（见图 3－37）。前者控制工艺过程质量指标的分布中心，后者控制工艺过程质量指标的分散程度。

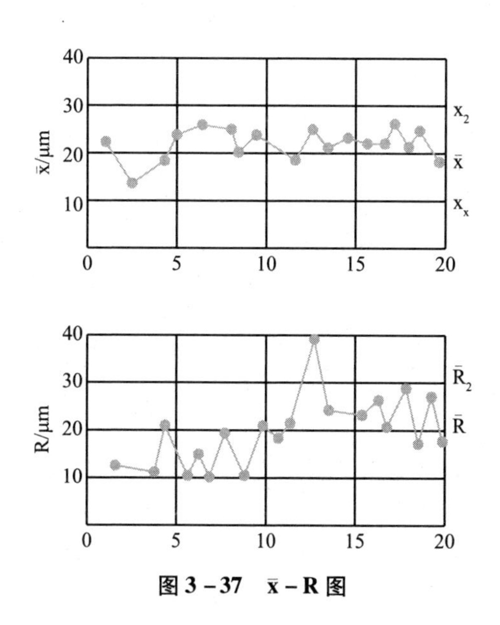

图 3－37　$\bar{x}-R$ 图

$\bar{x}-R$ 图的横坐标是按时间先后采集的小样本的组序号，纵坐标为各小样本的平均值 $\bar{x}$ 和极差 R。在 $\bar{x}-R$ 图上各有三根线，即中心线和上下控制线。

绘制 $\bar{x}-R$ 图是以小样本顺序随机抽样为基础的。在工艺过程进行中，每隔一定时间抽取容量 $n=5\sim10$ 件的一个小样本，求出小样本的平均值 $\bar{x}$ 和极差 R。经过若干时间后，就可取得若干个（如 k 个，通常取 $k=25$）小样本，将各组小样本的 $\bar{x}$ 和 R 值分别点在 $\bar{x}-R$ 图上，即制成了 $\bar{x}-R$ 图。

（2）$\bar{x}-R$ 图上下控制线的确定。

任何一批工件的加工尺寸都有波动性，因此各小样本的平均值 $\bar{x}$ 和极差 R 也都有波动性。要判别波动是否属于正常，就需要分析 $\bar{x}$ 和 R 的分布规律，在此基础上也就可以确定 $\bar{x}-R$ 图上下控制线的位置。

由概率论得知，当总体是正态分布时，其样本的平均值 $\bar{x}$ 的分布也服从正态分布。R 的分布虽然不是正态分布，但当 $n<10$ 时，其分布与正态分布也是比较接近的。

总体的平均值 $\bar{x}$ 和标准差 σ 通常是不知道的。但由数理统计可知，总体的平均值可以用小样本平均值 x_i 的平均值来估计，而总体的标准差 σ 可以用小样本 R 平均值来估算，$\sigma=anR$。$\bar{x}-R$ 图上下控制线可按下列公式确定：

x 点图：中线：

$$\bar{x}=\frac{1}{k}\sum_{i=1}^{1}\bar{x}_1 \tag{3-22}$$

上控制线：

$$\bar{x}_s=\bar{\bar{x}}+A\bar{R} \tag{3-23}$$

下控制线：

$$\bar{x}_x=\bar{\bar{x}}-A\bar{R} \tag{3-24}$$

R 点图：中线：

$$\bar{R}=\frac{1}{k}\sum_{i=1}^{1}R_i \tag{3-25}$$

上控制线：

$$R_s=D\bar{R} \tag{3-26}$$

下控制线：

$$R_x=0 \tag{3-27}$$

上述描述中 A、D、an——常数，可由表 3-4 查得。

表 3-4　　A、D、an 数表

每组个数 m	an	A	D
4	0.486	0.73	2.28
5	0.430	0.58	2.11
6	0.395	0.48	2.00

在点图上做出中线和上下控制线后，就可根据图中点的情况来判别工艺过程是否稳定（波动状态是否属于正常），判别的标志如表3－5所示。

表3－5 正常波动与异常波动标志

正常波动	异常波动
1. 没有点子超出控制线 2. 大部分点子在中线上下波动，小部分点子在控制线附近 3. 点子没有明显规律	1. 有点子超出控制线 2. 点子密集在中线附近 3. 点子密集在控制线附近 4. 连续7点以上出现在中线一侧 5. 连续11点中有10点出现在中线一侧 6. 连续14点中有12点以上出现在中线一侧 7. 连续17点中有14点以上出现在中线一侧 8. 连续20点中有16点以上出现在中线一侧 9. 点子有上升或下降倾向 10. 点子有周期性波动

$\bar{x}$在一定程度上代表了瞬时的分散中心，故$\bar{x}$点图主要反映了系统误差及其变化趋势，R在一定程度上代表了瞬时的尺寸分散范围，故R点图可反映出随机误差及其变化趋势。单独的$\bar{x}$点图和R点图不能全面地反映加工误差的情况，因此这两种点图必须结合起来应用。

（3）点图法的应用。

①由于加工时各种误差存在，点图上的点子总是上下波动的，如果加工过程主要受随机误差的影响，这种波动幅度一般不大，属于正常波动，这时质量稳定，是稳定的工艺过程，如果加工过程除了随机误差外还有其他误差因素的影响，使得点图有明显的上升或下降趋势，或者波动幅度不大，这就属于异常波动，质量不稳定，此时的工艺过程则是不稳定的工艺过程。

②观察加工中的常值系统误差、变值系统性误差和随机系统性误差的大小及变化趋势。

根据其变化趋势，或维持工艺过程现状不变，或中止加工采取相应的补偿与调整措施。工艺过程稳定性与出不出废品是两个不同的概念。工艺的稳定性用$\bar{x}-R$图判断，而工件是否合格则用公差衡量。两者之间没有必然的联系。例如，某一工艺过程是稳定的，但误差较大，若用这样的工艺过程来制造精密零件，则肯定有较多废品。客观存在的工艺过程与人为规定的零件公差之间如何正确地匹配，即是前面所介绍的工序能力系数的选择问题。

项目7　保证和提高加工精度的方法

能力目标

具备正确解决加工中出现的加工误差的能力。

知识目标

1. 掌握保证和提高加工精度的途径——减少原始误差。
2. 掌握保证和提高加工精度的途径——误差补偿。
3. 掌握保证和提高加工精度的途径——误差分组。
4. 掌握保证和提高加工精度的途径——就地加工。
5. 掌握保证和提高加工精度的途径——误差平均法。

3.7.1　减少原始误差

在查明产生加工误差的主要因素后，采取相应的措施直接消除或减少原始误差。在生产中有着广泛的应用。例如，加工细长轴时，因工件刚度极差，容易产生弯曲变形和振动，严重影响加工精度。采用跟刀架和90°车刀，虽提高了工件的刚度，减少了径向切削分力 F_y，但只解决了 F_y 把工件“顶弯”的问题。由于工件在轴向切削分力 F_x 作用下，形成细长轴受偏心压缩而失稳弯曲。工件弯曲后，高速旋转产生的离心力以及工件受切削热作用产生的热伸长受后顶尖的限制，都会进一步加剧其弯曲变形，因而加工精度仍难提高，可采取如下措施。

（1）采用反向进给的切削方式，如图3－38所示，进给方向由卡盘一端指向尾座。此时尾部可用中心架，或者尾座应用弹性顶尖，使工件的热变形能得到自由的伸长，故可减少或消除由于热伸长和轴向力使工件产生的弯曲变形。

（2）采用大进给量和 93°的大主偏角，增大轴向切削分力，使径向切削分力稍向外指，既使工件的弯矩相互抵消，又能抑制径向颤动，使切削过程平稳。

（3）在工件卡盘夹持的一端车出一个缩颈部分，以增加工件的柔性，使切削变形尽量发生在缩颈处，减少切削变形对加工精度的直接影响。

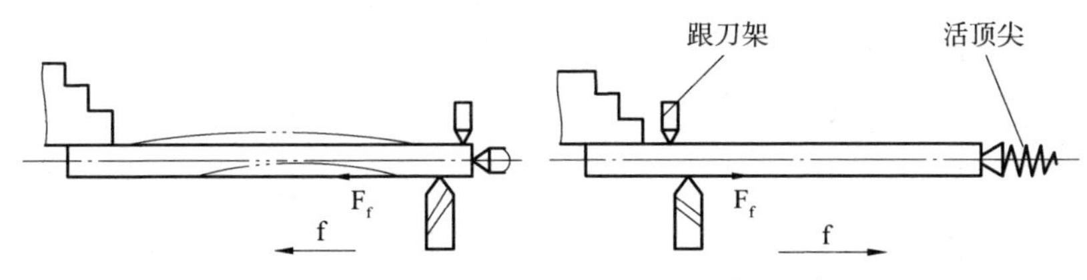

图 3－38　不同进给方向加工细长轴的比较

3.7.2　误差补偿法

误差补偿就是人为地造成一种新的误差去抵消原有的原始误差，或利用原有的一种误差去补偿另一种误差，从而达到减少加工误差的目的。这两种方法都是力求使两种误差大小相等，方向相反，从而达到减少误差的目的。例如，预加载荷精加工龙门铣床的横梁导轨，使加工后的导轨产生“向上凸”的几何形状误差，去抵消横梁因铣头重量而产生“向下垂”的受力变形，用校正机构提高丝杆车床传动链精度也是如此。再如，高精度螺纹加工机床常采用一种机械式校正机构，其原理如图 3－39 所示。根据测量母丝杠 3 的导程误差，设计出校正尺 5 上的校正曲线 7。校正尺 5 固定在机床床身上。加工螺纹时，机床传动丝杠带动螺母 2 及与其固联的刀架和杠杆 4 移动，同时，校正尺 5 上的校正误差曲线 7 通过触头 6、杠杆 4 使螺母 2 产生一附加运动，而使刀架得到一附加位移，以补偿传动误差。

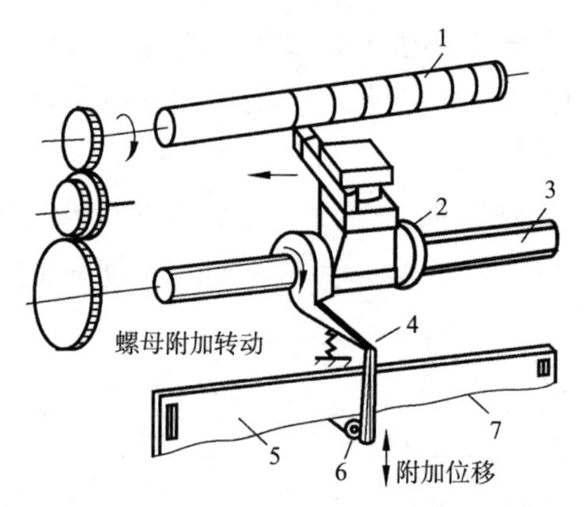

图 3－39　丝杠加工误差校正装置

3.7.3　误差分组

在加工中，本道工序要作为定位基准的基面，由于上道工序（或毛坯）加工误差较大，用它定位可能使本工序超差，此时可按加工误差大小分组加工。

例如，在 V 型架上铣削一个轴类零件的水平面（见图 3－40），要求保持尺寸 h 的公差 $T_h = 0.02mm$。由于毛坯采用了精化工艺，用作定位的大外圆不再加工，其外圆尺寸公差 $T_D = 0.05mm$，按照夹具设计公式，定位误差为：

$$\Delta h = T_D / \left(2\sin\frac{\alpha}{2}\right) = 0.05/1.41 = 0.035mm \qquad (3-28)$$

显然，由于毛坯误差而产生的定位误差已超过了公差要求。

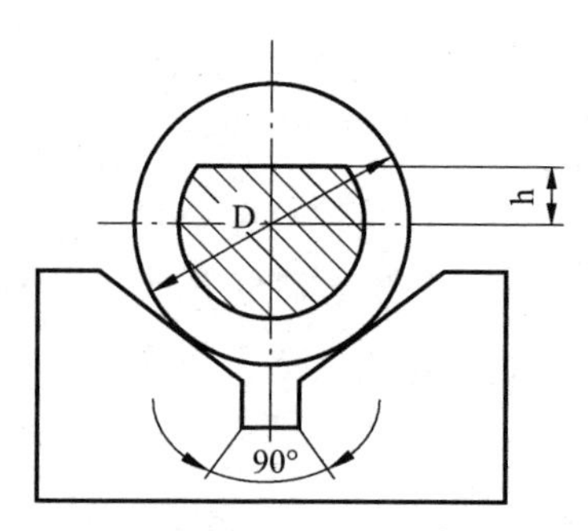

图 3－40　在 V 型架上铣削一个轴类零件的水平面

可将毛坯分组如表 3－6 所示。

表 3－6　　毛坯分组

分组数	各组误差 T_D/n/mm	定位误差 Δh/mm	定位误差占公差/%
1	0.025	0.017	85
2	0.017	0.012	60
3	0.0125	0.0088	44

解决这类问题最好采用分组调整的方法：把毛坯按误差大小分为 n 组，每组毛坯的误差均缩小为原来的 1/n，然后按各组分别调整刀具与工件的相对位置或选用合适的定位元件，则缩小了整批工件的尺寸分散范围。这个办法比起提高毛坯精度或上道工序加工精度往往要简便易行。

3.7.4　就地加工

在机械加工和装配中，有些精度问题牵涉很多零部件的相互关系，如果单纯依靠提高零部件的精度来满足设计要求，有时不仅困难，甚至不可能。而采用“就地加工”可以解决这种问题。就地加工就是把各相关零部件先行装配，使它们处于工作时要求的相互位置关系，然后就地进行最终精加工，以保证装配精度，其实质是使相关零部件在加工时的工艺尺寸链就是装配尺寸链，并把组成环数目减到最少，这样其装配精度就是最终精加工时的加工精度。例如，在转塔车床制造中，转塔上六个安装刀架的大孔轴线必须保证与机床主轴回转中心重合，各大孔的端面又必须与主轴回转轴线垂直。如果把转塔作为单独零件加工出这些表面，那么在装配后要达到上述两项要求是很困难的。采用就地加工方法，把转塔装配到转塔车床上后，在车床主轴上装镗杆和径向小刀架来进行最终精加工，就很容易保证上述两项精度要求。

生产中这种“就地加工”的加工方法应用很多。如牛头刨床、龙门刨床为了使它们的工作面分别对滑枕和横梁保持平行的位置关系，都是在装配后在自身机床上进行“自刨自”的加工。平面磨床的工作台面也是在装配后作“自磨自”的最终加工。

3.7.5 误差平均法

对于配合精度要求很高的轴和孔，采用研磨方法来达到。研具本身并不具有高精度，但它却能在和工件做相对运动中对工件进行微量切削，最终达到很高的精度，这种表面间相对研磨和磨损的过程，也就是误差相互比较和转移的过程，称为“误差平均法”。

研磨时，研具的精度并不高，分布在研具上的磨粒粒度大小也可能不一样，但由于研磨时工件和研具间有复杂的相对运动轨迹，使工件上各点均有机会与研具的各点相互接触并受到均匀的微量切削，同时工件和研具相互修整，精度也逐步共同提高，进一步使误差均化，因此就可获得精度高于研具原始精度的加工表面。

习题

3-1 零件的加工精度包括哪三个方面？它们之间的联系和区别是什么？

3-2 什么是主轴回转误差？它包括哪些方面？

3-3 为什么对卧式车床床身导轨在水平面内的直线度要求高于在垂直面内的直线度要求？而对平面磨床的床身导轨的要求却相反？

3-4 举例说明工艺系统受力变形对加工精度产生的影响。

3-5 在自动车床上加工一批小轴，从中抽检200件，若以0.01mm为组距将该批工件按尺寸大小分组，所测得数据如习题表3-1所示。试求：

（1）绘制整批工件实际尺寸的分布曲线。

（2）计算合格品率及废品率。

（3）计算工艺能力系数。

（4）分析出现废品的原因，并提出改进办法。

习题表3-1　　　　数据表

尺寸间隔（mm）		零件数 n_i	尺寸间隔（mm）		零件数 n_i
自	到		自	到	
15.01	15.02	2	15.08	15.09	58
15.02	15.03	4	15.09	15.10	26
15.03	15.04	5	15.10	15.11	18
15.04	15.05	7	15.11	15.12	8
15.05	15.06	10	15.12	15.13	6
15.06	15.07	20	15.13	15.14	5
15.07	15.08	28	15.14	15.15	3

3-6　在车床上用两顶尖安装工件，车削细长轴时，出现习题图3-1中（a）（b）（c）各图所示误差是什么原因？并指出分别采取什么方法加以消除或减少。

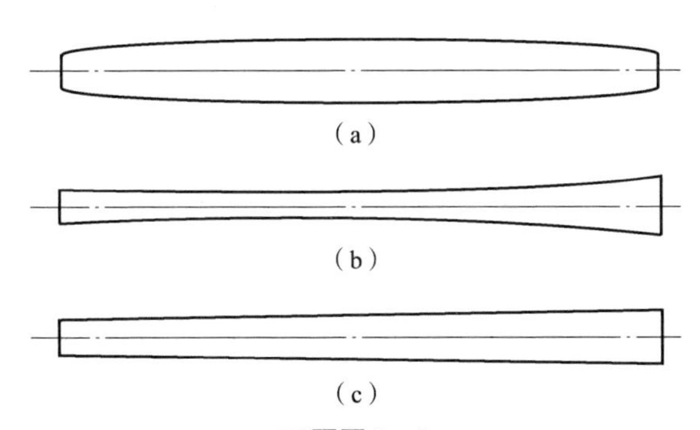

习题图3-1

3-7　什么是常值系统性误差和变值系统性误差？举例说明。

3-8　在正态分布曲线中，标准差σ和算术平均值$\bar{x}$的物理意义是什么？

3-9　试分析在车床上加工时，产生下列误差的原因：

（1）在车床三爪卡盘上镗孔时，引起内孔与外圆的同轴度误差、端面与外圆的垂直度误差（见习题图3-2）。

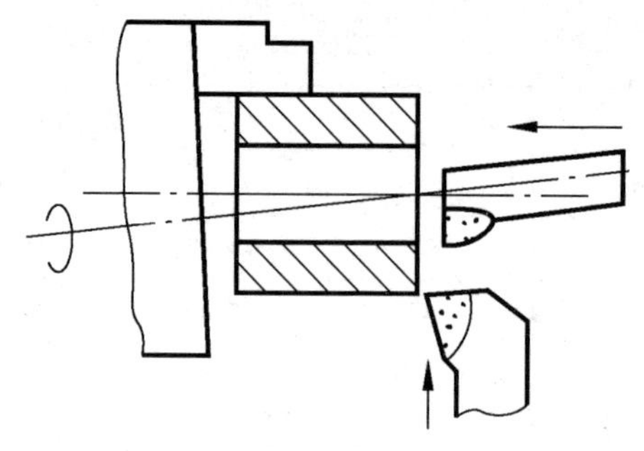

习题图 3-2

（2）在车床上镗孔时，引起被加工孔圆度误差（见习题图 3-3）。

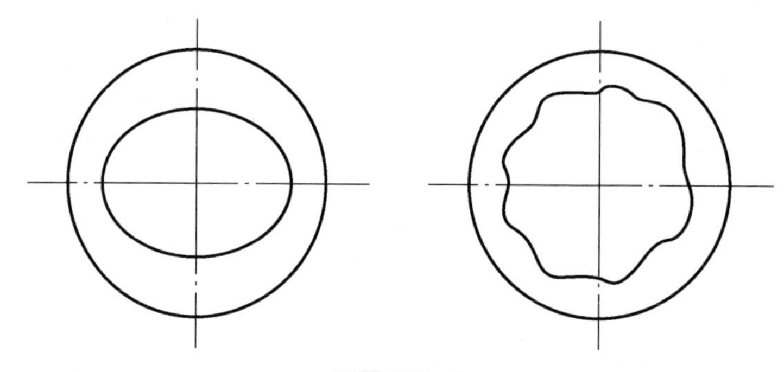

习题图 3-3

（3）在车床上镗孔时，引起圆柱度误差（见习题图 3-4）。

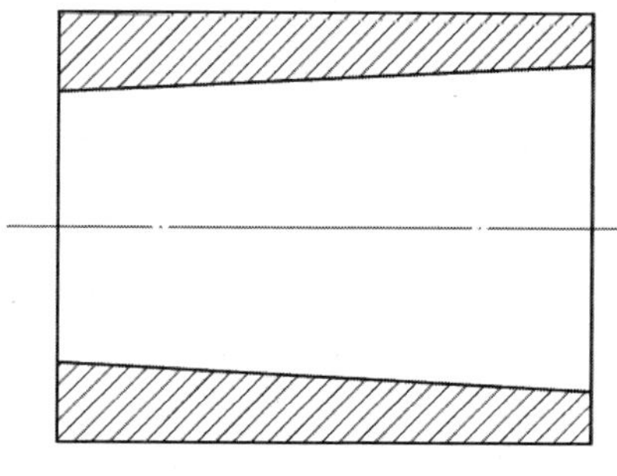

习题图 3-4

（4）试分析在车床上镗锥孔或车外锥体时，若刀具安装得高于或低于工件的轴心线，将会引起什么样的误差？

(5) 顶两头车削外圆和轴肩时，外圆出现同轴度误差、两轴肩端面出现平行度误差是什么原因造成的？应采取什么措施来保证加工精度达到图纸精度要求（见习题图 3－5）？

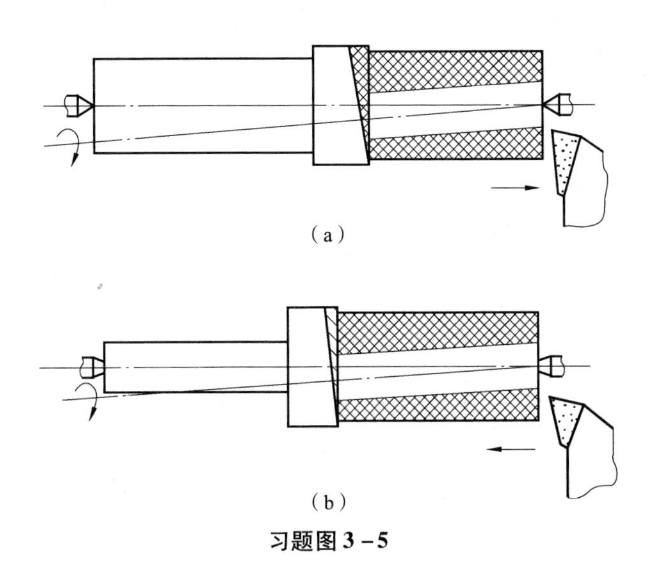

习题图 3－5

3－10　加工细长轴时，减少加工误差的具体措施有哪些？

第 4 章

机械加工表面质量

项目1　认识机械加工表面质量

能力目标

具备能够从机械加工表面层的几何特征说明此零件的表面质量好坏的能力。

知识目标

1. 掌握表面质量的相关概念。
2. 掌握表面质量对零件使用性能的影响。

4.1.1　表面质量相关概念

机械产品的加工质量，除加工精度外，表面质量是另一个重要指标。由于科学技术的发展，要求零件能在高速、高温及大负载的困难条件下工作，产品的性能，尤其是它的可靠性和寿命，在很大程度上取决于加工后的表面质量。

评价零件是否合格的质量指标除了机械加工精度外，还有机械加工表面质量。机械加工表面质量是指零件经过机械加工后的表面层状态。探讨和研究机械加工表面，掌握机械加工过程中各种工艺因素对表面质量的影响规律，对于保证和提高产品的质量具有十分重要的意义。

机械加工表面质量又称为表面完整性，其含义包括两个方面的内容。

1. 表面层的几何形状特征

表面层的几何形状特征如图4－1所示，主要由以下几部分组成。

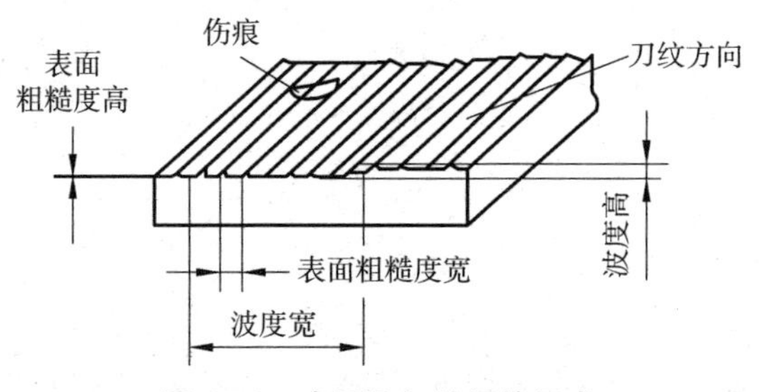

图4－1　表面几何特征的组成

（1）表面波纹度。

介于宏观几何形状误差与微观表面粗糙度之间的中间表面误差。它主要是由工艺系统的低频振动造成的，其波高与波长的比值一般为1：50至1：1000。

（2）表面粗糙度。

加工表面上较小间距和峰谷所组成的微观几何形状特征，即加工表面的微观几何形状误差，其评定参数主要有轮廓算术平均偏差 R_a 或轮廓微观不平度十点平均高度 R_z。它一般由所采用的加工方法或其他因素形成，其波高与波长的比值一般大于1：50。

（3）表面加工纹理。

表面切削加工刀纹的形状和方向，取决于表面形成过程中所采用的机加工方法及其切削运动的规律。

（4）伤痕。

在加工表面个别位置上出现的缺陷，如砂眼、气孔、裂痕、划痕等，它们大多随机分布。

2. 表面层的物理力学性能

表面层的物理力学性能主要指以下三个方面的内容。

（1）表面层的加工冷作硬化。是指工件经切削加工后表面层的强度和硬度有所提高的现象。

（2）表面层金相组织的变化。是指切削加工（磨削）中的高温使工件表面金属的金相组织发生了改变，大大降低了零件使用性能。

（3）表面层的残余应力。是指切削加工后工件表面层所产生的残余应力。它对零件使用性能的影响大小取决于 σ 的方向、大小和分布状况。

4.1.2　表面质量对零件使用性能的影响

1. 表面质量对零件耐磨性的影响

当摩擦副相对运动时，因其表面粗糙不平，使一些凸峰先接触，因此，实际接触面积远远小于理论接触面积。在外力作用下，凸峰处的压强很大，当压强超过润滑油膜张力的临界时，油膜被破坏，凸峰处形成局部干摩擦，产生塑性变形和剪切破坏而使表面磨损。表面越粗糙，磨损越严重。但并非表面越光洁，耐磨性越好。因为表面粗糙度太细时：一不利于润滑油的储存，致使接触面间形成半干甚至干摩擦，二使接触面间的分子吸附力增大甚至发生分子黏合。两者均使摩擦阻力增加和磨损加剧。因此，在一定工作条件下，一对运动副的摩擦表面通常有一最佳粗糙度。实验表明，摩擦表面的最佳粗糙度根据不同材料和工作条件而异，重载荷情况下的最佳表面粗糙度要比轻载荷时大。一般 Ra 值为 0. 4 ~ 0. 8μm。表面粗糙度与耐磨性的关系曲线如图 4 – 2 所示。

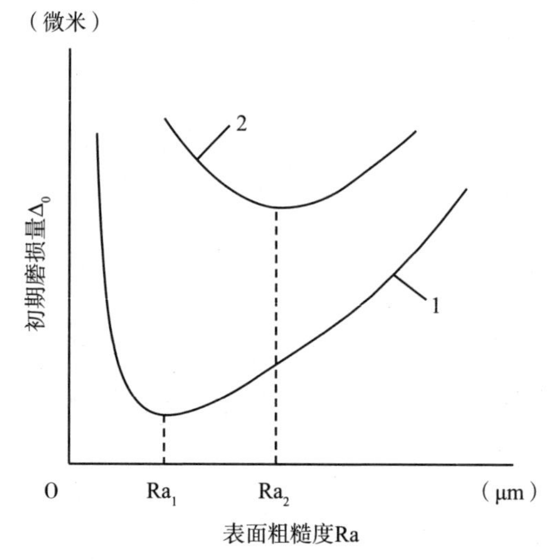

图 4 – 2　表面粗糙度与初期磨损量的关系

表面层的加工硬化使零件的表面层硬度提高，从而使零件的耐磨性提高，一般能提高 0. 5 ~ 1 倍。但如果冷作硬化过度，会使金属组织疏松，零件的表面层金属变脆，甚至出现剥落现象，磨损反而会加剧，使耐磨性下降。图 4 – 3 给出了零件表面的冷硬程度与耐磨性的关系曲线。由图 4 – 3 可看出，存在一个最佳硬化程度，零件在该处的耐磨性最好。

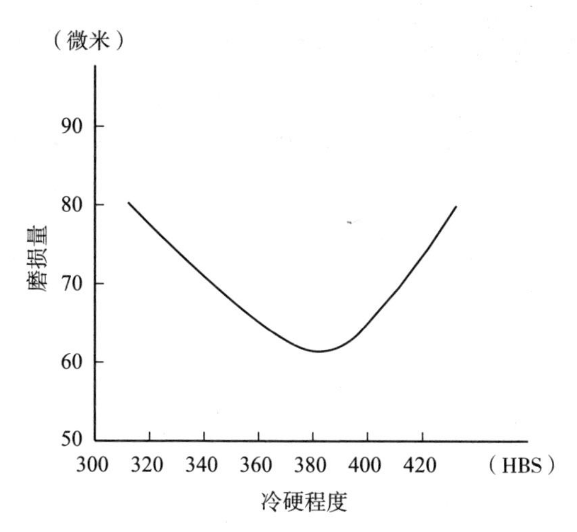

图 4－3　表面冷硬程度与耐磨性的关系

表面层金相组织发生变化，也会改变原来的硬度，从而影响耐磨性。如淬火钢经磨削不当烧伤时，表层组织变化了，使耐磨性显著下降。

2. 表面质量对零件疲劳强度的影响

表面粗糙度对承受交变载荷的零件的疲劳强度影响很大。在交变载荷作用下，表面粗糙度波谷处容易引起应力集中，产生疲劳裂纹，并且表面粗糙度越大，表面划痕越深，其抗疲劳破坏能力越差。

表面层残余压应力对零件的疲劳强度影响也很大。当表面层存在残余压应力时，能延缓疲劳裂纹的产生、扩展，提高零件的疲劳强度；当表面层存在残余拉应力时，零件则容易引起晶间破坏，产生表面裂纹而降低其疲劳强度。

表面层的加工硬化对零件的疲劳强度也有影响。适度的加工硬化能阻止已有裂纹的扩展和新裂纹的产生，提高零件的疲劳强度，但加工硬化过于严重会使零件表面组织变脆，容易出现裂纹，从而使疲劳强度降低。

3. 表面质量对零件耐腐蚀性能的影响

表面粗糙度对零件耐腐蚀性能的影响很大。零件表面粗糙度越大，在波谷处越容易积聚腐蚀性介质而使零件发生化学腐蚀和电化学腐蚀。

表面层残余压应力对零件的耐腐蚀性能也有影响。残余压应力使表面组织致密，腐蚀性介质不易侵入，有助于提高表面的耐腐蚀能力，残余拉应力对零件耐腐蚀性能的影响则相反。

4. 表面质量对零件间配合性质的影响

相配零件间的配合性质是由过盈量或间隙量来决定的。在间隙配合中，如果零件配合表面的粗糙度大，则由于磨损迅速使得配合间隙增大，从而降低了配合质量，影响了配合的稳定性；在过盈配合中，如果表面粗糙度大，则装配时表面波峰被挤平，使得实际有效过盈量减少，降低了配合件的联结强度，影响了配合的可靠性。因此，对有配合要求的表面应规定较小的表面粗糙度值。

在过盈配合中，如果表面硬化严重，将可能造成表面层金属与内部金属脱落的现象，从而破坏配合性质和配合精度。表面层残余应力会引起零件变形，使零件的形状、尺寸发生改变，因此它也将影响配合性质和配合精度。

5. 表面质量对零件其他性能的影响

表面质量对零件的使用性能还有一些其他影响。如对间隙密封的液压缸、滑阀来说，减小表面粗糙度 Ra 可以减少泄漏、提高密封性能；较小的表面粗糙度可使零件具有较高的接触刚度；对于滑动零件，减小表面粗糙度 Ra 能使摩擦系数降低、运动灵活性增高，减少发热和功率损失；表面层的残余应力会使零件在使用过程中继续变形，失去原有的精度，机器工作性能恶化等。

总之，提高加工表面质量，对于保证零件的性能、提高零件的使用寿命是十分重要的。

项目2　影响表面粗糙度的因素

能力目标

具备能够分析切削、磨削加工中产生表面粗糙度的原因的能力。

知识目标

1. 掌握切削加工中影响表面粗糙度的相关因素。
2. 掌握磨削加工中影响表面粗糙度的相关因素。

4.2.1　切削加工中影响表面粗糙度的因素

在机加工中，产生表面粗糙度的主要原因可归纳为两个方面：（1）刀刃和工件相对运动轨迹所形成的表面粗糙度——几何因素；（2）和被加工材料性质及切削机理有关的因素——物理因素。

1. 几何因素

切削加工时表面粗糙度的值主要取决于切削面积的残留高度和刀刃刃磨质量。下面两式为车削时残留面积高度的计算公式：

当刀尖圆弧半径 $r_\varepsilon \neq 0$ 时［见图 4-4（a）］，残留面积高度 H 为：

$$H = \frac{f^2}{8r_\varepsilon} \tag{4-1}$$

当刀尖圆弧半径 $r_\varepsilon = 0$ 时［见图 4-4（b）］，残留面积高度 H 为：

$$H = \frac{f}{\cot k_r + \cot k_r'} \tag{4-2}$$

由式（4-1）和式（4-2）可知，进给量 f、主偏角 k_r、副偏角 k_r' 和刀尖圆弧半径 r_ε 对切削加工表面粗糙度的影响较大。减小进给量 f、减小主偏角 k_r 和副偏角 k_r'、增大刀尖圆弧半径 r_ε，都能减小残留面积的高度 H，也就减小了零件的表面粗糙度。

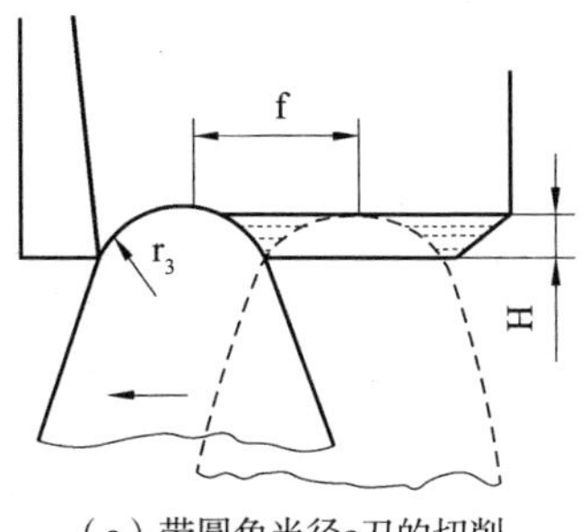

（a）带圆角半径ε刀的切削

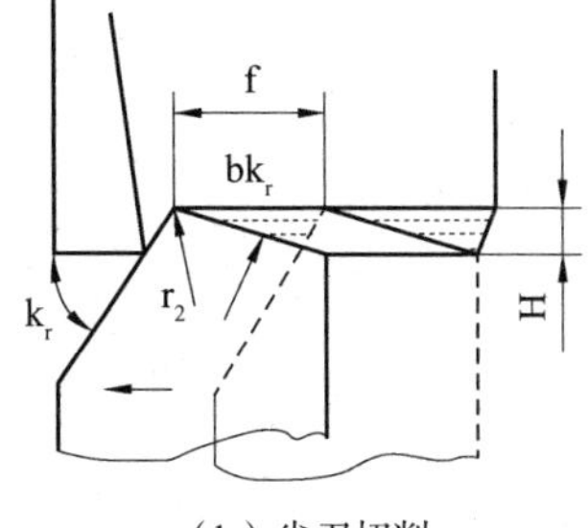

（b）尖刀切削

图 4-4　车削加工理论残留面积高度

2. 物理因素

在切削加工过程中，刀具对工件的挤压和摩擦使金属材料发生塑性变形，引起原有的残留面积扭曲或沟纹加深，增大表面粗糙度。当采用中等或中等偏低的切削速度切削塑性材料时，在前刀面上容易形成硬度很高的积屑瘤，它可以代替刀具进行切削，但状态极不稳定，积屑瘤生成、长大和脱落将严重影响加工表面的表面粗糙度值。另外，在切削过程中由于切屑和前刀面的强烈摩擦作用以及撕裂现象，还可能在加工表面上产生鳞刺，使加工表面的粗糙度增加。

3. 工艺因素

（1）切削用量的影响。

①切削速度 v：切削速度、进给量与表面粗糙度的关系如图 4 – 5 所示，从图 4 – 5 中可看出在一定的切削速度范围内容易产生积屑瘤或鳞刺，因此合理选择 v 是减少粗糙度值的重要条件。

②进给量：从图 4 – 5 中可看出在相同的切削速度的情况下，进给量越小，表面粗糙度的值也越小，减少进给量，可减少残留面积高度，故可降低粗糙度值。

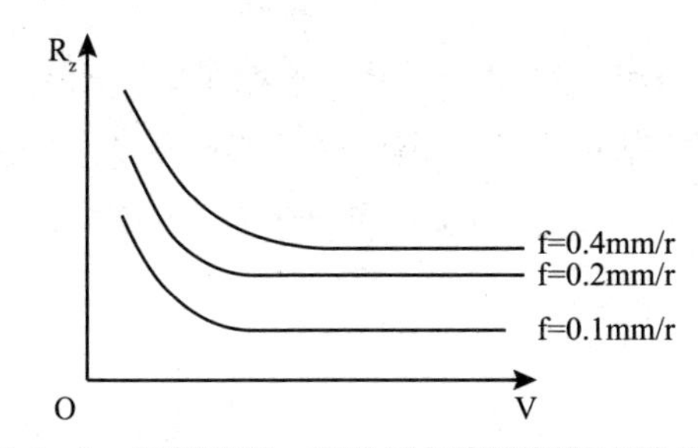

图 4 – 5　切削速度、进给量与表面粗糙度的关系

（2）刀具材料和几何参数的影响。

①刀具材料与被加工材料分子间的亲和力大时，易生成积屑瘤，在切削条件相同时，用硬质合金刀具加工的工件表面粗糙度比用高速钢刀具细。

②刀具几何参数。

刀尖圆弧半径 r_ε，主偏角 k_r 和副偏角 k_r' 均影响残留面积的大小，故

适当减少 r_ε、k_r、k_r' 可使表面粗糙度变细。

（3）切削液的影响。

切削液起冷却和润滑作用。因此可降低切削区的温度，减少刀刃与工件的摩擦，从而减少了塑性变形并抑制积屑瘤和鳞刺的生长，可降低表面粗糙度。

4.2.2　磨削加工中影响表面粗糙度的因素

1. 几何因素

砂轮表面上的磨粒与被磨工件做相对运动产生刻痕，若通过单位面积的磨粒越多，单位面积上的刻痕就越多，且刻痕细密均匀，则表面粗糙度越细。

2. 物理因素

在磨削加工中产生的塑性变形。磨粒切削刃口半径较大，磨削厚度小，磨粒在工件表面滑擦、挤压和耕犁，使加工表面出现塑性变形，同时单位磨削力大和磨削区温度高，也会加剧塑性变形。

3. 工艺因素

（1）磨削用量的影响。

①砂轮速度 v_s 对表面粗糙度的影响。

砂轮速度 v_s 与表面粗糙度的关系如图 4－6 所示，从图 4－6 中可看出砂轮速度 v_s 越大，参与切削的磨粒数越多，这样可以增加工件单位面积上的刻痕数，再加上高速磨削时塑性变形不充分，便降低了表面粗糙度值。

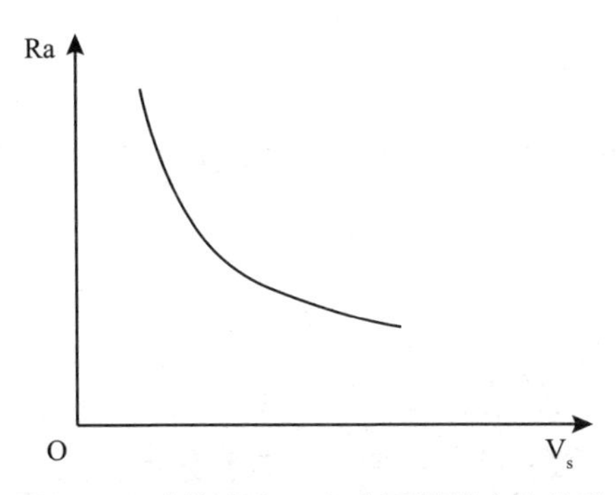

图 4－6　砂轮速度 v_s 与表面粗糙度的关系

②磨削深度与工件速度越大产生的塑性变形也越大，从而使表面粗糙度变粗，为提高磨削效率，在开始磨削时采用较大的磨削深度，后采用小的磨削深度以减少粗糙度。

（2）砂轮的影响。

①砂轮的粒度越小，单位面积上的磨粒越多，加工表面的刻痕细密，从而粗糙度细。但粒度过细，容易堵塞砂轮，使塑性变形增大，从而使表面粗糙度变粗。

②砂轮硬度应适宜，使磨粒在磨钝后能及时脱落，露出新的磨粒，易继续切削，即具有良好的自砺性，能获得较细的表面粗糙度。

③同时砂轮应及时修整，去除已钝化的磨粒，保证砂轮具有等高微刃，砂轮上的切削微刃越多，其等高性也越好，磨出的表面粗糙度越细。

（3）工件材料的影响。

①硬度的影响。

太硬时，磨粒易钝化；太软时砂轮易堵塞，使表面粗糙度变粗。

②韧性、导热性的影响。

韧性大和导热性差的材料，使磨粒早期崩落从而破坏了刀刃的等高性，使表面粗糙度变粗。

项目3　影响表面物理机械性能的因素

能力目标

具备根据已加工零件，分析零件的表面物理机械性能的能力。

知识目标

1. 了解加工硬化的产生及影响因素。
2. 掌握判断加工时产生残余压应力或残余拉应力的判断。
3. 掌握磨削烧伤的概念及改善措施。

4.3.1　加工表面的冷作硬化

1. 加工硬化的产生及衡量指标

加工表面层的硬化是由于机械加工时，工件表层金属受到切削力的作用产生强烈的塑性变形使晶体间产生剪切滑移，晶粒严重扭曲，并产生晶粒的拉长，破碎和纤维化，这时它的强度和硬度都提高了，塑性降低，这就是冷作硬化现象。另外，加工过程中产生的切削热会使得工件表层金属温度升高，当升高到一定程度时，会使得已强化的金属恢复到正常状态，失去其在加工硬化中得到的物理力学性能，这种现象称为软化。因此，金属的加工硬化实际取决于硬化速度和软化速度的比率。

评定加工硬化的指标有下列三项：

（1）表面层的显微硬度 HV；

（2）硬化层深度 h（μm）；

（3）硬化程度 N。

$$N = \frac{HV - HV_0}{HV_0} \tag{4-3}$$

式（4－3）中：

HV——基体材料的显微硬度。

2. 影响加工硬化的因素

（1）被加工材料的影响。硬度越小，塑性越大的材料切削后的冷硬现象越严重。

（2）刀具的影响。刀具的前角、刃口圆角半径和后面的磨损量对于冷硬层有很大影响，前角减小，刃口圆角半径增大及后面的磨损量增加时，冷硬层深度和硬度也随之增大。

（3）切削用量的影响。切削用量中进给量和切削速度对加工硬化的影响较大。增大进给量，切削力随之增大，表层金属的塑性变形程度增大，加工硬化程度增大，增大切削速度，刀具对工件的作用时间减少，塑性变形的扩展深度减小，故而硬化层深度减小。另外，增大切削速度会使切削区温度升高，有利于减少加工硬化。

4.3.2 加工表面的残余应力

外载荷去除后，仍残存在工件表层与基体材料交界处的相互平衡的应力称为残余应力。残余压应力可提高工件表面的耐磨性和疲劳强度。残余拉应力使耐磨性和疲劳强度降低，若拉应力值超过了工件材料的疲劳强度极限时，使工件表面产生裂纹，加速工件的损坏。产生表面残余应力的原因主要有：

（1）冷态塑性变形引起的残余应力。切削加工时，加工表面在切削力的作用下产生强烈的塑性变形，表层金属的比容增大，体积膨胀，但受到与它相连的里层金属的阻止，从而在表层产生了残余压应力，在里层产生了残余拉应力。当刀具在被加工表面上切除金属时，由于受后刀面的挤压和摩擦作用，表层金属纤维被严重拉长，但仍会受到里层金属的阻止，从而在表层产生残余压应力，在里层产生残余拉应力。

（2）热态塑性变形引起的残余应力。切削加工时，大量的切削热会使加工表面产生热膨胀，由于基体金属的温度较低，会对表层金属的膨胀产生阻碍作用，因此表层产生热态压应力。当加工结束后，表层温度下降要进行冷却收缩，但受到基体金属阻止，从而在表层产生残余拉应力，里层产生残余压应力。

（3）金相组织变化引起的残余应力。如果在加工中工件表层温度超过金相组织的转变温度，则工件表层将产生组织转变，表层金属的比容将随之发生变化，而表层金属的这种比容变化必然会受到与之相连的基体金属的阻碍，从而在表层、里层产生互相平衡的残余应力。例如在磨削淬火钢时，由于磨削热导致表层可能产生回火，表层金属组织将由马氏体转变成接近珠光体的屈氏体或索氏体，密度增大，比容减小，表层金属要产生相变收缩但会受到基体金属的阻止，从而在表层金属产生残余拉应力，里层金属产生残余压应力。如果磨削时表层金属的温度超过相变温度，且冷却以充分，表层金属将成为淬火马氏体，密度减小，比容增大，则表层将产生残余压应力，里层则产生残余拉应力。

4.3.3 加工表面金相组织变化

切削加工中由于切削热的作用，加工表面层会产生金相组织的变化。

磨削时工件表面层温度比切削时高得多，表面层的金相组织产生更为复杂的变化。表面层的硬度也相应有了更大的变化，直接影响了零件的使用性能。

1. 磨削表面层金相组织变化与磨削烧伤

磨削加工由于切除单位金属消耗的功率大，故产生的热量也多。另外，砂轮与工件之间的摩擦较大，加上磨粒的微刃大多数是负前角，使工件表面便产生较大的塑性变形，在磨削区产生很高的温度，有时超过一般碳素钢的相变温度，甚至于在磨削点上可能达到熔化的温度，使工件表面被烧伤。

在磨削加工中，由于多数磨粒为负前角切削，磨削温度很高，产生的热量远远高于切削时的热量，而且磨削热有 60% ~80% 传给工件，所以极容易出现金相组织的转变，使得表面层金属的硬度和强度下降，产生残余应力甚至引起显微裂纹，这种现象称为磨削烧伤。产生磨削烧伤时，加工表面常会出现黄、褐、紫、青等烧伤色，这是磨削表面在瞬时高温下的氧化膜颜色。不同的烧伤色，表明工件表面受到的烧伤程度不同。

磨削淬火钢时，工件表面层由于受到瞬时高温的作用，将可能产生以下三种金相组织变化：

（1）如果磨削表面层温度未超过相变温度，但超过了马氏体的转变温度，这时马氏体将转变成为硬度较低的回火屈氏体或索氏体，这叫回火烧伤。

（2）如果磨削表面层温度超过相变温度，则马氏体转变为奥氏体，这时若无切削液，则磨削表面硬度急剧下降，表层被退火，这种现象称为退火烧伤。干磨时很容易产生这种现象。

（3）如果磨削表面层温度超过相变温度，但有充分的切削液对其进行冷却，则磨削表面层将急冷形成二次淬火马氏体，硬度比回火马氏体高，不过该表面层很薄，只有几微米厚，其下为硬度较低的回火索氏体和屈氏体，它们使表面层总的硬度继续降低，称为淬火烧伤。

2. 磨削烧伤的改善措施

影响磨削烧伤的因素主要是磨削用量、砂轮、工件材料和冷却条件。

由于磨削热是造成磨削烧伤的根本原因，因此要避免磨削烧伤，就应尽可能减少磨削时产生的热量及尽量减少传入工件的热量。具体可采用下列措施：

（1）合理选择磨削用量。不能采用太大的磨削深度，因为当磨削深度增加时，工件的塑性变形会随之增加，工件表面及里层的温度都将升高，烧伤亦会增加；工件速度增加，磨削区表面温度会增高，但由于热作用时间减少，因而可减轻烧伤。

（2）工件材料。工件材料对磨削区温度的影响主要取决于它的硬度、强度、韧性和热导率。工件材料硬度、强度越高，韧性越大，磨削时耗功越多，产生的热量越多，越易产生烧伤，导热性较差的材料，在磨削时也容易出现烧伤。

（3）砂轮的选择。硬度太高的砂轮，钝化后的磨粒不易脱落，容易产生烧伤，因此用软砂轮较好；选用粗粒度砂轮磨削，砂轮不易被磨削堵塞，可减少烧伤；结合剂对磨削烧伤也有很大影响，树脂结合剂比陶瓷结合剂容易产生烧伤，橡胶结合剂比树脂结合剂更易产生烧伤。

（4）冷却条件。采用切削液带走磨削区热量可以避免烧伤。然而，目前通用的冷却方法效果较差，实际上没有多少切削液能进入磨削区。如图4－7所示，切削液不易进入磨削区AB，而是大量倾注在已经离开磨削区的加工面上，这时烧伤早已发生。因此采取有效的冷却方法有其重要意义。为此可采用多孔砂轮、内冷却砂轮和浸油砂轮，图4－8所示为一内冷却砂轮结构，切削液被引入砂轮的中心腔内，由于离心力的作用，切削液再经过砂轮内部的孔隙从砂轮四周的边缘甩出，这样切削液即可直接进入磨削区，发挥有效的冷却作用。

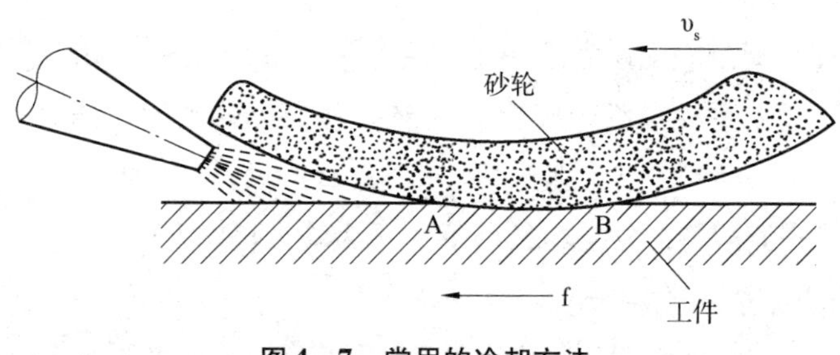

图4－7　常用的冷却方法

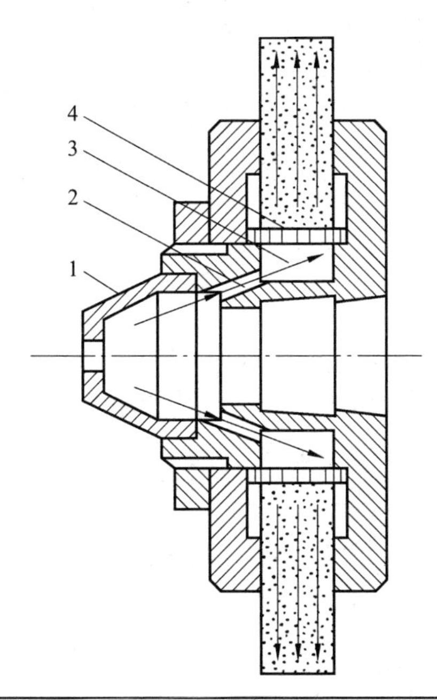

1—锥形盖；2—切削液通孔；3—砂轮中心腔；4—有径向小孔的薄壁套

图 4－8　内冷却砂轮结构

项目 4　工艺系统的振动

能力目标

具备根据机械加工中出现振动的情况，能消除或减少振动，以提高零件表面质量的能力。

知识目标

1. 了解机械振动对加工的危害。
2. 掌握机械振动的基本类型。
3. 掌握受迫振动产生的原因、特点和消除受迫振动的途径。
4. 掌握自激振动产生的原因、特点和消除自激振动的途径。

1. 机械振动的概念

在机械加工过程中，工艺系统有时会发生振动，人为地利用振动来进行加工服务的振动车削、振动磨削、振动时效、超声波加工等除外，即在刀具的切削刃与工件上正在切削的表面之间，除了名义上的切削运动之外，还会出现一种周期性的相对运动。这是一种破坏正常切削运动的极其有害的现象，主要表现在：

（1）振动使工艺系统的各种成形运动受到干扰和破坏，使加工表面出现振纹，增大表面粗糙度值，恶化加工表面质量；

（2）振动还可能引起刀刃崩裂，引起机床、夹具连接部分松动，缩短刀具及机床、夹具的使用寿命；

（3）振动限制了切削用量的进一步提高，降低了切削加工的生产效率，严重时甚至还会使切削加工无法继续进行；

（4）振动所发出的噪声会污染环境，有害工人的身心健康。

研究机械加工过程中振动产生的机理，探讨如何提高工艺系统的抗振性和消除振动的措施，一直是机械加工工艺学的重要课题之一。

2. 机械振动的基本类型

（1）按工艺系统振动的性质分类。

①受迫振动。受迫振动是指在外界周期性变化的干扰力作用下产生的振动。磨削加工中主要会产生受迫振动。

②自激振动。自激振动是指切削过程本身引起切削力周期性变化而产生的振动。切削加工中主要会产生自激振动。

③自由振动。自由振动是指由于切削力突然变化或其他外界偶然原因引起的振动。自由振动的频率就是系统的固有频率，由于工艺系统的阻尼作用，这类振动会在外界干扰力去除后迅速自行衰减，对加工过程影响较小。

机械加工过程中振动主要是受迫振动和自激振动。据统计，强迫振动约占30%，自激振动约占65%，自由振动所占比重则很小。

（2）按工艺系统的自由度数量分类

①单自由度系统的振动——用一个独立坐标就可确定系统的振动。

②多自由度系统的振动——用多个独立坐标才能确定系统的振动。二自由度系统是多自由度系统最简单的形式。

4.4.1　机械加工中的受迫振动

受迫振动是一种由工艺系统内部或外部周期交变的激振力（即振源）作用下引起的振动。

1. 机械加工过程中产生受迫振动的原因

引起受迫振动的激振力主要来自以下几个方面：

（1）机床上高速回转零件的不平衡。

机床上高速回转的零件有：电机转子、皮带轮、主轴、卡盘和工件、砂轮等。这些零件由于不平衡而产生激振力（即离心惯性力）。

例如，电机安装在简支梁上（见图 4－9）。当转子的转动中心跟质心不重合时，产生不平衡，电动机在简支梁上产生受迫振动。

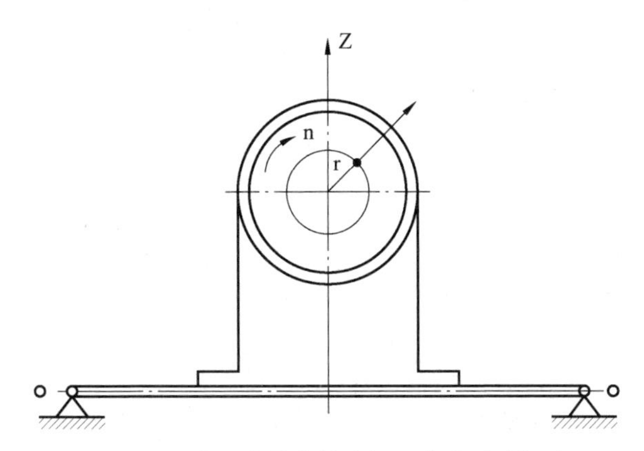

图 4－9　电机安装在简支梁上产生受迫振动

（2）机床传动系统中的误差。

①机床传动系统中的齿轮由于制造、安装误差而产生周期性的激振力。

②皮带接缝处接头不良。

③轴承滚动体尺寸差。

④液压系统中油液脉动是指油泵排油的脉动性。

（3）切削过程本身的不均匀性。

切削过程的间歇特性：如铣削带有键槽的断续表面，由于间歇切削而引起的切削力的周期性变化，从而激起振动。

（4）外部振源。

由于邻近设备工作时的强烈振动通过地基传来，使工艺系统产生相同或整倍数频率的受迫振动。

2. 受迫振动的特性

（1）受迫振动是由周期性激振力作用而产生的一种不衰减的稳定振动。受迫振动本身不能引起激振力变化，但如果外力消失，则振动消失。

（2）受迫振动的频率与激振力频率相同或整倍数而与工艺系统本身的固有频率无关。

（3）受迫振动的振幅大小取决于激振力的大小、系统刚度和阻尼系数、激振力频率与系统固有频率之比。

根据振动理论，当工艺系统受周期性激振力 F 作用时，系统产生强迫振动的振幅为：

$$A = \frac{A_0}{\sqrt{(1-\lambda)^2 + (2\xi\lambda)^2}} \tag{4-4}$$

式（4-4）中：A_0——静位移（m），$A_0 = F/k$，其中 k 为系统静刚度（N/m）；

λ——频率比，即激振力频率 ω 与系统固有频率 ω_0 之比值；

ξ——阻尼比，即系统等效阻尼系数 δ 与临界阻尼系数 δ_c 之比值。因此，振幅 A 与激振力 F 成正比，并随系统静刚度 k 或阻尼比 ξ 的增大而减小。频率比对振幅 A 的影响，做出幅频特性曲线，由图 4-10 可知。

（1）当 $\lambda \leqslant 1$ 时（即激振力的频率很小），$A \approx F/K = A_0$，相当于把激振力作为静载荷加在系统上，使系统产生静位移 A，这种现象发生在 $\lambda < 0.6 \sim 0.7$ 范围，故此范围为准静态区，在该区内增大系统的静刚度，即可消除振动。

（2）当 $\lambda \approx 1$ 时，振幅将急剧增加，这种现象称为共振，对工艺系统危害最严重。工程上将 $0.7 \leqslant \lambda \leqslant 1.3$ 区域称为共振区。在共振区内改变固有频率或提高阻尼比和静刚度，均有消振作用。

（3）当 $\lambda > 1.3 \sim 1.4$ 以上时，振幅迅速下降，振动也随之减少以致消失，该区称为惯性区。在惯性区以增加系统的质量来提高系统的动刚度 K_d（$K_d = F/A$），此时阻尼的影响也大大减少，系统的振幅将小于静位移 A_0。

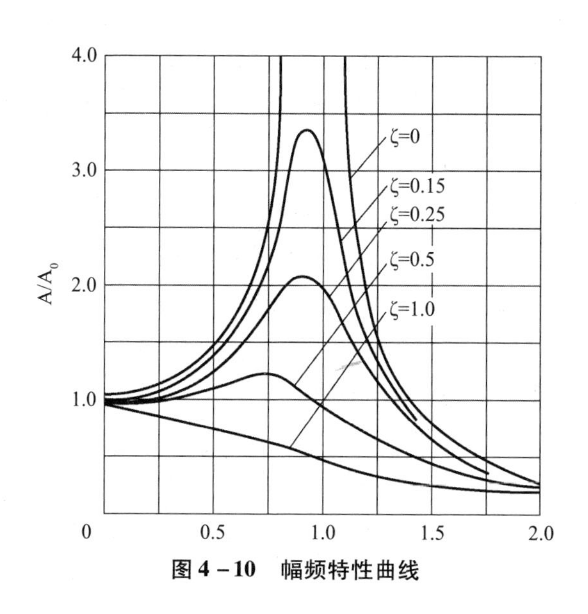

图 4－10　幅频特性曲线

3. 消除受迫振动的途径

受迫振动是由于外界干扰力引起的，因此必须对振动系统进行测振试验，找出振源。确定振源的方法：由于受迫振动的频率是和激振力的频率相同或成倍数，故可将实测的振动频率与各个可能激振的振源的频率进行比较，即可确定振源。然后采取适当措施加以控制。消除和抑制强迫振动的措施主要有：

（1）改进机床传动结构，进行消振与隔振。消除受迫振动最有效的办法是找出外界的干扰力（振源）并去除之。如果不能去除，则可以采用隔绝的方法，如机床采用厚橡皮或木材等将机床与地基隔离，就可以隔绝相邻机床的振动影响。精密机械、仪器采用空气垫等也是很有效的隔振措施。

（2）消除回转零件的不平衡。机床和其他机械的振动，大多数是由于回转零件的不平衡所引起，因此对于高速回转的零件要注意其平衡问题，在可能条件下，最好能做动平衡。

(3) 提高传动件的制造精度。传动件的制造精度会影响传动的平衡性，引起振动。在齿轮啮合、滚动轴承以及带传动等传动中，减少振动的途径主要是提高制造精度和装配质量。

(4) 提高系统刚度，增加阻尼。提高机床、工件、刀具和夹具的刚度都会增加系统的抗振性。增加阻尼是一种减小振动的有效办法，在结构设计上应该考虑到，但也可以采用附加高阻尼板材的方法以达到减小振动的效果。

(5) 合理安排固有频率，避开共振区。根据强迫振动的特性，一方面是改变激振力的频率，使它避开系统的固有频率，另一方面是在结构设计时，使工艺系统各部件的固有频率远离共振区。

4.4.2 机械加工中的自激振动

1. 自激振动产生的机理

机械加工过程中，还常常出现一种与强迫振动完全不同形式的强烈振动，这种振动是当系统受到外界或本身某些偶然的瞬时干扰力作用而触发自由振动后，由振动过程本身的某种原因使切削力产生周期性变化，又由这个周期性变化的动态力反过来加强和维持振动，使振动系统补充了由阻尼作用消耗的能量，这种类型的振动被称为自激振动。切削过程中产生的自激振动是频率较高的强烈振动，通常又称为颤振。自激振动常常是影响加工表面质量和限制机床生产率提高的主要障碍。磨削过程中，砂轮磨钝以后产生的振动也往往是自激振动。

为了解释切削过程中的自激振动现象，现以电铃的工作原理加以说明。如图 4－11 所示的电铃系统中，电池为能源。按下按钮 2 时，电流通过触点 3、弹簧片、电磁铁 5 与电池构成回路。电磁铁产生磁力吸引衔铁 4，带动小锤 6。而当弹簧片被吸引时，触点 3 处断电，电磁铁失去磁性，小锤靠弹簧片弹回至原处，于是重复刚才所述的过程。这个过程显然不存在外来周期性干扰，而是由系统内部的调节元件产生交变力，再由这种交变力产生并维持振动，这就是自激振动。

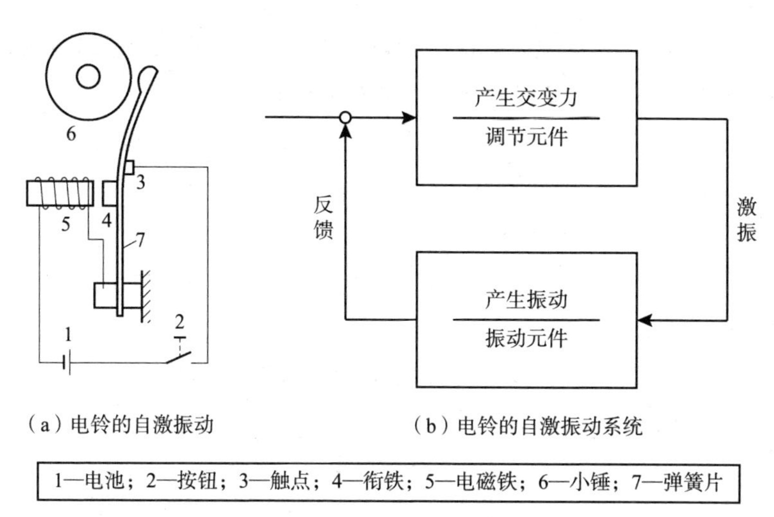

（a）电铃的自激振动　　（b）电铃的自激振动系统

1—电池；2—按钮；3—触点；4—衔铁；5—电磁铁；6—小锤；7—弹簧片

图 4－11　电铃的自激振动原理

金属切削过程中自激振动的原理如图 4－12 所示，它有两个基本部分：切削过程产生的交变力 ΔP 激励工艺系统，工艺系统产生振动位移 ΔY 再反馈给切削过程。维持振动的能量来源于机床的能量。

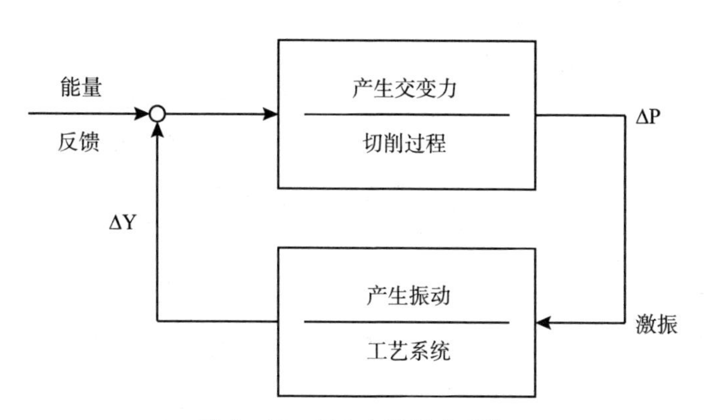

图 4－12　机床自激振动系统

2. 自激振动的特点

自激振动的特点可简要地归纳如下。

（1）自激振动是一种不衰减的振动。振动过程本身能引起某种力周期的变化，振动系统能通过这种力的变化，从不具备交变特性的能源中周期性地获得能量补充，从而维持这个振动。外部的干扰有可能在最初触发振动时起作用，但是它不是产生这种振动的直接原因。

（2）自激振动的频率等于或接近于系统的固有频率，也就是说，由振动系统本身的参数所决定，这是与强迫振动的显著差别。

（3）自激振动能否产生及振幅的大小，取决于每一振动周期内系统所获得的能量与所消耗的能量的对比情况。当振幅为某一数值时，如果所获得的能量大于所消耗的能量，则振幅将不断增大，相反，如果所获得的能量小于所消耗的能量，则振幅将不断减小，振幅一直增加或减小到所获得的能量等于所消耗的能量时为止。当振幅在任何数值时获得的能量都小于消耗的能量，则自激振动根本就不可能产生。

（4）自激振动的形成和持续，是由于过程本身产生的激振和反馈作用，所以若停止切削或磨削过程，即使机床仍继续空运转，自激振动也停止了，这也是与强迫振动的区别之处，所以可以通过切削或磨削试验来研究工艺系统或机床的自激振动，同时也可以通过改变对切削或磨削过程有影响的工艺参数，如切削或磨削用量，来控制切削或磨削过程，从而限制自激振动的产生。

3. 消除自激振动的途径

由通过试验研究和生产实践产生的关于自激振动的几种学说可知，自激振动与切削过程本身有关，与工艺系统的结构性能也有关，因此控制自激振动的基本途径是减小和抵抗激振力的问题，具体说来可以采取以下一些有效的措施：

（1）合理选择与切削过程有关的参数。自激振动的形成与切削过程本身密切相关，所以可以通过合理地选择切削用量、刀具几何角度和工件材料的可切削性等途径来抑制自激振动。

①合理选择切削用量。如车削中，切削速度 v 在 20～60m/min 范围内，自激振动振幅增加很快，而当 v 超过此范围以后，则振动又逐渐减弱了，通常切削速度 v 在 50～60m/min 时切削稳定性最低，最容易产生自激振动，所以可以选择高速或低速切削以避免自激振动。关于进给量 f，通常当 f 较小时振幅较大，随着 f 的增大振幅反而会减小，所以可以在表面粗糙度要求许可的前提下选取较大的进给量以避免自激振动。背吃刀量 a_p

越大，切削力越大，越易产生振动。

②合理选择刀具的几何参数。适当地增大前角 γ_o、主偏角 k_c，能减小切削力而减小振动。后角 α_o 可尽量取小，但精加工中由于背吃刀量 a_p 较小，刀刃不容易切入工件，而且 α_o 过小时，刀具后刀面与加工表面间的摩擦可能过大，这样反而容易引起自激振动。通常在刀具的主后刀面下磨出一段 α_o 角为负值的窄棱面，如图 4－13 就是一种很好的防振车刀。另外，实际生产中可以用油石使新刃磨的刃口稍稍钝化，也很有效。关于刀尖圆弧半径，它本来就和加工表面粗糙度有关，对加工中的振动而言，刀尖圆弧半径一般不要取的太大，如车削中当刀尖圆弧半径与背吃刀量近似相等时，则切削力就很大，容易振动。车削时装刀位置过低或镗孔时装刀位置过高，都易于产生自激振动。

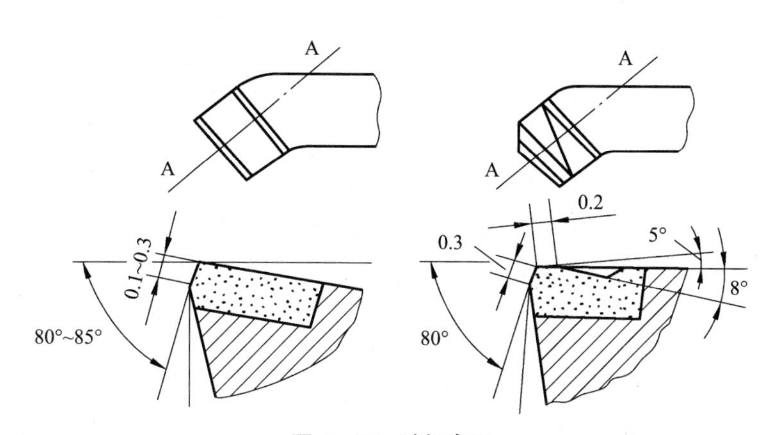

图 4－13 防振车刀

使用“油”性非常高的润滑剂也是加工中经常使用的一种防振办法。

（2）提高工艺系统本身的抗振性。

①提高机床的抗振性。机床的抗振性能往往占主导地位，可以从改善机床的刚性、合理安排各部件的固有频率、增大阻尼以及提高加工和装配的质量等来提高其抗振性。如图 4－14 就是具有显著阻尼特性的薄壁封砂结构床身。

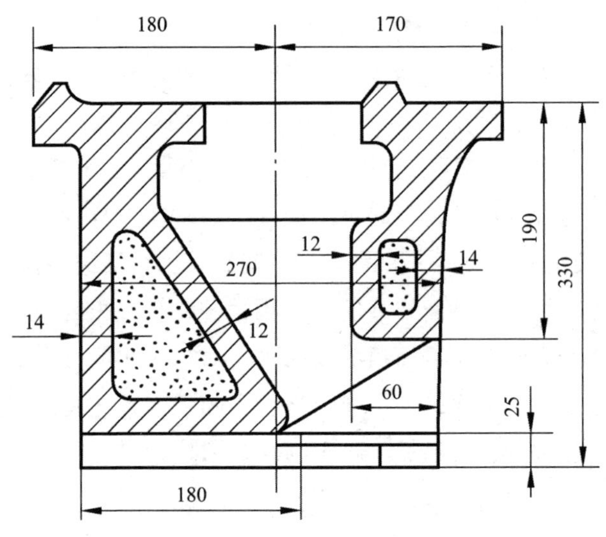

图 4 – 14　薄壁封砂床身

②提高刀具的抗振性。通过刀杆等的惯性矩、弹性模量和阻尼系数，使刀具具有高的弯曲与扭转刚度、高的阻尼系数，例如硬质合金虽有高弹性模量，但阻尼性能较差，因此可以和钢组合使用，以发挥钢和硬质合金两者之优点。

③提高工件安装时的刚性。主要是提高工件的弯曲刚度，如细长轴的车削中，可以使用中心架、跟刀架，当用拨盘传动销拨动夹头传动时要保持切削中传动销和夹头不发生脱离等。

（3）使用消振器装置。图 4 – 15 是车床上使用的冲击消振器，图中 6 是消振器座，螺钉 1 上套有质量块 4、弹簧 3 和套 2，当车刀发生强烈振动时，4 就在 6 和 1 的头部之间做往复运动，产生冲击，吸收能量。图 4 – 16 是镗孔用的冲击消振器。图中 1 为镗杆，2 为镗刀，3 为工件，4 为冲击块（消振质量），5 为塞盖。冲击块安置在镗杆的空腔中，它与空腔间保持 0. 05 ~0. 10mm 的间隙。当镗杆发生振动时，冲击块将不断撞击镗杆吸收振动能量，因此能消除振动。这些消振装置经生产使用证明，都具有相当好的抑振效果，并且可以在一定范围内调整，所以使用上也较方便。

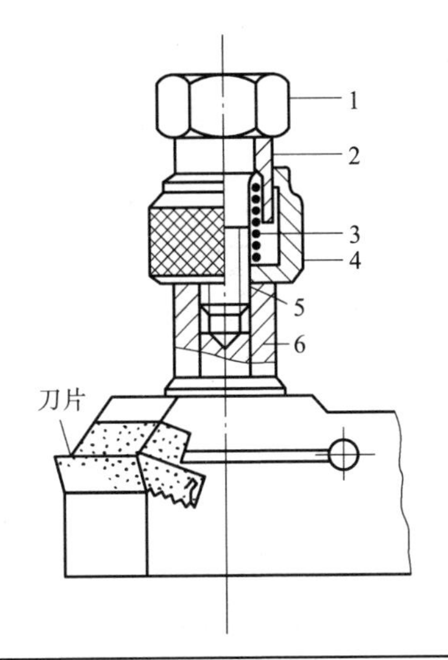

1—螺钉；2—套；3—弹簧；4—质量块；5、6—消振器座

图 4－15 车床上用冲击消振器

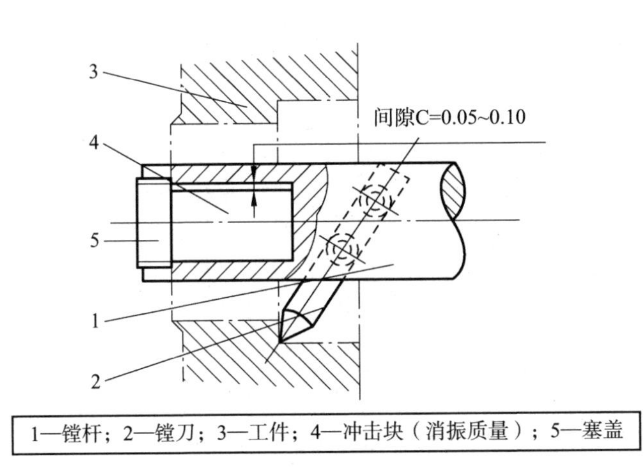

1—镗杆；2—镗刀；3—工件；4—冲击块（消振质量）；5—塞盖

图 4－16 镗杆用冲击消振器

图 4－17 为一利用多层弹簧片间的相互摩擦来消除振动的干摩擦阻尼装置。图 4－18 为一利用液体流动阻力的阻尼作用消除振动的液体阻尼装置。

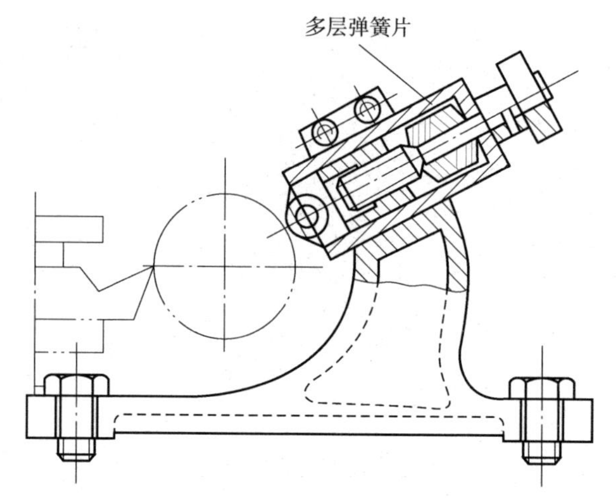

图 4-17　干摩擦阻尼器

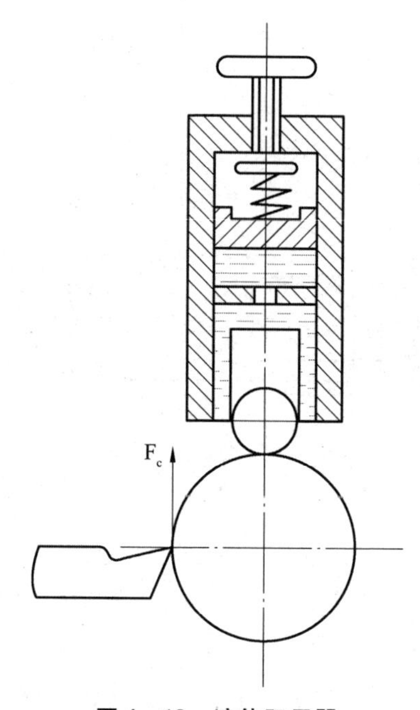

图 4-18　液体阻尼器

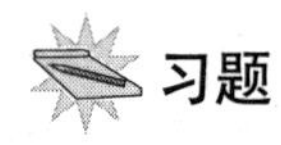

习题

4-1　表面质量的主要内容包括哪几项指标？

4－2　切削加工后的表面粗糙度由哪些因素造成？要使粗糙度变小，对各种因素应如何加以控制？

4－3　切削速度和硬化现象，进给量和硬化现象的关系？

4－4　机械加工中，为什么工件表面层金属会产生残余应力？磨削加工工件表面层产生残余应力的原因与切削加工产生残余应力的原因是否相同，为什么？

4－5　为何会产生磨削烧伤？减少磨削烧伤的方法有哪些？

4－6　机械加工过程中经常出现的机械振动有哪些？各有何特性？

第 5 章

典型零件加工

项目1　轴类零件加工

能力目标

能根据零件图的加工要求，编制简单及中等复杂程度的轴类零件的机械加工工艺。

知识目标

1. 掌握轴类零件的作用、结构特点及技术要求。
2. 正确选择轴类零件的材料、毛坯及热处理。
3. 正确选择轴类零件表面机械加工方法。
4. 正确选择轴类零件加工机床、刀具及工艺装备。
5. 掌握轴类零件的装夹及定位基准的选择。
6. 掌握轴类零件加工工艺路线的拟定。
7. 掌握中等复杂程度轴类零件加工工艺的编制。

5.1.1　轴类零件加工概述

1. 轴类零件的作用及结构特点

（1）轴类零件的作用。

轴类零件是机械产品中的主要零件之一，它通常被用于支撑传动零件（齿轮、带轮等）、传递扭矩、承受载荷，以及保证装在轴上的零件（或刀具）具有一定的回转精度。

（2）轴类零件的结构特点。

轴类零件按其结构形状的特点可以分为光轴、阶梯轴、空心轴和异形轴四大类，如图5－1所示。

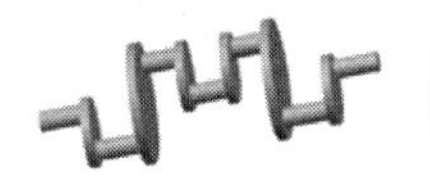

（a）阶梯轴　（b）空心轴　（c）曲轴　（d）光轴

图5－1　轴的种类

从结构特征来看，轴类零件都上长度（L）大于直径（d）的旋转体零件，若L/d≤12，通常称为刚性轴；若L/d＞12，则称为挠性轴。

轴类零件主要以外圆柱面作为加工表面，轴上一般有轴颈、轴肩、键槽、螺纹、挡圈槽、销孔、内孔、螺纹孔等要素，以及中心孔、退刀槽、倒角、圆角等机械加工工艺结构。

2. 轴类零件的主要技术要求

（1）尺寸精度。

轴类零件的支承轴颈一般与轴承进行配合，对尺寸精度有一定要求。一般轴类的支撑轴颈的尺寸精度为IT6～IT9，精密轴颈可达IT5。

（2）几何形状精度。

轴颈的几何形状精度是指圆度、圆柱度。通常来说，轴颈的几何形状精度应限制在直径公差允许的范围内。对精度要求高的轴，应在图纸上标注形状公差。

（3）位置精度。

主要指配合轴颈相对于支承轴颈的同轴度，通常受到配合轴颈对支承轴颈的径向圆跳动的限制。对于一般精度的轴，配合轴颈对支撑轴颈的颈项圆跳动一般为0.01～0.03mm，对于高精度的轴，其径向圆跳动为0.001～0.005mm。

（4）表面粗糙度。

随着机器速度和精度的提高，对轴类零件表面粗糙度的要求会逐渐变小。与传动件配合的轴颈的表面粗糙度Ra为0.63～2.5mm，与轴承配合的支承轴颈的表面粗糙度Ra为0.16～0.63mm。

3. 轴类零件的材料、毛坯及热处理

（1）轴类零件的材料及热处理。

为了获得更高的强度、韧度和耐磨性能，轴类零件应选用不同的材料，以适应各类工作条件和使用要求。轴类零件材料通常有碳钢、合金钢及球墨铸铁等。

①对于一般轴类零件，材料常选用45钢。这类材料成本较低，易于加工，但淬透性较差，淬火后易产生较大的内应力。

②对于中等精度且需要较高转速运行的轴类零件，可选用40Cr等合金钢。此类材料机械性能较好。对于精度较高的轴，可以采用弹簧钢65Mn、轴承钢GCr15等材料，它们经过热处理后，耐磨性和耐疲劳性能更强。

③对于工作条件普遍在转速高、载荷大的工况中运行的轴，可选用38CrMoAl中碳合金渗氮钢或20GrMnTi、20Gr等低碳合金钢。氮化钢经调质和表面氮化后，将会获得很高的心部强度、优良的耐磨性能及耐疲劳强度，且形变量很小；低碳合金钢在热处理后，可在获得很高的表面硬度的同时，心部呈现较软的性态，因此在冲击韧度方面表现优异。

（2）轴类零件毛坯的选择。

光轴和直径相差不大的阶梯轴一般常用采用圆棒料，比较重要的轴一般采用锻件。某些大型、结构复杂的轴（如曲轴）可采用铸件。

为了合理地选择毛坯，通常需要从以下4个方面来综合考虑。

①零件的生产纲领的大小。

生产纲领的大小在很大程度上决定了采用某种毛坯制造方法的经济性。当生产批量较时，应选用精度和生产率都较高的毛坯制造方法，其设备和工装方面的较大投资可通过材料消耗的减少和机械加工费用的降低而取得回报。而当零件的生产批量较小时，应选择设备和工装投资都较小的毛坯制造方法，如自由锻造和砂型铸造等。

②毛坯材料及其工艺特性。

在选择毛坯制造方法时，首先要考虑材料的工艺特性，如可铸性、可锻性、焊接性等。例如，铸铁和青铜不能锻造，对这类材料只能选择铸件。但是材料的工艺特性不是绝对的，它随着工艺技术水平的提高而不断变化。

③零件的形状。

零件的形状和尺寸往往也是决定毛坯制造方法的重要因素。例如，形状复杂的毛坯，一般不采用金属型铸造；尺寸较大的毛坯，往往不能采用模轴承锻造毛坯锻、压铸和精铸，质量在 100kg 以上较大的毛坯常采用砂型铸造、自由锻造和焊接等方法。对于质量在 1500kg 上的大锻件，需要水压机造型成坯，成本较高。但某些外形特殊的小零件，由于机械加工困难，往往采用较精密的毛坯制造方法，如压铸和熔模铸造等，最大限度减少机械加工余量。

④现有生产条件。

选择毛坯时，不应脱离本厂的生产设备条件和工艺水平，但又要结合产品的发展，积极创造条件，采用先进的毛坯制造方法。提高毛坯精度。实现少切削加工或无切削加工，是毛坯生产的一个重要发展方向。

5.1.2　轴类零件加工工艺分析

1. 轴类零件的图纸分析

制定零件的机械加工工艺之前，首先应分析零件图及零件所在部件的装配图。了解该零件在部件中的作用及零件的技术要求，找出其主要的技术关键，以便在拟定工艺规程时采取适当的措施加以保证。具体内容包括：

（1）分析零件的各项技术要求，判断出主要加工面，次要加工面，分别为其选择合适的加工方法，定位基准及安排加工顺序。

（2）了解该零件在产品中的位置、用途、性能及工作条件。

（3）对不能满足加工工艺要求的提出相应的改进意见。

2. 轴类零件加工方法

轴类零件的主要加工表面是外圆，常用的加工方法有车削、磨削和光整加工三种。一般精度要求的轴类零件使用车削和磨削即可，对于精度要求高、表面粗糙度值小的工件外圆，需要研磨、超精加工等才能达到要求，对某些精度要求不高但需要光亮的表面，还可通过滚压或抛光获得。常见的外圆加工方案可以获得经济精度和表面粗糙度，如表 5－1 所示。

表 5－1　　外圆加工工艺路线方案

序号	加工方案	经济精度等级	表面粗糙度 Ra/μm	适用范围
1	粗车	IT13 ~ IT11	50 ~ 12.5	适合于淬火钢以外的各种金属和部分非金属材料
2	粗车—半精车	IT10 ~ IT18	6.3 ~ 3.2	
3	粗车—半精车—精车	IT8 ~ IT7	1.6 ~ 0.8	
4	粗车—半精车—精车—滚压（抛光）	IT8 ~ IT7	0.2 ~ 0.025	
5	粗车—半精车—磨削	IT8 ~ IT7	0.8 ~ 0.4	主要用于淬火钢，也可用于未淬火钢及铸铁
6	粗车—半精车—粗磨—精磨	IT7 ~ IT6	0.4 ~ 0.1	
7	粗车—半精车—粗磨—精磨—超精密加工	IT6 ~ IT4	0.1 ~ 0.012	
8	粗车—半精车—精车—金刚石精细车	IT6 ~ IT5	0.8 ~ 0.2	主要用于非铁金属
9	粗车—半精车—粗磨—精磨—高精度磨削	IT5 ~ IT3	0.1 ~ 0.008	极高精度的外圆加工
10	粗车—半精车—粗磨—精磨—研磨	IT5 ~ IT3	0.1 ~ 0.008	

3. 轴类零件加工常用设备

（1）车床。

车床是完成车削加工必备的加工设备，它为车削加工提供特定的位置（刀具和工件的相对位置）、环境、所需运动及动力。常见的车床有普通车床、立式车床、自动车床和各种专用车床等。

车床的作用主要是对各种回转表面和回转体的端面进行加工，如内外圆柱面、圆锥面、回转体成形面等。有些车床也可以加工螺纹。车床结构种类繁多，按用途和加工对象不同，主要分为卧式车床、立式车床、落地车床、转塔车床、半自动车床、自动车床和仿形车床等。其中，应用最广泛的是卧式车床，它加工范围广，可完成粗加工、半精加工和精加工。图 5－2 为卧式车床所能完成的典型加工工序。

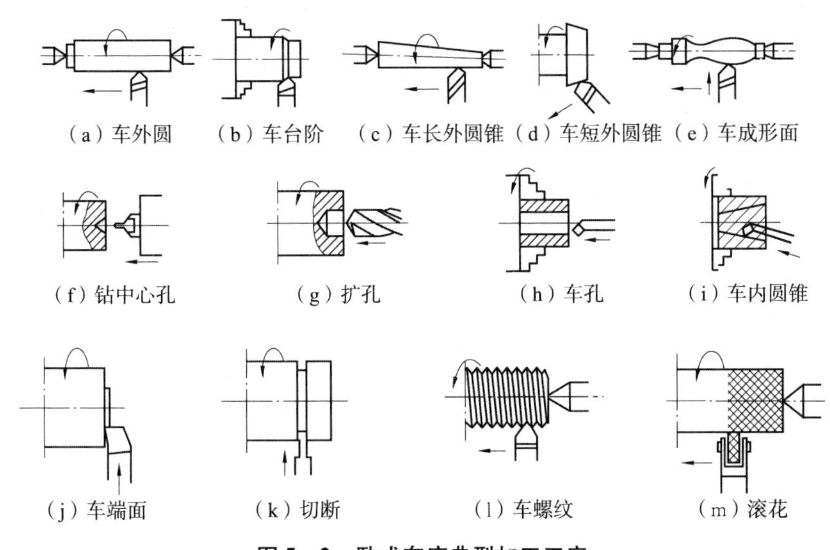

图 5－2　卧式车床典型加工工序

①卧式车床。

卧式车床是指车床主轴置于水平位置，刀具直线进给切削完成加工。在卧式车床上可以完成各种类型的内外回转体表面的加工，还可以进行钻、扩、铰、滚花等加工。但其自动化程度低，加工生产率低，加工质量受操作者的技术水平影响较大，所以多适用于单件小批生产。本书主要以介绍卧式车床为主。

②立式车床。

立式车床分单柱式和双柱式，一般用于加工直径大、长度短且质量较大的工件。立式车床的工作台的台面是水平面，主轴的轴心线垂直于台面，工件的矫正、装夹比较方便，工件和工作台的重力均匀地作用在工作台下面的圆导轨上。立式车床由于主轴轴线采用垂直位置，工件的安装平面处于水平位置，有利于工件的安装和调整，机床的精度保持性也好，因而实际生产中较多采用立式车床。

③转塔车床。

转塔车床与卧式车床的不同之处是，前者没有尾座和丝杠，在尾座的位置装有一个多工位的转塔刀架，该刀架可装多把刀具，通过转塔转位可使不同的刀具依次处于工作位置，对工件进行不同的加工，减少了反复装夹刀具的时间。因此，在成批加工形状复杂的工件时具有较高的生产率。

除上述较常见的几类车床外，还有机械式自动和半自动车床、液压仿形车床及多刀半自动车床等。单件、小批生产中，各种轴类和盘套类的中小型零件多在卧式车床上加工；生产率要高、变更频烦的中小型零件，可选用数控车床加工；大型圆盘类零件（如火车轮、大型轮的轮坯等）多用立式车床加工。成批或大批生产中，小型轴、套类零件，则广泛使用塔车床、多刀半自动车床及自动车床进行加工。

（2）磨床。

使用砂轮、砂带等磨具进行切削加工的机床统称磨床。磨床可加工内外圆柱面、圆锥面、平面、齿轮、螺旋面、刃磨刀具，如图5－3所示。磨削主要应用于零件的精加工，尤其是对难切削的高硬度材料，如淬硬钢、硬质合金、玻璃、陶瓷等，因此磨削往往是最终加工工序。

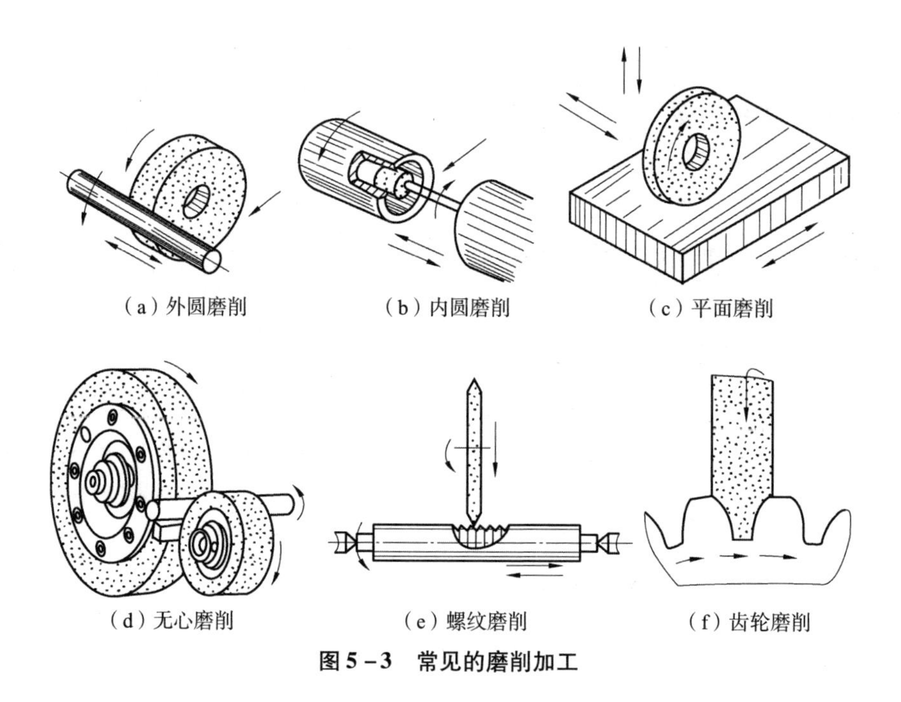

图5－3　常见的磨削加工

磨床的种类很多，除生产中常用的外圆磨床、内圆磨床、平面磨床外，还有工具磨床、刀具磨床及其他磨床。

①外圆磨床。

外圆磨床又可分为普通外圆磨床、万能外圆磨床、无心外圆磨床和端面外圆磨床等。图 5－4 为 M1432A 万能外圆磨床结构。

它由下列主要部件组成。

床身：床身用于连接和安装砂轮架、头架、尾座及工作台等部件，并利用底座将所有部件进行支承。床身内部装有液压元件，以对工作台和横向滑鞍的运动进行控制。

头架：头架用于对工件的装夹与固定，并能带动工件旋转。

工作台：工作台有两层，下层工作台用于带动工件进行沿导轨方向的直线运动，上层工作台用于带动工件在水平面上的小幅度偏转，以对小锥度圆锥面进行加工。

内圆磨装置：内圆磨装置由单独的电动机驱动，用于固定磨内孔的砂轮主轴部件。

砂轮架：砂轮架位于滑鞍上，用于固定并传动高速旋转的砂轮主轴。当对短圆锥进行磨削时，砂轮架可进行两个方向各 30°的角度调整。

尾座：尾座与头架顶尖配合，对工件起到支撑固定作用。

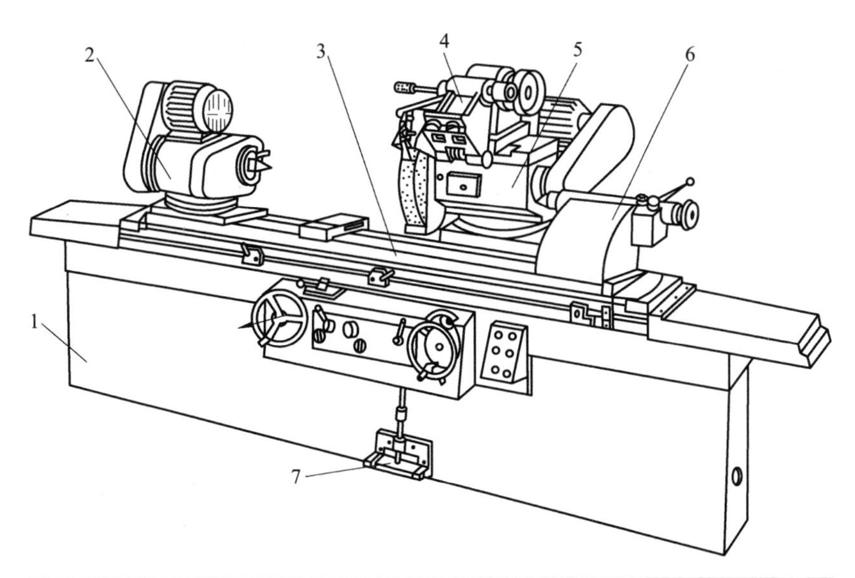

1—床身；2—头架；3—工作台；4—内磨装置；5—砂轮架；6—尾座；7—脚踏操纵板

图 5－4　M1432A 万能外圆磨床结构示意图

M1432A 型万能外圆磨床适合单件小批量生产中磨削内外圆柱面、圆锥面和轴肩端面等。它属于普通精度级机床，磨削加工精度可达到 IT6 ~ IT7 级，表面粗糙度在 Ra1.25 ~ 0.08μm。但是磨削效率不高，自动化程度较低，适用于工具车间、维修车间和单件小批量生产类型，其主参数为最大磨削直径 320mm。

②内圆磨床。

内圆磨床分为普通内圆磨床和万能内圆磨床，其中万能内圆磨床是应用最广泛的磨床。普通内圆磨床的砂轮架置于工作台上，随工作台做纵向进给运动，同时砂轮架负责工件加工时所需的横向进给运动。且头架可进行倾角调节，以便磨削锥孔。周期性的横向进给由砂轮架沿滑座移动完成。

在内圆磨床上可磨削各种轴类和套筒类工件的内圆柱面、内圆锥面以及台阶轴端面等。磨床的主要部件为床身。床身是磨床的基础支承件，在它的上面装有砂轮架、工作台、头架、尾座及横向滑鞍等部件。使这些部件在工作时保持准确的相对位置。床身内部用作液压油的油池。头架用于安装及夹持工件并带动工件旋转，头架在水平面内可逆时针方向转 90°。

③平面磨床。

平面磨床是磨削工件平面或成型表面的一类磨床，主要用于磨削平面，加工原理如图 5 - 5 所示。主要类型有卧轴矩台、卧轴圆台、立轴矩台、立轴圆台和各种专用平面磨床，如图 5 - 6 和图 5 - 7 所示。

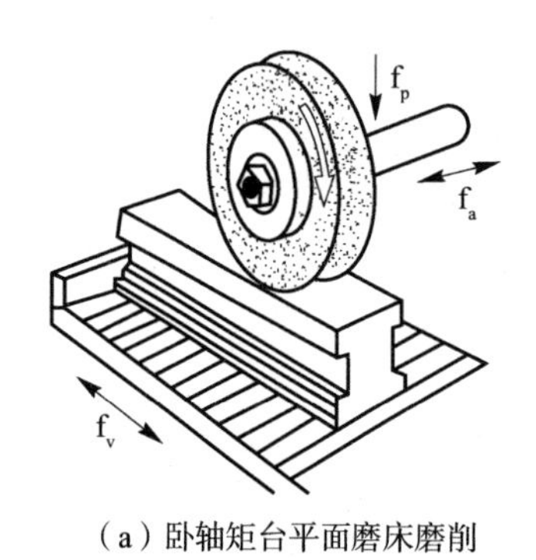

（a）卧轴矩台平面磨床磨削

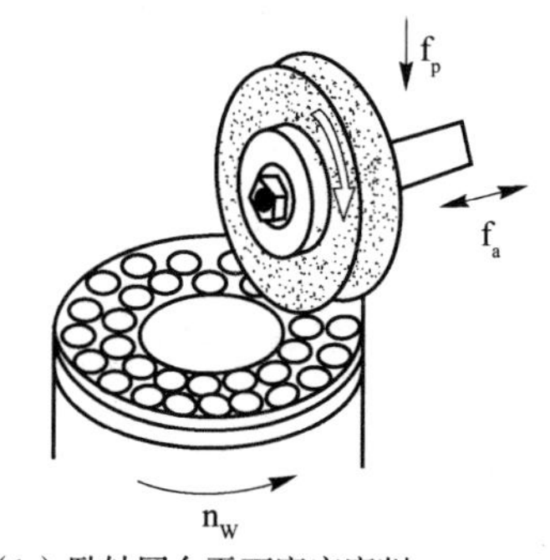

（b）卧轴圆台平面磨床磨削

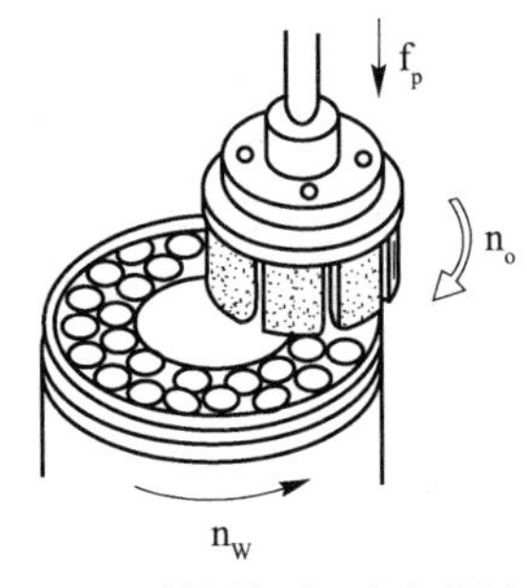

（c）立轴圆台平面磨床磨削

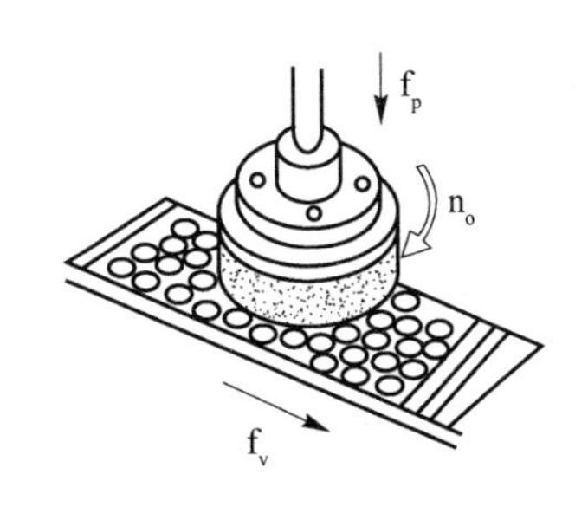

（d）立轴矩台平面磨床磨削

图 5－5　平面磨削工艺

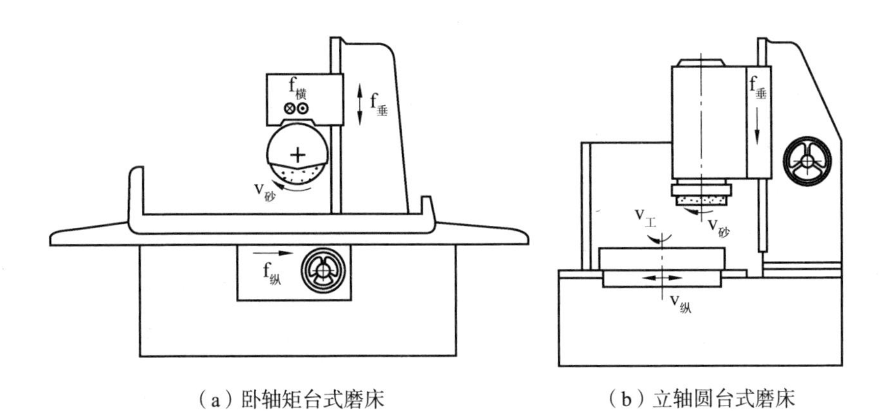

（a）卧轴矩台式磨床　　（b）立轴圆台式磨床

图 5－6　平面磨床

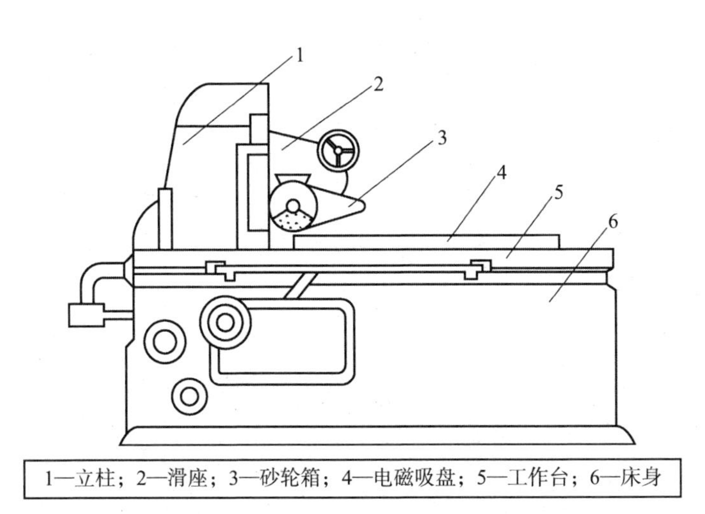

1—立柱；2—滑座；3—砂轮箱；4—电磁吸盘；5—工作台；6—床身

图 5－7　卧轴卧台平面磨床外形结构图

卧轴矩台平面磨床：工件由矩形电磁工作台吸住或夹持在工作台上，并做纵向往复运动。砂轮架可沿滑座的燕尾导轨（见机床导轨）做横向间歇进给运动（见机床），滑座可沿立柱的导轨做垂直间歇进给运动，用砂轮周边磨削工件，磨削精度较高。

立轴圆台平面磨床：竖直安置的砂轮主轴以砂轮端面磨削工件，砂轮架可沿立柱的导轨做间歇的垂直进给运动。工件装在旋转的圆工作台上可连续磨削，生产效率较高。为了便于装卸工件，圆工作台还能沿床身导轨纵向移动。

卧轴圆台平面磨床：适用于磨削圆形薄片工件，并可利用工作台倾斜磨出厚薄不等的环形工件。

立轴矩台平面磨床：由于砂轮直径大于工作台宽度，磨削面积较大，适用于高效磨削。

双端面磨床：利用两个磨头的砂轮端面同时磨削工件的两个平行平面，有卧轴和立轴两种形式。工件由直线式或旋转式等送料装置引导通过砂轮。这种磨床效率很高，适用于大批量生产轴承环和活塞环等零件。此外，还有专用于磨削机床导轨面的导轨磨床、磨削透平叶片型面的专用磨床等。

④工具磨床。

工具磨床是专门用于工具制造和刀具刃磨的磨床，有万能工具磨床、钻头刃磨床、拉刀刃磨床、工具曲线磨床等，多用于工具制造厂和机械制造厂的工具车间。工具磨床精度高、刚性好、经济实用，特别适用于刃磨各种中小型工具，如铰刀、丝锥、麻花钻头、扩孔钻头、各种铣刀、铣刀头、插齿刀。以相应的附具配合，可以磨外圆、内圆和平面，还可以磨制样板、模具。采用金刚石砂轮可以刃磨各种硬质合金刀具。

4. 轴类零件加工刀具

（1）车刀。

车刀是最简单的切削刀具，也是完成车削加工所必需的工具。它可用来加工内外圆面端面，螺纹及其他内外回转体成型面，也可用于切断和切槽等。车削加工的内容不同，采用的车刀种类也不同。车刀的种类很多，按其结构可分为整体式车刀、焊接式车刀、机夹重磨式车刀、机夹可转位式车刀等；按形式可分为直头车刀、弯头车刀、尖头车刀、圆弧车刀、右偏刀和左偏刀；根据用途可分为外圆车刀、端面车刀、螺纹车刀、镗孔车刀、切断车刀、螺纹车刀和成形车刀等。如图 5 - 8 为常用的车刀种类。

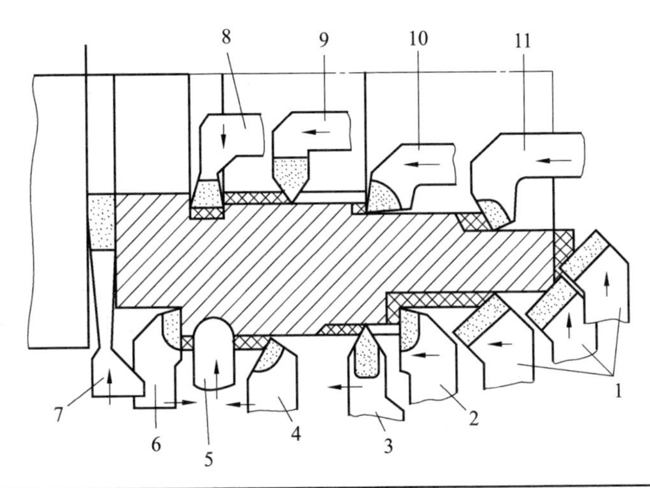

1—45°弯头车刀；2—90°外圆右偏刀；3—外螺纹车刀；4—75°外圆车刀；5—成形车刀；6—90°外圆左偏刀；7—切断刀（切槽刀）；8—内孔切槽刀；9—内螺纹车刀；10—盲孔镗刀；11—通孔镗刀

图 5 - 8　常用的车刀种类

图 5 - 9 为常用车刀结构示意图。车刀结构有整体式、焊接式、机夹重磨式和机夹可转位式等。整体式多为高速钢刀，应用较少，其他的为硬质合金车刀，应用极为广泛。

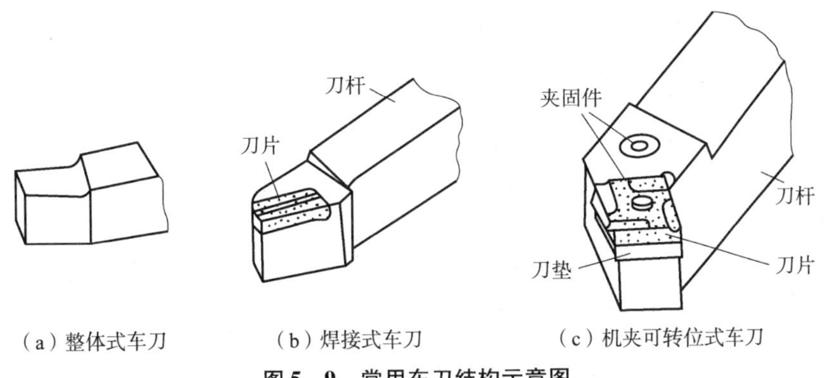

（a）整体式车刀　（b）焊接式车刀　（c）机夹可转位式车刀

图 5 - 9　常用车刀结构示意图

①整体式高速钢车刀。

选用一定形状的整体高速钢刀条，在其一端刃磨出所需的切削部分形状就形成了整体式高速钢车刀。这种车刀刃磨方便，可以根据需要刃磨成不同用途的车刀，尤其是适用于刃磨各种刃形的成形车刀，如切槽刀、螺纹车刀等。刀具磨损后可以多次重磨。但刀杆也是高速钢材料，造成刀具材料的浪费。刀杆强度低，当切削力较大时，会造成破坏。一般用于较复杂成形表面的低速精车。

②硬质合金焊接式车刀。

将一定形状的硬质合金刀片钎焊在刀杆的刀槽内制成了硬质合金焊接式车刀。这种车刀优点是结构简单，制造刃磨方便，刀具材料利用充分，刚性较好。缺点是由于存在焊接应力，使刀具材料的使用性能受到影响，甚至出现裂纹，且刀杆不能重复使用，容易造成材料的浪费。

③可转位式车刀。

可转位式车刀是一种将可转位刀片用夹紧元件夹固在刀杆上使用的先进刀具。它由刀杆、刀片、刀垫、夹固元件等组成。这种车刀用钝后，只需将刀片转过一个位置，即可使新的刀刃投入切削。当几个刀刃都用钝后，更换新的刀片。适于大批量生产和数控车床使用。

常用的外圆车刀有90°外圆车刀、45°外圆车刀和75°外圆车刀，用来完成车外圆、平面和台阶，使用切断刀完成切断，切槽刀完成退刀槽类的加工，其使用方法各不相同。

①90°外圆车刀。

90°外圆车刀又称偏刀，按进给方向分右偏刀（正偏刀）和左偏刀（反偏刀），如图5－8中90°外圆右偏刀2和90°外圆左偏刀6所示。一般定义右偏刀是从右向左进给切削，左偏刀反之。右偏刀一般用来车削工件的外圆、端面和右向台阶，因为它的主偏角较大，车外圆时作用于工件半径方向的径向切削力较小，不易将工件顶弯。左偏刀一般用来车削左向台阶和工件的外圆，也适用于车削直径较大和长度较短的工件的端面。

②45°外圆车刀。

45°外圆车刀刀尖角为 90°，所以刀头强度和散热条件比 90°外圆车刀好，主偏角较小，车削时径向力较大，易使工件产生弯曲变形，因此它常用于刚性较好、较短工件的外圆、端面的车削和倒角，如图 5 – 8 中 45°弯头车刀 1 所示。

③75°外圆车刀。

75°外圆车刀的主偏角是 75°，其刀尖角大于 90°，刀头强度好，较耐用。因此，适用于粗车轴类工件的外圆，以及强力车削铸、锻件等加工余量较大的工件的外圆，还可以车铸、锻件的大端面，常将其称为强力车刀，如图 5 – 8 中 75°外圆车刀所示。

④切断刀和切槽刀。

切断刀如图 5 – 8 中切断刀（切槽刀）7 所示，以横向进给为主，前端的切削刃是主切削刃，两侧的切削刃是副切削刃。一般切断刀的主切削刃较窄，刀头较长因为刀头强度比其他车刀差，所以选择切削用量时应特别注意。现常采用硬质合金切断刀。

车床上切外圆的切槽刀一般和切断刀基本相同。车狭窄的外槽时，车槽刀的主切削刃宽度和槽宽相等，但刀头长度要比槽深稍大。

（2）砂轮。

砂轮是一种用磨粒进行切削的工具，由磨料、结合剂和气孔组成。用结合剂把磨料黏合起来，经压坯、干燥、焙烧及修整而成。砂轮的特性主要包含磨料、粒度、结合剂、硬度和组织。

①磨料。

磨料是砂轮中负责磨削工作的主要成分，因此一般需要其具备以下几个特性：锋利的形状，以便磨削工件材料；高硬度、热硬性及适当的坚韧性，以便承受磨削时产生的高磨削力和高内能。

目前，生产中使用磨料主要有刚玉类、碳化硅和高硬磨料类三种。其特性及应用范围如表 5 – 2 所示。

表 5 – 2　　　　砂轮特性、代号和使用范围

			系列	名称	代号	性能	适用范围
砂轮	磨粒	磨粒	刚玉	棕刚玉 白刚玉	A	棕褐色，硬度较低，韧性较好	磨削碳素钢、合金钢、可锻铸铁与青铜
					WA	白色，较A硬度高，磨粒锋利，韧性差	磨削淬硬的高碳钢、合金钢、高速钢，磨削薄壁零件、成形零件
					PA	玫瑰红色，韧性比WA好	磨削高速钢、不锈钢，成形磨削，刀具刃磨，高表面质量磨削
			碳化物	黑碳化硅 绿碳化硅	C	黑色带光泽，比刚玉类硬度高、导热性好，但韧性差	磨削铸铁、黄铜、耐火材料及其他非金属材料
					GC	绿色带光泽、较C硬度高、导热性好、韧性较差	磨削硬质合金、宝石、光学玻璃
			超硬磨料	人造金刚石立方氮化硼	JR	白色、淡绿、黑色，硬度最高，耐热性较差	磨削硬质合金、光学玻璃、宝石、陶瓷等高硬度材料
					CBN	棕黑色，硬度仅次于D，韧性较D好	磨削高性能高速钢、不锈钢、耐热钢及其他难加工材料

			类别	粒度号	适用范围
砂轮	磨粒	粒度	磨粒	8# 10# 12# 14# 16# 20# 22# 24#	荒磨
				30# 36# 40# 46#	一般磨削，加工表面粗糙度可达Ra0.8μm
				54# 60# 70# 80# 90# 100#	半精磨、精磨和成形磨削，加工表面粗糙度可达Ra0.8~0.16μm
				120# 150# 180# 220# 240#	精磨、精密磨、超精磨、成形麻、刀具刃磨、珩磨
			微粉	W63 W50 W40 W28 W20 W14 W10 W7 W5 W3.5 W2.5 W1.5 W1.0 W0.5	精磨、精密磨、超精磨、珩磨、螺纹磨 超精密磨、镜面磨、精研，加工表面粗糙度可达Ra0.05~0.012μm

			名称	代号	特性	适用范围
砂轮	结合剂	种类	陶瓷	V	耐热、耐油和耐酸、耐碱的侵蚀，强度较高，刚性较脆	除薄片砂轮外，能制成各种砂轮
			树脂	B	强度高，富有弹性，具有一定抛光作用，耐热性差，不耐酸碱	荒磨砂轮，磨窄槽、切断用砂轮，高速砂轮，镜面磨砂轮
			橡胶	R	强度高，弹性更好，抛光作用好，耐热性差，不耐油和酸，易堵塞	磨削轴承沟道砂轮，无心磨导轮，切割薄片砂轮，抛光砂轮

			等级	超软			软			中软		中		中硬			硬		超硬
砂轮	结合剂	硬度	代号	D	E	F	G	H	J	K	L	M	N	P	O	R	S	T	Y
			选择	磨未淬硬钢选用L~N，磨淬火合金钢选用H~K，高表面质量磨削时选用K~L，刃磨硬质合金刀具选用H~J															

			组织号	0	2	2	3	4	5	6	7	8	9	10	11	12	13	14
砂轮	气孔	组织	磨粒率/%	62	60	58	56	54	52	50	48	46	44	42	40	38	6	31
			用途	成形磨削，精密磨削				磨削淬火钢，刀具刃磨			磨削韧性大而硬度不高的材料					磨削热敏性大的材料		

②粒度。

砂轮的粒度是指磨料颗粒的大小，以磨粒刚能通过的那一号筛网的网号来表示。例如，粒度 F46 是指磨粒刚可通过每英寸长度上有46 个孔眼的筛网。常用磨粒的粒度号及应用范围如表 5 – 2 所示。

一般而言，用粗粒度砂轮磨削时磨削效率高，但工件表面粗糙度差，因此在粗磨时可选中、粗粒度的磨粒，以提高加工效率；用细粒度砂轮磨削时，工件表面粗糙度好，但磨削效率低，因此在精磨时，可选细粒或微粒磨粒，以达到工件对表面粗糙度的需求。

③硬度。

砂轮的硬度是指砂轮工作表面的磨粒在磨削力的作用下脱落的难易程度。它反映磨粒与结合剂的黏固强度。磨粒不易脱落，称砂轮硬度高，反之，称砂轮硬度低。砂轮的硬度对磨削生产率和磨削表面质量都有很大影响。若砂轮太硬，磨粒钝化后仍不脱落，会使磨削效率降低，并可能烧伤工件表面；若砂轮太软，磨粒尚未磨钝即脱落，导致砂轮变形，

从而影响工件加工。故生产中应根据具体加工条件进行砂轮硬度的合理选择。精磨与成形磨时，要求在长时间内保持砂轮的正确轮廓形状，应选较硬的砂轮；磨特软材料时，为避免切屑堵塞砂轮孔隙，应选较软的砂轮。

④结合剂。

结合剂的作用是将磨粒黏结在一起，并使砂轮具有一定的形状。结合剂的选择对砂轮的强度、耐热性、耐冲击性及耐腐蚀性等性能有很大的影响。常用的结合剂的种类有陶瓷、树脂、橡胶及金属等。陶瓷结合剂的性能稳定，耐热、耐酸碱，价格低廉，应用最为广泛。树脂结合剂强度高，韧性好，多用于高速磨削和薄片砂轮。橡胶结合剂适用于无心磨的导轮、抛光轮、薄片砂轮等。金属结合剂主要用于金刚石砂轮。

⑤组织。

砂轮的组织是指砂轮中磨粒、结合剂和孔隙三者的体积比例，它反映砂轮中磨粒排列的紧密程度，组织号越小，磨粒排列越紧密，砂轮孔隙越少；反之，磨粒排列越疏松。表5－3列出了砂轮的组织号及磨粒占砂轮体积的百分比（磨粒率）。

⑥砂轮的形状、尺寸及代号。

根据不同的用途、磨削方式和磨床类型，砂轮被制成各种形状和尺寸，并已标准化（见表5－3）。

表5－3　常用砂轮的形状、代号和主要用途

砂轮名称	代号	简图	主要用途
平行砂轮	1		外圆磨、内圆、平面、无心、工具
薄片砂轮	41		切断及切槽

续表

砂轮名称	代号	简图	主要用途
筒形砂轮	2		端磨平面
碗形砂轮	11		刃磨刀具、磨导轨
蝶形1号砂轮	12a		磨铣刀、铰刀、拉刀、磨齿轮
双料边砂轮	4		磨齿轮及螺纹
杯形砂轮	6		磨平面、内圆、刃磨刀具

5. 轴类零件的装夹方式

加工轴类零件的装夹方式有如下几类。

(1) 采用两中心孔定位，使用双顶尖装夹。

轴类零件的加工，多以轴两端的中心孔作为定位精基准，采用双顶尖装夹定位，如图5-10所示。因为轴的设计基准是中心线，这样既符合基准重合原则，又符合基准统一原则，还能在一次装夹中最大限度地完成多个外圆及端面的加工，易于保证各轴颈间的同轴度以及端面的垂直度。

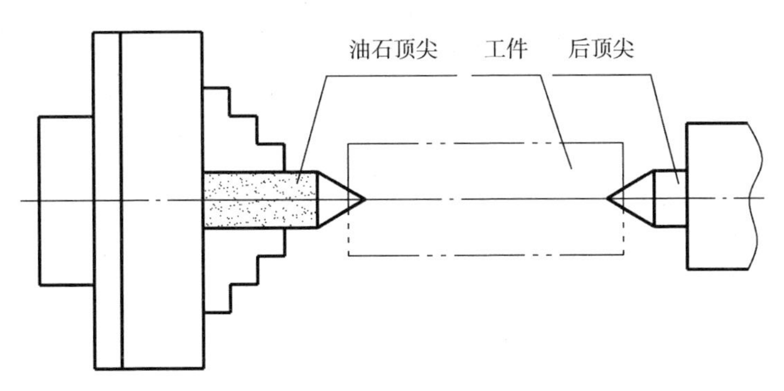

图 5－10　双顶尖工作示意图

（2）采用三爪卡盘或四爪卡盘装夹。

轴类零件的粗加工，可选择外圆表面作为定位粗基准，以此定位加工两端面和中心孔，为后续工序准备精基准。三爪卡盘能自定心，一般的回转体零件都适合，而且工件装夹后可以无须找正。四爪卡盘装夹后必须找正，适合于装夹大型或形状不规则的工件。

（3）采用一夹一顶装夹。

当不能用两端中心孔定位（如带内孔的轴或刚性要求高的轴）时，可采用外圆表面或外圆表面和一端孔口作精基准，即轴的一端外圆用卡盘夹紧，另一端用尾座顶尖顶住中心孔的工件安装方式。这种安装方式可提高轴的装夹刚度，此时轴的外圆和中心孔同时作为定位基面，常用于长轴加工及粗车加工中。这种装夹方法可承受较大的周向切削力，使用很广泛。

6. 切削用量的选择

切削速度、进给量和背吃刀量统称为切削用量。“切削用量”与机床的“工作运动”和“辅助运动”有密切的对应关系。切削速度 v_e 是度量主运动速度的量值；进给量 f 或进给速度 v_1 是度量进给运动速度的量值；背吃刀量 a_p 反映背吃刀运动（切入运动）后的运动距离。

（1）背吃刀量 a_p 的选择。背吃刀量是工件已加工表面和待加工表面的垂直距离，用符号 a_p 表示，单位为毫米（mm）。

背吃刀量的选择根据加工余量确定。切削加工一般分为粗加工、半精加工和精加工多道工序，各工序有不同的选择方法。

①粗加工时（表面粗糙度值为 Ra12.5～50μm），在允许的条件下，尽量一次切除该工序的全部余量。中等功率机床，背吃刀量可达 8～10mm。但对于加工余量大，一次进给会造成机床功率或刀具强度不够；或加工余量不均匀，会引起振动；或刀具受严重冲击，易造成刀尖崩刃等情况，需要采用多次始答两次进绘，第一次吃刀量尽量取大些，一般为加工余量的 2/3～3/4；第二次背吃刀量尽量取小些，可取加工余量的 1/4～1/3。

②半精加工时（表面粗糙度值为 Ra3.2～6.3μm），背吃刀量一般为 0.5～2mm。

③精加工时（表面粗糙度值为 Ra0.8～0.6m），背吃刀量为 0.1～0.4mm。在中等功率的机床上，粗加工时的背吃刀量可达 8～10mm，半精加工（表面粗糙度值为 Ra3.2～6.3μm）时，背吃刀量取为 0.5～2mm，精加工（表面粗糙度值为 Ra0.8～1.6μm）时，背吃刀量取为 0.1～0.4mm。

通常一次车削完成，因此粗加工应尽可能选择较大的背吃刀量。只有当余量很大，一次进刀会引振动，造成车刀、车床等损坏时，可考虑几次车削。第一次车削时，为使刀尖部分避开工件表面的冷硬层，背吃刀量应尽可能选择较大数值。

（2）进给量 f 的选择。进给量是工件或刀具转用时特进给动方可相位移，用符号 f 表示，单位为 mm/r①。背吃刀量选定后，就应尽可能选用较大的进给量 f。

粗加工时，由于作用在工艺系统上的切削力较大，进给量的选取受到下列因素限制：机床—刀具—工件系统的刚度，机床进给机构的强度，机床有效功率与转矩以及断续切削时刀片的强度，在工艺系统刚度许可的条件下进给量选大值，一般 f 取 0.3～0.8mm/r。

半精加工和精加工时，最大进给量主要受工件加工表面粗糙度的限制。精车时，为保证工件粗糙度的要求，进给量取小值，一般 f 取 0.08～0.3mm/r。

（3）切削速度的 v_e 选择。切削速度是指刀具切削刃上选定点相对于工

---

① mm/r 是进给量的单位。其中“r”代表转，而“mm”是长度单位，表示每转进给量。

件的主运动的瞬时速度，用 v_e 表示，单位为米/秒（m/s）或米/分钟（m/min）。

在 a_p 和 f 选定以后，可在保证刀具合理寿命的前提下，用计算的方法或用查表法确定切削速度 v_e 的值。在确定具体 v_e 值时，一般应遵循下述原则：

①粗加工时，背吃刀量和进给量均较大，故选择较低的切削速度；精加工时，则选择较高的切削速度。

②工件材料的加工性能较差时，应选较低的切削速度，故加工灰铸铁的切削速度应较加工中碳钢的切削速度低，而加工铝合金和铜合金的切削速度则较加工钢件的切削速度高得多。

③刀具材料的切削性能越好，切削速度可选得越高，因此，硬质合金刀具的切削速度可以比高速钢刀具的切削速度高，而涂层硬质合金、陶瓷、金刚石和立方氮化硼刀具的切削速度又可以比硬质合金刀具的切削速度高。

此外，在确定精加工、半精加工的切削速度时，应注意避开积屑瘤产生的区域；在易发生振动的情况下，切削速度应避开自激振动的临界速度；在加工带硬皮的铸锻件，加工大件、细长件和薄壁件，以及断续切削时，应选用较低的切削速度。

总之，切削用量选择的基本原则是：粗加工时在保证合理的刀具寿命的前提下，首先选尽可能大的背吃刀量 a_p，其次选尽可能大的进给量 f，最后选取适当的切削速度 v_e；精加工时，主要考虑加工质量，常选用较小的背吃刀量和进给量，较高的切削速度，只有在受到刀具等工艺条件限制不宜采用高速切削时才选用较低的切削速度。

5.1.3　轴类零件加工实例

图5－11为某传动轴，图5－12是传动轴的装配图，生产批量为小批量生产。

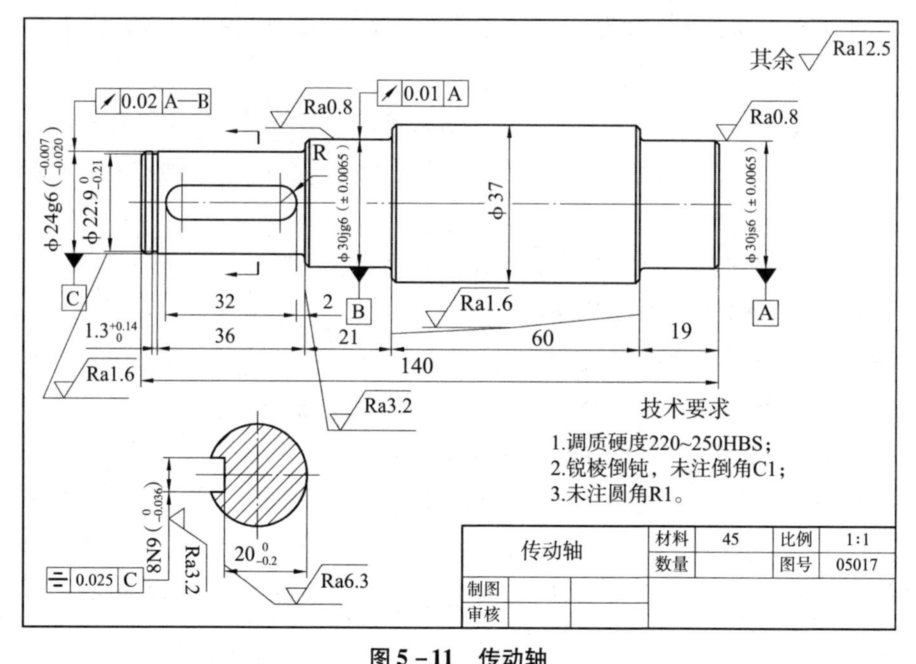

图 5－11　传动轴

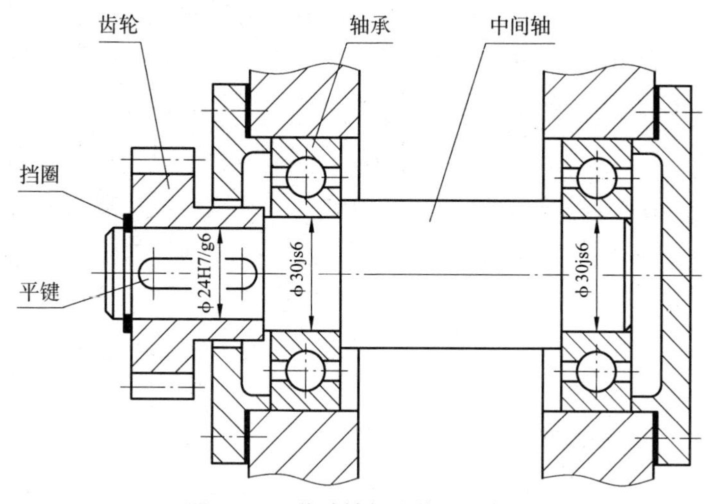

图 5－12　传动轴部分装配示意图

1. 传动轴零件工艺分析

零件图采用了主视图和移出断面图表达其形状结构。从主视图可以看出，主体由四段不同直径的回转体组成，有轴颈、轴肩、键槽、挡圈槽、倒角、圆角等结构。

由传动轴装配图可知，传动轴起支承齿轮、传递扭矩的作用。两ϕ30js6外圆（轴颈）用于安装轴承，ϕ37轴肩起轴承轴向定位作用。ϕ24g6外圆及轴肩用于安装齿轮及齿轮轴向定位，采用普通平键连接，左轴端有挡圈槽，用于安装挡圈，以轴向固定齿轮。ϕ30js6、ϕ24g6轴颈都具有较高的尺寸精度（IT6）和位置精度（圆跳动分别为0.01、0.02）要求，表面粗糙度（Ra值分别为0.8μm、1.6μm）要求也较高，ϕ37轴肩两端面虽然尺寸精度要求不高，但表面粗糙度要求较高（Ra值分别为1.6μm、3.2μm），圆角R1精度要求并不高，但需与轴颈及轴肩端面一起加工，所以ϕ30js6、ϕ24g6轴颈、ϕ37轴肩端面、圆角R1均为加工的关键表面。

键槽侧面（宽度）尺寸精度（IT9）要求中等，位置精度（对称度0.025约为8级）要求比较高，表面粗糙度（Ra值为3.2μm）要求中等，键槽底面（深度）尺寸精度（20）和表面粗糙度（Ra值为6.3μm）要求都较低，所以键槽是次要加工表面。

根据外圆加工方法制订如表5-4所示加工方案。

表5-4　　加工方案

加工表面	精度要求	表面粗糙度 Ra/μm	加工方案
ϕ30js6外圆 轴肩及圆角	IT6 IT11以上	0.8 1.6	粗车→半精车→精车→粗磨→精磨
ϕ24g6外圆 轴肩及圆角	IT6 IT11以上	1.6 3.2	粗车→半精车→精车
键槽侧面8N9底面	IT9 IT11以上	3.2 6.3	粗铣→精铣
挡圈槽22.9×1.3	IT11以上	12.5	粗车
各倒角	IT11以上	12.5	粗车

2. 确定毛坯

由于传动轴要求强度高，故采用锻造成型，毛坯如图5-13所示。

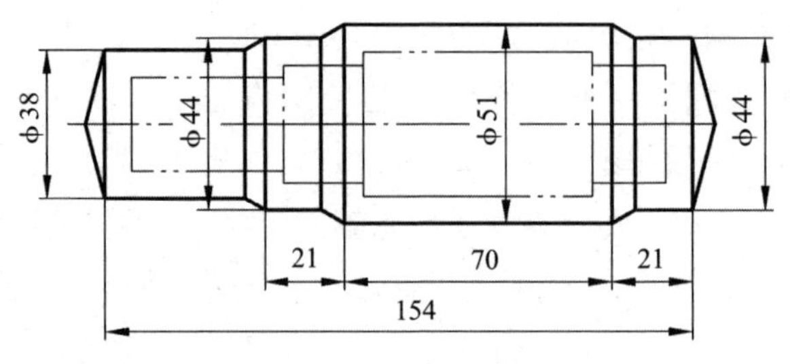

图 5-13 毛坯示意图

3. 确定装夹方案

根据加工方案可知有粗车和精车，为此精车时采用一夹一顶的装夹方式，如图 5-14 所示，夹具一端采用三爪卡盘，一端用顶尖。粗基准采用毛坯最大外圆，以三爪卡盘定位夹紧，如图 5-15 所示。

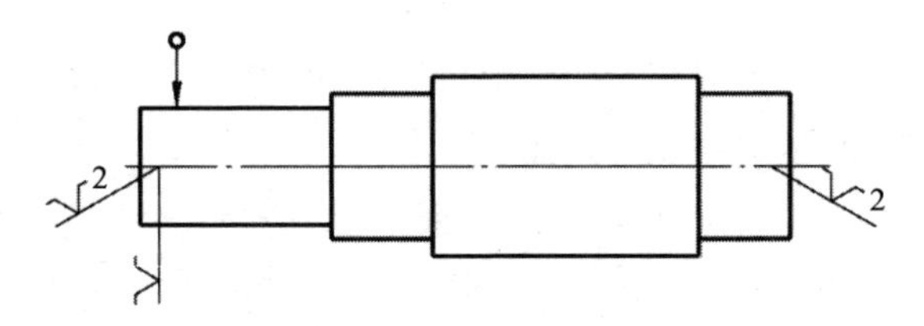

图 5-14 传动轴加工的精基准

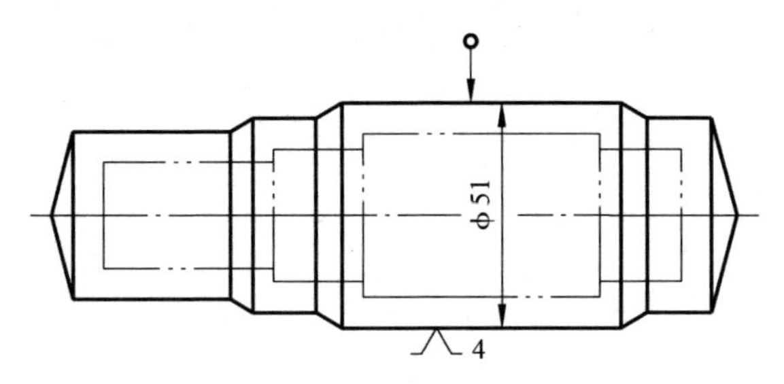

图 5-15 传动轴加工的粗基准

4. 选择加工设备

根据加工方案，零件尺寸也不大，故粗车和精车选择 CA6140 即可。粗车、半精车都可选择可转位 YT15 硬质合金车刀，精车时选择 YT30 的硬质合金车刀。磨削时选择 M131W 磨床，采用 WA60KV6P350 ×40127 砂轮。

键槽在 X5032 系床上采用 ϕ6 键槽铣刀加工。本零件属于小批量生产，采用通用量具外径千分尺即可。

5. 制定机械加工工艺

传动轴的机械加工工艺过程卡如表 5－5 所示。

表 5－5 传动轴的机械加工工艺过程卡

<table>
<tr><td colspan="2" rowspan="2">机械加工工艺过程卡</td><td colspan="2">产品型号</td><td></td><td>零部件图号</td><td colspan="4"></td></tr>
<tr><td colspan="2">产品名称</td><td>传动轴</td><td>零部件名称</td><td colspan="4"></td></tr>
<tr><td>材料</td><td>45</td><td colspan="2">毛坯种类</td><td>锻造毛坯</td><td>每毛坯可制件数</td><td>1</td><td>每台件数</td><td>1</td><td></td></tr>
<tr><td>工序号</td><td colspan="2">工序名称</td><td colspan="4">工序内容</td><td>定位基准</td><td>加工设备</td><td>量具</td></tr>
<tr><td>1</td><td colspan="2">锻造</td><td colspan="4">锻造毛坯</td><td></td><td></td><td></td></tr>
<tr><td>2</td><td colspan="2">热处理</td><td colspan="4">正火处理</td><td></td><td></td><td></td></tr>
<tr><td>3</td><td colspan="2">车钻</td><td colspan="4">分别车两端面、钻两端 A6.3 中心孔，总长车至 140</td><td>毛坯 ϕ51 外圆</td><td>CA6140/外圆车刀，中心钻</td><td>外径千分尺</td></tr>
<tr><td>4</td><td colspan="2">粗车</td><td colspan="4">分别粗车左、右端各外圆及轴肩端面，ϕ37 车至尺寸，ϕ30、ϕ24 外圆和轴肩端面均留余量</td><td>两中心孔</td><td>CA6140/外圆车刀</td><td>外径千分尺</td></tr>
<tr><td>5</td><td colspan="2">热处理</td><td colspan="4">调质处理</td><td></td><td></td><td></td></tr>
<tr><td>6</td><td colspan="2">研修</td><td colspan="4">研修中心孔</td><td></td><td>CA6140</td><td></td></tr>
<tr><td>7</td><td colspan="2">半精车</td><td colspan="4">分别半精车左、右端各外圆及轴肩端面，均留磨削余量</td><td>两中心孔</td><td>CA6140/外圆车刀</td><td>外径千分尺</td></tr>
<tr><td>8</td><td colspan="2">磨削</td><td colspan="4">粗、精磨左、右端 ϕ30js6、ϕ24g6 外圆及轴肩端面、圆角至尺寸</td><td>两中心孔</td><td>M131W/砂轮</td><td>外径千分尺</td></tr>
<tr><td>9</td><td colspan="2">铣削</td><td colspan="4">去毛刺</td><td>两中心孔</td><td>X5032/键槽铣刀</td><td>外径千分尺</td></tr>
<tr><td>10</td><td colspan="2">车削</td><td colspan="4">车左端槽 ϕ22.3 × 1.3 至尺寸，去毛刺</td><td>两中心孔</td><td>CA6140/外圆车刀</td><td>外径千分尺</td></tr>
<tr><td>11</td><td colspan="2">终</td><td colspan="4">按图样技术要求全部检验</td><td></td><td></td><td></td></tr>
</table>

项目2　套筒类零件加工

能力目标

能根据套筒类零件的加工要求，编制套筒类零件的机械加工工艺规程。

知识目标

1. 掌握套筒类零件的作用、结构特点及技术要求。
2. 正确选择套筒类零件的材料、毛坯及热处理。
3. 掌握选择套筒类零件加工方法，并划分加工工序。
4. 正确选择套筒类零件的装夹方案，选择合适的加工刀具。
5. 掌握制定简易套筒类零件机械加工工艺及编写工艺卡的方法。

5.2.1　套筒类零件加工概述

1. 套筒类零件的功用及结构特点

套筒类零件是指在回转体零件中的空心薄壁件，是机械加工中常见的一种零件，在各类机器中应用很广泛，通常起支承或导向作用。根据套筒类零件的功用不同，其生产方式工艺尺寸有着很大的差别，但结构上仍有共同的特点：零件的主要表面为同轴度要求较高的内外旋转表面，由于壁厚较薄，所以在加工中容易变形。它的应用范围很广，例如：支承旋转轴上的各种形式的轴承、夹具上引导刀具的导向套、内燃机上的气缸套以及液压缸、电液伺服阀的阀套等。其大致的结构形式如图5－16所示。

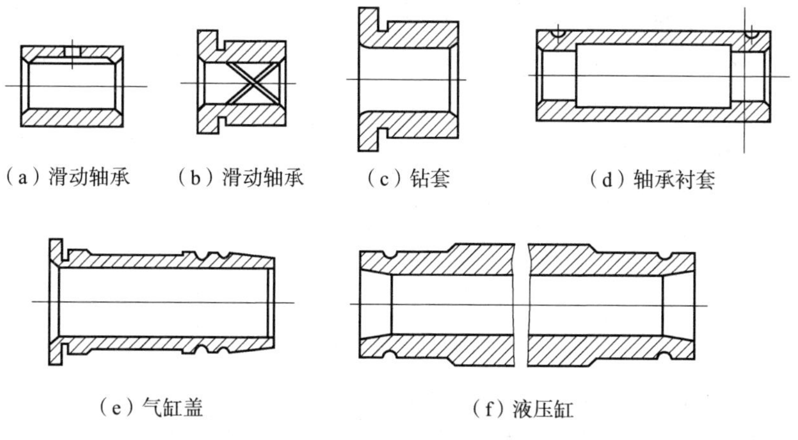

图 5－16　套筒类零件的结构形式

套筒类零件的结构与尺寸因其功用不同，在结构上有很大差异。但其共同特点如下。

（1）外圆直径 D 一般小于其长度 L，通常长径比 L/D 小于 5。

（2）内孔与外圆直径之差较小，即零件壁厚较小，易变形。

（3）内外圆回转表面的同轴度公差要求很高。

（4）结构比较简单。

2. 套筒类零件的材料、毛坯及热处理

套筒类零件毛坯材料的选择主要取决于零件的功能要求、结构特点及使用时的工作条件。套筒类零件一般用钢、铸铁、青铜或黄铜和粉末冶金等材料制成，某些油缸常用 35 焊接缸头、耳轴、法兰盘等，不需焊时用 45 钢。有些特殊要求的套类零件可采用双层金属结构或选用优质合金钢，双层金属结构是应用离心铸造法在钢或铸铁轴套的内壁上浇注一层巴氏合金等轴承合金材料，采用这种制造方法虽增加了一些工时，但能节省有色金属，而且又提高了轴承的使用寿命。

套筒类零件的毛坯主要根据零件材料、形状结构、尺寸大小及生产批量等因素来选。孔径较小（一般直径小于 20mm）时，可选棒料，也可采用实心铸件，孔径较大（一般直径大于 20mm）时，可选用型材（如无缝钢管）、带预孔的铸件或锻件，壁厚较小且较均匀时，还可选用管料。大批量生产时，可采用冷挤压、粉末冶金等先进工艺，不仅节约材料，而且生产率及毛坯质量精度均可提高。

套筒类零件的功能要求和结构特点决定了其热处理方法有渗碳、淬火、表面淬火、调质、高温时效及渗氮等。

3. 套筒类零件技术要求

套筒类零件在机器中主要起支撑和导向作用，孔和外圆是套筒类零件的主要表面，一般有较高同轴度要求。一般套筒类零件的主要技术要求如下。

（1）内孔及外圆的尺寸精度及表面粗糙度要求。

①孔是套筒类零件，主要起支撑或导向作用。表面内孔的直径尺寸精度一般为 IT7，精密轴套取 IT6。孔的形状精度应控制在孔径公差以内，一些精密套筒控制在孔径公差的 1/2。为了保证零件的功用性和耐磨性，孔的表面粗糙度 Ra 为 0.16 ~ 2.5μm，要求较高的表面粗糙度 Ra 可达 0.04μm。有的精密套筒及阀套的内孔尺寸精度要求为 IT4 ~ IT5，也有的套筒（如油缸、气缸筒）由于有密封圈防泄漏，故对尺寸精度要求较低，一般为 IT8 ~ IT9，但表面粗糙度要求很高，Ra 为 0.16 ~ 2.5μm。圆度要求一般来只需控制在直径公差以内即可，如精密轴套，则可控制在孔径公差的 1/3 ~ 1/2，甚至更高。

②外圆是套筒的支承面，常采用过渡配合或过盈配合同箱体或机架上的孔相连接。其形状精度控制在外径公差以内，外径尺寸精度通常取 IT6 ~ 1T7，表面粗糙度 Ra 为 0.63 ~ 3.2μm，要求较高的 Ra 可达 0.04μm。

（2）位置精度要求。

位置精度要求主要应根据套筒类零件在机器中的功用和要求而定，主要是内外圆之间的同轴度要求和端面与轴线的垂直度要求两种。

①孔与外圆轴线的同轴度要求。

孔与外圆轴线的同轴度要求与孔的最终加工方法有关，若先将套筒装入再加工，套筒内外圆的精度要求可以降低一些。若在装入前要加工完成，则同轴度要求较高。如果内孔的最终加工是在套筒装配之后进行，则可降低对套筒内外圆表面的同轴度要求，如果内孔的最终加工是在套筒装配之前进行，则同轴度要求较高，通常同轴度为 0.01 ~ 0.05mm。

②孔轴线与端面的垂直度要求。

套筒的端面若在工作中承受轴向载荷，但在装配或加工中作为定位基准时，则对端面与孔轴线的垂直度要求较高，一般为 0.05 ~ 0.1mm。

薄壁套类零件壁厚很薄，径向刚度很弱，在加工过程中受切削力、切削热及夹紧力等因素的影响，极易变形，导致以上各项技术要求难以保证。装夹加工时，必须采取相应的预防纠正措施，以免加工时引起工件变形，或因装夹变形加工后变形恢复，造成已加工表面变形，加工精度达不到图纸技术要求。

5.2.2　套筒类零件加工工艺分析

1. 套筒类零件加工方法

套筒类零件的主要加工面是外圆和内孔。在前一节中已讲述了外圆表面的加工方法，本节只讲述孔的加工方法。孔的机械加工方法较多，中、小型孔一般靠刀具本身尺寸来获得被加工孔的尺寸，如钻、扩、铰、锪、拉孔等，大、较大型孔则采用其他方法，如立车、镗、磨孔等。

孔的加工方法需要根据孔径大小、深度与孔的精度、表面粗糙度以及零件结构形状、材料与孔在零件上的部位而定。

（1）钻孔。

用钻头在工件实体部位加工孔的方法称为钻孔。多用作扩孔、铰孔前的预加工，或加工螺纹底孔和油孔。尺寸精度：IT11 ~ IT13，表面粗糙度：Ra > 12.5μm。钻孔前先加工孔端面，用大钻头预钻凹坑。切削刃要对称。钻小孔、深孔时采用较小的进给量。

钻孔主要在钻床和车床上进行，也常在镗床和铣床上进行。在钻床、车床上钻孔时，由于钻头旋转而工件不动，在钻头刚性不足的情况下，钻头引偏就会使孔的中心线发生歪曲，但孔径无显著变化。如在车床上钻孔，因为是工件旋转而钻头不转动，这时钻头的引偏只会引起孔径的变化并产生锥度、腰鼓等缺陷，但孔的中心线是直的，且与工件回转中心一致。故钻小孔和深孔时，为了避免孔的轴线偏移和不直，应尽可能在车床上进行。钻头引偏引起的加工误差如图 5 - 17 所示。

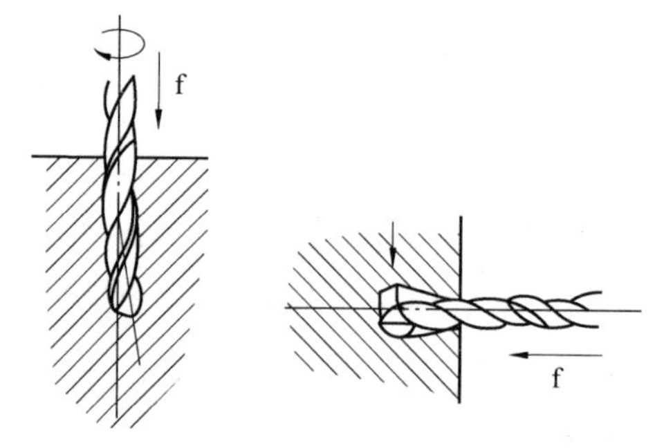

图5-17　钻头引偏引起的加工误差

（2）扩孔。

扩孔是用扩孔钻对已钻出、铸出、锻出或冲出的孔进行再加工，以扩大孔径并提高精度和减小表面粗糙度的方法。扩孔精度可达IT10～IT9，表面粗糙度Ra为12.5～6.3μm。扩孔属于孔的半精加工，常用作铰孔等精加工前的准备工序，也可作为精度要求不高的孔的最终工序。扩孔的稳定性较强，钻齿比钻孔多；切削条件好；扩孔切深小排屑易，孔钻刚性好，因此扩孔精度和表面粗糙度均比钻孔好。扩孔可用于精加工之前的预加工，也可作为精度要求不高孔的终加工。一般工件的扩孔，可用麻花钻。对于孔的半精加工，可用扩孔钻。扩孔可以在一定程度上校正钻孔的轴线偏斜，其加工质量和生产率比钻孔高。由于扩孔钻的结构刚性好，刀刃数目较多，且无端部横刃，加工余量较小（一般为2～4mm），故切削时轴向力小，切削过程平稳，因此可以采用较大的切削速度和进给量。如果采用镶有硬质合金刀片的扩孔钻，切削速度还可提高2～3倍，使扩孔的生产率进一步提高。当孔径大于100mm时，一般采用镗孔而不用扩孔。扩孔使用的机床与钻孔相同。用于铰孔前的扩孔钻，其直径偏差为负值，用于终加工的扩孔钻，其直径偏差为正值。

（3）铰孔。

铰孔是在半精加工（扩孔或半精镗孔）基础上进行的一种孔的精加工方法，铰孔切削速度慢，齿数多，导向性好，刚度强，排屑冷却润滑条件好，因此可以加工出较高的质量精度。但其对纠正孔的位置误差的能力差，常用于对未淬硬孔进行精加工，也可用于磨、研孔前的预加工。

铰孔的精度一般可达IT6～IT8，表面粗糙度Ra可为1.6～0.4μm。铰孔有手铰和机铰两种方式，在机床上进行的铰削称为机铰，用手工进行的铰削称为手铰。

铰孔加工余量小，高速钢铰刀一般留为0.08～0.12mm，硬质合金铰刀为0.05～0.20mm。为避免产生积屑瘤和引起振动，铰削应采用低切速，一般粗铰钢件为v=0.07～0.12m/s，精铰为v=0.03～0.08m/s。机铰进给量为钻孔的3～5倍，一般为0.2～1.2mm/r，以防出现打滑和啃刮现象。铰削应选用合适的切削液，铰削钢件时常采用乳化液，铰削铸件时用煤油。

铰孔加工由于余量较小，也没有改善孔加工质量的作用。由于铰孔切削速度较低，铰孔刀齿较多，刚性好制造精确，其排屑、冷却、润滑条件均较好，所以铰孔后孔本身质量得到提高，铰孔通常在钻孔或扩孔后进行，多用于批量生产，也可用于单件生产。

（4）钻扩铰复合加工。

由于钻头材料和结构的进步，可以用同一把机夹式钻头实现钻孔、扩孔、镗孔、铰孔加工。如图5－18所示为钻扩铰复合刀具结构示意图，图5－19为真实刀具。

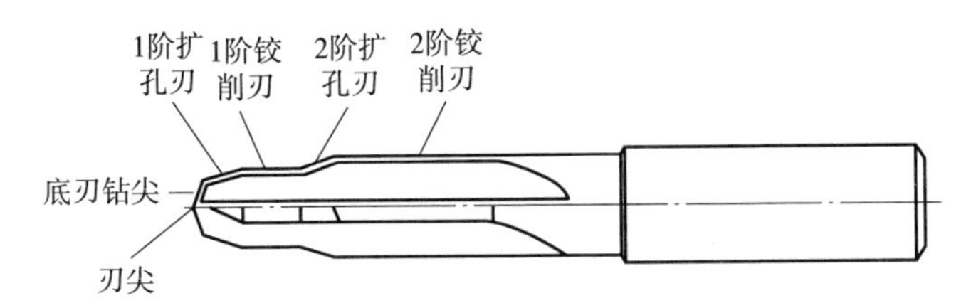

图5－18 钻扩铰复合刀具结构示意图

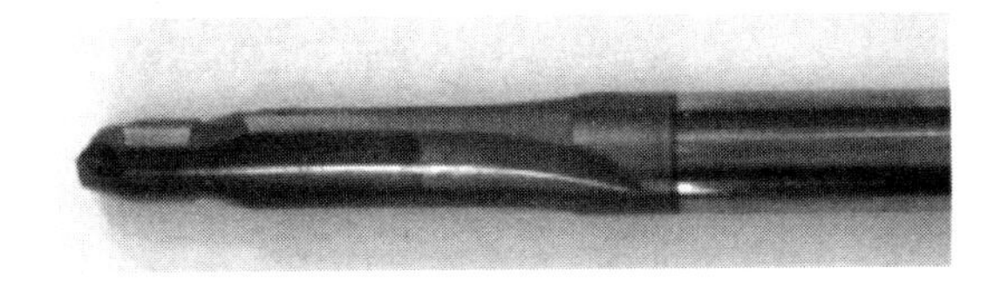

图5－19 钻扩铰复合刀具

（5）锪孔。

用锪钻加工锥形或柱形的沉坑称为锪孔。锪孔一般在钻床上进行，加工的表面粗糙度值Ra为6.3～3.2μm。锪沉孔的主要目的是安装沉头螺钉，锥形锪钻还可以用于清除孔端毛刺。

(6) 拉孔。

拉孔是利用多刃刀具相对于工件的直线运动完成工件的加工。拉孔的生产效率较高，可用于大批量生产，拉孔可以拉圆柱孔、花键孔、成形孔等，既可加工内表面也可加工外表面。拉孔前工件须经钻孔或扩孔。工件以被加工孔自身定位并以工件端面为支承面，在一次行程内便可完成粗加工—精加工—光整加工等阶段的工作。拉孔一般没有粗拉工序和精拉工序之分，除非拉削余量太大或孔太深，用一把拉刀拉，拉刀太长，才分为两个工序加工。拉孔的拉削速度低，每齿切削厚度很小，拉削过程平稳，不会产生积屑瘤，同时拉刀是定尺寸刀具，又有校准齿来校准孔径和修光孔壁，所以拉削加工精度高，表面粗糙度小。拉孔精度主要取决于刀具，机床对其影响不大。拉孔的精度可达 IT6 ~ IT8，表面粗糙度 Ra 达 0.8 ~ 0.4μm。由于拉孔难以保证孔与其他表面间的位置精度，因此被拉孔的轴线、端面之间在拉削前应保证有一定的垂直度。

如图 5 - 20 所示，拉刀刀齿尺寸逐个增大而切下金属的过程。为保证拉刀工作时的平稳性，拉刀同时工作的齿数应在 2 ~ 8 个，否则拉力过大可能会使拉刀断裂。由于受到拉刀制造工艺及拉床动力的限制，过小与特大尺寸的孔均不适宜于拉削加工。

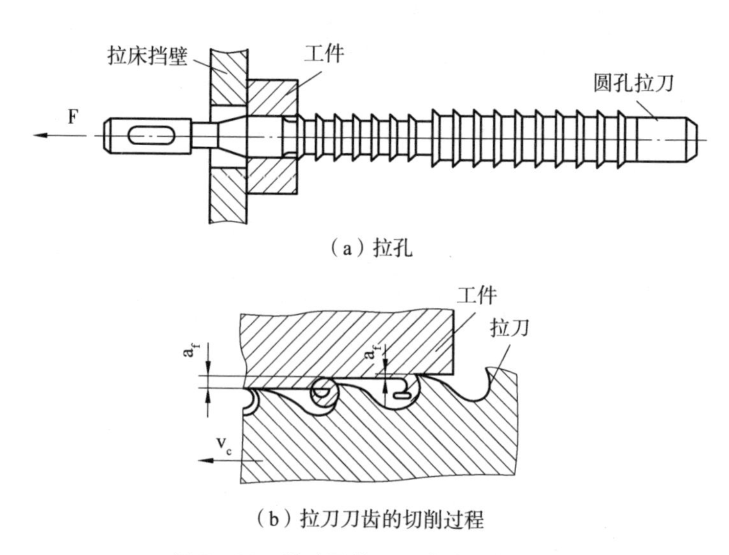

图 5 - 20　拉孔及拉刀刀齿的切削过程

当工件端面与工件毛坯孔的垂直度不好时，为改善拉刀的受力状态，防止拉刀崩刃或折断，常采用在拉床固定支承板上装有自动定心的球面垫板作为浮动支承装置。

拉刀是定尺寸刀具，结构复杂、排屑困难、价格昂贵、设计制造周期长，不适合用于加工大孔，而且形状复杂，价格昂贵，在单件小批生产中使用也受限制，故拉孔常用在大批量生产中加工孔径为8～125mm，孔深不超过孔径5倍的中、小件通孔。

（7）镗孔。

镗孔加工可在除镗床外的多种设备上进行加工，如车床、铣床等。在车床上镗孔比车孔精度更高。镗孔应用很广泛，在单件小批量生产中，镗孔成本低，经济性较好。镗孔可进行粗加工或精加工；能修正孔中心线的偏斜，又能保证孔的坐标位置。镗孔的尺寸精度一般可达IT7～IT8级，表面粗糙度Ra为0.4～3.2μm。其工艺灵活性大、适应性强，镗床上还可实现钻、铣、车、攻螺纹工艺；加工箱体、机座、支架等复杂大型件的孔和孔系，通过镗模或坐标装置，容易保证加工精度；工人操作要求高、效率低。

镗削的工作方式有以下三种。

①工件旋转刀具做进给运动。

在车床上加工回转盘套类零件上的孔和轴中间部位的孔属于这种方式，工件由卡盘装夹做旋转运动，镗刀装于刀杆上做进给运动，如图5－21（a）所示。这类加工的优点是加工后孔的轴线和工件的回转轴线一致，孔轴线的直线度精度高，可以保证在一次装夹中加工的外圆和内孔有较高的同轴度，且与端面垂直。

②工件不动而刀具做旋转和进给运动。

如图5－21（b）所示，这种加工方式在镗床上进行。镗床主轴带动镗刀杆旋转，并做纵向进给运动。由于主轴的悬伸长度不断加大，刚性随之减弱，为保证镗孔精度，故一般用来镗削深度较小而孔径较大的壳体孔。

③刀具旋转工件做进给运动。

如图5－21（c）所示，这种镗孔方法适用于进行镗削箱体两壁距离大于200mm的孔径，孔深不大的同轴孔系，易于保证孔与孔、孔与平面间的位置精度。镗孔时进给运动方向发生偏斜或非直线性都不会影响孔径。但镗孔的轴线相对于机床主轴线会产生偏斜或不成直线，使孔的横截面形转成椭圆形。

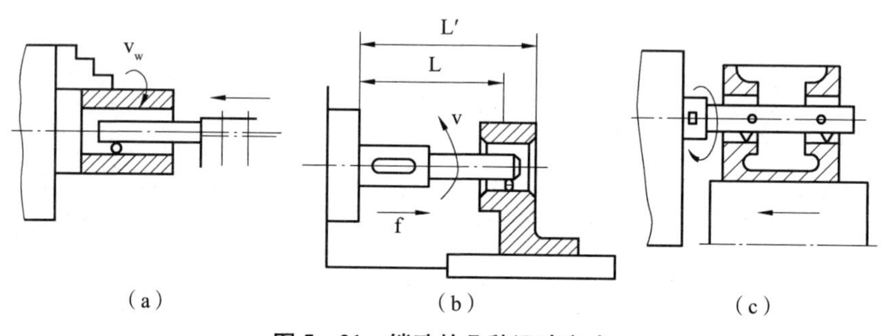

图5－21　镗孔的几种运动方式

（8）砂轮磨孔。

磨孔是高精度、淬硬内孔的主要加工方法，磨内圆是在内圆磨床和万能外圆磨床上进行。磨削方式分三类，如图5－22所示。

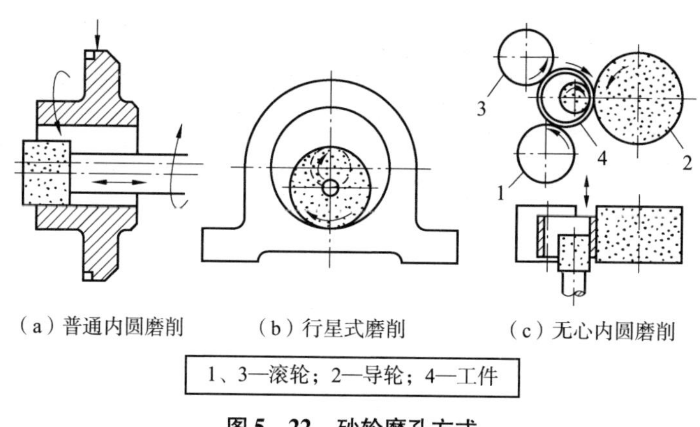

图5－22　砂轮磨孔方式

①普通内圆磨削。工件装夹在机床上回转，砂轮高速回转并做轴向往复进给运动和径向进给运动，如图5－22（a）所示。

②行星式内圆磨削。工件固定不动，砂轮自转并绕所磨孔的中心线做

行星运动和轴向往复进给运动，径向进给则通过加大砂轮行星运动的回转半径来实现，如图5-22（b）所示。适用于工件体积较大、不便于做回转运动的条件。

③无心内圆磨削。如图5-22（c）所示，工件4放在滚轮中间，被滚轮3压向滚轮1和导轮并由导轮2带动回转，它还可沿砂轮轴心线做轴向往复进给运动。这种磨孔方式一般只用来加工轴承圈等简单零件。

由于受孔径限制，磨内圆砂轮速度难以达到磨外圆的速度；砂轮轴容易产生弯曲振动，砂轮与工件成内切圆接触，接触面积大，磨削热多，散热条件差，表面易烧伤。因此，磨内圆较为困难，因加工精度和表面质量难以控制。磨孔的尺寸精度一般可达IT6~IT7级，表面粗糙度Ra为0.2~0.8μm，生产率较低。因为砂轮直径小，磨损快且冷却液不容易冲走屑末，砂轮容易堵塞，需要经常修整或更换，使辅助时间增加。

（9）孔的光整加工。

①研磨孔。研磨孔是常用的一种孔光整加工方法，用于对精镗、精铰或精磨后的孔作进一步加工。研磨后孔的精度可达IT7~IT6，表面粗糙度值可达Ra为0.008~0.1μm，形状精度亦有相应提高。

②珩磨孔。珩磨是利用带有磨条（油石）的珩磨头对孔进行精整、光整加工的方法。常常对精铰、精镗或精磨过的孔在专用的珩磨机上进行光整加工。珩磨主要用于加工铸铁、淬硬和未淬硬的钢件，但不适合加工韧性金属材料和花键孔等断续表面。珩磨头在旋转的同时做轴向进给运动，实现对孔的低速磨削和摩擦抛光。珩磨主要用于精密孔的最终加工工序，能加工直径为15~500mm或更大的孔，并可加工深径比大于10的深孔。珩磨可加工铸铁件、淬火和不淬火钢件以及青铜件等，但珩磨不宜加工塑性较大的有色金属，也不能加工带键槽的孔、花键孔等断续面。

2. 套筒类零件上孔的加工方法的选择

选择孔的加工方法与机床的选用密切相关，根据孔的加工方法可以达到的精度等级与表面粗糙度值，拟定孔的加工方案时可参考表5-6。制订孔加工方案时，除一般因素外还应考虑孔径大小和深径比。

表 5-6　　孔加工方案

序号	加工方案	公差等级（IT）	表面粗糙度（Ra/μm）	适用范围
1	钻	11~12	12.5	加工未淬火钢及铸铁的实心毛坯，也可用于加工非铁金属（但表面粗糙度值稍高），孔径<20mm
2	钻—铰	8~9	3.2~1.6	
3	钻—粗铰—精铰	7~8	1.6~0.8	
4	钻—扩	11	12.5~6.3	加工未淬火钢及铸铁的实心毛坯，也可用于加工非铁金属（但表面粗糙度值稍高），孔径>20mm
5	钻—扩—铰	8~9	3.2~1.6	
6	钻—扩—粗铰—精铰	7	1.6~0.8	
7	钻—扩—机铰—手铰	6~7	0.4~0.1	
8	钻—(扩)—拉（或推）	7~9	1.6~0.1	大批量生产中小零件的通孔
9	粗镗（或扩孔）	11~12	12.5~6.3	除淬火钢外各种材料，毛坯有铸出孔或锻出孔
10	粗镗（粗扩）—半粗镗（精扩）	9~10	3.2~1.6	
11	粗镗（扩）—半粗镗（精扩）—精镗（铰）	7~8	1.6~0.8	
12	粗镗（扩）—半粗镗（精扩）—精镗—浮动镗刀块精镗	6~7	0.8~0.4	
13	粗镗（扩）—半精镗—磨孔	7~8	0.8~0.2	主要用于加工淬火钢，也可用于不淬火钢，但不宜用于非铁金属
14	粗镗（扩）—半精镗—粗磨—精磨	6~7	0.2~0.1	
15	粗镗—半粗镗—精镗—金刚镗	6~7	0.4~0.05	主要用于粗度要求较高的非铁金属加工
16	钻—(扩)—粗铰—精铰—珩磨 钻—(扩)—拉—珩磨 粗镗—半精镗—精镗—珩磨	6~7	0.2~0.025	精度要求很高的孔
17	以研磨代替上述方案中的珩磨	5~6	<0.1	
18	钻（或精镗）—扩（半精镗）—精镗—金刚镗—脉冲滚挤	6~7	0.1	成批大量生产的非铁金属零件中的小孔，铸铁箱体上的孔

3. 套筒类零件加工设备

（1）套筒类零件加工机床的选择。

①车床。套筒类零件的内孔一般在车床上加工，在于其方便工件的装

夹，在一次装夹中可完成内孔、端面和外圆的加工，并保证位置精度。

②镗床。镗床主要是用镗刀对工件上已有的孔进行镗削加工。当工件上的孔和孔系的加工尺寸较大，尺寸精度和位置精度要求较高时，就较适宜采用镗削加工，如各种箱体、汽车发动机缸体等零件上的孔。镗削时，工件安装在工作台或夹具上，镗刀装夹在镗杆上由主轴驱动旋转为主运动，镗刀或工件移动为进给运动。当采用镗模时，镗杆与主轴为浮动连接，加工精度取决于镗模精度。当不采用镗模时，镗杆与主轴为刚性连接，加工精度取决于机床精度。

镗床的主要类型有卧式镗床、坐标镗床和金刚镗床等，其中以卧式镗床应用最为广泛。所以本书只介绍卧式镗床。

卧式镗床除可镗孔外，还可以进行铣削、钻孔、扩孔、铰孔、锪平面等工作，因此一般情况下，工件可在一次安装中完成大部分甚至全部的加工工序。图5－23展示了卧式镗床的几种典型加工方法。卧式镗床结构如图5－24所示。

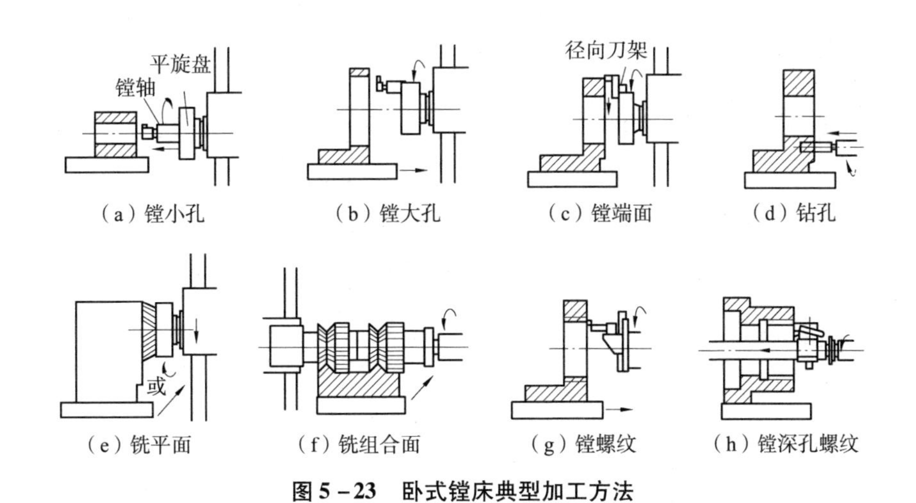

图5－23　卧式镗床典型加工方法

卧式镗床的结构如图5－24所示，它由床身、主轴箱、前立柱、后立柱、下滑座、上滑座和工作台等部件组成。主轴箱8可沿前立柱的导轨上下移动。在主轴箱中，装有主轴部件、主运动和进给运动变速机构以及操纵机构。根据加工情况不同，刀具可以装在镗轴6上或平旋盘5上加工时，镗轴旋转完成主运动，并可沿轴向移动完成进给运动，平旋盘只能做旋转主运动。装在后立柱 2 上的后支架 1，用于支承悬伸较大的镗杆的悬伸端，以增加其刚性。后支架可沿后立柱上的导轨与主轴箱同步升降，以保持其上的直沉孔与镗轴在同一轴线上。后立柱可沿床身 10 的导轨左右移动，以适应镗杆不同长度的需要。工件安装在工作台上，可与工作台一起随下滑座 11 或上滑座 12 做纵向或横向移动。工作台还可绕上滑座的圆导轨在水平平面内转位，以便加工互相成一定角度的平面或孔。当刀具装在平旋盘的径向刀架上时，径向刀架可带着刀具做径向进给，以镗削端面。

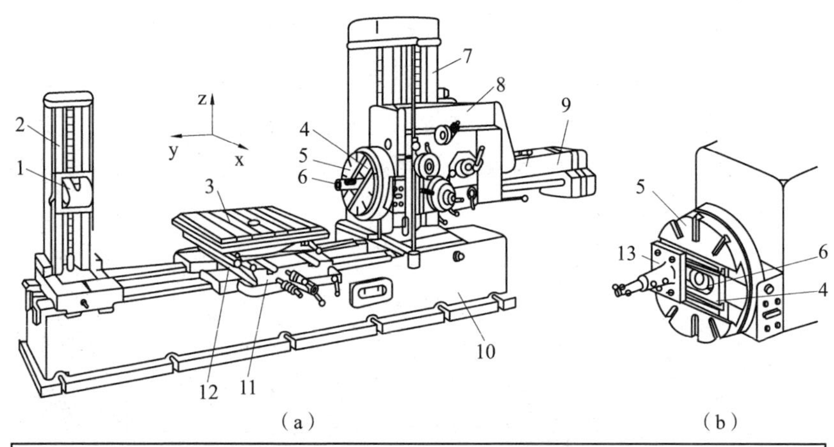

1—后支架；2—后立柱；3—工作台；4—径向刀架；5—平旋盘；6—镗轴；7—前立柱；8—主轴箱；9—后尾筒；10—床身；11—下滑座；12—上滑座；13—刀座

图 5－24　卧式镗床结构图

③钻床。

用钻头在工件上加工孔的机床称为钻床。主运动为钻头的旋转运动，外加刀具的进给运动。钻床可以在实心材料上钻孔，还可在原有孔的基础上铰孔、扩孔、锪平面、攻螺纹等。钻床是进行孔加工的主要机床之一，主要用来加工外形较复杂，没有对称回转轴线的工件上的孔，如箱体、机架等零件上的各种用途的孔。在钻床上加工时，工件不动，刀具既做旋转主运动，同时又沿轴向移动，完成进给运动。钻床可完成钻孔、扩孔、铰孔、攻螺纹等工作，如图 5－25 所示。

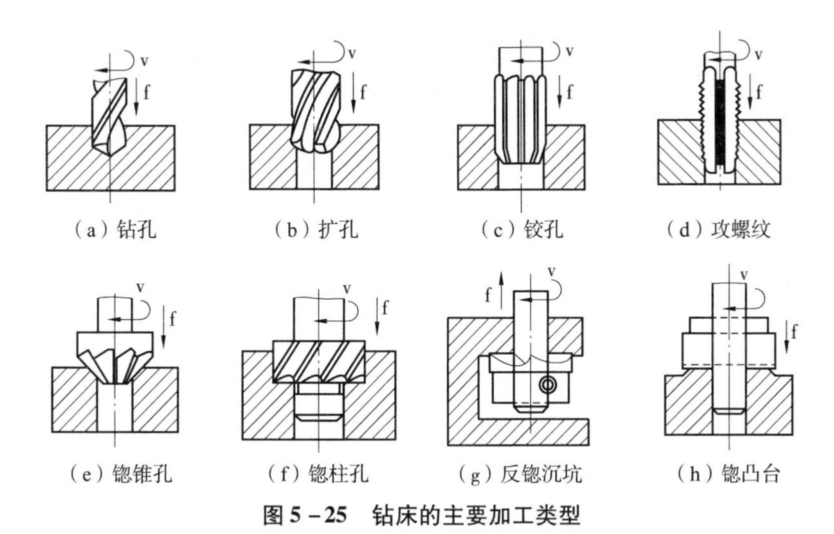

图5-25　钻床的主要加工类型

钻床种类较多，主要有立式钻床、台式钻床、摇臂钻床、深孔钻床、中心孔钻床、数控钻床等。本节介绍了立式钻床的结构。

立式钻床是主轴竖直布置且中心位置固定的钻床，简称立钻，常用于机械制造和修配工厂加工中小型工件的孔。立钻有方柱立钻和圆柱立钻两种基本系列。图5-26（a）为方柱立钻，它由主轴、进给箱、工作台和底座等组成。

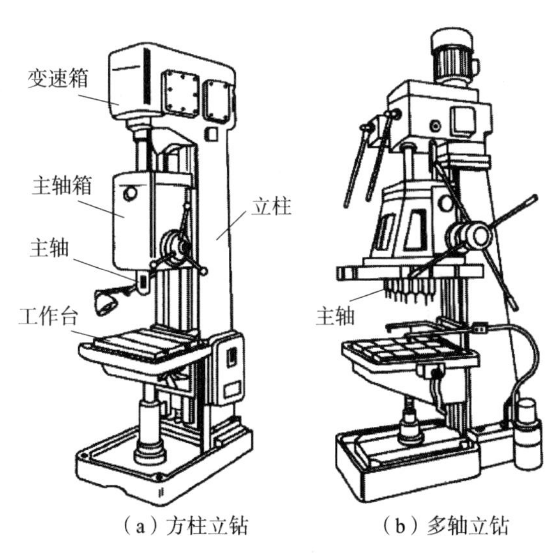

图5-26　立式钻床

由于立式钻床主轴中心位置不能调整，若加工工件上有几个不同位置的孔，必须调整工件的位置，这对大而重的工件来说极不方便。这就需要采用如图 5－26（b）所示的多轴立钻来加工。立钻由于生产效率低，主要用于单件、小批量生产的中小型零件加工，钻孔直径小于 50mm。

（2）套筒类零件上孔加工的刀具。

孔加工刀具按其用途一般分为两大类：第一类是从实体材料上加工出孔的刀具，如麻花钻、中心钻及深孔钻；第二类是对已有孔进行再加工的刀具，如扩孔钻、铰刀、镗刀和内控车刀等。套筒类零件孔加工常用中心钻、麻花钻、扩孔钻、锪钻、铰刀、拉刀和内孔车刀等。

①麻花钻。

麻花钻是一种形状较复杂的双刃钻孔或扩孔的标准刀具，主要用于在实体材料上打孔，是目前孔加工中应用最广的刀具。麻花钻用高速钢制成，工作部分经热处理淬硬至 62～65HRC，是钻孔的主要刀具。一般用于孔的粗加工（IT11 以下精度及表面粗糙度 Ra 为 25～6.3μm），也可用于加工螺纹、铰孔、拉孔、键孔、磨孔的预制孔。

标准麻花钻由三部分组成，工作部分（包括切削部分和导向部分）、颈部和柄部，如图 5－27 所示。

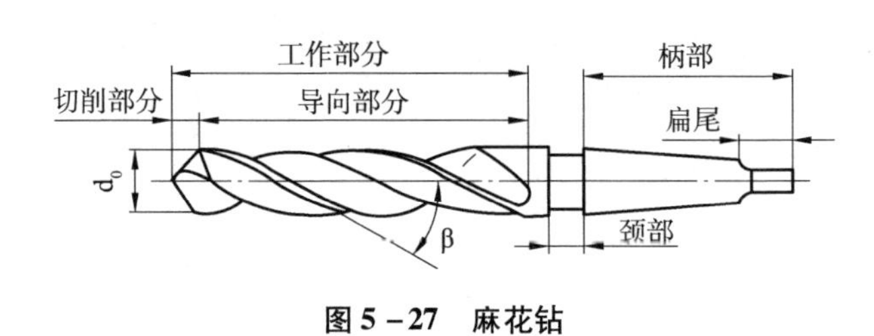

图 5－27　麻花钻

a. 柄部。柄部是钻头的夹持部分，用于与机床连接，并传递扭矩和轴向力。按麻花钻直径的大小，分为直柄（小直径）和锥柄（大直径）两种。

b. 颈部。颈部是加工钻头时磨削钻柄和工作部分的退刀槽，是工作部分和尾部间的过渡部分，钻头直径、材料、商标一般刻印在颈部。

c. 工作部分。工作部分是钻头的主要部分，由导向部分与切削部分组成。导向部分依靠两条狭长的螺旋形棱边来起导向作用。由于麻花钻头具有倒锥度，倒锥量为 0.03 ~ 0.12mm/100mm，可以减少钻头与孔壁间的摩擦。导向部分是两条对称的螺旋槽，其作用是排屑和输送切削液。前端为切削部分，承担主要的切削工作，由两条切削刃、两条副切削刃、一条横刃、两个前刀面、两个后刀面及两个副后刀面组成，如图 5 - 28 所示。其中，螺旋槽的螺旋面是前刀面，切屑可从前刀面处流出。钻头的顶锥面是后刀面。两个后刀面在钻芯处的交线称为横刃，它是麻花钻所特有的。前刀面与后刀面的交线为主切削刃。两条窄棱面（棱带）就是副后刀面。窄棱面与前刀面的交线为副切削刃（螺旋线）。后端为导向部分，起引导钻头的作用，也是切削部分的后备部分。

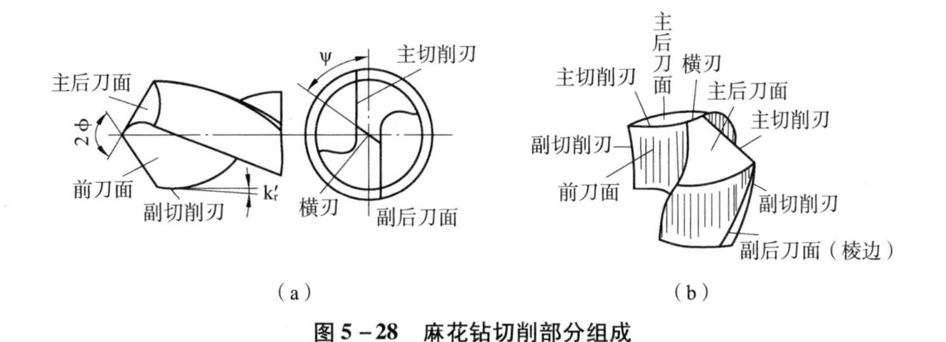

图 5 - 28　麻花钻切削部分组成

麻花钻两刀齿的前面为螺旋槽，螺旋斜角越大，刀具获得的前角越大，切削刃越锋利，切屑去除越平滑，但同时钻头刚性变差。由于刀刃上各点螺旋斜角不同，刀刃上各点的前角也不同，且越向钻心前角越小，切削挤压变形严重，使钻削力加大。

由于麻花钻的加工范围比较广，可以加工直径为 0.1 ~ 80mm 的孔，所以生产中使用最多的是麻花钻。麻花钻刚性差的原因是当钻头的两切削刀刃磨得不对称时，很容易造成孔中心线的歪斜或偏移，称为引偏。引偏量较大时会对后来的工序产生隐患。

②扩孔钻。

扩孔钻是用于对已钻孔进一步加工的刀具。一般用于孔的半精加工或终加工，用于铰或磨前的预加工或毛坯孔的扩大，因无须对孔心进行加工，故扩孔钻不设横刃。扩孔钻的刀刃一般为齿，工作平稳、加工时导向效果好，轴向抗力小，切削条件优于钻孔；由于切屑少而窄，可采用较浅容屑槽。刀具刚度的改善，既有利于加大切削用量，提高生产率，同时切屑易排，不易划伤已加工表面，使表面质量提高。其加工精度为 IT10 ~ IT11，表面粗糙度 Ra 可达 6.3 ~ 3.2μm。扩孔钻的刀齿一般有 3 ~ 4 个，无横刃，前角和后角沿切削刃的变化小，故导向性好，切削平稳。

扩孔钻的主要类型有两种，即整体式扩孔钻和套式扩孔钻（见图 5 - 29），其中套式扩孔钻适用于大直径孔的扩孔加工。

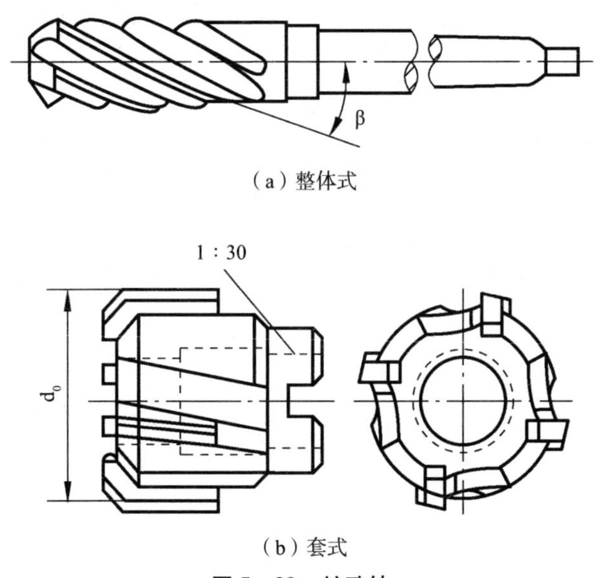

（a）整体式

（b）套式

图 5 - 29　扩孔钻

③锪钻。

锪钻是对孔的端面进行平面、柱面、锥面及其他型面加工。多用于对孔的端面进行平面、锥面等其他型面加工，或在已加工出的孔上加工沉头孔等。锪钻多数采用高速钢制造，只有加工端面凸台的大直径端面锪钻采用硬质合金制造，并采用装配式结构。

锪钻分为柱形锪钻、锥形锪钻和端面锪钻三种。

柱形锪钻用于锪圆柱形埋头孔，如图 5 - 30（a）所示。柱形锪钻的端面刀刃起主要切削作用，螺旋槽的斜角就是它的前角。柱形锪钻前端有导柱，导柱直径与工件已有孔为紧密间隙配合，以保证良好的定心和导向。这种导柱是可拆的，也可以把导柱和锪钻做成一体。

锥形锪钻用于锪锥形孔，如图5－30（b）所示。锥形锪钻的锥角按工件锥形埋头孔的要求不同，锥孔锪钻的锥度一般有60°、90°和120°三种，其中90°最为常用。

端面锪钻专门用来锪平孔口端面，如图5－30（c）所示。端面锪钻可以保证孔的端面与孔中心线的垂直度。当已加工的孔径较小时，为了使刀杆保持一定强度，可使刀杆头部的一段直径与已加工孔为间隙配合，以保证良好的导向作用。

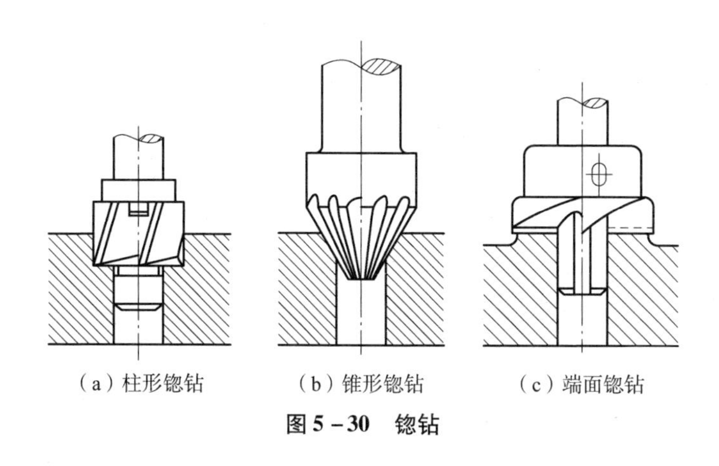

图5－30　锪钻

④铰刀。

铰刀用于中小直径孔的半精加工和精加工。铰刀加工余量小，齿数多，一般为6～12个，刚性和导向性好，因而能获得较高加工精度（IT6～IT8）和较好的表面粗糙度（Ra为1.6～0.4μm）。

铰刀分为手用铰刀和机用铰刀两类。手用铰刀又分整体式和可调式。可调式铰刀能在一定范围内调节径向尺寸，适应不同直径的孔加工要求。机用铰刀可分为带柄式和套式。带柄式铰刀又分直柄和锥柄两种。小直径的铰刀用直柄，较大直径用锥柄。大直径铰刀则可采用可套式结构，如图5－31所示。

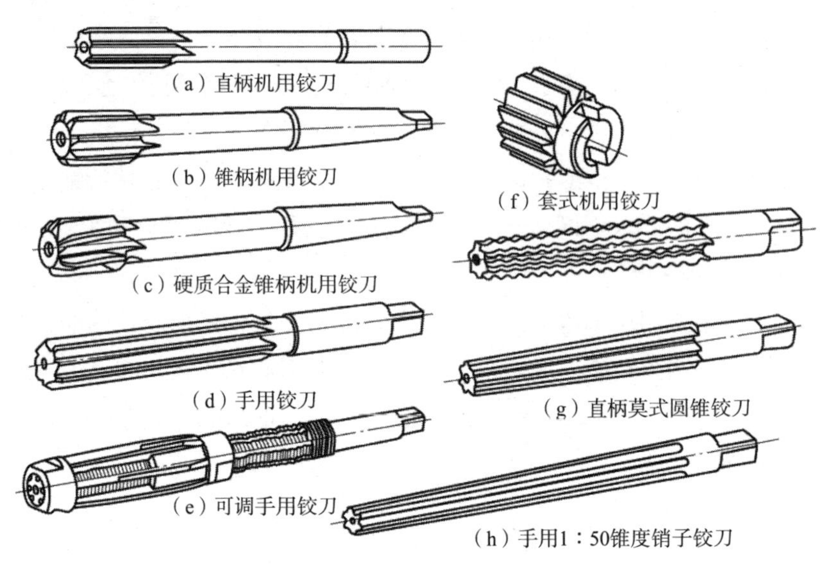

图 5－31　铰刀的基本类型

铰刀的基本结构如图 5－32 所示，由柄部、颈部和工作部分组成。工作部分包括切削部分和校准部分。切削部分用于切除加工余量；校准部分起导向、校准和修光作用。校准部分又分为圆柱部分和倒锥部分。圆柱部分保证加工孔径的精度和表面粗糙度要求，倒锥部分的作用是减小铰刀与孔壁的摩擦以及避免孔径扩大现象。

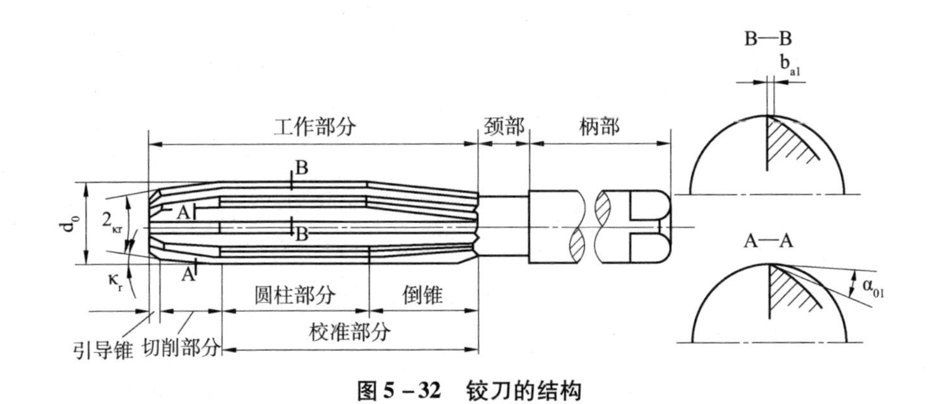

图 5－32　铰刀的结构

⑤镗刀。

镗刀种类很多，一般分为单刃镗刀与多刃镗刀两大类。单刃镗刀如

图 5－33 所示，其结构简单，通用性好，大多有尺寸调节装置，在精密镗床上常采用如图 5－34 所示的微调镗刀，以提高调整精度。双刃镗刀如图 5－35 所示，它两侧都有切削刃，工作时可以消除径向力对锁杆的影响，镗刀上的两块刀片可以径向调整，工件的孔径尺寸和精度由镗刀径向尺寸保证，双刃镗刀多采用浮动连接结构，刀体 2 以动配合状态浮动地安装在镗杆的径向孔中，工作时刀块在切削刃的作用下保持平衡，双刃浮动镗只能提高尺寸精度和降低表面粗糙度，不能提高位置精度，因此必须在单刃精镗之后进行。

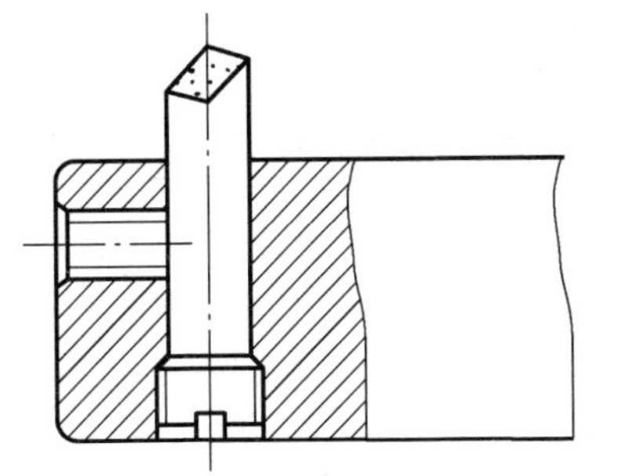
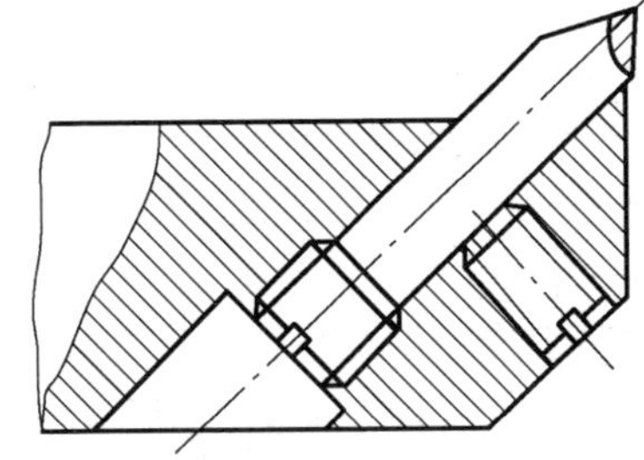

图 5－33　单刃镗刀

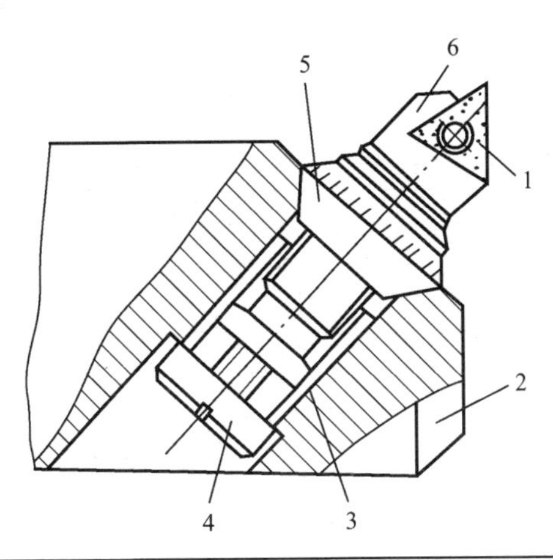

1—紧固螺钉；2—微调螺母；3—刀块；4—刀片；5—导向键

图 5－34　微调镗刀

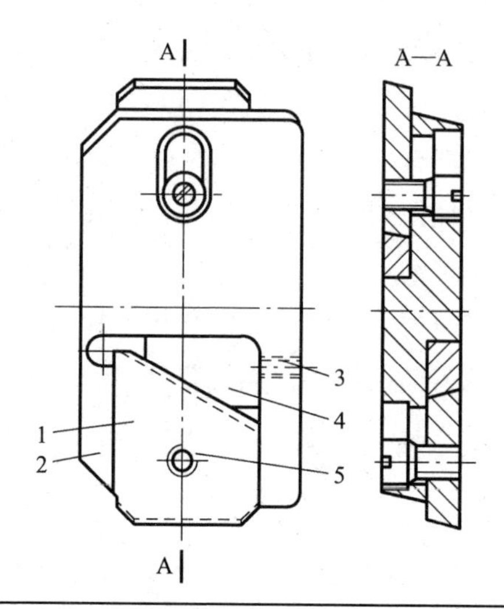

1—刀片；2—刀体；3—尺寸调节螺钉；4—斜面垫板；5—刀片夹紧螺钉

图 5－35　双刃镗刀

⑥拉刀。

拉削刀具是用于大批量零件加工的专用刀具，如图 5－36 所示。拉刀加工一次成型，生产率极高，且由于拉削速度低，拉削过程平稳和切削层厚度小，因此加工精度可达 IT7 级，表面粗糙度可达 0.8μm。

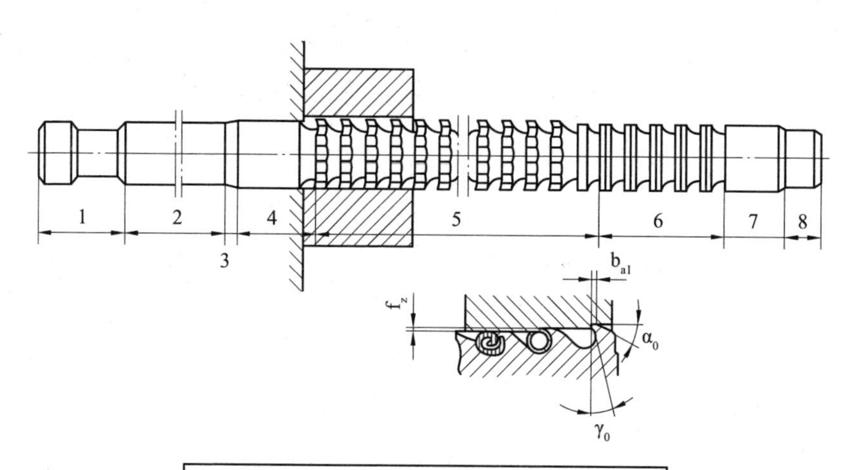

1—柄部；2—颈部；3—过渡圆锥；4—引导部分；
5—切削部分；6—校准部分；7、8—后引导部分

图 5－36　拉刀各部分名称

4. 套筒类零件的装夹方式

由于套筒类零件的主要技术要求是内外圆的同轴度，因此选择定位基准和装夹方法时，应着重考虑在一次装夹中尽可能完成各主要表面的加工，或以内孔和外圆互为基准反复加工逐步提高其精度。同时，由于套筒类零件壁薄、刚性差，选择装夹方法、定位元件和夹紧机构时，要特别注意防止工件变形。

（1）采用卡盘一次装夹完成。

这种方法可在一次装夹中完成工件主要表面的加工，能够消除因反复装夹对加工精度的影响，并保证一次装夹加工出的各表面之间有很高的相互位置精度。但这种装夹方法大都要求毛坯留有夹持部位，待各表面加工好后再切掉，造成材料的浪费，故多用于尺寸较小的轴套类零件的车削加工。在单件生产中或要求不高的零件上可以采用此种方式。在一次安装中把工件全部或大部分加工完成。此种安装方式没有定位误差。如车床精度高，可以获得较高的形位精度，但却需要经常转换刀架。如图 5 – 37 所示的工件，加工需要采用 45°外圆车刀、钻头、铰刀和切断刀等刀具加工。

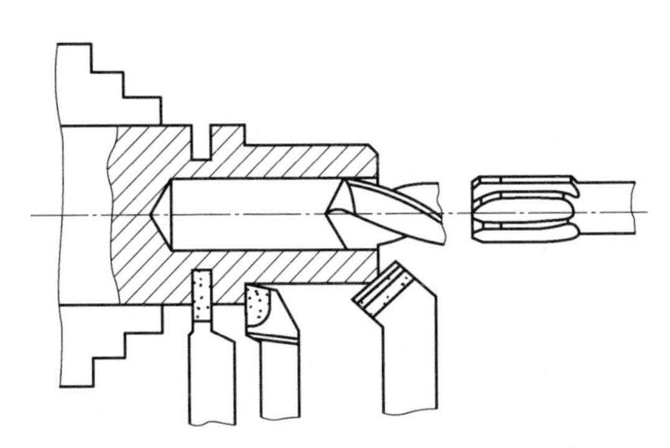

图 5 – 37　一次安装中加工的套筒零件

（2）以内孔定位，采用心轴辅助装夹。

中小型的套筒零件一般采用心轴，以内孔作为定位基准来保证工件的同轴度和垂直度。心轴易于制造，使用方便，因此在加工中应用广泛。本文介绍常用的两种心轴：

①实体心轴。

实体心轴有不带阶台的实体心轴和带阶台的实体心轴两种。不带阶台的实体心轴有 1∶1000～1∶5000 的锥度，又称小锥度心轴，如图 5－38（a）所示。这种心轴的优点是制造容易，加上出的零件精度较高，缺点是长度无法定位，承受切削力小，装卸不太方便。图 5－38（b）是阶台式心轴，它的圆柱部分与零件孔保持较小的间隙配合，工件靠螺母来压紧。优点是一次可以装夹多个零件，缺点是精度低。如果装上快换垫圈，装卸工件将非常方便。

②胀力心轴。

胀力心轴依靠材料弹性变形所产生的胀力来固定工件，由于装卸方便、精度较高，加工中使用非常广泛。可装在机床主轴孔中的胀力心轴如图 5－38（c）所示。根据经验，胀力心轴塞的锥角最好为 30°左右，最薄部分壁厚 3～6mm。为了使胀力保持均匀，槽可做成三等分，如图 5－38（d）所示。临时使用的胀力心轴可用铸铁做成，长期使用的胀力心轴可用弹簧钢（65Mn）制成。

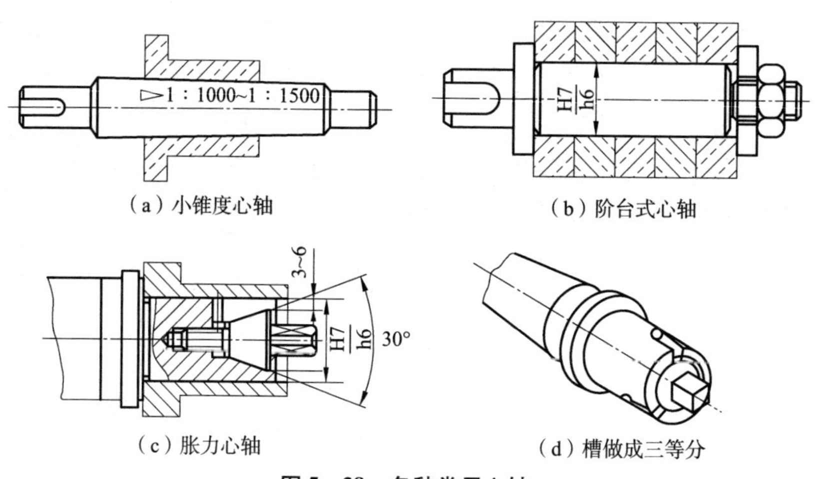

（a）小锥度心轴　（b）阶台式心轴

（c）胀力心轴　（d）槽做成三等分

图 5－38　各种常用心轴

以内孔为精基准定位加工套筒类零件的外圆，在生产实践中广泛应用。这是因为加工内孔的切削条件和刀具刚性都较差，若以外圆作为精基准来定位加工内孔，要保证内外圆的同轴度要求就显得比较困难；而以孔为定位基准的心轴类夹具，结构简单、刚性较好、易于制造，在机床上装夹的误差也很小。所以，当不能在一次装夹中加工出套筒内外圆表面时，往往改由内孔定位加工外圆，这一方案特别适合于加工小直径深孔套筒零件。

（3）以外圆为精基准使用专用夹具装夹。

当套筒零件内孔直径太小不适合做定位基准时，可先加工外圆，再以外圆为精基准定位，用卡盘夹紧来最终加工内孔。采用这种装夹方法，迅速可靠，能传递较大的扭矩。但是，一般卡盘的定位误差较大，加工后内外圆的同轴度较低。目前，采用弹性膜片卡盘、液性塑料夹头或经修磨的高精度三爪自定心卡盘等定心精度高的专用夹具，可以满足较高的同轴度要求。

5. 套筒类零件加工时的切削用量选择

合理切削参数的选择，不仅能确保薄壁结构件加工的高精度，而且是高速机床发挥效能、处于最佳工作状态的保证。因此，切削用量要根据机床刚度、刀具直径、刀具长度、工件材料、粗加工或精加工模式而定。

（1）切削深度。

钻孔时的切削深度是钻头的半径，如图5－39（a）所示；扩孔、铰孔时的切削深度 $a_p=(D-d)/2$，其中D为扩孔钻、铰刀直径，d为已钻孔的直径，如图5－39（b）、图5－39（c）所示，无论从切削力的角度，还是考虑到残余应力、切削温度等因素，采用小轴向切深 a_p、大径向切深 a_e 显然是有利的，这是高速切削条件下切削参数选择的原则。一般情况下，轴向切深 a_p 可在2～10mm选择，径向切深 a_e 可在0.5～0.9mm进行选择。

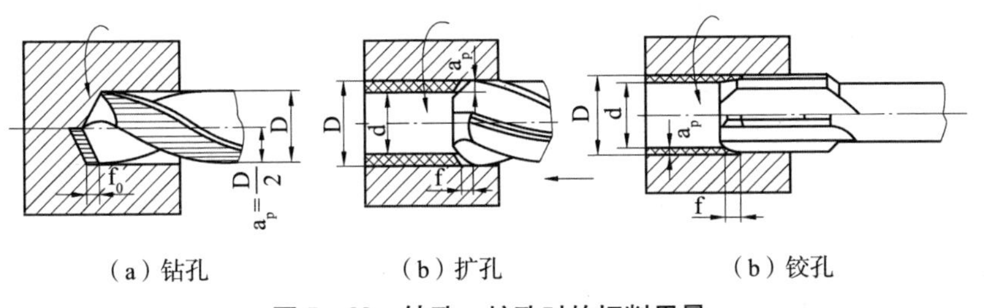

图5－39 钻孔、扩孔时的切削用量

（2）切削速度。

孔加工的切削速度可按式 $v=\frac{\pi Dn}{1000}$ 计算，其中v是切削速度m/min，D为钻头、扩孔钻，铰刀的直径，单位mm，n为机床主轴转速r/min。

用高速钢钻头钻钢料时，切削速度一般选择15～30m/min，扩孔时可略高些，钻铸铁时，v 取 10～25m/min，钻铝合金时，v 取 75～90m/min。铰孔或锪内圆锥时，为了减小表面粗糙度，切削速度应取 5m/min 以下。

（3）进给量。

加大进给量无疑会增加切削力，这显然对薄壁加工不利。因此精加工时，不选择大的进给量，但进给量过小也是有害的。因为进给量过小时，挤压代替了切削，会产生大量切削热，加剧刀具磨损，影响加工精度。所以，精加工时，应选取较适中的进给量。

进给量随刀具材料，加工材料的不同而不同。表 5－7 介绍了高速钢钻头切削不同材料时的进给量选择范围。

表 5－7　　高速钢钻头切削用量选择

钻孔的进给量（$mm \cdot r^{-1}$）					
钻头直径 d_o/mm	钢 σ_b/MPa <800	钢 σ_b/MPa 800～1000	钢 σ_b/MPa >1000	铸铁、铜及铝合金 HB≤200	铸铁、铜及铝合金 HB>200
≤2	0.05～0.06	0.04～0.05	0.03～0.04	0.09～0.11	0.05～0.07
2～4	0.08～0.10	0.06～0.08	0.04～0.06	0.18～0.22	0.11～0.13
4～6	0.14～0.18	0.10～0.12	0.08～0.10	0.27～0.33	0.18～0.22
6～8	0.18～0.22	0.13～0.15	0.11～0.13	0.36～0.44	0.22～0.26
8～10	0.22～0.28	0.17～0.21	0.13～0.17	0.47～0.57	0.28～0.34
10～13	0.25～0.31	0.19～0.23	0.15～0.19	0.52～0.64	0.31～0.39
13～16	0.31～0.37	0.22～0.28	0.18～0.22	0.61～0.75	0.37～0.45
16～20	0.35～0.43	0.26～0.32	0.21～0.25	0.70～0.86	0.43～0.53
20～25	0.39～0.47	0.29～0.35	0.23～0.29	0.78～0.96	0.47～0.56
25～30	0.45～0.55	0.32～0.40	0.27～0.33	0.9～1.1	0.54～0.66
30～50	0.60～0.70	0.40～0.50	0.30～0.40	1.0～1.2	0.70～0.80

注：

（1）表列数据适用于在大刚性零件上钻孔，精度在 H12～H13 级以下（或自由公差），钻孔后还用钻头、扩孔钻或镗刀加工，在下列条件下需乘修正系数：

①在中等刚性零件上钻孔（箱体形状的薄壁零件、零件上薄的突出部分钻孔）时，乘系数 0.75。

②钻孔后要用铰刀加工的精确孔，低刚性零件上钻孔，斜面上钻孔，钻孔后用丝锥攻螺纹的孔，乘系数 0.50。

（2）钻孔深度大于 3 倍直径时应乘修正系数：

钻孔深度（孔深以直径的倍数表示）$3d_0$　$5d_0$　$7d_0$　$10d_0$；

修正系 1.0　0.9　0.8　0.75。

（3）为避免钻头损坏，当刚要钻穿时应停止自动走刀而改用手动走刀。

从理论上讲，采用较高的切削速度，可以提高生产率，可以减少或避免在刀具前面上形成积屑瘤，有利于切屑的排出，在一定的高速切削速度范围内可以提高工件表面加工质量，但会加剧刀具的磨损。总之，要针对不同的加工对象选择适宜的切削用量，这样才能真正发挥高速切削技术的长处。

6. 套筒类零件的检验

（1）孔径测量。

当孔径精度要求不高时，可采用内卡钳或游标卡尺；精度高时，可采用内径千分尺，内径百分表和塞规。

（2）形位精度。

套筒类零件的形状和位置精度一般采用百分表或千分表测量，如垂直度、圆跳动、圆度和同轴度等。

5.2.3　套筒类零件加工实例

图 5－40 是某套筒零件，材料为 HT300，每批数量为 300 件，请制定出该零件的加工工艺。

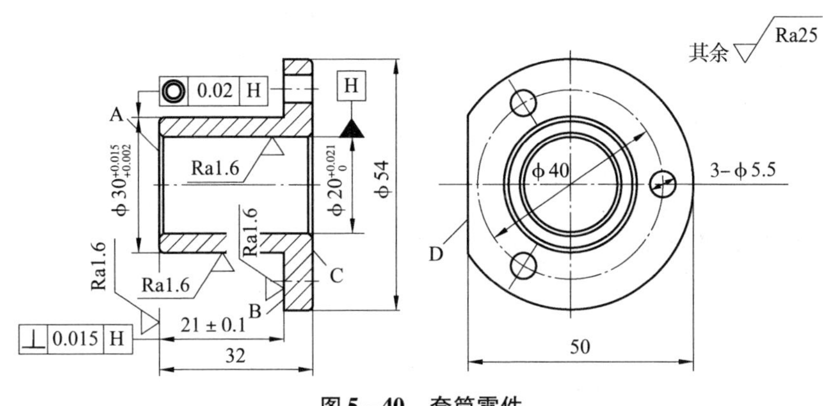

图 5－40　套筒零件

1. 套筒零件工艺分析

（1）零件由外圆、内孔和端面组成。其中外圆的尺寸为 $\phi30^{+0.015}_{+0.002}$，公差等级为 IT6，表面粗糙度 Ra 为 1.6μm，外圆柱面对 $\phi20^{+0.021}_{0}$ 内孔的同轴度允差为 ϕ0.02mm。内孔尺寸精度为 $\phi20^{+0.021}_{0}$ 公差等级为 IT7，表面粗糙度 Ra 为 1.6μm。A、B 端面对 $\phi20^{+0.021}_{0}$ 孔的轴线 H 的垂直度公差为 ϕ0.015mm，表面粗糙度 Ra 为 1.6μm。均为关键加工面。

（2）均布通孔 3－ϕ5.5。

2. 套筒零件毛坯确定

套筒零件材料为HT150，生产批量为300件，根据生产纲领可确定这是小批量生产，故此确定该套筒零件的毛坯为铸造毛坯，如图5-41所示。

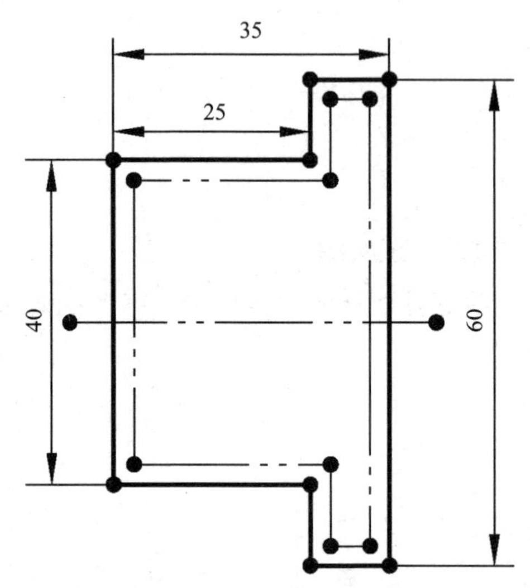

图5-41　套筒零件的毛坯示意图

3. 确定加工方案

根据各加工面的精度及表面粗糙度要求可制订如表5-8的套筒加工方案。

表5-8　套筒零件加工方案

加工表面	精度要求	表面粗糙度 Ra/μm	加工方案
$\phi30^{+0.015}_{+0.002}$外圆 A、B端面	IT6 IT11以上	1.6 1.6	粗车→半精车→粗磨→精磨
$\phi20^{+0.021}_{0}$内孔	IT7	1.6	钻→扩→粗铰→精铰
3-ϕ5.5通孔	IT11以上	25	钻→锪
C面、各倒角	IT11以上	25	粗车
D面	IT11以上	25	刨

4. 确定定位基准及装夹方案

为保证套筒内外圆的同轴度要求和A、B端面对轴心线的垂直度，以$\phi54$为粗基准，采用三爪卡盘在一次装夹中车出A面、$\phi30^{+0.015}_{+0.002}$外圆及B面、$\phi20^{+0.021}_{0}$内孔。

（1）加工$\phi54$外圆及端面C时，可用$\phi30^{+0.015}_{+0.002}$为精基准，采用软爪卡盘装夹。

（2）再加工3－$\phi5.5$通孔时，用$\phi30^{+0.015}_{+0.002}$外圆和A端面为精基准。

（3）加工D面时，用$\phi20^{+0.021}_{0}$内孔、端面C和任一$\phi5.5$的孔为精基准。

5. 确定加工设备

根据定位基准以及加工方案，结合零件自身的加工尺寸（零件尺寸较小），故设备方案如表5－9所示。

表5－9　套筒零件加工设备表

加工表面	机床	刀具	量具
$\phi30^{+0.015}_{+0.002}$外圆	CA6140卧式车床 M131W磨床	可转位YT15硬质合金外圆车刀 WA60KV6P350×40127砂轮	外径千分尺
$\phi20^{+0.021}_{0}$内孔	CA6140卧式车床	$\phi12$的钻头，$\phi19.8$的扩孔钻，$\phi19.94$粗铰刀，$\phi20$精铰刀	内径千分尺
3－$\phi5.5$通孔	CA6140卧式车床	$\phi5.5$钻头	内径百分表
C面、各倒角	CA6140卧式车床	可转位YT15硬质合金外圆车刀	游标卡尺
D面	刨床	刨刀	刨刀

6. 拟定套筒加工路线

为保证套筒内外圆的同轴度要求和A、B端面对轴心线的垂直度，采用在一次装夹中先粗、精车端面A，$\phi30^{+0.015}_{+0.002}$外圆和B端面，再钻、扩、铰$\phi20^{+0.021}_{0}$的孔，车C面及$\phi54$外圆，钻、扩、铰内孔，刨D面。

7. 制定套筒加工机械加工工艺

套筒的机械加工工艺过程卡如表5－10所示。

表 5-10　　　　套筒的机械加工工艺过程卡

机械加工工艺过程卡		产品型号		零部件图号				
		产品名称	套筒	零部件名称				
材料	HT150	毛坯种类	铸造毛坯	每毛坯可制件数	1	每台件数	1	
工序号	工序名称		工序内容		定位基准/夹具		加工设备	量具
1	铸造		铸造毛坯					
2	热处理		正火处理					
3	粗车		粗车端面 A、端面 B，$\phi30$ 外圆，外圆和轴肩端面均留余量		$\phi54$ 外圆面/三爪卡盘		CA6140/外圆车刀	外径千分尺
4	半精车		半精车端面 A、端面 B，$\phi30$ 外圆，外圆和轴肩端面均留磨削余量		$\phi54$ 外圆面/三爪卡盘		CA6140/外圆车刀	外径千分尺
5	钻孔		钻孔 $\phi12$		$\phi54$ 外圆面/三爪卡盘		CA6140$\phi12$ 的钻头	内径百分表
6	扩孔		扩孔至 $\phi19.8$		$\phi54$ 外圆面/三爪卡盘		CA6140$\phi19.8$ 扩孔钻	内径百分表
7	粗铰		粗铰至 $\phi19.94$		$\phi54$ 外圆面/三爪卡盘		CA6140 $\phi19.94$ 粗铰刀	内径百分表
8	精铰		精铰至 $\phi20_{0}^{+0.021}$		$\phi54$ 外圆面/三爪卡盘		CA6140$\phi20$ 精铰刀	内径百分表
9	车		车端面 C，保证长度 6，车 $\phi54$ 外圆至尺寸，内外圆倒角 $1\times45°$		$\phi30_{+0.002}^{+0.015}$ 外圆/软爪卡盘		CA6140/外圆车刀	外径千分尺
10	钻孔，锪孔		钻 $3-\phi5.5$ 通孔		$\phi30_{+0.002}^{+0.015}$ 外圆/软爪卡盘		CA6140/$\phi5.5$ 钻头	游标卡尺
11	刨		刨 D 面，保证尺寸 50		用 $\phi20_{0}^{+0.021}$ 内孔、端面 C 和任一 $\phi5.5$ 的孔为精基准		刨刀	游标卡尺

续表

工序号	工序名称	工序内容	定位基准/夹具	加工设备	量具
12	粗磨	粗磨车端面 A、端面 B，$\phi30$ 外圆，外圆和轴肩端面均留磨削余量	$\phi20^{+0.021}_{0}$ 内孔	心轴	外径千分尺
13	精磨	精磨车端面 A、端面 B，$\phi30$ 外圆，外圆和轴肩端面至尺寸要求	$\phi20^{+0.021}_{0}$ 内孔	心轴	外径千分尺
14	终	按图样技术要求全部检验			

项目 3　箱体类零件加工

能力目标

能进行箱体类零件加工工艺规程的编制。

知识目标

1. 掌握箱体类零件的作用、结构特点及技术要求。
2. 正确选择箱体类零件的材料和毛坯。
3. 正确选择箱体类零件表面加工方法。
4. 掌握箱体类零件的主要加工设备。
5. 掌握箱体类零件的装夹方法。
6. 掌握保证箱体类零件孔精度的方法。
7. 掌握箱体类零件的检验方法。
8. 掌握箱体类零件加工工艺卡的制定。

5.3.1　箱体类零件加工概述

1. 箱体类零件的作用及结构特点

箱体类零件是各类机器的基础零件，它将轴、套、轴承和齿轮等各类零件按一定的相互位置关系有序地连接成一个整体，并能传递和保障运动平稳。其加工质量直接影响机器的性能、精度和寿命。

箱体零件结构一般比较复杂，体积较大，整体结构呈封闭或半封闭状，壁厚不均匀，壁薄容易变形，有精度要求较高的支承孔和平面以及精度不高但数量较多的紧固孔和油孔等，加工难度大。按其功用可分为主轴箱、变速箱、操纵箱、进给箱等。图 5－42 介绍了几种常见的箱体类零件简图。

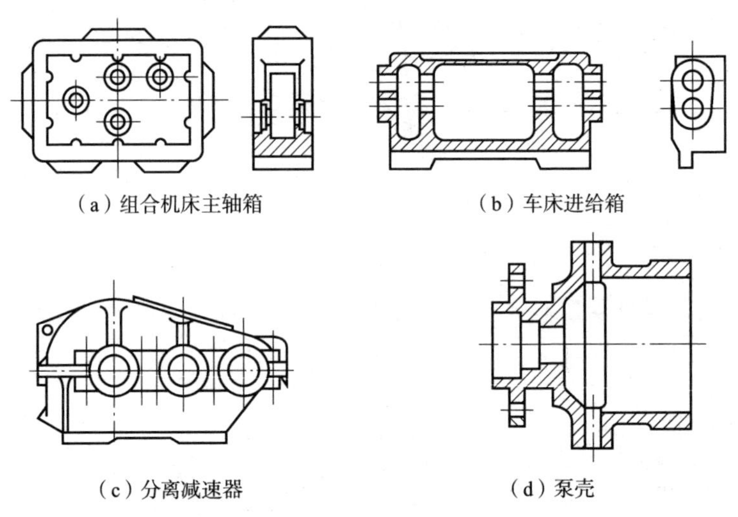
（a）组合机床主轴箱　（b）车床进给箱

（c）分离减速器　（d）泵壳

图 5－42　几种常见箱体零件简图

2. 箱体类零件的材料、毛坯及热处理

箱体零件有复杂的内腔，应选用易于成型的材料和制造方法。因此箱体零件的材料常用 HT200～HT400 的铸铁，由于灰铸铁有一系列技术上（如耐磨性、铸造性、可加工性及减振性都比较好）和经济上（材料来源广、成本低）的优点，常作为箱体类零件的材料。根据需要可选用各种牌号的灰铸铁，常用牌号为 HT200。选用箱体材料要根据具体条件和需要。例如，坐标镗床主轴箱可选用耐磨铸铁；某些负荷较大的箱体，可采用铸钢件；单件生产或某些简易机床的箱体，为了缩短毛坯制造周期可采用钢材焊接结构。

热处理是箱体零件加工过程中的一个十分重要的工序，需要合理安排。箱体零件的结构复杂，壁厚也不均匀，因此，在铸造时会产生较大的残余应力。为了消除残余应力，减少加工后的变形和保证精度的稳定，在铸造之后必须安排人工时效处理。人工时效的工艺规范为：加热到500～550℃，保温4～6h，冷却速度不高于30℃/h，出炉温度不高于200℃。

普通精度的箱体零件，一般在铸造之后安排1次人工时效处理。对一些高精度或形状特别复杂的箱体零件，在粗加工之后还要安排1次人工时效处理，以消除粗加工所造成的残余应力。

有些精度要求不高的箱体零件毛坯，有时不安排时效处理，而是利用粗、精加工工序间的停放和运输时间，使之得到自然时效。

箱体类零件人工时效的方法，除了加热保温法外，也可采用振动时效来达到消除残余应力的目的。

铸件毛坯的精度和加工余量是根据生产批量而定的。对于单件小批量生产的情况，一般采用木模手工造型。这种毛坯的精度低，加工余量大，其平面余量一般为7～12mm，孔在半径上的余量为8～14mm。在大批量生产时，通常采用金属模机器造型。此时毛坯的精度较高，加工余量可适当减低，则平面余量为5～10mm，孔（半径上）的余量为7～12mm。

为了减少加工余量，对于单件小批量生产的直径大于50mm的孔和成批生产的大于30mm的孔，一般都要在毛坯上铸出预孔。另外，在毛坯铸造时，应防止砂眼和气孔的产生，应使箱体零件的壁厚尽量均匀，以减少毛坯制造时产生的残余应力。

5.3.2 箱体类零件加工工艺分析

1. 箱体类零件的技术要求

主轴箱体是主轴箱部件的装配基准件，内部装有主轴、各传动轴、若干传动齿轮和轴承等零件。主轴箱体的加工质量会直接影响主轴的回转精度、主轴轴线与床身导轨的平行度以及各轴的正常运转等。以某车床主轴箱图5－43为例，将箱体类零件的精度要求归纳为以下几点。

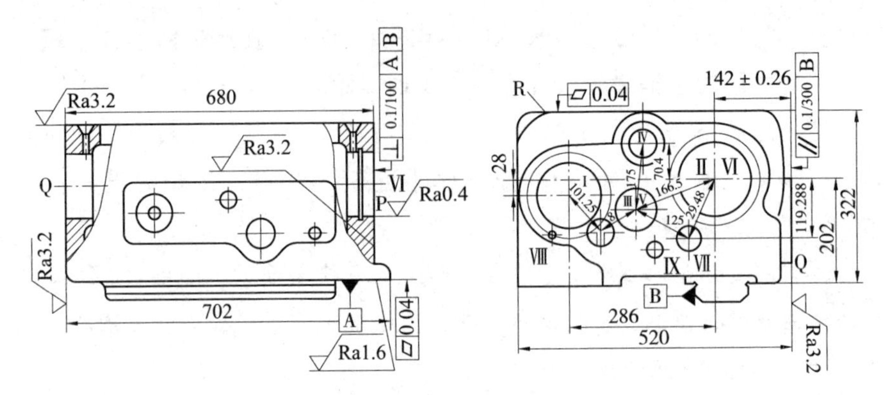

图 5－43　某车床主轴箱

（1）孔径精度。

孔径的尺寸误差和形状误差会造成轴承与孔配合偏差，主轴孔尺寸精度一般为 IT6，表面粗糙度 Ra 为 0.4～0.8m，其余孔一般为 IT6～IT7，表面粗糙度 Ra 均为 1.6m；孔的形状精度未做规定，孔的几何形状精度（如圆度、圆柱度）一般不超过孔径公差的一半。

（2）孔的位置精度。

轴和轴承装配到箱体上出现歪斜的原因是各孔的同轴度误差和孔端面对轴线的垂直度误差，这些误差会造成主轴径向圆跳动和轴向圆跳动，磨损轴承。各支撑孔的孔距公差为 0.05～0.10mm，中心线的平行度公差取 0.012～0.021mm，同中心线上的支撑孔的同轴度公差为其中最小孔径公差值的一半。各纵向孔轴线的平行度公差为 300/0.040～400/0.05。孔系之间的平行度误差会影响啮合准确度，需对位置精度统一要求。

（3）孔与孔间相互位置精度。

同轴线支承孔的同轴度公差一般为 0.01～0.02mm，三支承主轴的三孔同轴度公差为 0.012mm。有传动关系的各轴孔间的中心距公差为 ±0.05。各纵向孔轴线的平行公差为 300/0.040～400/0.05。

（4）孔和平面的位置公差。

主轴与床身导轨的位置关系取决于孔和主轴箱安装基面的平行度要求。一般是指主要孔和主轴箱安装基面的平行度要求。由总装时通过刮研来达到，一般控制为 600/0.1。通过刮研的方式可以使主轴孔对装配基面

M、N 的平行度允差达到 0.1mm/600mm。为了减少刮研量，一般都要规定主轴轴线对安装基面的平行度公差，在垂直和水平两个方向上只允许主轴前端向上和向前偏。

（5）主要平面的精度。

主要平面的形状精度、相互位置精度和表面粗糙度。主要平面（箱体地面、顶面及侧面）的平面度公差为 0.04mm，表面粗糙度 Ra≤1.6μm，主要平面间的垂直公差为 0.1mm/300mm。

（6）表面粗糙度。

重要孔和主要平面的表面粗糙度会对配合和接触刚度产生影响，一般要求主轴孔表面粗糙度 Ra 为 0.4μm，其余各纵向孔的表面粗糙度 Ra 为 1.6μm，孔的内端面表面粗糙度 Ra 为 3.2μm，装配基准面和定位基准面表面粗糙度 Ra 为 0.8～3.2μm，其他平面表面粗糙度 Ra 为 3.2～12.5μm。

2. 箱体零件加工方法

箱体的主要加工表面有平面和轴承支承孔。

箱体平面的粗加工和半精加工主要采用刨削和铣削，也可采用车削。当生产批量较大时，可使用各种组合铣床同时铣削箱体的所有平面；龙门铣床可以高效地加工较大的箱体。精刨常用来单件小批量生产，精度要求极高的箱体仍需手工刮研；当生产批量大而精度又较高时，多采用磨削。专用箱体磨床是专为箱体设计的高效高精度的生产工具。

箱体上公差等级为 IT7 级精度的轴承支承孔，经过多次加工，可采用扩—粗铰—精铰，或采用粗—半精镗—精的工艺方案进行加工（若未铸出预孔应先钻孔）。以上两种工艺方案，表面粗糙度值可达 0.8～1.6μm。孔径较小的使用铰孔，孔径较大的用镗孔。当孔的加工精度超过 IT6 级，表面粗糙度值 Ra 小于 0.4μm 时，将采用精细镗、浮动镗等方式。孔的加工方法在项目 2 套筒类零件加工中已介绍，故此本节重点介绍平面加工的方法，以铣削和刨削为主，其他如磨削和拉削在本章项目二孔的加工中已经介绍，故此不再赘述。

（1）平面铣削。

铣削中、小型零件的平面一般用卧式或立式铣床，铣削大型零件的平面则用龙门铣床。

平面铣削按加工质量可分为粗铣和精铣。粗铣的表面粗糙度 Ra 为 50 ~ 12.5μm，精度为 IT12 ~ IT14，精铣的表面粗糙度 Ra 可达 3.2 ~ 1.6μm，精度可达 IT7 ~ IT9。按铣刀的切削方式不同可分为周铣与端铣，如图 5 - 44 所示。周铣和端铣还可同时进行。周铣常用的刀具是圆柱铣刀，端铣常用的刀具是端铣刀，同时进行端铣和周铣的铣刀有立铣刀和三面刃铣刀等。

①周铣。

用分布于铣刀圆柱面上的刀齿进行的铣削成为周铣，铣刀的回转轴线与被加工表面平行，如图 5 - 44（a）所示。周铣适于在中、小批量生产中铣削狭长的平面、键槽及某些曲面。周铣可分为逆铣和顺铣。

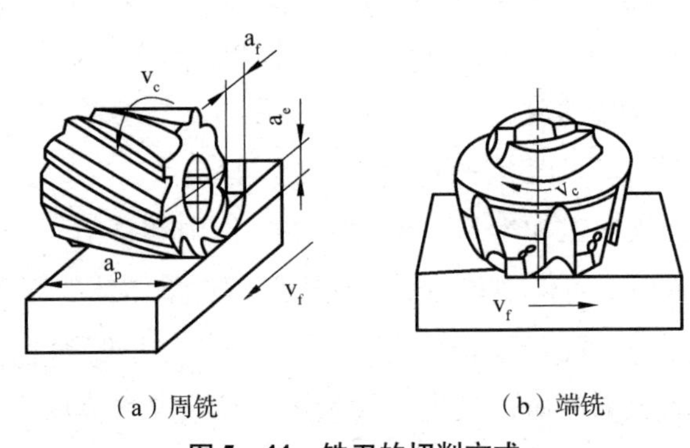

（a）周铣　　（b）端铣

图 5 - 44　铣刀的切削方式

A. 顺铣。

铣刀切出工件时的切削速度方向与工件的进给方向相同的铣削方式称为顺铣，如图 5 - 45（a）所示。在顺铣中，切屑厚度将从切削开始起逐渐减小，最终在切削结束时达到零。这样可以防止切削刃在参与切削之前剐蹭和摩擦零件表面。顺铣过程中，刀齿的切入厚度从最大逐渐递减至零，因此切入时没有滑移现象，但切入时冲击较大。切削时垂直切削分力始终压箱工作台，这有助于夹紧工件，避免了工件的震动。而水平切削分力与工件台移动方向一致，当这一切削分力大于工作台与导轨间摩擦力时，就会在螺纹传动副侧隙范围内使工作台向前窜动并短暂停留，严重时甚至引起“啃刀”和“打刀”现象。

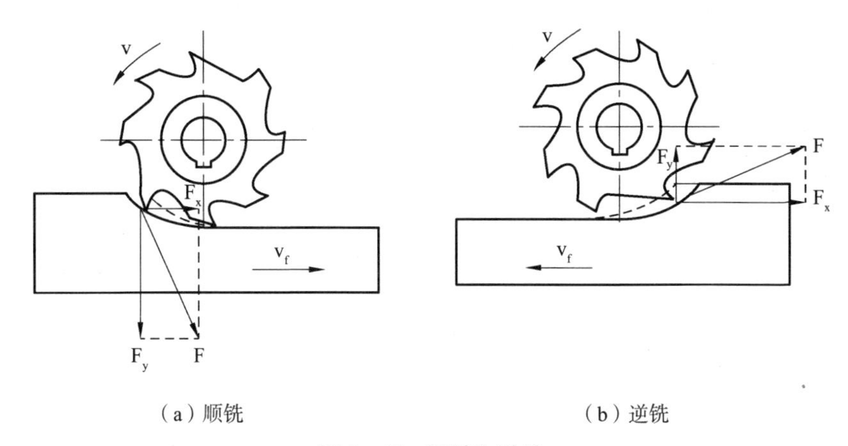

（a）顺铣　　（b）逆铣

图 5－45　顺铣和逆铣

B. 逆铣。

铣刀切入工件时的切削速度方向和工件的进给方向相反的铣削方式称为逆铣，如图 5－45（b）所示。切屑厚度从零开始逐渐增加，直到切削结束。切削刃必须被强行切入，从而因摩擦、高温以及时常接触由前面切削刃造成的加工硬化表面而产生剐蹭或抛光效果。

逆铣时铣削力上抬工件；而顺铣时铣削力将工件压向工作台，减少了工件振动的可能性，尤其是在铣削薄而长的工件时，更为有利。顺铣时纵向分力 F_x 方向始终与进给方向相同，如果在丝杠与螺母传动副中存在间隙，当纵向分力 F_x 超过工作台摩擦力时，会使工作台产生振动，影响加工进程，有概率使铣刀崩刃。因此，消除铣床工作台纵向进给丝杠螺母副的间隙是使用顺铣所需解决的一大问题。

综上所述，顺铣和逆铣各有利弊。在切削用量较小（如精铣）、工件表面质量较好，机床有消除螺纹传动副侧隙装置时，则采用顺铣为宜。另外，对不易夹牢以及薄而长的工件，也常用顺铣。一般情况下，特别是加工硬度较高的工件时，则最好采用逆铣。

②端铣。

用分布于铣刀端面上的刀齿进行的铣削成为端铣。铣刀的回转轴线与被加工表面垂直，如图 5－44（b）所示。端铣适于在大批量生产中铣削宽大平面。

（2）平面刨削。

刨削是平面加工的方法之一，中小型零件的平面加工一般多在牛头刨床上进行，龙门刨床则用来加工大型零件的平面以及同时加工多个中型工件的平面。刨削平面所用的机床、工件夹具结构简单，调整方便，在工件的一次装夹中能同时加工处于不同位置上的平面，且有时刨削加工可以在同一工序中完成。因此，刨削平面具有机动灵活、适应性好的优点。

刨削一般分为粗刨和精刨，此外还有一种为宽刃刨削。粗刨的分为粗刨和精刨。粗刨的表面粗糙度 Ra 为 50 ~ 12.5μm，尺寸公差等级为 IT12 ~ IT14，精刨的表面粗糙度 Ra 可达 3.2 ~ 1.6μm，尺寸公差等级为 IT7 ~ IT9。

宽刃刨削在普通精刨基础上，使用高精度龙门刨床和宽刃精刨刀，如图 5 – 46 所示，以低切速和大进给量在工件表面切去一层极薄的金属。对于接触面积较大的定位平面与支承平面，如导轨、机架、壳体零件上的平面的刮研工作。宽刃精刨加工的直线度可达到 0.02mm/m，表面粗糙度 Ra 可达 0.8 ~ 0.4μm。

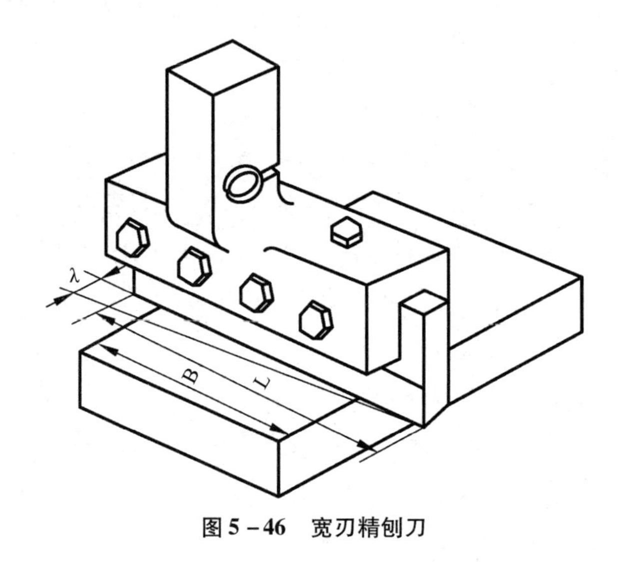

图 5 – 46　宽刃精刨刀

根据平面加工各种方法所能达到的精度，得到平面加工方案如表 5 – 11 所示。

表 5－11　　平面加工方案

加工方案	经济精度等级	表面粗糙度 Ra/μm	适用范围
粗车—半精车	IT9	3.2～6.3	适用于工件的端面加工
粗车—半精车—精车	IT7～IT8	0.8～1.6	
粗车—半精车—磨削	IT6～IT7	0.4～0.8	
粗刨（或粗铣）—精刨（或精铣）	IT8～IT10	1.6～6.3	一般不淬硬平面（端铣的表面粗糙度可较小）
粗刨（或粗铣）—精刨（或精铣）—刮研	IT6～IT7	0.1～0.8	精度要求较高的不淬硬平面，批量较大时宜采用宽刃精刨方案
粗刨（或粗铣）—精刨（或精铣）—宽刃精刨	IT6	0.2～0.8	
粗刨（或粗铣）—精刨（或精铣）—磨削	IT6	0.2～0.8	精度要求较高的淬硬平面或不淬硬平面
粗刨（或粗铣）—精刨（或精铣）—粗磨—精磨	IT6～IT7	0.025～0.4	
粗刨—拉	IT7～IT9	0.2～0.8	适用于大量生产中加工较小的不淬硬平面
粗铣—精铣—磨削—研磨	IT5 以上	0.006～0.1	适用于高精度平面的加工

3. 箱体类零件常用加工设备

箱体类零件主要是加工平面和孔，平面加工机床主要有铣床、刨床和磨床等，而孔加工机床主要有钻床、镗床等，还有既能加工面又能加工孔的组合机床。孔加工机床在本章项目 2 中已经介绍，故本节仅介绍铣床、刨床和组合机床。

（1）铣床。

铣床的种类很多，主要类型有卧式升降台铣床、立式升降台铣床、圆工作台铣床、龙门铣床、工具铣床、仿形铣床以及各种专门化铣床等。

①升降台铣床。

升降台铣床是比较常见的铣床，其工作台可以在三个垂直方向上进行运动，但由于升降台刚性差，因此适宜于加工中小型工件。升降台铣床按主轴的轴线是否水平分为卧式升降台铣床（见图 5 －47）和立式升降台铣床（见图 5 －48）。图 5 －47 为卧式升降台铣床的外形，它由底座 8、床柱 1，悬梁支架 4、升降台 7、床鞍 6、工作台 5 及装在主轴上的刀杆 3 等主要部件组成。床柱内部装有主传动系统，经主轴、刀杆传动刀具作旋转主运动。升降台连同床鞍、工作台可沿床柱上的导轨上下移动，以手动或机动作垂直进给运动。床鞍及工作台在升降台的导轨上作横向的进给运动，工作台又可沿床鞍上的导轨作纵向进给运动。工件用夹具或分度头等附件安装在工作台上，也可以用压板直接固定在工作台上。悬梁 2 及悬梁支架 4 的位置可根据刀杆的长度而调整，以支承刀杆，增大其刚度。对于万能卧式升降台铣床，其工作台可以绕垂直轴在水平面内转动一定角度（ ±45°以内），以铣削螺旋槽。

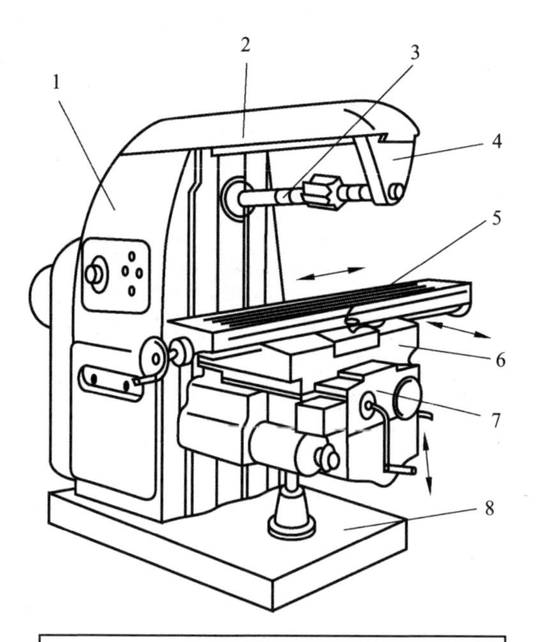

1—床柱；2—悬梁；3—刀杆；4—悬梁支架；
5—工作台；6—床鞍；7—升降台；8—底座

图 5 －47　卧式升降台铣床

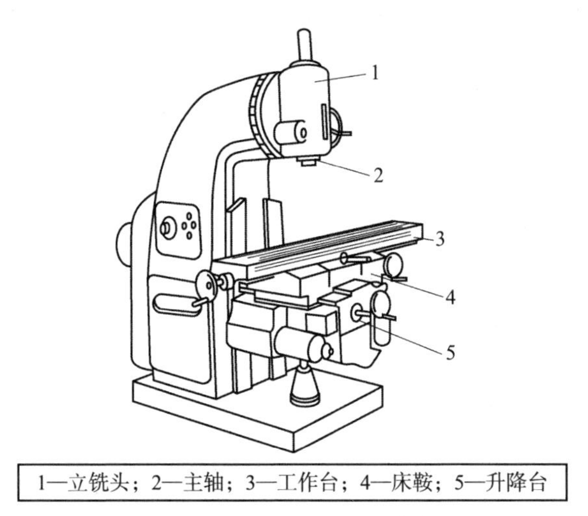

1—立铣头；2—主轴；3—工作台；4—床鞍；5—升降台

图 5 - 48　立式升降台铣床

立式升降台铣床与卧式升降台铣床的区别在于，其上主轴 2 为竖直布置，立铣头 1 可在竖直面内倾斜调整成某一角度，并且主轴套筒可沿轴向调整其伸出的长度。

②圆工作台铣床。

图 5 - 49 为一种双柱圆工作台铣床，它有两根主轴，在主轴箱的两根主轴上可分别安装粗铣和半精铣用的端铣刀。

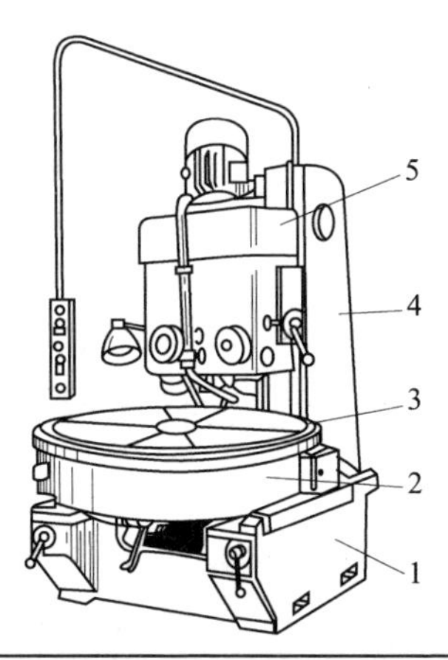

1—床身；2—滑座；3—工作台；4—滑座；5—主轴箱

图 5 - 49　双轴圆形工作台铣床

圆工作台上可装夹多个工件，加工时，圆工作台缓慢转动，完成进给运动，从铣刀下通过的工件便已铣削完毕，这种铣床装卸工件的辅助时间可与切削时间重合，因而生产效率高，适用于大批、大量生产中通过设计专用夹具，铣削中小型零件。

③龙门铣床。

龙门铣床是一种大型通用性强的高效能铣床，主要用于加工各类大型工件上的平面和沟槽，借助附件还可以完成斜面和内孔等的加工。龙门铣床的主体结构呈龙门式框架，如图 5－50 所示，其横梁上装有两个铣削主轴箱（立铣头），可在横梁 1 水平移动，横梁可在立柱上升降，以适应不同高度的工件的加工。

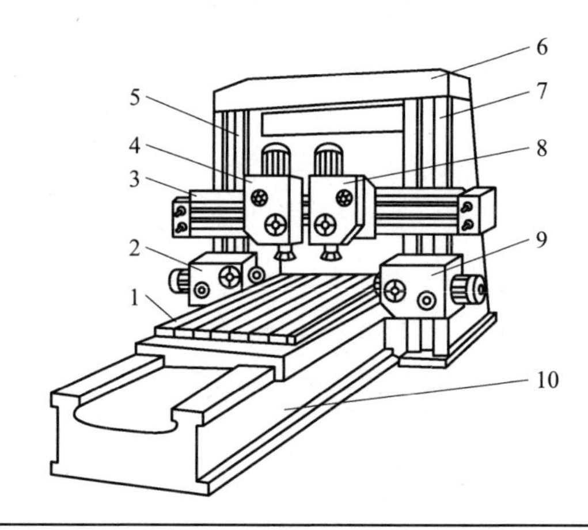

1—工作台；2、4、8、9—铣头；3—横梁；5、7—立柱；6—顶梁；10—床身

图 5－50　龙门铣床

两个立柱上又各装一个卧铣头。卧铣头也可在立柱上升降。每个铣头都是一个独立部件，内装主运动变速机构、主轴及操纵机构，各铣头的水平或垂直运动都可以是进给运动，也可以是调整铣头与工件间相对位置的快速调位运动，铣刀的旋转为主运动。龙门铣床的刚度高，可多刀同时加工多个工件或多个表面，生产效率高，适用于成批大量生产。

（2）刨床。

刨床和插床是直线运动加工机床，主要用于加工各种平面和沟槽。加工时，工件或刨刀作往复直线主运动。由于刨床是单程切削，生产率较低，所以在大批生产中常被铣床或拉床所取代。图 5－51 为牛头刨床结构，因其滑枕和刀架形似牛头而得名。装有刀架 3 的滑枕 2 由内部机构带动沿导轨作往复直线主运动。横梁 5 连同工作台 4 沿床身上的导轨上、下移动调整位置。刀架可在左、右两个方向调整角度以刨削斜面，并能在刀架座的导轨上作进给运动或切入运动。

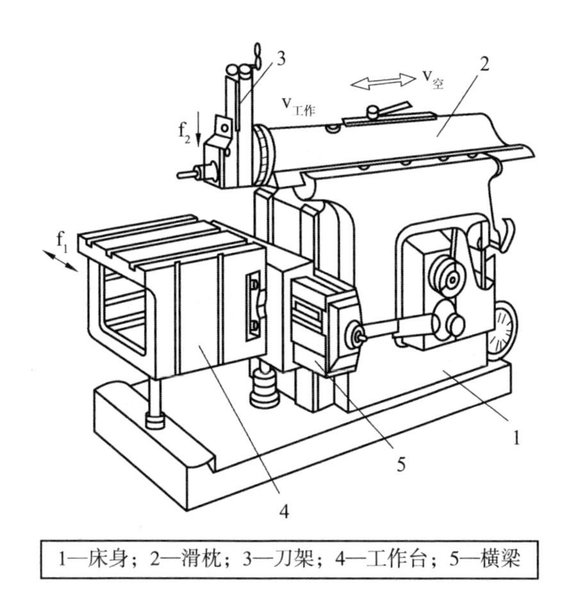

1—床身；2—滑枕；3—刀架；4—工作台；5—横梁

图 5－51　牛头刨床

加工大重型工件上的各种平面和沟槽时，需使用龙门刨床。龙门刨床也可同时加工多个中小型工件。图 5－52 为龙门刨床的外形，其结构呈龙门式布局，工作台带着工件沿床身的导轨做纵向往复主切削运动，速度远比龙门铣床工作台的速度高，横梁上 2 个刀架可沿横梁导轨做横向运动，左、右立柱上的 2 个刀架可沿立柱做升降运动，这两个运动可以是间歇进给运动，也可以是快速调位运动，两个立刀架的上滑板还可扳转一定的角度，以便做斜向进给运动，横梁可沿立柱的垂直导轨做调整运动，以适应加工不同高度的工件。

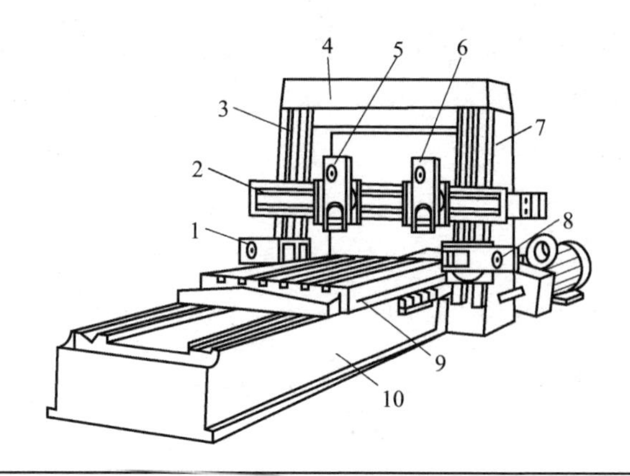

1、5、6、8—刀架；2—横梁；3、7—立柱；4—顶梁；9—工作台；10—床身

图 5－52　龙门刨床

（3）插床。

插床外形结构如图 5－53 所示，插床实质上是立式刨床，它的滑枕 4 带着刀具做垂直方向的主运动。床鞍 1 和溜板 2 可分别做横向及纵向的进给运动，圆工作台 3 可由分度装置 5 传动，在圆方向做分度运动或进给运动。插床主要用来在单件小批生产中加工键槽、孔内的平面或成形表面。

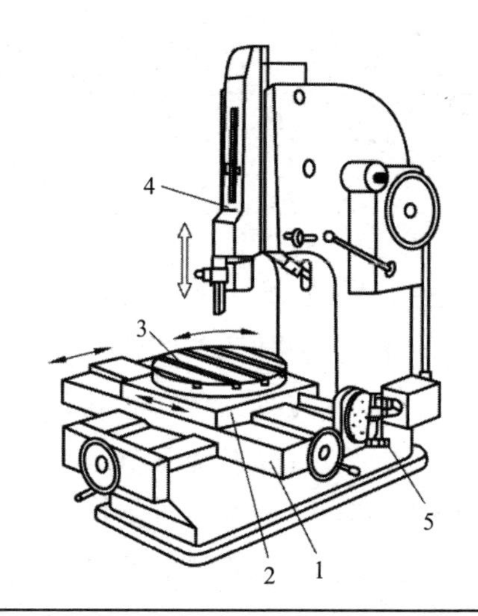

1—床鞍；2—溜板；3—圆工作台；4—滑枕；5—分度装置

图 5－53　插床

（4）组合机床。

组合机床是以系列化、标准化的通用部件为基础，配以少量的专用部件组成的高效自动化专用机床，它既具有一般专用机床结构简单、生产效率高、易保证精度的特性，又能适应工件的变化，重新调整和重新组合，对工件采用多刀、多面及多工位加工，特别适用于大批、大量生产中对一种或几种类似零件的一道或几道工序进行加工。组合机床可以完成钻、扩、铰、锪孔和攻螺纹、滚压以及车、铣、磨削等工序，最适合箱体类零件的加工，如气缸体、气缸盖、变速箱体、阀门和仪表的壳体等。图 5－54 为一种典型的双面复合式单工位组合机床。组合机床与一般专用机床相比，具有以下特点：

①设计制造周期短。组合机床专用部件少，一般为通用部件，只需采购即可。

②制造成本低，维修方便。由于组合机床选购的通用部件是专门厂家成批生产的，故此制造成本低，维修方便。

③组合机床易于联成组合机床自动生产线，以适应大规模生产的需要。

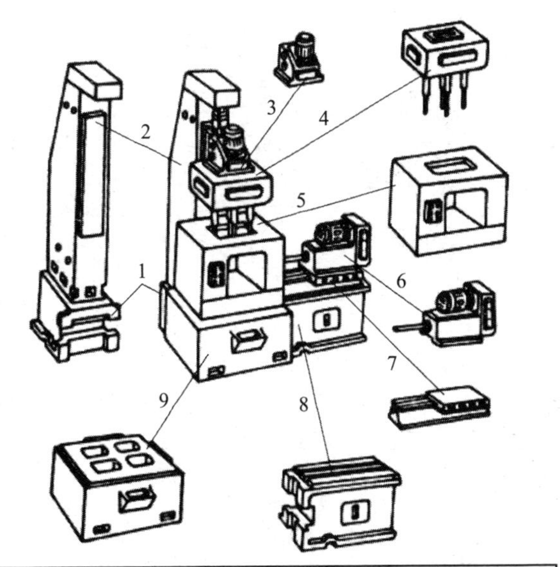

1—立柱底座；2—立柱；3—动力箱；4—多轴箱；5—夹具；
6—镗削头；7—滑台；8—侧底座；9—中间底座

图 5－54　双面复合式单工位组合机床的组成

4. 箱体类零件加工常用的刀具

箱体类零件主要加工面为平面和孔，因此加工刀具主要为加工平面类刀具和加工孔类刀具。在本章项目 2 中已经学习了孔类加工刀具，故本节只学习铣刀、刨刀和插刀。

(1) 铣刀。

铣刀实质上是一种由几把单刃刀具组成的多刃刀具。常用的铣刀刀齿材料有高速钢和硬质合金两种。铣刀的分类方法很多，根据安装方法的不同，可分为带孔铣刀和带柄铣刀两大类。根据用途，铣刀可分为以下几类，如图 5 – 55 所示。

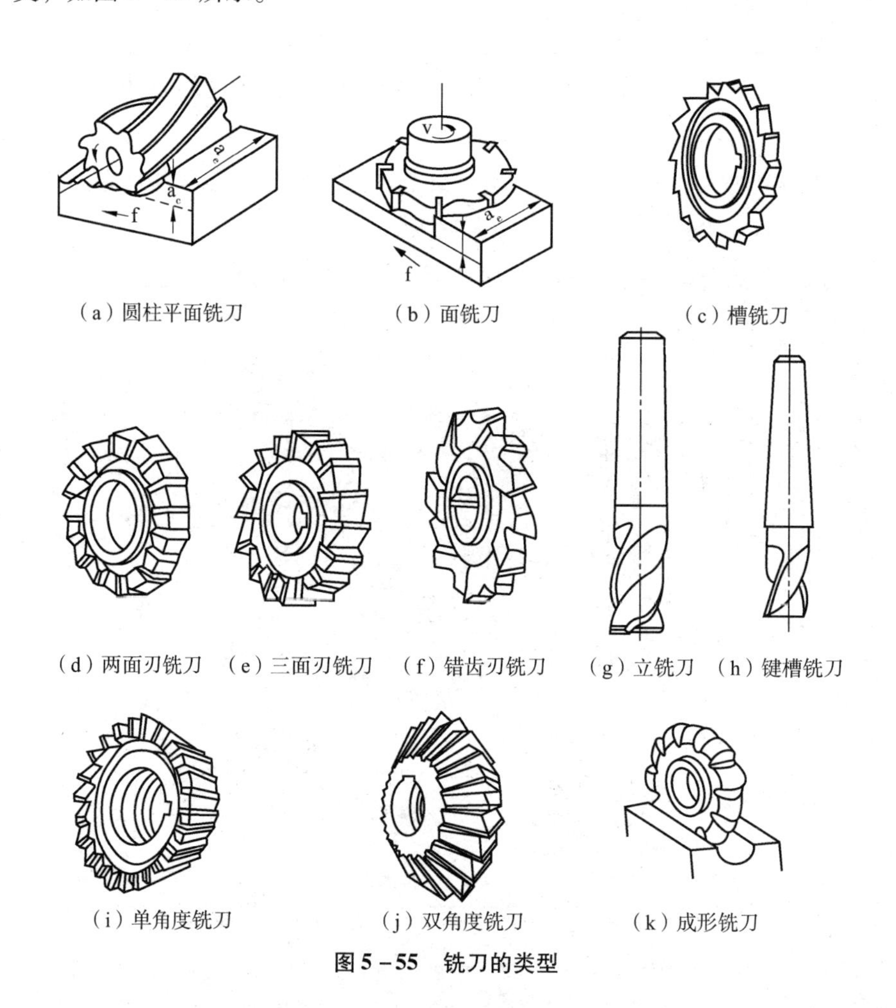

(a) 圆柱平面铣刀　(b) 面铣刀　(c) 槽铣刀

(d) 两面刃铣刀　(e) 三面刃铣刀　(f) 错齿刃铣刀　(g) 立铣刀　(h) 键槽铣刀

(i) 单角度铣刀　(j) 双角度铣刀　(k) 成形铣刀

图 5 – 55　铣刀的类型

①圆柱平面铣刀如图 5－55（a）所示，该铣刀切削刃为螺旋形，其材料有整体高速钢和镶焊硬质合金两种，用于在卧式铣床上加工平面。

②面铣刀又称为端铣刀，如图 5－55（b）所示，该铣刀主切削刃分布在铣刀一端面上，主要采用硬质合金可转位刀片，多用于立式铣床上加工平面，生产效率高。

③盘铣刀分为单面刃、双面刃、三面刃和错齿三面刃四种，如图 5－55（c）（d）（e）（f）所示，该铣刀主要用于加工沟槽和台阶。

④锯片铣刀实际上是薄片槽铣刀，齿数少，容屑空间大，主要用于切断和切窄槽。

⑤立铣刀如图 5－55（g）所示，其圆柱面上的螺旋刃为主切削刃，端面刃为副切削刃，它不能沿轴向进给。有锥柄和直柄两种，装夹在立铣头的主轴上，主要加工槽和台阶面。

⑥键槽铣刀如图 5－55（h）所示，它是铣键槽的专用刀具，其端刃和圆周刃都可作为主切削刃，只重磨端刃。铣键槽时，先轴向进给切入工件，然后沿键槽方向进给铣出键槽。

⑦角度铣刀，如图 5－55（i）（j）所示，分为单面和双面角度铣刀，用于铣削斜面、燕尾槽等。

⑧成形铣刀，如图 5－55（k）所示为成形铣刀之一。成形铣刀用于普通铣床上加工各种成形表面，其廓形要根据被加工工件的廓形来确定。

（2）刨刀。

刨削所用的刀具是刨刀，常用的刨刀如图 5－56 所示，有平面刨刀、偏刀、角度刀以及切刀等。刨刀切入和切出工件时，冲击很大，容易发生“崩刃”和“扎刀”现象，因而刨刀杆截面比较粗大，以增加刀杆的刚性，而且往往做成弯头，使刨刀在碰到硬点时可适当弯曲变形而缓和冲击，以保护刀刃。

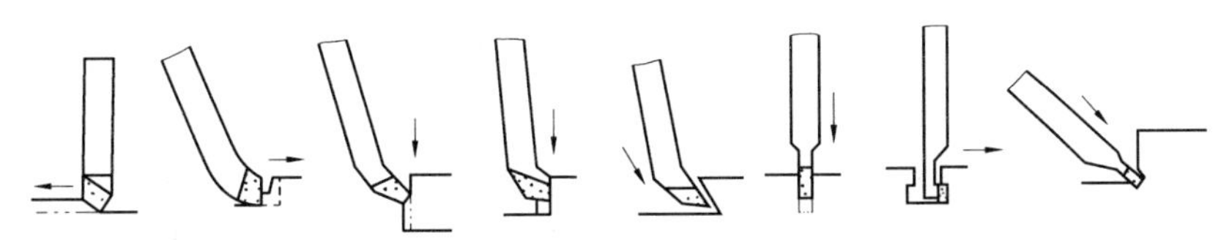

（a）平面刨刀　（b）台阶偏刀　（c）普通偏刀　（d）台阶偏刀　（e）角度刀　（f）切刀　（g）弯切刀　（h）割槽刀

图 5－56　常用刨刀及其应用

插削与刨削基本相同，只是插削是在垂直方向进行。为了避免插刀的刀杆与工件相碰，插刀刀刃应该突出于刀杆，如图 5－57 所示为常用插刀的形状。

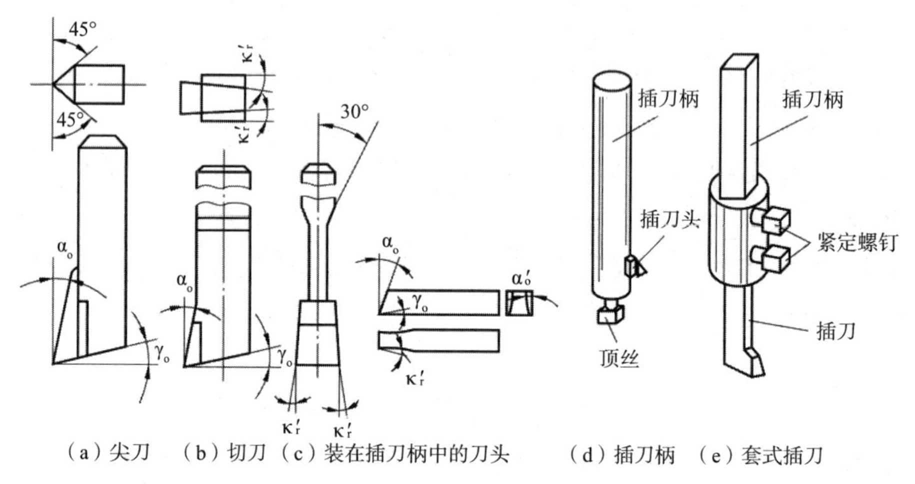

（a）尖刀 （b）切刀 （c）装在插刀柄中的刀头 （d）插刀柄 （e）套式插刀

图 5－57 常用插刀的形状

5. 箱体类零件的定位

由于生产批量不同，加工箱体所用的机床设备和工艺装备也不同，加工工艺中选用的定位基准也有区别。

（1）精基准的确定。选择合适的定位基准，对保证箱体的加工质量尤为重要。应尽量选择设计基准作为精基准，以使基准重合，且还可作为箱体其他表面加工的定位基准，做到基准统一。精基准还应注意保证主轴孔的加工余量。

确定精基准一般有下列两种方案。

第一种是以箱体底面 M 和导向面 N（见图 5－58）作为精基准。此两面是主轴箱的装配基准，也是主轴孔的设计基准，并且与各主要纵向轴承孔及大端面、侧面等均有直接的相互位置关系。此方案的特点为：符合基准重合原则，有利于各工序的基准统一，简化了夹具设计，定位稳定可靠，安装误差较小，更换导向套、安装调整刀具、测量尺寸、观察加工情况非常方便，有利于清除切屑，但镗削箱体中间壁上的支承孔需要设置导向支承模板，以支承锁杆，提高刀具系统刚度。由于箱口朝上，中间导向支承模板只能是吊在夹具上。此方案安装不便，生产率低，费时费力，因此适用于中小批量生产。

第二种是以箱体顶面及两销孔作定位精基准，如图 5－58 所示。其特点为：箱体口朝下，中间导向支承模板可紧固在夹具体上，提高了刚性，有利于保证加工位置精度，工件装卸方便，辅助时间少，各工序定位基准符合基准统一的原则，但与设计基准或装配基准不重合，应进行尺寸链换算，因箱口朝下，加工中不便观察、调整刀具及测量等。为此，可采用定尺寸刀具控制孔径误差，定位用的两销孔在前几道工序中必须增加钻—扩—铰工序。此方案生产率高、精度高，适用于大批量生产。

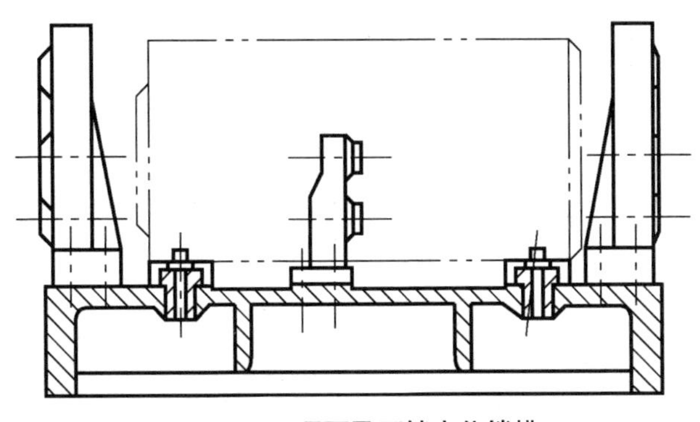

图 5－58　顶面及两销定位镗模

（2）粗基准的选择。选择主轴箱粗基准时应注意：保证最重要的主轴孔有足够而均匀的加工余量，装入箱内的回转零件距内壁有足够的间隙，通常应选择主轴孔和距主轴孔较远的一个轴承孔作为粗基准。大批大量生产时，所采用的粗铣顶面 R 的专用夹具如图 5－59 所示。箱体工件先放在预定位支承 1，2，3，4 上，侧面紧靠支承 5，端面紧靠支承 9。操纵手柄后由压力油推动两短轴 6 插入两端主轴孔内，两短轴 6 上各有 3 个活动支承柱 7 伸出并撑住两端主轴孔，工件将被略微抬起，调整两辅助支承 10 并用样板校正另一轴孔位置，然后操纵手柄 8，使两只压板 11 插入两端孔中完成夹紧动作。

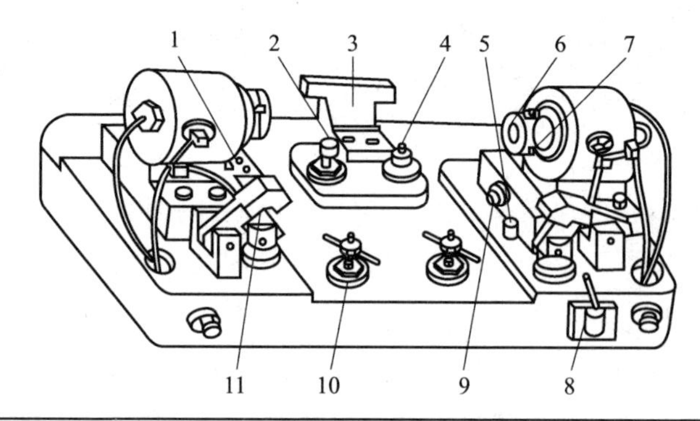

1、2、3、4、5、9、10—支承；6—轴；7—支承柱；8—手柄；11—压板

图5－59　主轴孔为粗基准的铣床夹具

小批量生产时，则采用画线工序，先划出主轴毛坯孔的中心位置，然后校核箱体上各表面与箱壁间的尺寸，适当照顾到其他各轴孔和平面有足够的余量。加工时，按画线找正，先加工出顶面R，再以R面为基准加工M、N面。

6. 箱体类零件的检验

箱体零件的主要检测项目和方法有以下几项。

（1）表面粗糙度检验。通常用目测或样板比较法，只有当Ra值很小时，才考虑使用光学测量仪或粗糙度仪。

（2）孔的尺寸精度。一般用极限塞规检验，单件小批量生产时可用内径千分尺或内径千分表检验，若精度要求很高可用气动量仪检验。

（3）平面的直线度。可用平尺和厚薄规或水平仪与桥板检验。

（4）平面的平面度。可用自准直仪或水平仪与桥板检验，也可用涂色检验。

（5）同轴度检验。一般工厂常用检验棒检验同轴度，要求高时可用百分表测量。

（6）孔间距和孔轴线平行度检验。根据孔距精度的高低，可分别使用游标卡尺或千分尺，也可用块规测量。

此外，由于技术的进步，现在三坐标测量机使用也越来越广泛。可采用三坐标机同时对零件的尺寸形状和位置等进行高精度的测量。

5.3.3　箱体类零件加工实例

箱体类零件种类繁多，工艺方案也多，根据批量的不同存在不同的工艺。现以图 5－60 某减速箱为例介绍其加工工艺分析。该零件小批量生产，材料为 HT200，毛坯为铸件。

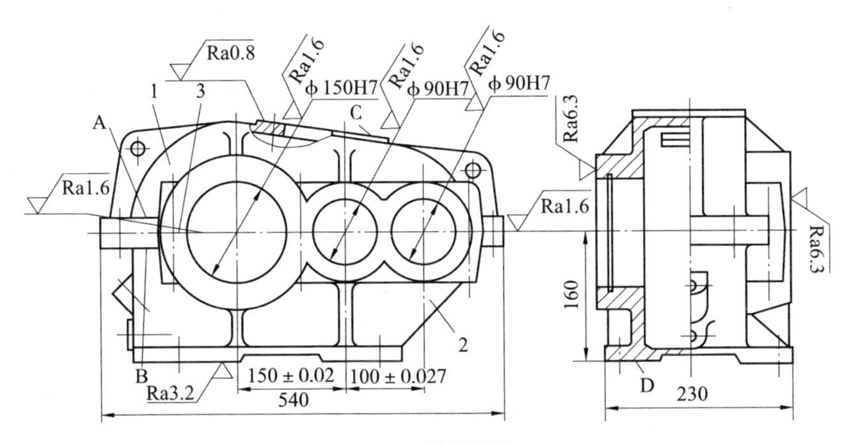

图 5－60　箱体结构图

1. 零件图分析

该减速箱体是常见的剖分式结构，这种箱体一样具有壁薄、中空、形状复杂、加工表面多为平面和孔的特点。具体如下。

（1）主要平面。箱盖的对合面表面粗糙度要求 Ra 为 1. 6μm，顶部方孔端面表面粗糙度要求 Ra 为 0. 8μm、底座的底面和对合面表面粗糙度要求 Ra 为 1. 6μm、轴承孔的端面表面粗糙度要求 Ra 为 6. 3μm。

（2）主要孔。轴承孔 ϕ150H7，ϕ90H7，中心距要求分别为 150 ± 0. 2mm、100 ± 0. 027mm，表面粗糙度要求 Ra 为 1. 6μm。

（3）其他加工部分。连接孔、螺孔、销孔、斜油标孔及孔的凸台面等。

2. 定位基准的选择

（1）粗基准的选择。

一般箱体零件的粗基准都用它的重要孔和另一个相距较远的孔作为粗基准，以保证孔加工时余量均匀。剖分式箱体最先加工的是箱盖或底座的对合面。由于剖分式箱体的轴承孔分布在箱盖和底座两个不同部分上，因而在加工箱盖或底座的对合面时，无法以轴承孔的毛坯面作粗基准，而是以凸缘的非加工面为粗基准，即箱盖以凸缘面 A（见图 5－60），底座以凸缘面 B 为粗基准，以保证对合面加工凸缘的厚薄较均匀，减少箱体装合时对合面的变形。

（2）精基准的选择。

常以箱体零件的装配基准或专门加工的一面两孔定位，使得基准统一。剖分式箱体的对合面与底面（装配基面）有一定的尺寸精度和相互位置精度要求，轴承孔轴线应在对合面上，与底面也有一定的尺寸精度和相互位置精度要求。为了保证以上几项要求，加工底座的对合面时，应以底面为精基准，使对合面加工时的定位基准与设计基准重合，箱体装合后加工轴承孔时，仍以底面为主要定位基准，并与底面上的两定位孔组成典型的一面两孔定位方式。这样，轴承孔的加工，其定位基准既符合基准统一的原则，也符合基准重合的原则，有利于保证轴承孔轴线与对合面的重合度及与装配基准面的尺寸精度和平行度。

3. 加工顺序

整个加工过程可分为两大阶段，即先对箱盖和底座分别进行加工，然后再对装合好的整个箱体进行加工。为兼顾效率和精度，孔和面的加工需粗精分开。

安排箱体的加工工艺，应遵循先面后孔的工艺原则，对剖分式减速箱体还应遵循组装后镗孔的原则。因为如果不先将箱体的对合面加工好，轴承孔就不能进行加工。另外，镗轴承孔时，必须以底座的底面为定位基准，所以底座的底面也必须先加工好。

由于轴承孔及各主要平面都要求与对合面保持较高的位置精度，所以在平面加工方面，应先加工对合面，再加工其他平面，体现先主后次原则。

此外，箱体类零件在安排加工顺序时，还应考虑箱体加工中的运输和装夹。箱体的体积、重量较大，故应尽量减少工件的运输和装夹次数。为了便于保证各加工表面的位置精度，应在一次装夹中尽量多加工一些表面。工序安排应相对集中。箱体零件上相互位置要求较高的孔系和平面，一般尽量集中在同一工序中加工，以减少装夹次数，从而减少装夹误差的影响，有利于保证其相互位置精度要求。

4. 热处理安排

一般在毛坯铸造之后安排一次人工时效即可。对一些高精度或形状特别复杂的箱体，应在粗加工之后再安排一次人工时效，以消除粗加工产生的内应力，保证箱体加工精度的稳定性。

综上所述，可得出该减速箱体的加工工艺可制定为如表 5－12 所示。

表 5－12　　减速器箱体机械加工工艺过程

序号	工序名称	工序内容	加工设备
1	铸造	铸造毛坯	
2	热处理	人工时效	
3	油漆	喷涂底漆	
4	画线	箱盖：根据凸缘面 A 画对合面加工线，画顶部 C 面加工线，画轴承孔两端面加工线 底座：根据凸缘面 B 画对合面加工线，画底面 D 加工线，画轴承孔两端面加工线	画线平台
5	刨削	箱盖：粗、精刨对合面，粗、精刨顶部 C 面 底座：粗、精刨对合面，粗、精刨底面 D	牛头刨床或龙门刨床
6	画线	箱盖：画中心十字线，画各连接孔、销钉孔、螺孔、吊装孔加工线 底座：画中心十字线，底面各连接孔、油塞孔、油标孔加工线	画线平台
7	钻削	箱盖：按画线钻各连接孔，并锪平，钻各螺孔的底孔、吊装孔 底座：按画线钻底面上各连接孔、油塞底孔、油标孔，各孔端锪平 将箱盖与底座合在一起，按箱盖对合面上已钻的孔，钻底座对合面上的连接孔，并锪平	摇臂钻床
8	钳工	对箱盖、底座各螺孔攻螺纹，铲刮箱盖及底座对合面，箱盖与底座合箱，按箱盖上画线配钻，铰二销孔，打入定位销	
9	铣削	粗、精铣轴承孔端面	铣床
10	镗削	粗、精镗轴承孔，切轴承孔内环槽	卧式镗床
11	钳工	去毛刺、清洗、打标记	
12	油漆	各部加工外表面	
13	检验	按图样要求检验	

习题

5－1　试分析比较零件基本表面加工中外圆、内孔、平面加工方法的工艺特点及其适用范围。

5－2　试述零件基本表面加工中车锥面的各种方法及适用范围。

5－3　轴类零件常用的装夹方法有哪些？各自特点和适用范围是什么？

5－4　常用的车刀有几大类？

5－5　在主轴加工的各个阶段中所安排的热处理工序有什么不同？

5－6　CA6140 型卧式车床主轴的主要表面加工顺序有如下四种方案，试分析比较各方案的特点，并指出最佳方案。

A. 外圆表面粗加工—钻深孔—锥孔粗加工—锥孔精加工—外表面精加工

B. 外圆表面粗加工—钻深孔—锥孔粗加工—外表面精加工—锥孔精加工

C. 外圆表面粗加工—钻深孔—外表面精加工—锥孔粗加工—锥孔精加工

D. 钻深孔—外圆表面粗加工—锥孔粗加工—外表面精加工—锥孔精加工

5－7　编写如习题图 5－1 所示的阀螺栓的机械加工工艺，技术要求：尖角倒钝；调质处理 28～32HRC；发蓝处理；材料 45，大批量生产。

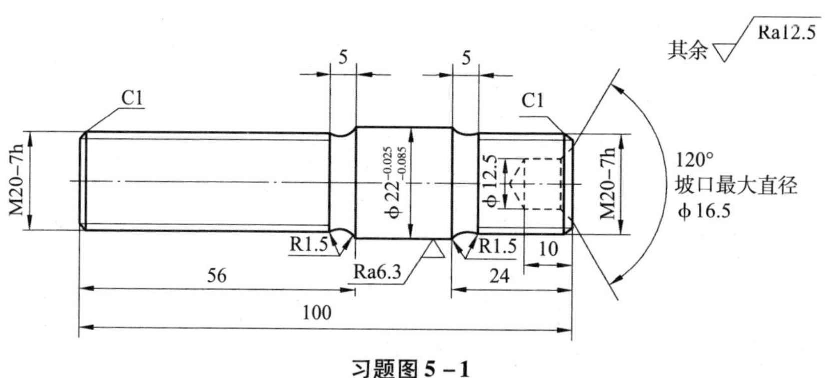

习题图 5－1

5－8 一般套类零件的内孔表面加工方法有哪些？如何选择？

5－9 孔的精加工方法有哪些？比较其应用场合的不同。

5－10 试说明薄壁套筒零件受力变形对加工精度产生影响的原因及改进措施。

5－11 如何对套筒类零件进行定位和装夹，分别适合于何种场合。

5－12 如何检验套筒类零件的端面圆跳动？

5－13 编写如习题图5－2车床尾座套筒零件的机械加工工艺过程。

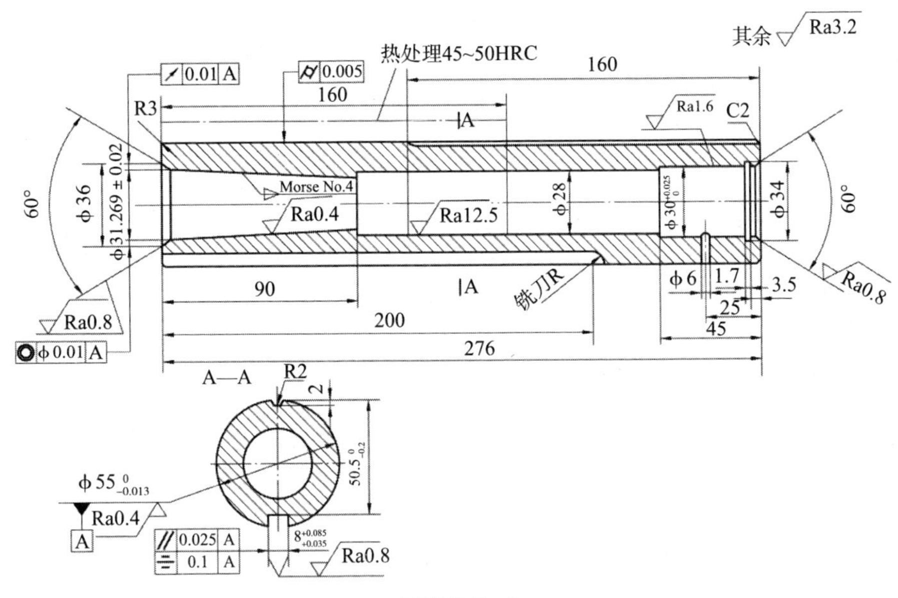

习题图5－2

技术要求

1. 调质处理28～32HRC。
2. 局部外圆及锥孔淬火45～50HRC。
3. 锥孔涂色检查接触面积应大于75%。
4. 未注明倒角0.5×45°。
5. 材料45。

5－14 铣削加工可完成哪些工作？

5－15 什么是顺铣和逆铣？比较其优缺点并说明适用场合。

5－16 刨削加工有何特点？说明刨削加工的应用场合。

5－17 箱体加工顺序安排应遵循哪些基本原则？为什么？

5－18　根据箱体的结构特点，选择粗、精基准时应考虑哪些主要问题？

5－19　箱体零件的主要检验项目有哪些？

5－20　编写习题图5－3小型涡轮减速器箱体的机械加工工艺过程。

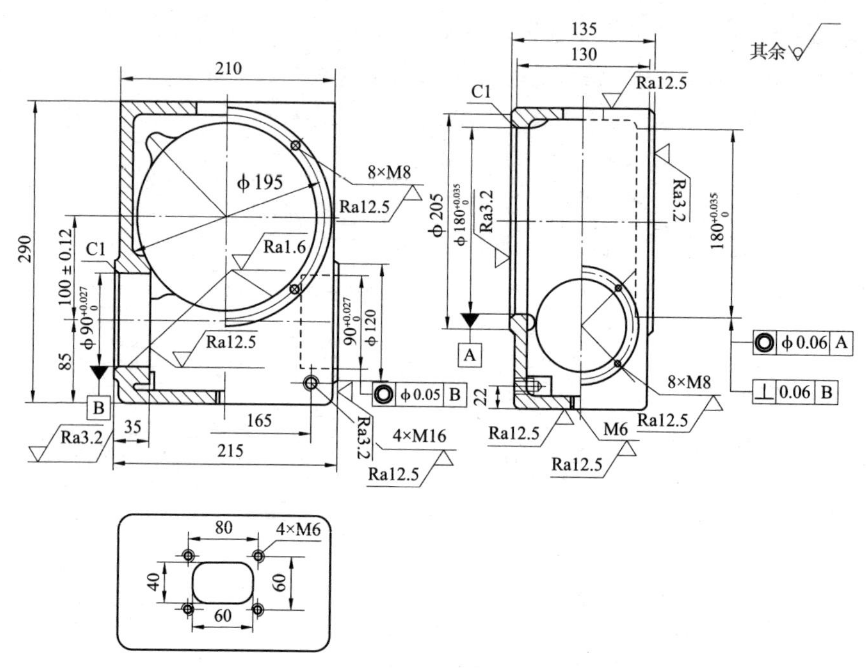

习题图5－3

技术要求

1. 铸件不得有砂眼、疏松等缺陷。
2. 非加工表面涂防锈漆。
3. 铸件人工时效处理。
4. 箱体做煤油渗漏试验。
5. 材料HT200。

第 6 章

机械装配工艺基础

项目1　机械装配工艺概述

能力目标

针对某个产品的装配，能说明装配工作包括哪些内容。

知识目标

1. 掌握装配的基本概念。
2. 掌握装配工作主要的内容。
3. 掌握装配的组织形式。

6.1.1　装配的概念

机器是由零件、套件、组件、部件等组成的。

零件是指机器的基本组成单元，也是机械制造过程中的基本单元。在机械制造过程中，零件往往不会单独直接安装到机器上，而是会先经过一定的组装和整合步骤。具体来说，零件通常会先被预先装配成套件、组件或部件，这些经过初步组装的单元再进一步安装到整台机器上。直接以单个零件形式装入机器的情况相对较少，因为通过预先的组装可以更有效地组织生产流程，提高装配效率，同时也便于后续的维护和更换。

套件是在一个基准零件上，装上一个或若干个零件构成的，它是最小的装配单元。如装配式齿轮（见图6－1），由于制造工艺的原因，分成两个零件，在基准零件1上套装齿轮3并用铆钉2固定。为此进行的装配工作称为套装。

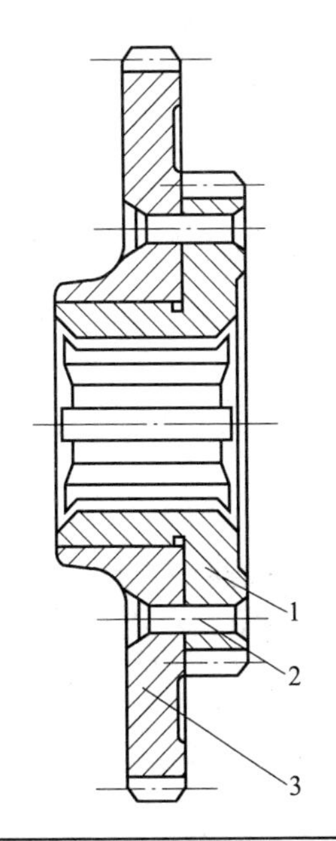

1—基准零件；2—铆钉；3—齿轮

图 6－1　套件—装配式齿轮

组件的构建过程涉及在一个基准零件上，附加安装多个套件、零件以及其他必要元素。以机床主轴箱中的主轴为例，这个基准轴件上会装上齿轮、套、垫片、键及轴承等，这些元素组合在一起后，便形成了一个完整的组件。这个过程被称为组装，它确保了组件能够按照设计要求协同工作。

部件的构成则更为复杂，它是在一个基准零件的基础上，进一步装上多个组件、套件和零件。部件在机器中扮演着重要角色，能够完成一系列具体而完整的功能。将零件装配成部件的过程称为部装，比如车床的主轴箱装配就是一个典型的部装过程，其中主轴箱箱体作为部装的基准零件。

最终，整个机器的形成则是通过在一个基准零件上，装上若干部件、组件、套件和零件来实现的。这个过程被称为总装，它涉及将所有的零件和部件按照设计要求精确地组合在一起，以形成最终的产品。以卧式车床为例，以床身为基准零件，通过装上主轴箱、进给箱、溜板箱等关键部件，以及其他必要的组件、套件和零件，最终构成了完整的机床。这个过程不仅要求高精度，还需要严格遵循装配工艺和流程，以确保机床的性能和质量。

6.1.2 装配的内容

装配是机械制造的最后阶段，在装配过程中不是将合格零件简单地连接起来，而是通过一系列工艺措施，才能最终达到产品质量的要求。常见的装配工作主要有以下几项。

1. 清洗

装配前要认真清洗零件、部件上的灰尘、切屑和油污，确保零部件表面清洁，以此保证装配质量。对机器的关键部件，如轴承、密封、精密偶件等，清洗尤为重要。常见的清洗方法包括：擦洗、浸洗、喷洗、超声清洗等。

超声波是指人耳听不到的超过20000Hz的声波，超声波在液体中传播时，可使液体内部产生相当大的液压冲击，能很快地把各种金属零件、玻璃、陶瓷等制品的表面污垢清洗干净。

常见的清洗液有煤油、汽油、碱液、化学清洗液等。

2. 连接

在装配过程中，连接是至关重要的一环，它确保了各个零部件之间的稳固结合。连接主要分为两大类：可拆卸连接和不可拆卸连接。

对于可拆卸连接，这类连接方式允许在需要时进行拆卸和重新组装，而不会损坏零部件。其中，常用的可拆卸连接方式包括螺纹连接、键连接和销连接。螺纹连接通过内外螺纹的相互旋合来实现连接，具有结构简单、连接可靠、便于拆卸等优点；键连接则是通过键将轴和轴上的零件进行连接，以传递扭矩或轴向力；销连接则主要用于定位和固定，确保零部件之间的相对位置不变。

而不可拆卸连接则是一种永久性的连接方式，一旦连接完成，就无法轻易地进行拆卸。这类连接方式常用的有焊接、铆接和过盈连接等。焊接是通过加热使两个或多个金属部件在熔化状态下相互结合，形成牢固的连接；铆接则是利用铆钉将两个或多个部件紧固在一起，同样具有连接牢固、不易松动的特点；过盈连接则是利用材料的弹性变形或塑性变形来实现连接，通常适用于轴和孔之间的连接。

这两种连接方式各有其适用场景和优缺点，在装配过程中需要根据具体的零部件特性和设计要求来选择合适的连接方式。

3. 校正、调整与配作

校正是指产品中相关零、部件相互位置的找正和找平及相应的调整工作，在产品总装和大型机械的基本件装配中应用较多。例如，车床总装中主轴箱主轴中心与尾座套筒中心的等高校正等。

调整是机械装配过程中对相关零、部件相互位置所进行的具体调节工作，对运动副间隙进行调整工作能保证运动部件的运动精度。例如，轴承间隙、导轨副间隙及齿轮与齿条的啮合间隙的调整等。

配作是装配中附加的一些钳工和机械加工工作，包括配钻、配铰、配刮、配磨等方式，这是。配钻用于螺纹连接，配铰多用于定位销孔加工，而配刮、配磨则多用于运动副的结合表面。配作通常与校正和调整结合进行。

4. 平衡

对高速回转的机械进行回转部件平衡，能够防止振动，保证运行平稳。平衡方法有静平衡和动平衡两种。对大直径小长度零件可采用静平衡，对长度较大的零件则要采用动平衡。

常见的平衡方法有：去重法，用钻、铣、磨或锉等去除质量；配重法，用补焊、铆焊、胶接或螺纹连接等加配重量；调整法，在预制的平衡槽内改变平衡块的位置和数量。

5. 验收、试验

验收是在机械产品完成后，按一定的标准，采用一定的方法，对机械产品进行规定内容的验收。通过检验可以确定产品是否达到设计要求的技术指标。各种产品有不同的质量要求，其检验方法也不相同。常见的金属切削机床的验收试验项目有机床几何精度的检验、空运转试验、负荷试验和工作精度试验等。

6.1.3　装配的组织形式

装配的组织形式主要取决于产品的结构特点，重量、尺寸、复杂程度，以及生产纲领和现有的生产条件。装配组织形式的好坏，将直接影响到装配效率和装配周期。装配组织形式按产品在装配过程中是否移动可分为两种形式：

1. 固定式装配

将产品或部件中的全部装配工作安排在某一固定不变的工作地上进行装配，装配过程中产品位置不变，装配所需的部件都汇集在工作地附近。多用于单件、小批生产，重量和尺寸较大，装配时不便移动的重型机械，或机体刚性较差，装配时移动会影响装配精度的产品。固定式装配也可采用固定式流水装配形式，组织工人专业分工，按装配顺序轮流到各产品装配点进行装配。固定式装配需要较大的生产面积和较高技术水平的工人。

2. 移动式装配

将产品或部件置于装配线上，通过连续或间歇的移动使其顺次经过各装配工作得以完成全部装配工作。一般有连续移动和间隙移动两种。移动式装配的特点是装配过程分得较细，常采用专用设备及工具在固定工位重复地完成固定的工序，生产频率很高。多用于大批大量生产。

项目2　装配精度

能力目标

通过这一项目的学习，能分析产品在装配时采用合适的装配方法。

知识目标

1. 掌握装配精度的概念。
2. 掌握装配精度与零件精度间的关系。
3. 掌握保证装配精度的方法。

6.2.1　装配精度

1. 装配精度的概念

装配精度是衡量装配工艺质量的重要标准，同时也是规划装配工艺流程时的核心参考依据，其设定依据是机器的具体工作特性。这一精度指标不仅直接关联到产品的最终质量，还深刻影响着产品生产的成本效益。针对那些遵循标准化、通用化及系列化原则生产的产品，国家相关部门已经明确设定了相应的装配精度标准。实际生产出的产品，其装配精度必须达到或超过这些标准规定的水平，以确保产品质量的可靠性，并留有一定的精度裕量。具体而言，装配精度是指机械产品在完成装配过程后，其各项几何参数所实际达到的精确程度。在综合评价机械产品质量时，要综合考虑其工作性能、使用效果、精度保持能力及使用寿命等多个方面，其中装配精度扮演着至关重要的角色，对整体质量具有决定性影响。产品的装配精度一般包括以下内容。

（1）距离精度。

距离精度是指相关零、部件间的距离尺寸的精度，包括间隙、配合要求。例如，卧式车床前后两顶尖对床身导轨的等高度。

（2）相互位置精度。

装配中的相互位置精度是指相关零、部件间的平行度、垂直度、同轴度及各种跳动等。如图 6－2 所示为装配的相对位置精度。图中装配的相对位置精度是活塞外圆的中心线与缸体孔的中心线平行。α_1 是活塞外圆中心线与其销孔中心线的垂直度，α_2 是连杆小头孔中心线与其大头孔中心线的平行度，α_3 是曲轴的连杆轴颈中心线与其主轴轴颈中心线的平行度，α_0 是缸体孔中心线与其曲轴孔中心线的垂直度。

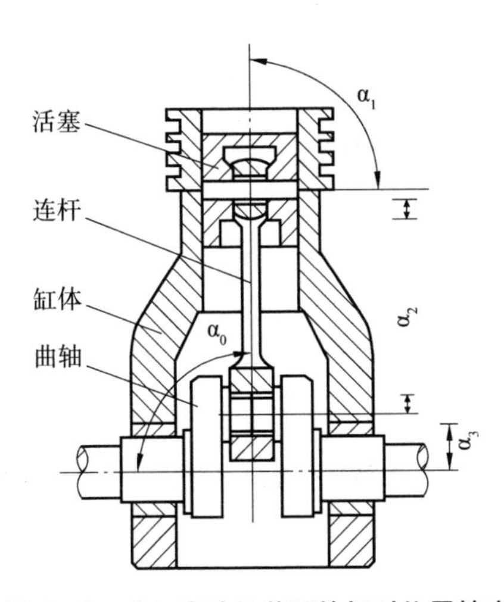

图 6－2　单缸发动机装配的相对位置精度

由图中可以看出，影响装配相对位置精度的是 α_1、α_2、α_3、α_0，亦即装配相对位置精度反映各有关相对位置精度与装配相对位置精度的关系。

（3）相对运动精度。

相对运动精度是指产品中有相对运动的零、部件在运动方向和相对速度上的精度，包括回转运动精度、直线运动精度和传动链精度等。例如，滚齿机滚刀与工作台的传动精度。

（4）接触精度。

接触精度是指两配合表面、接触表面和连接表面间达到规定接触面积大小和接触点分布情况要求，它主要影响接触变形。例如，齿轮啮合、锥体配合以及导轨之间均有接触精度要求。

2. 装配精度与零件精度间的关系

机械及其部件都是由零件组成的，相关零、部件制造误差的累积决定装配精度。装配精度首先取决于零件，特别是关键零件的加工精度。例如，车床主轴锥孔轴心线和尾座套筒锥孔轴心线的等高度 A_0，主要取决于主轴箱、尾座及底板的 A_1、A_2 及 A_3 的尺寸精度（见图 6－3），又如床身导轨 A 与 B 的平行度决定了卧式车床尾座移动对床鞍移动的平行度（见图 6－4）。

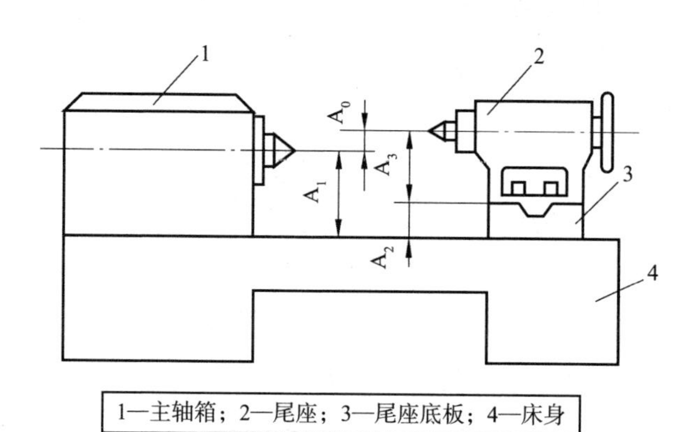

1—主轴箱；2—尾座；3—尾座底板；4—床身

图 6－3　主轴中心与尾座套筒中心等高示意

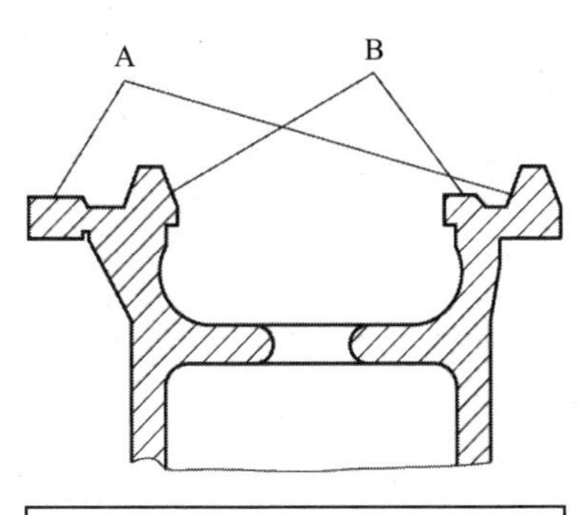

A—床鞍移动导轨；B—尾座移动导轨

图6－4　床身导轨简图

其次装配精度又取决于装配方法，在单件小批量生产及装配精度要求较高时装配方法尤为重要。例如，如图6－5所示的主轴锥孔轴心线与尾座套筒锥孔轴心线的等高度要求很高，如果仅靠提高尺寸 A_1、A_2 及 A_3 的尺寸精度来保证是不经济的，甚至在技术上也是很困难的。比较合理的方法是在装配中通过检测，然后对某个零、部件进行适当的修配来保证装配精度。

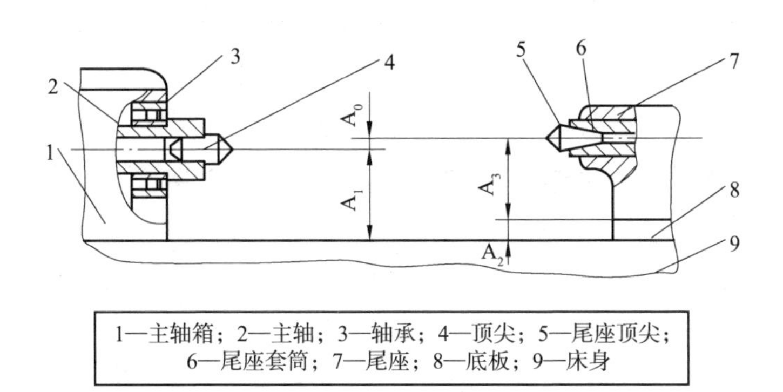

1—主轴箱；2—主轴；3—轴承；4—顶尖；5—尾座顶尖；6—尾座套筒；7—尾座；8—底板；9—床身

图6－5　车床主轴和尾座顶尖的等高度

机械的装配精度不但取决于零件的精度，而且取决于装配方法。零件精度是保证装配精度的基础，但有了精度合格的零件，若装配方法不当也可能装配不出合格的产品；反之，当零件制造精度不高时，若采用恰当的装配方法（如选配、修配、调整等），也可装配出装配精度要求较高的产品。因此，只有从产品结构、机械加工以及装配等方面进行综合考虑，选择适当的装配方法并合理地确定零件的加工精度才能保证机械的装配精度。

6.2.2 保证装配精度的方法

产品的精度是通过装配来实现，而装配的核心问题包括用什么装配方法来达到规定的装配精度，怎样以最少的装配劳动来达到装配精度，特别是怎样以较低的零件精度来达到较高的装配精度。要解决这一类问题，须合理选择装配方法。其方法有：互换法、选配法、修配法和调整法。

1. 互换装配法

在装配时各配合零件不经修理、选择或调整即可达到装配精度的方法称为互换装配法。互换装配法的特点是装配质量稳定可靠，装配工作简单、经济、生产率高，零、部件有互换性，便于组织流水装配和自动化装配，是一种比较理想和先进的装配方法。因此，只要各零件的加工在技术上经济合理，就应该优先采用。尤其是在大批大量生产中广泛采用互换装配法。

互换装配法又分为完全互换法和部分互换法两种形式。完全互换法要求严格限制各装配相关零件相关尺寸的制造公差，优点是装配时不需任何修配、选择或调整即能完全保证装配精度，缺点是在装配精度要求较高时，采用完全互换法会使零件制造比较困难。部分互换法能够降低制造成本，其特点是在相关零件较多，各零件生产批量又较大时，将各相关尺寸的公差适当放大，装配时在出现少量返修调整的情况下仍能保证装配精度。

2. 选配法

在成批或大量生产条件下，对于组成环不多而装配精度却要求很高的尺寸链，若采用完全互换法，则零件的公差过严，甚至超过了加工工艺的实际可能性。在这种情况下，选择选配法进行装配。选配法是将组成环的公差放大到经济可行的程度，然后选择合适的零件进行装配，以保证规定的装配精度要求。

选配法有三种：直接选配法、分组选配法和复合选配法。

（1）直接选配法。

由装配工人从许多待装零件中，凭经验挑选合适的零件通过试凑法进行装配的方法。此法优点是装配简单，缺点是装配精度在很大程度上取决于装配工人的技术水平，而且装配工时也不稳定。故常用于封闭环公差要求不太严，产量不大或生产要求不太严格的成批生产中。

（2）分组装配法。

是事先按经济精度制造的零件进行测量分组，然后再在对应组里用互换法进行装配，从而达到装配精度要求的一种装配的方法，也可称为分组互换法。

如图 6－6 所示为内燃机的活塞销孔 D 与活塞销 d 的配合。根据装配技术要求，活塞销孔与活塞销外径在冷态装配时应有 0.0025～0.0075mm 的过盈量。与此相应的配合公差仅为 0.005mm。若活塞与活塞销采用完全互换法装配，且销孔与活塞直径的公差按“等公差”分配时，则它们的公差只有 0.0025mm。如果上述配合采用基轴制原则，则活塞销外径尺寸 $d=\phi28_{-0.0025}^{\ 0}$mm，相应的销孔直径 $D=\phi28_{-0.0075}^{-0.0050}$mm。显然，制造这样精确的活塞销和销孔是很困难的，生产成本很高。生产中采用的办法是先将上述公差值都增大 4 倍，这样即可采用高效率的无心磨和金刚镗床去加工活塞销外圆和活塞销孔，然后用精密仪进行测量，并按尺寸大小分成四组，涂上不同的颜色，以便进行分组装配。具体分组情况如表 6－1 所示。

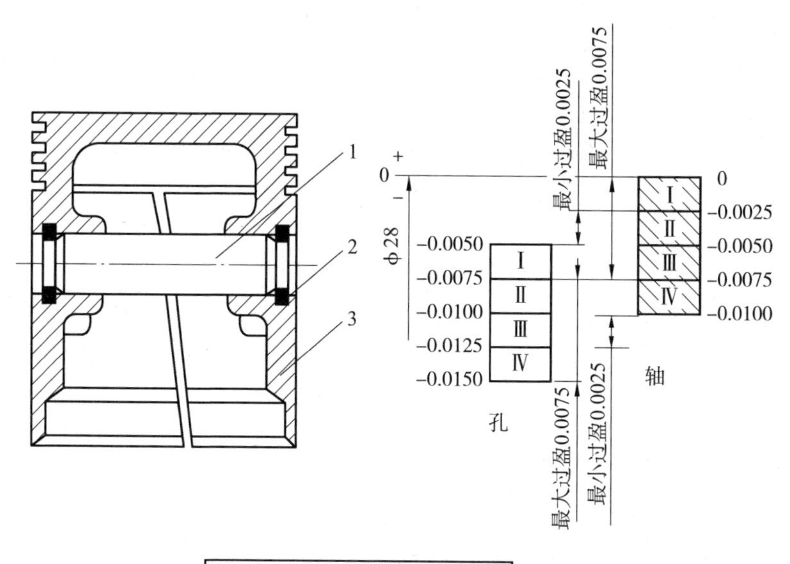

图 6－6 活塞销与活塞销孔的配合

表 6-1　　活塞销与活塞销孔的分组尺寸

组别	标志颜色	活塞销直径 d $\phi28_{-0.010}^{0}$	活塞销孔直径 D $\phi28_{-0.015}^{-0.005}$	配合情况	
				最小过盈	最大过盈
Ⅰ	红	$\phi28_{-0.0025}^{0}$	$\phi28_{-0.0075}^{-0.0050}$	0.0025	0.0075
Ⅱ	白	$\phi28_{-0.0050}^{-0.0025}$	$\phi28_{-0.0100}^{-0.0075}$		
Ⅲ	黄	$\phi28_{-0.0075}^{-0.0050}$	$\phi28_{-0.0125}^{-0.0100}$		
Ⅳ	绿	$\phi28_{-0.0100}^{-0.0075}$	$\phi28_{-0.0150}^{-0.0125}$		

采用分组装配时应注意以下几点：

①配合件的公差相等，公差增大的方向要相同，增大的倍数要等于分组数；

②分组数不宜过多，只要零件加工精度能较易获得即可，因为分组数过多将增加零件的测量和分组工作，并使零件的贮存工作复杂化；

③分组后应尽量使各组内相配件数目相等配套，否则会使零件不配套而过剩，造成积压浪费。

（3）复合选配法。

该法是分组装配法和直接装配法的复合形式，即零件预先测量分组，装配时再在各对应组内凭工人经验直接选配来达到装配精度要求。其特点是配合件公差可以不相等，由于在分组的范围内直接选配，因此既能达到理想的装配精度又能较快地选择合适的零件。但装配精度在一定程度上仍要依赖工人的技术水平，工时也不稳定。故常作为分组装配法的一种补充形式，应用于封闭环公差要求不太严，产品产量不大或生产节拍要求不很严格的成批生产中，如汽车发动机中汽缸与活塞的装配。

3. 修配法

在单件小批生产中，对于产品中那些装配精度要求较高的多环尺寸链，各组成环先按经济精度加工，装配时通过修配某一组成环的尺寸，使封闭环达到规定的精度，这样的装配方法称作修配法。

（1）修配的方法。

生产中通过修配来达到装配精度的具体方法可归纳为以下三种。

①单件修配法。

单件修配法是选定某一固定的零件做修配件（补偿环），装配时用去除金属层的方法改变其尺寸，以满足装配精度的要求。如图6-5所示的车床尾座与主轴箱装配中，以尾座底板为修配件，来保证尾座中心线与主轴中心线的等高性，这种修配方法在生产中应用最广。

②合并加工修配法。

为了减小累积误差，减少修配的劳动量，把两个或更多的零件合并在一起再进行加工修配的方法叫作合并加工修配法。如图6-5所示尾座装配时，也可以采用合并修配法，即把尾座体（A_3）与底板（A_2）相配合的平面分别加工好，并配刮横向小导轨，然后把两零件装配为一体，再以底板的底面为定位基准，镗削加工套筒孔，这样A_2与A_3合并成为A_{2-3}，A_{2-3}公差可加大，而且可以给底板面留较小的刮研量，使整个装配工作更加简单。

合并加工修配法由于零件合并后再加工和装配，给组织装配生产带来很多不便，因此这种方法多用于单件小批量生产中。

③自身加工修配法。

在制造机床过程中，存在要求较高的装配精度。若单纯依靠限制各零件的加工误差来保证，势必要求各零件有很高的加工精度，甚至无法加工，而且不易选择适当的修配件。此时，在机床总装时，用机床本身来加工自己的方法来保证机床的装配精度，这种修配法称为自身加工修配法。

（2）修配环的选择。

采用修配法时应正确选择修配环。修配环选择应满足下列要求：

①便于拆装，

②形状比较简单，修配面小，修配方便，

③一般不取公共环。公共环是指那些同属于几个尺寸链的组成环，它的变化会牵连几个尺寸链中封闭环的变化，不能出现保证了一个尺寸链的精度，而又破坏了另一个尺寸链精度的情况。

4. 调整装配法

在装配时用改变产品中可调整零件的相对位置或选用合适的调整件以达到装配精度的方法称为调整装配法。调整装配法的特点是零件按经济精度制造，用机构设计预先设定的固定调整件（又称为补偿件）或改变可动调整件相对位置来消除装配时产生的累积误差。

调整法和修配法在原则上是相似的，但方法上有所不同。常用的调整方法有以下两种。

（1）固定调整法。

预先制造各种尺寸的固定调整件（如不同厚度的垫圈、垫片等），装配时根据实际累积误差，选定所需尺寸的调整件装入，以保证装配精度要求。如图6－7所示，传动轴组件装入箱体时，使用适当厚度的调整垫圈（补偿件）补偿累积误差，保证箱体内侧面与传动轴组件的轴向间隙。

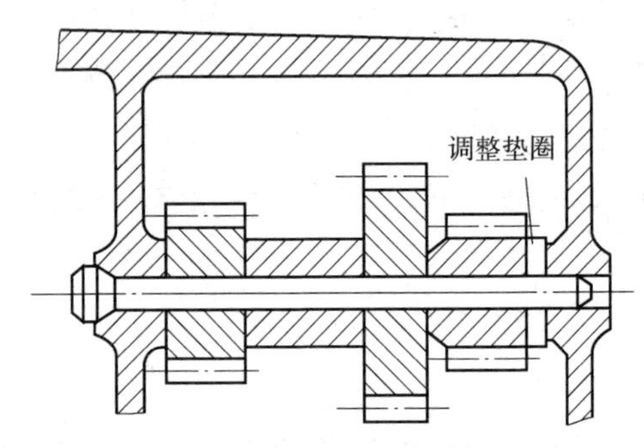

图6－7　用调整垫圈调整轴向间隙

（2）可动调整法。

使调整件移动、回转或移动和回转同时进行，以改变其位置，进而达到装配精度。常用的可动调整件有螺钉、螺母、楔块等。因为可动调整法在调整过程中不需拆卸零件，所以应用较广。图6－8为通过调整螺钉使楔块上下移动，改变两螺母间距，以调整传动丝杠和螺母的轴向间隙。图6－9为用螺钉调整轴承间隙。

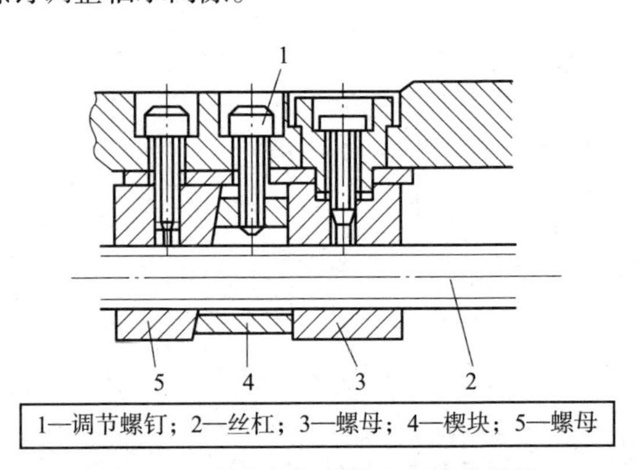

图6－8　丝杠与螺母轴向间隙的调整

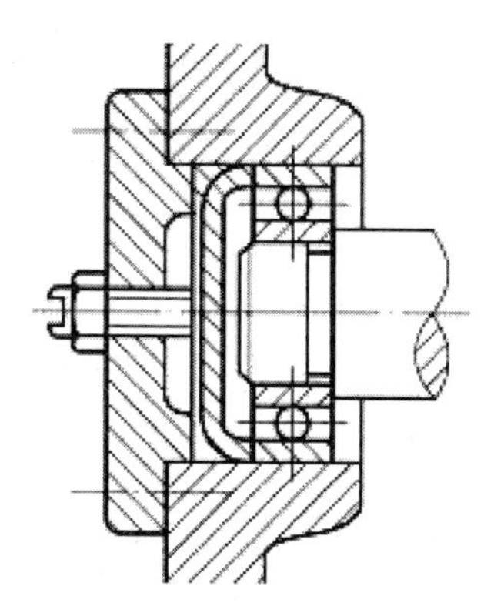

图6－9　螺钉调整轴承间隙

5. 装配方法的选择

通常在产品设计阶段应确定一个产品或部件采用什么装配方法来保证装配精度。只有在装配方法确定后，才能通过尺寸链的解算，合理地确定各个零部件在加工和装配中的技术要求。但是同一装配精度要求的同一产品，往往是综合考虑生产规模和生产纲领及现场生产条件等因素，选择不同的装配方法来保证装配精度。工艺人员在选择保证装配精度的方法时，必须掌握各种装配方法的特点及应用范围，并掌握装配尺寸链的解算方法。具体可参考如下几点进行选择。

（1）在大量生产中，由于生产节奏和经济性要求，并要维修方便，可优先选择完全互换法。

（2）装配精度不太高，而组成环数目多，生产节奏不严格可选择不完全互换法。

（3）大批大量生产的少环高精度装配，则考虑采用选配法。

（4）单件、小批量，装配精度要求高，以上方法使零件加工困难时，应选用修配法或调整法。

项目3　装配尺寸链

能力目标

能根据不同的装配方法进行装配尺寸链的计算。

知识目标

1. 掌握装配尺寸链的建立。
2. 掌握装配尺寸链的计算。

6.3.1 装配尺寸链的建立

装配尺寸链是产品或部件在装配过程中，由相关零、部件的有关尺寸或相互位置关系所组成的尺寸链。有关尺寸包括表面或轴线间距离，相互位置关系包括平行度、垂直度或同轴度等。装配尺寸链也由封闭环和组成环组成，与工艺尺寸链类似。在图 6－10 中，齿轮轴的轴肩与右滑动轴承的端面之间的尺寸 A_0 是在装配中最后间接获得的，为封闭环，其他尺寸为组成环。组成环中增、减环的定义与工艺尺寸链相同。

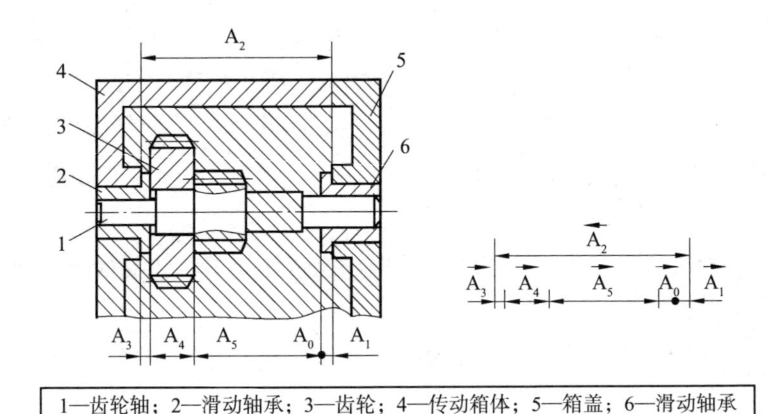

图 6－10　齿轮箱装配示意图

1. 确定封闭环

在装配尺寸链中，通常机器或部件的装配精度就是封闭环。

2. 查找组成环

（1）查找相关零件。装配基准是指用以确定零件在部件或产品中的相对位置所采用的基准。以封闭环两端的那两个零件为起点，以相邻零件装配基准间的联系为线索，分别由近及远地去查找装配关系中影响装配精度的零件，直至找到同一个基准零件或同一个基准表面为止。其间经过的所有零件都是相关零件。本例中封闭环 A_0 两端的零件分别是齿轮轴 1 和滑动轴承 6，右端：与滑动轴承的装配基准相联系的是箱盖 5。左端：与齿轮轴 1 的装配基准相联系的是齿轮 3，与齿轮 3 的装配基准相联系的是滑动轴承 2，与滑动轴承的装配基准相联系的是传动箱体 4，最后箱体、箱盖在其装配基准“结合面”处封闭。这样，齿轮轴 1、齿轮 3、滑动轴承 2、箱体 4、箱盖和滑动轴承 6 都是相关零件。

（2）确定相关零件上相关尺寸。每个相关零件上只能选择相关零件上装配基准间的联系尺寸作为相关尺寸。本例中，由于箱盖 5 上的限定轴承 6 轴向位置的装配面与箱盖结合面位于同一平面上，箱盖的轴向尺寸不影响封闭环 A_0，因此它不是相关尺寸，其余尺寸 A_1、A_2、A_3、A_4 和 A_5 都是相关尺寸。它们就是以 A_0 为封闭环的装配尺寸链中的组成环。

3. 画尺寸链和确定增、减环

将封闭环和所有组成环画成如图 6－10（b）所示的尺寸链。利用画箭头的方法判别增、减环。其中 A_2 是增环，A_1、A_3、A_4 和 A_5 是减环。

由于装配尺寸链比较复杂，并且同一装配结构中装配精度要求往往有几个，为避免容易，在查找时要十分细心，需在不同方向（如垂直方向、水平方向、径向和轴向等）分别查找。通常，如果把非直接影响封闭环的零件尺寸计入装配尺寸链，会使组成环数增加，每个组成环分配到的制造公差减小，增加制造的困难。为避免出现这种情况，要坚持下列两点。

（1）装配尺寸链的简化原则。机械产品的结构通常都比较复杂，对某项装配精度有影响的因素很多，在查找装配尺寸时，在保证装配要求的前提下，可略去那些影响较小的因素，从而简化装配尺寸链。

例如，图 6－11 为车床主轴与尾座中心线等高示意图。影响该项装配精度的因素除 A_1、A_2、A_3 三个尺寸外还有：

e_1——主轴滚动轴承外圈与内孔的同轴度误差；

e_2——尾座顶尖套锥孔与外圈的同轴度误差；

e_3——尾座顶尖套与尾座孔配合间隙引起的向下偏移量；

e_4——床身上安装床头箱和尾座的平导轨间的高度差。

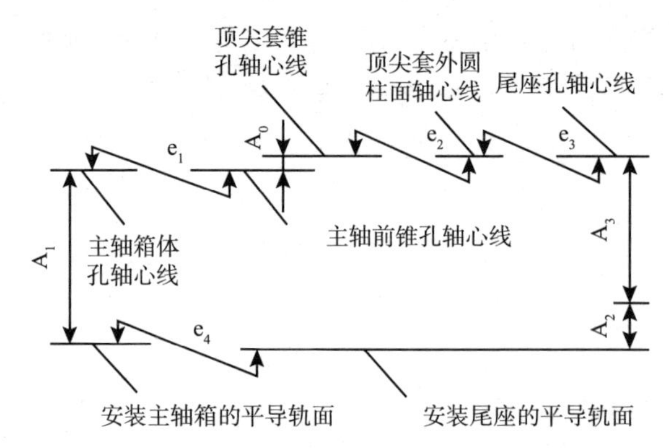

图 6 - 11　车床主轴与尾座套筒中心线等高装配尺寸链

(2) 尺寸链组成的最短路线原则。由尺寸链的基本理论可知，在装配要求给定的条件下，组成环数目越少，则各组成环所分配到的公差值就越大，零件就越容易加工，加工成本越低。

在查找装配尺寸链时，每个相关的零、部件只能有一个尺寸作为组成环列入装配尺寸链，即将连接两个装配基准面间的位置尺寸直接标注在零件图上，这样组成环的数目就应等于有关零、部件的数目，即一件一环。这就是装配尺寸链的最短路线（环数最少）原则。图 6 - 12 是一车床尾座顶尖套装配图。尾座套筒装配时，要求后盖 3 装入后螺母 2 在尾座套筒内的轴向窜动不大于某一数值。如果后盖尺寸标注不同，就可建立两个不同的装配尺寸链。

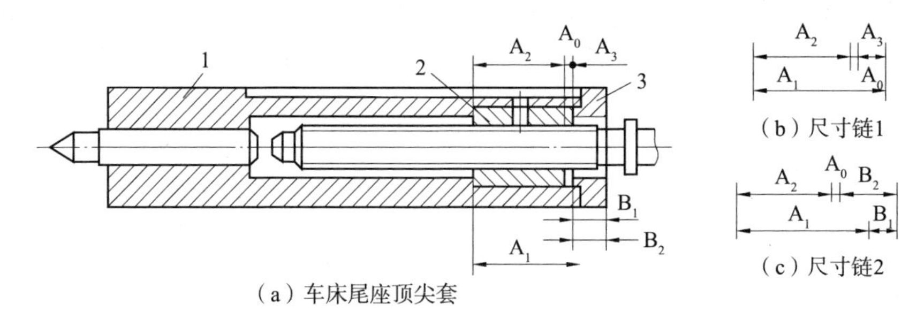

图 6 - 12　车床尾座顶尖套装配图

6.3.2　装配尺寸链的计算

1. 完全互换法

采用完全互换法装配时，装配尺寸链采用极值算法进行计算。其核心问题是将封闭环的公差合理地分配到各组成环上去。分配的一般原则如下。

（1）当组成环是标准尺寸时（如轴承宽度、挡圈厚度等），其公差大小和分布位置为确定值。

（2）当某一组成环是几个不同装配尺寸链的公共环时，应根据对其精度要求最严的那个装配尺寸链确定其公差大小和公差带位置。

（3）在确定各待定组成环公差大小时，可根据具体情况选用不同的公差分配方法，如等公差法、等精度法或按实际加工可能性分配法等。在处理直线装配尺寸链时，注意事项如下：若各组成环尺寸相近，加工方法相同，可优先考虑等公差法，若各组成环加工方法相同，但基本尺寸相差较大，可考虑使用等精度法，若各组成环加工方法不同，加工精度差别较大，则通常按实际加工可能性分配公差。

（4）各组成环公差带的位置一般可按入体原则标注，但要保留一环作“协调环”。在装配过程中，封闭环的公差是由装配要求所确定的，这是一个既定的值。当大多数组成环选择了标准公差值之后，可能会遇到一个特殊情况：其中一个组成环的公差值并不是标准值。这个特殊的组成环在尺寸链中扮演着协调的角色，以确保整个装配的公差要求得到满足。因此，这个组成环被称为协调环。为了确定协调环的公差范围，需要使用极值法的相关公式来计算其上偏差和下偏差。这样，就能确保协调环的公差与整个装配的公差要求相协调，从而保证装配的质量和精度。

选择协调环的原则如下：

①选择不需用定尺寸刀具加工，不需用极限量规检验的尺寸作协调环；

②选易于加工的尺寸作协调环，或将易于加工的尺寸公差从严取标准公差值，然后选一难于加工的尺寸作为协调环。

例6－1　如图6－13所示齿轮部件装配，齿轮空套在轴上，要求齿轮与挡圈的轴向间隙为0.1～0.35mm。已知各零件有关的基本尺寸为：A_1＝30mm，A_2＝5mm，A_3＝43mm（标准件），A_5＝5mm。用完全互换法装配，试确定各组成环的偏差。

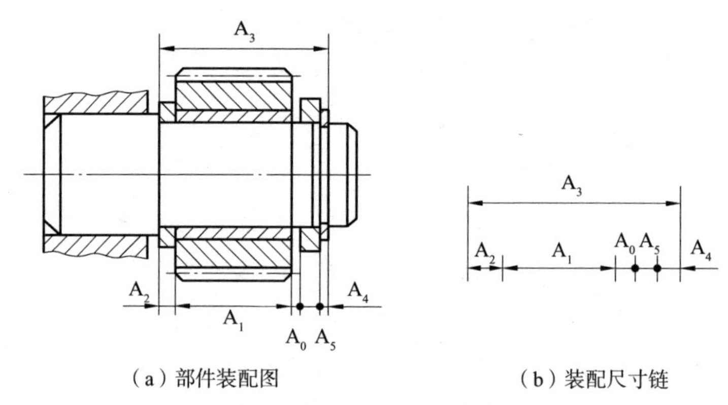

（a）部件装配图　　（b）装配尺寸链

图 6－13　齿轮与轴部件装配

解：（1）建立装配尺寸链，如图 6－13（b）所示。

（2）确定各组成环的公差。若按等公差法计算，各组成环公差为：

$$T_1 = T_2 = T_3 = T_4 = T_5 = \frac{0.35 - 0.1}{5} = 0.05\text{mm}$$

考虑加工难易程度，进行适当调整（标准尺寸 A_4 公差不变），得到：

$$T_4 = 0.05\text{mm},\ T_1 = 0.06\text{mm},\ T_3 = 0.1\text{mm},\ T_2 = T_5 = 0.02\text{mm}$$

（3）确定各组成环的偏差。取 A_5 为协调环。

A_4 为标准尺寸，公差带位置确定为：

$$A_4 = 3_{-0.05}^{\ 0}\text{mm}$$

除协调环以外各组成环公差按入体原则标注为：

$$A_1 = 30_{-0.06}^{\ 0}\text{mm}$$

$$A_2 = 5_{-0.02}^{\ 0}\text{mm}$$

$$A_3 = 43_{\ 0}^{+0.10}\text{mm}$$

计算协调环的偏差，有：

$$ES_0 = (ES_3) - (EI_1 + EI_2 + EI_4 + EI_5)$$

$$0.35 = (0.1) - (-0.06 - 0.02 - 0.05 + EI_5)$$

得到：

$$EI_5 = -0.12\text{mm},\ ES_5 = EI_5 + T_5 = -0.1\text{mm}$$

于是有：

$$A_5 = 5_{-0.12}^{-0.10}\text{mm}$$

2. 大数互换装配法

采用大数互换法装配时，装配尺寸链采用概率算法进行计算。组成环误差分配原则与前述的完全互换法分配原则基本相同。在某些情况下，可在各组成环中挑出一两个加工精度保证较困难的尺寸，放在最后确定，其他尺寸按加工经济精度确定。

例6-2　如图6-13（a）所示齿轮部件装配，已知条件同例6-1。试用大数互换法装配，确定各组成环的偏差。

解：(1) 建立装配尺寸链，如图6-13（b）所示。

(2) 确定各组成环的公差。A_4 为标准尺寸，公差确定为 $T_4=0.05$mm。

A_1、A_2、A_5 公差取经济公差为 $T_1=0.1$mm，$T_2=T_5=0.025$mm。

$$T_0=\sqrt{T_1^2+T_2^2+T_3^2+T_4^2+T_5^2}$$

将 T_1、T_2、T_4、T_5 及 T_0 代入，可求出 $T_3=0.135$mm。

(3) 确定各组成环的偏差（仍取 A_5 为协调环）。A_4 为标准尺寸，公差带位置确定为：

$$A_4=3_{-0.05}^{0}\text{mm}$$

除协调环以外各组成环公差按入体原则标注为：

$$A_1=30_{-0.1}^{0}\text{mm},\ A_2=5_{-0.025}^{0}\text{mm},\ A_3=43_{0}^{+0.135}\text{mm}$$

计算协调环的偏差。假定各组成环分布不对称系数均为0，有：

$$A_{0M}=(A_{3M})-(A_{1M}+A_{2M}+A_{4M}+A_{5M})$$

$$0.225=(43.0675)-(29.95+4.9875+2.975+A_{5M})$$

得到 $A_{5M}=4.93$mm，于是有 $A_5=4.93\pm0.0125=5_{-0.0825}^{-0.0575}$mm。

3. 分组选配法

采用分组选配法进行装配时，先将组成环公差按完全互换法求得后，放大若干倍，使之达到经济公差的数值。然后，按此数值加工零件，再将加工所得的零件按尺寸大小分成若干组（分组数与公差放大倍数相等）。最后，将对应组的零件装配起来，即可满足装配精度要求。

例6-3　活塞与活塞销在冷态装配时，要求有0.0025～0.0075mm的过盈量（见图6-14）。若活塞销孔与活塞销直径的基本尺寸为28mm，加工经济精度（活塞销采用精密无心磨加工，活塞销孔采用金刚镗加工）为0.01mm。现采用分组选配法进行装配，试确定活塞销孔与活塞销直径分组数目和分组尺寸。

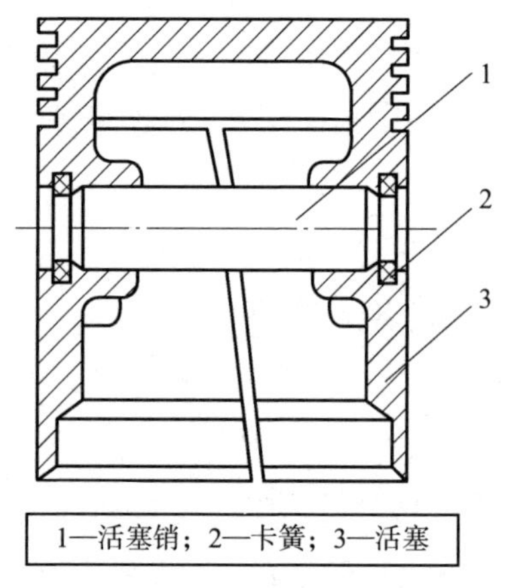

图 6－14　活塞与活塞销组件图

解：(1) 建立装配尺寸链。如图 6－15 所示，其中，A_0 为活塞销与活塞销孔配合的过盈量，是尺寸链的封闭环，A_1 为活塞销的直径尺寸，A_2 为活塞销孔的直径尺寸，这两个尺寸是尺寸链的组成环。

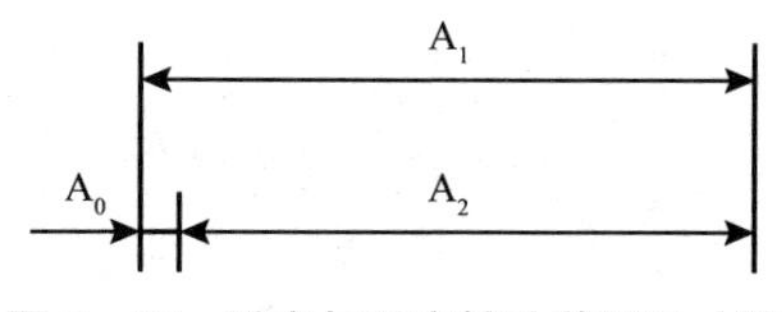

图 6－15　活塞与活塞销孔装配尺寸链

(2) 确定分组数。过盈量的公差为 0.005mm，将其平均分配给组成环，各得到公差 0.0025mm。而活塞孔与活塞销直径的加工经济公差为 0.01mm，即需将公差扩大 4 倍，于是可得到分组数为 4。

(3) 确定分组尺寸。若活塞销直径尺寸定为：

$$A_1 = 28_{-0.01}^{\ 0}\text{mm}$$

将其分为 4 组，各组直径尺寸列于表 6－2 第 3 列中。

解：如图 6－17 所示尺寸链，可求得活塞销孔与之对应的分组尺寸，其值列于表 6－2 第 4 列中。

表6-2 分组选配

组别	标志颜色	活塞销直径 d/mm	活塞销孔直径 D/mm
1	蓝	$\phi28_{-0.0025}^{0}$	$\phi28_{-0.0075}^{-0.0050}$
2	红	$\phi28_{-0.005}^{-0.0025}$	$\phi28_{-0.0100}^{-0.0075}$
3	白	$\phi28_{-0.0075}^{-0.005}$	$\phi28_{-0.0125}^{-0.0100}$
4	黑	$\phi28_{-0.0100}^{-0.0075}$	$\phi28_{-0.0150}^{-0.0125}$

4. 修配法

采用修配法时，包括修配环在内的各组成环公差均按零件加工的经济精度确定。各组成环因此而产生的累积误差相对于封闭环公差（即装配精度）的超出部分，可通过对修配环的修配来消除，所以修配环在尺寸链中起着一种调节作用。

采用修配法时应正确选择修配环，修配环一般应满足下列要求：

（1）便于装拆；

（2）形状简单，修配面小，便于修配；

（3）为了避免出现保证了一个尺寸链的精度，而又破坏了另一个尺寸链精度的情况，一般不选公共环作为修配环。公共环是指那些同属于几个尺寸链的组成环，它的变化会牵连几个尺寸链中封闭环的变化。

在图6-16（a）中，δ_0是封闭环实际值的分散范围，即各组成环（含修配环）的累积误差值。

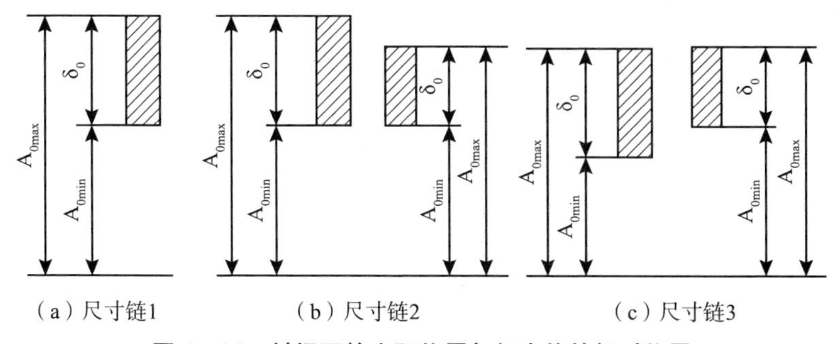

图6-16 封闭环的实际位置与规定值的相对位置

（1）修配环被修配是封闭环尺寸变小的计算，简称“越修越小”。当修配环的修配引起封闭环尺寸变小时［见图6－16（b）］，无论怎么修配，总应保证 $A'_{0min}=A_{0min}$。因此，封闭环实际尺寸的最小值 A'_{0min} 和公差放大后的各组成环之间的关系，按极值公式解算时，可应用下式。

由 $A'_{0min}=A_{0min}$ 可知：

$$A'_{0min}=A_{0min}=\sum_{i=1}^{m}\overrightarrow{A}_{imin}-\sum_{i=1}^{n}\overleftarrow{A}_{imax} \tag{6-1}$$

（2）修配环被修配时使封闭环尺寸变大时的计算，简称“越修越大”。当修配环的修配会引起封闭环尺寸变大时，如图6－16（c）所示，无论怎么修配，总应保证 $A'_{0max}=A_{0max}$。因而修配环的一个极限尺寸可按下式求出：

$$A'_{0max}=A_{0max}=\sum_{i=1}^{m}\overrightarrow{A}_{imax}-\sum_{i=1}^{n}\overleftarrow{A}_{imin} \tag{6-2}$$

修配环另一极限尺寸，在公差按经济精度给定后也就确定了。

按照以上方法确定的修配环尺寸，装配时可能出现的最大修配量为 $Z_{max}=\sum_{i=1}^{m+n}TA_i-TA'_0$，可能出现的最小修配量为零。此时修配环不需修配加工，即能保证装配精度，但有时为了提高接触刚度，修配环必须进行补充加工，减小表面粗糙度也即规定了最小修配量为某一数值。当修配环为被包容尺寸时，修配环尺寸上必须加上最小修配量的值；当修配环为包容尺寸时，修配环尺寸上必须减去最小修配量的值。

例6－4 如图6－17所示车床主轴孔轴线与尾座套筒锥孔轴线等高度误差要求为 $A_0=0^{+0.06}_{0}$mm。为简化计算，略去图6－17尺寸链中各轴线同轴度误差，得到一个只有 A_1、A_2、A_3 的三个组成环的简化尺寸链，如图6－17（a）所示。若已知 A_1、A_2、A_3 的基本尺寸分别为202mm、46mm和156mm，现用修配法进行装配，试确定 A_1、A_2、A_3 的偏差。

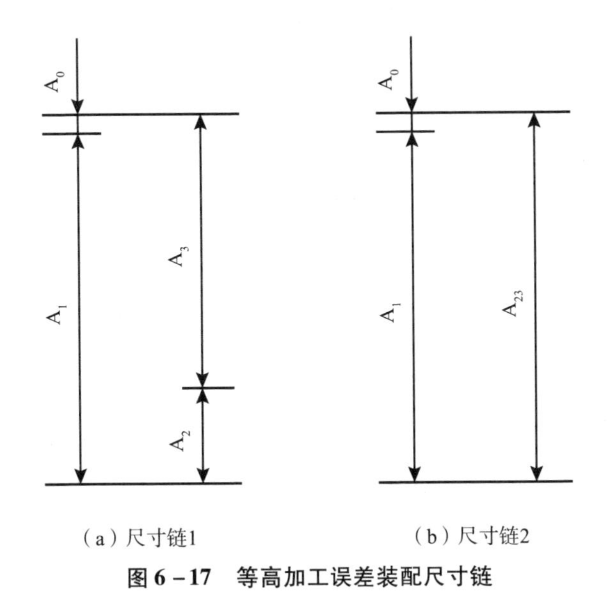

（a）尺寸链1　　　　（b）尺寸链2

图 6－17　等高加工误差装配尺寸链

解：（1）选择修配环。修刮尾座底板最为方便，故选 A_2 作修配环。

（2）确定各组成环公差及其他各组成环公差带的位置。首先取经济公差为组成环的公差。除修配环以外的各组成环公差带的位置可按生产习惯标注。A_1 和 A_3 两尺寸均采用镗模加工，经济公差为 0.1mm，按对称原则标注有：

$$A_1 = 202 \pm 0.05\text{mm}, \quad A_3 = 156 \pm 0.05\text{mm}$$

A_2 采用精刨加工，经济公差也为 0.1mm。

（3）确定修配环公差带的位置。在修配解法的尺寸链中，用 A_0' 表示修配前封闭环的实际尺寸，以与所要求的封闭环尺寸 A_0 相区别。在本例中，修配环修配后封闭环变小，即 A_0' 的数值只会越来越小，故 A_0' 的最小值应与 A_0 的最小值相等（最小修配量为 0 时）。根据直线尺寸链极值算法公式：

$$A'_{0\min} = A_{0\min} = \sum_{i=1}^{m} \overrightarrow{A}_{i\min} - \sum_{i=1}^{n} \overleftarrow{A}_{i\max}$$

将已知数值代入，有：

$$0 = (A_{2\min} + 155.95) - 202.05$$

可求出：

$$A_{2min}=46.1\text{mm}$$

于是有：

$$A_2=46.1^{+0.2}_{+0.1}\text{mm}$$

若要求尾座底板装配时必须刮研，且最小刮研量为0.15mm，于是可最后确定底板厚度为 $A_2=46^{+0.35}_{+0.25}$mm。

此时，可能出现的最大刮研量为：

$$Z_{max}=A_0'-A_{0max}=0.45-0.06=0.39\text{mm}$$

为了减小刮研量，可以采用“合并加工”的方法，将尾座和底板配合面配刮后装配成一个整体，再精镗尾座套筒孔。此时，直接获得尾座套筒孔轴线至底板底面的距离 A_{23}，由此而构成的新的装配尺寸链如图6-17（b）所示。应用装配尺寸链最短路线（最少环数）原则，在新的尺寸链中，组成环数减少为两个。与上面计算相仿，对新的尺寸链进行计算，可得到：

$$A_{23}=202.25\pm0.05\text{mm}$$

此时，最大修刮量 $Z=0.29$mm。

5. 调整法

通过改变某一组成环的尺寸来补偿按加工经济精度加工装配尺寸链各组成环引起的封闭环超差叫调整法。调整法与修配法的不同之处在于通过调节某一零件的位置或对某一组成环（调节环）的更换来补偿。常用的调节法有三种：可动调整法、固定调整法和误差抵消调整法。下面是固定调整法的实例。

例6-5 如图6-18所示为车床主轴大齿轮装配图，按装配技术要求，当隔套（A_2）、齿轮（A_3）、垫圈固定调整件（A_K）和弹性挡圈（A_4）装在轴上后，齿轮的轴向间隔 A_0 应在0.05~0.2mm范围内。其中 $A_1=115$mm，$A_2=8.5$mm，$A_3=95$mm，$A_4=2.5$mm，$A_K=9$mm。试确定各尺寸的偏差及调整件各组尺寸与偏差。

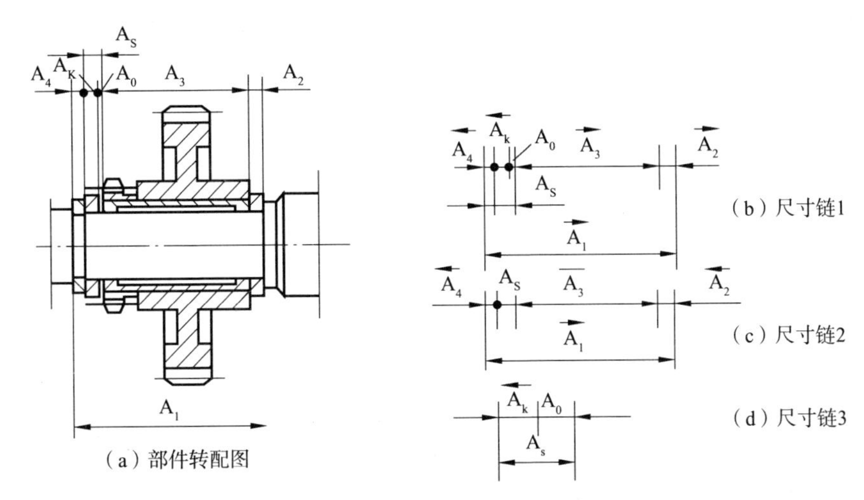

图 6－18 固定调整法装配示意图

解：装配尺寸链如图 6－18（b）所示。

各组成环其公差与极限偏差按经济加工精度及偏差入体原则确定如下：

$$A_1 = 115^{+0.5}_{+0.05}\text{mm},\ A_2 = 8.5^{\ 0}_{-0.01}\text{mm}$$

$$A_3 = 95^{\ 0}_{-0.01}\text{mm},\ A_4 = 2.5^{\ 0}_{-0.01}\text{mm} \tag{6-3}$$

按极值法计算，应满足下式：

$$T_0 \geqslant T_1 + T_2 + T_3 + T_4 + T_K \tag{6-4}$$

代入各公差值，式（6－4）为：

$$0.15 \geqslant 0.47 + T_K \tag{6-5}$$

式（6－5）中，$T_1 \sim T_4$ 的累积值为 0.47mm，已大于封闭环公差 $T_0 =$ 0.15mm，故无论调整环 T_K 公差是何值，均无法满足尺寸链的公差关系式，也即无法补偿封闭环公差的超差部分。为此，可将尺寸链中未装入调整件 T_K 时的轴向间隙（称为“空位”尺寸，用 A_S 表示）分成若干尺寸段，相应调整环也分成同等数目的尺寸组，不同尺寸段的空位尺寸用相应尺寸组的调整环装入，使各段空位内的公差仍能满足尺寸链的公差关系。

（1）确定调整环的分组数。为便于分析，现将图 6－18（b）分解为图（c）和图（d）。分别表示含空位尺寸 A_S 及空位尺寸 A_S 的尺寸链。

图6－18（c）中，空位尺寸 A_S 可视为封闭环。则：

$$T_S = T_1 + T_2 + T_3 + T_4 = 0.47mm \tag{6-6}$$

$$A_{Smax} = \overrightarrow{A}_{1max} - (\overleftarrow{A}_{2min} + \overleftarrow{A}_{3min} + \overleftarrow{A}_{4min}) = 9.52mm \tag{6-7}$$

则：

$$A_{Smin} = \overrightarrow{A}_{1min} - (\overleftarrow{A}_{2max} + \overleftarrow{A}_{3max} + \overleftarrow{A}_{4max}) = 9.05mm \tag{6-8}$$

$$A_S = 9^{+0.52}_{+0.05}mm \tag{6-9}$$

由图6－18（d）尺寸链中，A_0 为封闭环。

现将空位尺寸 A_S 均分为Z段（相应调整环 A_0 也分为Z组），则每一段空位尺寸的公差为 T_S/Z。若各组调整环的公差相等，均为 T_K，则各段空位尺寸内的公差关系应满足下式：

$$\frac{T_S}{Z} + T_K \leqslant T_0 \tag{6-10}$$

由此得出空位尺寸的分段数（也即调整环AK的分组数）的计算公式为：

$$Z \geqslant \frac{T_S}{T_0 - T_K} \tag{6-11}$$

本例中，按经济精度，取 $T_K = 0.03mm$ 代入：

$$Z \geqslant \frac{0.47}{0.15 - 0.03} = \frac{0.47}{0.12} = 3.9 \tag{6-12}$$

分组数应调整为相近的较大整数，取 $Z = 4$。

为避免给制造、装配和管理等带来不便，分组数一般取3～4组为宜。若计算所得的分组数过多时，可调整有关组成环或调整环公差。

（2）确定各组调整环的尺寸。

本例中 $T_S = 0.47$ 均分为四段，则每段空位尺寸的公差为0.1185mm，取0.12mm，可得各段空位尺寸为：

$$A_{S1} = 9^{+0.52}_{+0.40},\quad A_{S2} = 9^{+0.40}_{+0.28}$$

$$A_{S3} = 9^{+0.28}_{+0.16},\quad A_{S4} = 9^{+0.16}_{+0.04} \tag{6-13}$$

调整环相应也分成四组，根据尺寸链计算公式，可求：

$$\overleftarrow{A}_{K1max} = \overrightarrow{A}_{S1max} - A_{0min} = 9.40 - 0.05 = 9.35mm$$

$$\overleftarrow{A}_{K1min} = \overrightarrow{A}_{S1min} - A_{0max} = 9.52 - 0.20 = 9.32mm \tag{6-14}$$

同理可求其余组调整件极限尺寸。按单向入体原则标注，各组调整件尺寸及偏差如下：

$$A_{K1}=9.35_{-0.03}^{0}\text{mm},\ A_{K2}=9.23_{-0.03}^{0}\text{mm}$$
$$A_{K3}=9.11_{-0.03}^{0}\text{mm},\ A_{K4}=9.89_{-0.03}^{0}\text{mm} \tag{6-15}$$

（3）为方便装配，列出补偿表，如表 6－3 所示。

表 6－3　　调整件补偿作用

空挡尺寸	调控件尺寸	装配后间隙
9.52～9.40	$A_{K1}=9.35_{-0.03}^{0}$	0.05～0.20
9.40～9.28	$A_{K2}=9.23_{-0.03}^{0}$	0.05～0.20
9.28～9.16	$A_{K3}=9.11_{-0.03}^{0}$	0.05～0.20
9.16～9.04	$A_{K4}=9.89_{-0.03}^{0}$	0.05～0.20

项目 4　装配工艺规程的制定

能力目标

能根据装配系统图，对产品进行装配工作。

知识目标

1. 掌握制定装配工艺规程的基本原则及原始资料。
2. 掌握制定装配工艺规程的内容和步骤。

用文件的形式将装配内容、顺序、操作方法和检验项目等规定下来，作为指导装配工作和组织生产的依据的技术文件，称为装配工艺规程。它对于保证装配质量、提高装配生产效率、减轻工人劳动强度以及降低生产成本等都有着重要的作用。

6.4.1 制定装配工艺规程的基本原则及原始资料

1. 制定装配工艺规程的基本原则

在制定装配工艺规程时，应考虑遵循以下原则：

（1）保证质量。

装配工艺规程应保证产品质量，力求提高质量以延长产品的使用寿命。产品的质量最终是由装配来保证的。即使零件合格，若装配方案不正确，也可能装配出不合格产品。因此，装配既能反映产品设计和零件加工的问题，又能确保产品的质量。

（2）提高效率。

合理安排装配顺序能够减轻劳动强度，缩短装配周期，提高装配效率。大多数工厂现在仍处于手工装配方式，即使有少部分实现了机械化，装配工作的劳动量很大，也比较复杂，所以装配工艺规程必须科学、合理，尽量减少钳工装配工作量，做到减轻劳动强度、提高工作效率。

（3）降低成本。

装配工艺规程应尽量减少装配投资，力求降低装配成本。减少装配投资，采取措施节省装配占地面积，减少设备投资，降低对工人的技术水平要求，减少装配工人的数量，缩短装配周期可以降低装配工作所占的成本。

2. 制定装配工艺规程的原始资料

在制定装配工艺规程前，需要具备以下原始资料。

（1）产品的装配图及验收技术标准。

产品的装配图应包括总装图和部件装配图，并要求清楚地表示出：所有零件相互连接的结构视图和必要的剖视图；零件的编号；配合件的配合性质及精度等级；装配时应保证的尺寸；装配的技术要求；零件的明细表等。在装配时还需要某些零件图来对某些零件进行补充机械加工和核算装配尺寸链。

产品的验收技术条件、检验内容和方法也是制定装配工艺规程的重要依据。

（2）产品的生产纲领。

产品的年生产量即为其生产纲领，这一纲领性指标决定了产品的生产类型。不同的生产类型会导致装配的生产组织形式、所采用的工艺方法、工艺过程的划分、所需工艺装备的数量以及手工劳动所占的比例都有很大的差异。具体来说，对于大批大量生产的产品，应当优先选择专用的装配设备和工具，并采用流水装配的方式进行生产。在现代装配生产中，机器人被大量应用于组成自动装配线。而对于成批生产以及单件小批量生产，则更多地采用固定装配的方式，并且手工操作在其中占据较大比例。值得注意的是，在现代柔性装配系统中，已经开始尝试应用机器人来装配单件小批量的产品。

（3）生产条件。

在制定装配工艺规程时，如果基于现有条件，需要充分了解工厂当前的装配工艺设备状况、工人的技术水平以及装配车间的面积等因素。而对于新建工厂，则应当适当选择先进的装备和工艺方法。

6.4.2　制定装配工艺规程的内容和步骤

1. 制定工艺规程的内容

装配工艺规程主要包括以下内容。

（1）分析产品总装图，划分装配单元，确定各零、部件的装配顺序及装配方法。

（2）确定各工序的装配技术要求、检验方法和检验工具。

（3）选择和设计在装配过程中所需的工具、夹具和专用设备。

（4）确定装配时零、部件的运输方法及运输工具。

（5）确定装配的时间定额。

2. 制定装配工艺规程的步骤

根据装配工作的内容可知，制定装配工艺规程时，必须遵循以下步骤。

（1）研究产品的装配图及验收技术条件。

审核产品图样的完整性、正确性，分析产品的结构工艺性，审核产品装配的技术要求和验收标准，分析与计算产品装配尺寸链。

（2）确定装配方法与组织形式。

装配的方法和组织形式主要取决于产品的结构特点（尺寸和重量等）和生产纲领，并应考虑现有的生产技术条件和设备。

装配组织形式主要划分为固定式和移动式两种。固定式装配指的是所有装配工作都在一个固定的地点完成，这种方式多用于单件小批生产，或者重量大、体积大的批量生产中。而移动式装配则是将零部件通过输送带或输送小车，按照装配顺序从一个装配地点移动到下一个装配地点，每个地点分别完成一部分装配工作，最终所有地点的装配工作总和就完成了产品的全部装配。根据零部件移动的方式不同，移动式装配又进一步分为连续移动、间歇移动和变节奏移动三种方式。这种装配组织形式通常应用于产品的大批大量生产中，以便组成流水作业线和自动作业线。

（3）划分装配单元，确定装配顺序。

在划分装配单元时，需要选定某一零件或者比它更低一级的装配单元作为装配的基准件。这个装配基准件通常是产品的基体或者主干零部件。为了确保在陆续装入其他零部件时能够满足作业要求和稳定要求，基准件应具备较大的体积和重量，以及足够的支承面。例如，床身零件是床身组件的装配基准零件，床身组件则是床身部件的装配基准组件，而床身部件则是整个机床产品的装配基准部件。

（4）划分装配工序。

装配顺序确定后，就可将装配工艺过程划分为若干工序，其主要工作如下。

①确定工序集中与分散的程度。

②划分装配工序，确定工序内容。

③确定各工序所需的设备和工具，如需专用夹具与设备，则应拟定设计任务书。

④制定各工序装配操作规范，如过盈配合的压入力、变温装配的装配温度以及紧固件的力矩等。

⑤制定各工序装配质量要求与检测方法。

⑥确定工序时间定额，平衡各工序节拍。

（5）编制装配工艺文件。

单件小批生产时，通常只绘制装配系统图。装配时，按产品装配图及装配系统图工作。图6－19为装配系统图，这是表明产品零件、部件装配关系和装配流程的示意图，并注明了工作内容和操作要点。

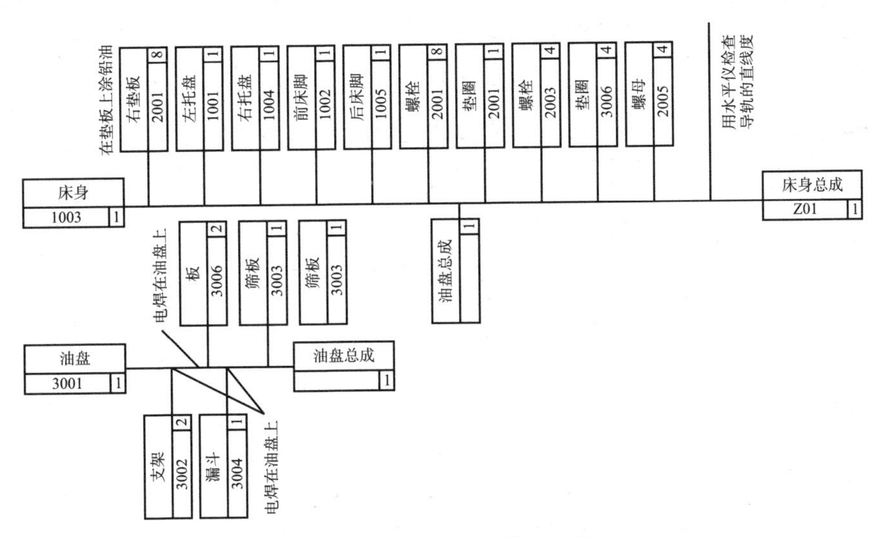

图6－19　床身部件装配系统

成批生产时，通常还需制定部件、总装的装配工艺卡，写明工序次序，简要工序内容，设备名称，工、夹具名称与编号，工人技术等级和时间定额等项。

在大批大量生产中，不仅要制定装配工艺卡，而且要制定装配工序卡，以直接指导工人进行产品装配。

此外，还应按产品图样要求，制定装配检验及试验卡片。

 习题

6－1　什么是零件、套件、组件和部件？

6－2　装配精度一般包括哪些内容？举例说明装配精度与零件的加工精度的区别与联系。

6-3　请解释：在机械装配过程中，有时采用低精度的零件却能装配出高精度的产品，而有时尽管采用了较高精度的零件却很难甚至无法装配出满足精度要求的产品。

6-4　保证装配精度的方法有哪几种？各适用于什么装配场合？

6-5　装配尺寸链是如何构成的？装配尺寸链封闭环是如何确定的？它与工艺尺寸链的封闭环有何区别？

6-6　极值法解装配尺寸链与概率法解装配尺寸链的区别在哪里？应用概率法解装配尺寸链应注意些什么？各用于什么装配方法？

6-7　在查找装配尺寸链时应注意哪些原则？

6-8　如习题图6-1所示减速器某轴结构的尺寸分别为 $A_1=40mm$，$A_2=36mm$，$A_3=4mm$，要求装配后齿轮端部间隙 A_0 保持在 0.10～0.25mm 范围内，如选用完全互换法装配，试确定 A_1、A_2、A_3 的极限偏差。

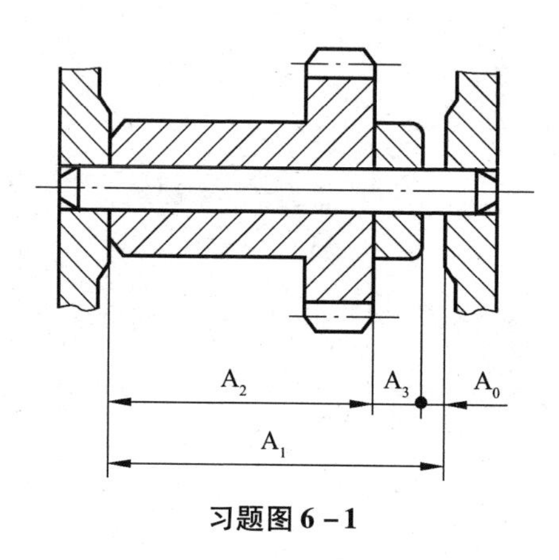

习题图6-1

6-9　某轴与孔的设计与配合为 φ10H6/h6，为降低加工成本，两零件按IT9级制造。计算当采用分组装配法时，分组数与每一组的极限偏差。

6-10　如习题图6-2所示为车床横刀架座后压板与床身导轨的装配图，为保证横刀架座在床身导轨上灵活移动，压板与床身下导轨面间间隙须保持在0.1～0.3mm 范围内，选用修配法装配，确定图示修配环A与其他有关尺寸的基本尺寸和极限偏差。

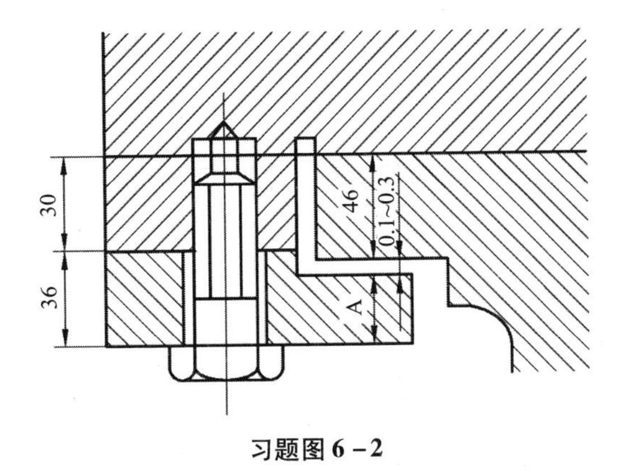

习题图 6-2

6-11 如习题图 6-3 所示传动装置，要求轴承端面与端盖之间留有 $A_0=0.3\sim0.5\text{mm}$ 的间隙。已知：$A_1=42_{-0.25}^{\ 0}\text{mm}$（标准件），$A_2=158_{-0.08}^{\ 0}\text{mm}$，$A_3=40_{-0.08}^{\ 0}\text{mm}$（标准件），$A_4=23_{\ 0}^{+0.045}\text{mm}$，$A_5=250_{\ 0}^{+0.09}\text{mm}$，$A_6=38_{\ 0}^{+0.05}\text{mm}$，$B=5\text{mm}$。如采用固定调整法装配，试确定固定调整环 B 的分组数和分组尺寸。

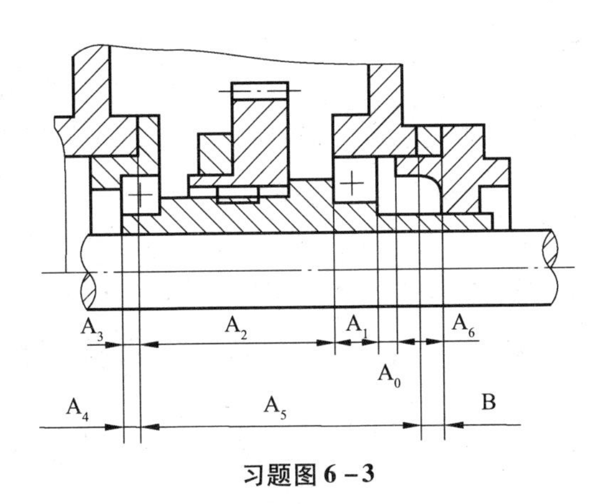

习题图 6-3

6-12 装配工艺规程的概念、内容、作用？

6-13 简述制定装配工艺规程的原则是什么？

6-14 简述制定装配工艺的步骤。

参 考 文 献

［1］杜玉雪，朱焕池．机械制造工艺学［M］．北京：机械工业出版社，2024.

［2］王道林，吴修娟．机械制造工艺学［M］．北京：机械工业出版社，2022.

［3］陈明．机械制造工艺学［M］．北京：机械工业出版社，2021.

［4］朱焕池．机械制造工艺学［M］．北京：机械工业出版社，2020.

［5］梁越昇，石昭明．机械加工与机床分析［M］．北京：机械工业出版社，2021.

［6］袁军堂．机械制造技术基础［M］．北京：机械工业出版社，2023.

［7］吴卫东．机械制造装备及设计［M］．北京：机械工业出版社，2023.

［8］陈云，彭兆．金属工艺学［M］．北京：机械工业出版社，2023.

［9］鲁金忠．激光先进制造技术［M］．北京：机械工业出版社，2023.

［10］袁哲俊．精密和超精密加工技术北京：机械工业出版社，2016.

［11］祝水琴，徐良伟．机械加工工艺设计及实施［M］．北京：机械工业出版社，2024.

［12］缪瑜春，吴光明．机械加工基础与实训［M］．北京：机械工业出版社，2024.

［13］王丹，韩学军．机械加工工艺［M］．北京：机械工业出版社，2022.

［14］黄伟．普通机械加工技术［M］．北京：机械工业出版社，2023.

［15］王家珂．机械零件加工工艺编制［M］．北京：机械工业出版社，2019.

[16] 沈志雄，徐福林. 金属切削机床［M］. 上海：复旦大学出版社，2015.

[17] 张翠华，杨文敏，杨胜培. 机械设计［M］. 西安：西北工业大学出版社，2015.

[18] 张世凭. 特种加工技术［M］. 重庆：重庆大学出版社，2014.

[19] 吴志军，翟彤. 机械制图［M］. 西安：西北工业大学出版社，2015.

[20] 魏杰. 机械加工工艺［M］. 北京：北京理工大学出版社，2016.

[21] 李会荣，殷雪艳. 金属切削加工技术［M］. 西安：西安电子科技大学出版社，2017.

[22] 蔚刚，柴萧. 机械加工技术［M］. 北京：北京理工大学出版社，2016.

[23] 伍端阳，梁庆. 数控电火花线切割加工实用教程［M］. 北京：化学工业出版社，2015.

[24] 庞学慧. 金属切削机床［M］. 北京：国防工业出版社，2015.